数控机床运动控制及应用实例

主　编　李茂月
副主编　韩振宇　徐　雳
　　　　贾冬开　侯端阳
主　审　刘献礼

科学出版社
北　京

内 容 简 介

本书围绕运动控制卡的原理及其应用，按照经济型机床搭建的先后过程，对数控机床的运动控制原理、机械部件和常用低压电器的原理及选型、数控机床本体的搭建和电气控制、数控系统的运动开发技术及编程实例、数控机床的故障排除与维护等进行了详细的介绍。编写过程中加入了实用的现场图片、程序源码，力图通过详细、典型的运动控制实例来使读者真正掌握经济型数控系统的开发方法，使读者不但能够理解数控机床的工作方式，也能在学习后独立完成经济型数控系统的开发工作，并掌握系统维护的基本理论。

本书系统性和实用性强，可作为高等工科院校自动化、机电一体化、机械制造等相关专业本科生或研究生的教材或参考书，也可作为普通高职高专自动化和机电一体化类相关专业教材，还可作为运动控制从业人员的自学或技术培训教材以及机械工程师的参考书。

本书配有电子课件及课后习题答案，免费赠送给使用本书的教师。

图书在版编目(CIP)数据

数控机床运动控制及应用实例/李茂月主编. —北京：科学出版社，2016.4
ISBN 978-7-03-047984-6

Ⅰ. ①数… Ⅱ. ①李… Ⅲ. ①数控机床—运动控制 Ⅳ. ①TG659

中国版本图书馆 CIP 数据核字(2016)第 064225 号

责任编辑：朱晓颖 张丽花 / 责任校对：桂伟利
责任印制：徐晓晨 / 封面设计：迷底书装

科 学 出 版 社 出版
北京东黄城根北街 16 号
邮政编码：100717
http://www.sciencep.com

北京九州迅驰传媒文化有限公司 印刷

科学出版社发行 各地新华书店经销
*
2016 年 4 月第 一 版 开本：787×1092 1/16
2017 年 1 月第二次印刷 印张：15
字数：356 000

定价：45.00 元

(如有印装质量问题，我社负责调换)

前　言

当前，制造业正从传统模式向数字化、网络化、智能化转变，而我国制造业的发展水平参差不齐，在产品研发、产品服务、产品质量和基础、制造业信息化水平等环节都有待提高，传统的加工设备和制造方法已难以适应多样化、柔性化与复杂形状零件的高效、高质量加工要求。因此，发展能有效解决复杂、精密、小批多变零件加工的数控技术显得尤为重要。

随着人们对产品质量和精度要求的提高，数控机床有了广阔的发展和使用空间。然而不管是国外还是国内的数控机床，其价格动辄十几万到几百万，这对一些对精度要求不是十分苛刻，而且是小批量生产的厂家而言，无疑是一笔巨大的成本。在一些情况下，部分厂家需要的机床性能比较单一和特殊，标准机床的一些功能不但没有得到应用，反而增加了成本，而传统的数控企业可能无法顾及众多不同需求的厂家对机床的特殊要求，这使得非标准数控设备有了很大的需求和市场。购买数控机床所需的部件，然后将各个部件组装起来，完成数控机床的搭建和控制开发，不但可以节省成本，而且对于掌握机床使用性能及后续的维修都非常有意义。

本书以搭建采用工控机和运动控制卡相结合的经济型数控机床为主线，全面、系统地介绍了运动控制系统的基本原理、硬件组成、开发设计、设备验收和维护保养方法。在每一章节，都密切结合实际操作和现场调试等实用技术，在介绍相关部件工作原理的基础上，突出与生产实践相关的内容。例如，在主要运动控制部件一章，除了介绍常见的伺服驱动、电动机、检测装置等内容外，还引入了工控机、数控刀柄、常用低压电器的选型和适用条件；在机床的硬件系统搭建一章，除了介绍机床的布局、传动系统设计、电气控制等内容外，还介绍了软 PLC 技术、数控机床的验收检验等内容；在典型运动方式应用实例一章，结合作者的开发经历，对一台三轴铣床数控开发中的核心内容进行了实例化介绍，使读者可以更加全面地理解和掌握经济型数控系统的原理和开发过程。

本书第 1 章由哈尔滨理工大学的徐雳编写，第 2 章由哈尔滨理工大学的贾冬开编写，第 3、4、6 章由哈尔滨理工大学的李茂月编写，第 5 章由哈尔滨工业大学的韩振宇编写，第 7 章由哈尔滨理工大学的侯端阳编写。此外，哈尔滨理工大学的丁文彬、黄金刚也分别参加了第 3 章、第 4 章部分内容的搜集和整理。全书由李茂月主编并统稿。

哈尔滨理工大学的刘献礼教授审阅了本书，哈尔滨工业大学的富宏亚教授也对本书提出了许多宝贵意见，在此表示衷心感谢。

由于编者学识和水平的局限性，书中难免有疏漏之处，恳请广大读者、同仁批评指正。

编　者

2015 年 9 月

目　录

前言

第 1 章　概论……1

1.1　运动控制概述及组成……1

1.2　运动控制系统及需求……3

1.3　运动控制卡的分类……8

1.3.1　基于 PC 总线的运动控制卡……9

1.3.2　DSP 和 FPGA 运动控制卡……10

1.4　运动控制技术的应用……11

1.5　运动控制技术的发展……12

复习题……14

第 2 章　基于运动控制卡的控制技术基础……15

2.1　控制系统的特点……15

2.2　控制系统的基本分类……16

2.2.1　硬件结构体系……19

2.2.2　软件系统方案……21

2.3　控制过程及工作原理……22

2.4　PCI 运动控制卡……24

2.4.1　运动控制卡的基本组成……26

2.4.2　运动控制卡的性能评价……28

2.4.3　运动控制卡的功能及工作方式……30

2.4.4　运动控制卡的选型……34

2.5　Visual C++6.0 环境下控制系统开发步骤……35

复习题……35

第 3 章　数控机床运动控制的主要部件……36

3.1　工控机及选型……36

3.2　伺服单元及选型……39

3.2.1　伺服驱动……39

3.2.2　伺服单元的类型……43

3.2.3　伺服驱动器的主要特性……46

3.2.4　伺服驱动器的选用原则……48

3.3 伺服电动机 …… 49
3.3.1 伺服电动机的分类及特点 …… 49
3.3.2 伺服电动机的性能指标和参数 …… 55
3.3.3 伺服电动机的选用原则与计算 …… 57
3.4 机械与反馈装置 …… 58
3.4.1 数控机床主体结构的特点及要求 …… 58
3.4.2 数控机床主轴部件 …… 59
3.4.3 数控刀柄 …… 60
3.4.4 数控机床导轨 …… 62
3.4.5 数控回转工作台 …… 63
3.4.6 检测反馈装置 …… 64
3.5 低压电器及接线板 …… 72
3.5.1 常用低压电器技术指标 …… 72
3.5.2 低压电器的特性和应用范围 …… 78
3.5.3 接线板的工作要求 …… 95
复习题 …… 96
第 4 章　数控机床的硬件系统搭建 …… 97
4.1 机械结构方案设计 …… 97
4.1.1 硬件配置与连接方法 …… 97
4.1.2 机床本体的整体设计 …… 98
4.1.3 主要部件安装与平台搭建 …… 112
4.2 电气控制系统与 PLC 设计 …… 117
4.2.1 数控机床电气控制系统的组成 …… 117
4.2.2 电气控制电路的设计 …… 123
4.2.3 运动控制系统的接线 …… 124
4.2.4 PLC 编程 …… 132
4.3 数控机床的验收 …… 136
复习题 …… 140
第 5 章　经济型数控系统控制功能的开发与调试 …… 141
5.1 运动控制卡的安装及驱动 …… 141
5.1.1 运动控制卡的安装 …… 141
5.1.2 运动控制卡的驱动 …… 143
5.2 初始参数的设置 …… 146
5.2.1 脉冲设置 …… 146
5.2.2 计数设置 …… 147
5.2.3 限位及急停设置 …… 148

5.2.4 回原点设置 …… 150
5.2.5 I/O 设置 …… 152
5.3 运动控制卡的通信建立 …… 152
5.4 控制系统开发方法简介 …… 154
5.4.1 Windows 平台下控制系统功能结构 …… 154
5.4.2 控制软件操作界面开发 …… 156
5.4.3 控制卡初始化参数及接口函数调用 …… 158
5.4.4 数控系统译码功能的开发 …… 158
5.4.5 运动控制功能的实现 …… 164
5.4.6 特殊信号相关函数 …… 165
5.4.7 数控系统仿真功能的开发 …… 166
5.5 其他控制功能简述 …… 170
5.5.1 扩展模块功能 …… 170
5.5.2 锁存功能 …… 171
5.5.3 “帮助”功能 …… 172
5.6 数控系统的调试 …… 173
5.6.1 驱动调试 …… 173
5.6.2 机床调试 …… 178
复习题 …… 179
第 6 章 三轴铣床典型运动方式应用实例 …… 180
6.1 功能分析 …… 180
6.1.1 商用数控系统界面功能分析 …… 180
6.1.2 数控系统开发的功能分析 …… 181
6.2 系统功能实现基础 …… 181
6.2.1 机床的限位与急停 …… 181
6.2.2 回原点运动 …… 184
6.2.3 轴 I/O 的映射 …… 187
6.2.4 单轴运动与速度控制 …… 188
6.2.5 多轴运动控制 …… 194
6.2.6 手轮运动 …… 198
6.3 功能实现的实践 …… 201
6.3.1 经济型数控铣床操作界面 …… 201
6.3.2 操作界面的功能分析 …… 201
6.3.3 实际操作过程中可能遇到的问题 …… 209
6.4 数控系统功能验证 …… 211
复习题 …… 211

第 7 章 数控机床故障排除与维护 …… 212

7.1 电气控制系统故障 …… 213

7.1.1 电磁式电器共性故障判别与维修 …… 215

7.1.2 低压电器故障检测与维修 …… 217

7.1.3 供电设备和线缆故障判别与维修 …… 218

7.2 软件系统故障 …… 222

7.2.1 运动控制系统通信故障 …… 223

7.2.2 应用软件运行异常 …… 223

7.2.3 运动控制卡驱动失败 …… 223

7.2.4 运动控制函数库失效 …… 225

7.3 数控机床工作环境要求与日常维护 …… 226

复习题 …… 231

参考文献 …… 232

第1章　概　　论

近年来，数控技术越来越受到重视，数控系统也在不断地完善。随着科学技术的飞速发展和经济竞争的日趋激烈，产品更新速度越来越快，多品种、中小批量生产的比重明显增加。同时，随着航空工业、汽车工业和轻工业产品的高速增长，复杂形状的零件越来越多，精度要求也越来越高。此外，激烈的市场竞争要求产品研制生产周期越来越短，传统的加工设备和制造方法已难以适应这种多样化、柔性化与复杂形状零件的高效、高质量加工要求。因此世界各国十分重视发展能有效解决复杂、精密、小批多变零件加工的数控加工技术。

数控技术是制造业实现自动化、柔性化、集成化生产的基础，现代的 CAD/CAM（Computer Aided Design/Computer Aided Manufacturing）、FMS（Flexible Manufacture System）、CIMS（Computer Integrated Manufacturing Systems）、智能化技术等，都是建立在数控技术之上的，离开了数控技术，先进制造技术就无从谈起。同时，数控技术是关系到国家战略地位和体现国家综合国力水平的重要基础性产业，其水平高低是衡量一个国家制造业现代化程度的核心标志，实现加工机床及生产过程数控化，已经成为当今制造业的发展方向。专家们曾预言：机械制造的竞争，其实质就是数控的竞争。

随着电子技术、信息技术的不断发展，大规模定制、面向订单生产、快速更新加工工艺与生产能力、缩短产品生命周期与供应链、产品多样化与个性化已成为新型制造系统的主要特点，并且对制造系统的核心部件——数控系统，提出了更高的技术要求，如超高速、超精密、集成、复合、智能化等。如今的数控技术，可以采用超硬材料的刃具，通过极大地提高切削速度和进给速度来提高材料切除率、加工精度和加工质量。加工精度方面已进入亚微米级加工阶段，且正在向纳米级加工技术发展。智能制造也逐渐由理论走向实际，它是一种由智能机器和人类专家共同组成的人机一体化智能系统，在制造过程中能进行智能活动，诸如分析、推理、判断、构思和决策等。通过人与智能机器的合作共事，去扩大、延伸和部分地取代人类专家在制造过程中的脑力劳动，并对人类专家的制造智能进行收集、存储、完善、共享、继承和发展。

机床的运动控制性能直接影响到机床的加工精度和加工效率，要提高该性能，必须保证机床的硬件具备良好的特性，例如尺寸精度、几何精度、可靠性、刚度、强度等；另外，机床的控制系统也应具有丰富的功能，如实现对定位精度及空间精度的补偿、对运动轨迹的前瞻控制等。

制造业是国民经济的主体，是立国之本、兴国之器、强国之基。在全球制造业格局面临重大调整，我国经济发展环境发生重大变化，建设制造强国任务艰巨而紧迫的情况下，我国提出了实施制造强国战略第一个十年的行动纲领《中国制造 2025》。在未来更加注重创新、更加注重质量、更加注重绿色发展的制造业中，数控技术必将占有很重要的一席之地。

1.1　运动控制概述及组成

运动控制一般是指在比较复杂的条件下，将设定的控制目标转变为期望的机械运动。运动控制系统是将被控制的机械运动实现精确的位置控制、速度控制、加速度控制、力或力矩的控制，以及对这些被控制机械量实现综合控制。运动控制技术涵盖了微电子技术、计算机技术、检测技术、控制技术、伺服驱动技术等工业控制的最新技术，是自动化技术的重要组成部分。

传统的运动控制就是电气传动。早期的电气传动是直流电气传动。随后出现直流调速系统。但直流电动机结构复杂，成本较高，电刷和换向器的维护工作量较大。20 世纪 60 年代研制出了交流变频器，使交流调速系统具有了高精度、大量程、快速反应等技术性能，达到了直流调速系统水平。另外，交流调速产品的成本和维护费用较低，所以目前的调速产品 80% 以上均采用交流调速技术。21 世纪，工业制造业开始采用“大量生产方式”的新技术，即在零件加工中大量使用专用机床，在装配工序中采用流水线作业，形成了“刚性生产线”。在这期间，运动控制技术逐渐从位置控制、速度控制发展到加速度控制和运动轨迹控制等。运动控制系统通过单轴或多轴控制使机械零部件在空间的运动轨迹符合控制要求，或者在被加工零件的表面形成复杂的曲面。

对于数控技术的载体数控机床，在国内一般指的是计算机数控（Computer Numerical Control，CNC）机床和加工中心(Machining Center，MC)。计算机数控机床用小型或微型计算机代替普通数控机床的专用计算机，用可编程逻辑电路代替普通数控机床的固定逻辑电路。由于存储在计算机内的控制程序是可以改变的，只要改变控制程序，即可改变控制功能。因此，CNC 机床比普通机床具有更大的通用性和灵活性，如图 1-1 所示。

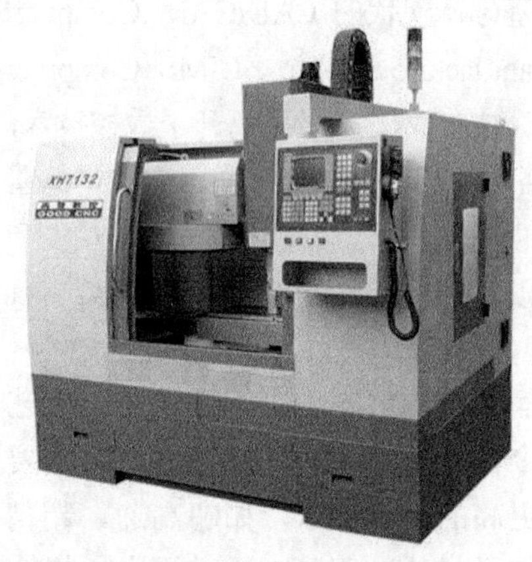

图 1-1　计算机数控机床

计算机数控机床的特点如下。

(1) 存储容量大。可同时存储数十个或更多零件的加工程序，以便根据需要逐一调用。

(2) 可对零件原有的加工程序直接修改和编辑。

(3) 控制功能强。控制机床部件和元件的运动数目可达 10 多个或更多；可进行加工过程的图形显示；可利用诊断和监测程序在加工过程中进行故障检测并显示停机原因，以加快维修工作。

(4) 某些 CNC 机床在加工过程中，还可为其他待加工零件编制加工程序。

加工中心是具有自动刀具交换系统和自动工作台交换系统的多功能数控机床，在工件一次装夹后可自动转位、自动换刀、自动调整转速和进给量、自动完成多工序的加工。加工中心的种类很多，最主要的有用于加工箱体类零件的立式和卧式镗铣加工中心，以及用于加工回转体零件的车削加工中心。图 1-2 所示为卧式镗铣加工中心，它可对工件自动进行铣、镗、钻、扩、铰及攻螺

图 1-2　卧式镗铣加工中心

纹等多种加工。图 1-2 中加工中心的自动刀具交换系统由回转刀具库和机械手组成。刀库中可容 40～80 把刀具，每把刀具都有编号，当一种刀具工作完成后，机床主轴停止转动并上升至换刀位置，主轴孔内的刀具夹紧机构自动松开，机械手即可将已用的刀具取下，换上下一种加工所需的刀具，继续进行切削加工直至工件所有表面加工完毕。

加工中心由于可以实现多功能的自动化和多种加工，从而可大大简化工艺设计，减少零件运输量，提高设备的利用率和生产率，并可简化和改善生产管理。此外，还可以利用其他计算机与加工中心的接口直接进行通信，将计算机中的加工信息直接输入加工中心。这为实现 CAD、CAPP (Computer Aided Process Planning) 和 CAM 一体化提供了重要的支持。

数控加工对于产量小、品种多、产品更新频繁、要求生产周期短的零件加工有明显的优越性，因而应用广泛。目前数控加工的种类有很多，如数控车、数控铣、数控钻、数控镗、数控磨和数控电火花线切割等，它们的加工特点如下：

(1) 具有灵活加工的适应性。改变加工对象时，除装夹新工件及更换刀具外，只需重新编程便可自动地完成新零件的加工。

(2) 能加工普通机床难以加工的形状复杂的零件，避免了人工操作的误差并保证加工精度。闭环控制系统(有反馈设置)比开环控制系统(无反馈设置)有更高的加工精度和重复性。

(3) 能有效地减少生产准备时间，提高机床的利用率，缩短新产品的研制周期。

(4) 可减轻劳动强度、改善劳动条件、提高生产率。

计算机数控技术是现代制造技术的基础，数控系统是数控技术的核心，也是数控发展的关键技术，其功能强弱、性能优劣直接影响着数控设备的加工质量和效能发挥，对整个制造系统的集成控制、高效运行、更新发展都具有至关重要的影响。数控系统支配并决定数控机床的运动，实现了对机床的运动控制。

1.2　运动控制系统及需求

运动控制的实现是建立在生产自动化的基础上的。随着计算机的普遍应用，在制造企业中出现了许多自动化系统，如由多台数控加工设备、机器人以及物料储运系统集成的柔性制造系统。借助计算机辅助设计(CAD)的二维及三维图形制定出计算机辅助工艺计划(CAPP)，然后由 CAM 自动形成数控代码，最后由 FMS 完成产品的制造。

发展到现在，运动控制系统的定义可以定为以机械运动的驱动设备——电动机为控制对象，以控制器为核心，以电力电子功率变换装置为执行机构，在自动控制理论的指导下组成的电气传动自动控制系统。这类系统控制电动机的转矩、转速和转角，将电能转换为机械能，实现运动机械的运动要求。对运动控制器进行简化和提炼，就形成了运动控制卡。

数控机床的运动控制系统有三种基本类型：定位控制、直线控制和轮廓控制。在定位控制中，控制系统的目的是将刀具移动到预定的位置。在这类控制里完成运动的速度和路径并不重要，机床一旦达到预定位置，机械加工操作就在此处被完成。直线控制系统是控制刀具以一个适当的速度作平行于某一直角坐标轴的运动。轮廓控制是数控系统中最复杂、最灵活和成本最高的机床控制形式，它既有定位控制的功能，也有直线控制的功能。轮廓控制的一个最显著的特点是它能同时控制机床多于一个坐标轴的移动，即能连续地控制切削刀具的运动轨迹，加工出工件所要求的几何形状。因此轮廓控制也被称为连续轨迹控制。轮廓控制能加工出任何方向的直线、平面、曲线，也能加工出圆、圆锥曲线以及各种能用数学方式定义的图形。定位控制是数控机床切削刀具与被加工工件之间的一种最简单的控制方式，而轮廓控制则是一种最复杂的控制方式。

时至今日，国外的数控技术已相对成熟，技术含量高，产品附加值大。国外数控系统厂家一贯注重创新与研发，其产品的总体发展趋势如下：①新一代数控系统向 PC 化和开放式体系结构方向发展。②驱动装置向交流、数字化方向发展。③增强通信功能，向网络化发展。④数控系统在控制性能上向智能化发展。

国外掌握着先进数控系统制造技术的厂家有很多，熟知的有德国的西门子、日本的法那科等。

西门子较早地敏锐捕捉到数控机床业界对开放性的需求，率先开放 NC 数控自定义功能，公布 PC、PMC(Programmable Machine Controller)开放式软件包，为其赢得广大的原始设备制造商(OEM)奠定了基础，使其产品在很多数控设备上得到了应用。目前西门子数控系统(见图 1-3)的主要产品有：SINUMERIK 840Di 系统、SINUMERIK 840D sl 系统和 SINUMERIK802D sl 系统等。

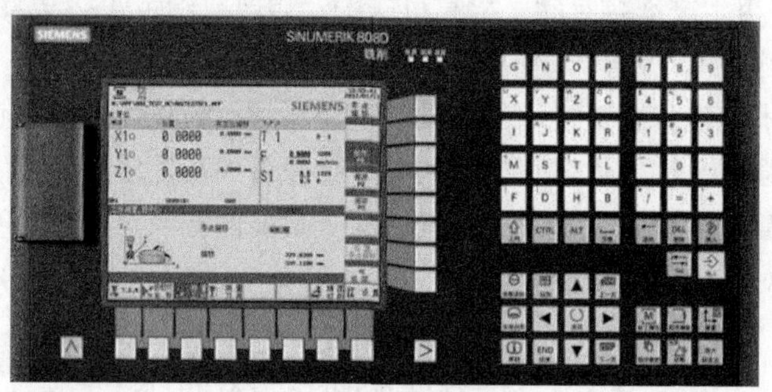

图 1-3　西门子数控系统

结合西门子这几款控制系统，可以发现有着 50 多年数控系统控制经验的西门子公司旗下的数控产品有以下几个特点。

(1) 产品性能优越。例如 840D sl 集成了 SIMATIC S7-300 PLC 系统，与结构紧凑、模块化设计的 SINAMICS S120 驱动系统相结合，可匹配同步电动机、异步电动机或直线电动机，并且为用户提供了高效的网络集成功能，从而发挥机床和车间生产线的最大效力。

(2) 类型覆盖面广。西门子有适于模拟驱动器和工艺创新的理想控制器 SINUMERIK 802C，有结构简单、调试简单并且全数字驱动的中低档系统 SINUMERIK 802D，还有总体性能介于 SINUMERIK 802D sl 与 SINUMERIK 840D 之间的 SINUMERIK 828D。

(3) 模块化结构易于安装。例如 SINUMERIK 840D sl 所配套的驱动系统接口采用西门子公司全新设计的可分布式安装以简化系统结构的驱动技术，这种新的驱动技术所提供的 DRIVE-CLiQ 接口可以连接多达 6 轴数字驱动。外部设备通过现场控制总线 PROFIBUS DP 连接。这种新的驱动接口连接技术只需要最少数量的几根连线就可以进行非常简单而容易的安装。SINUMERIK840D sl 为标准的数控车床和数控铣床提供了完备的功能，其配套的模块化结构的驱动系统为各种应用提供了极大的灵活性。

(4) 技术创新性强。SINUMERIK 840D sl 的各种功能体现了西门子公司最新的产品创新技术。例如，高度开放的 HMI (Human Machine Interface) 和 NCK (Numerical Control Kernel) 能满足不同客户的个性化需求，利用 SINUMERIK MDynamics (3 轴/5 轴) 铣削工艺包、优异的同步功能，80 位浮点数纳米 (NANOFP) 计算精度、空间补偿系统 (VCS) 等创新技术可以实现最佳的加工质量。

日本 FANUC (法那科) 公司的数控系统 (见图 1-4) 具有高质量、高性能、全功能、适用于各种机床和生产机械的特点，在市场上具有极高的占有率。法那科数控系统的特点如下。

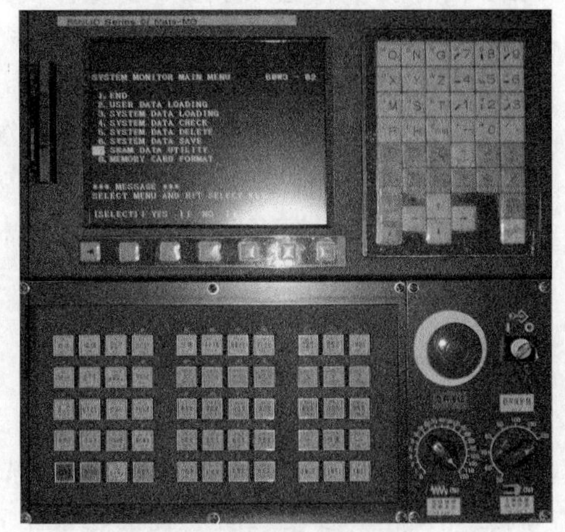

图 1-4 FANUC 数控系统

(1) 模块化结构易于拆装。各个控制板高度集成，可靠性高，且便于维修、更换。

(2) 提供大量丰富的 PMC 信号和 PMC 功能指令。这些丰富的信号和编程指令便于用户编制机床侧 PMC 控制程序，增加了编程的灵活性。

(3) 具有较强的 DNC 功能。系统提供串行 RS232C 传输接口，使通用 PC 计算机和机床之间的数据传输能方便、可靠地进行，可实现高速 DNC 操作。

(4) 可控制轴数多。例如，FANUC 30i MODEL A 型数控系统的软件可配合控制 40 轴，24 轴联动控制，同时执行 10 个不同的 CNC 程序。

西门子和法那科数控系统都是比较知名的品牌，两者的数控系统都发展的较早，一直占据着中国数控系统的高中档市场。就价格而言，对于具有相同或相似功能的同一档次的两种品牌的产品，西门子要稍显昂贵一点，但后期的养护维修简单一点，费用也少一点。法那科在购买时相对较便宜，但一旦出现问题，需要维修时所需维修费用较高。在系统功能方面，法那科是功能按键操作，西门子是荧屏窗口操作，对于不同习惯的人，这两种操作方式各有利弊。再有，法那科由于固化硬件较多，安装调试复杂一点，西门子由于是安装型系统，调试起来就较容易。法那科数控系统很适合中国的电网环境，而西门子对电网的要求非常高，这在使用中增加了电网维护方面的费用。

我国的数控技术起步尚不算晚，但最初阶段只是封闭式的开发阶段，进展远没有国外的数控技术发展快，差距也渐次拉开。但是随着制造业的兴起，数控制造技术得到了很大的进步，获得了较快的发展。现已基本掌握了现代数控技术，建立了数控开发、生产基地，培养了一批数控专业人才，初步形成了自己的数控产业。目前，国内较具规模的数控企业有华中数控、广州数控等，生产了具有中国特色的经济型、普及型数控系统。

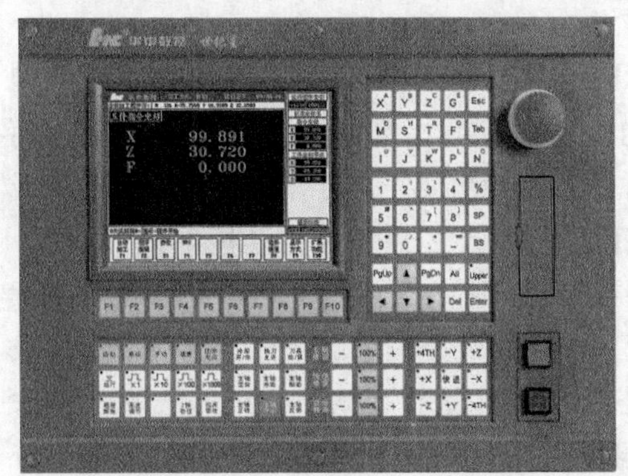

图 1-5 华中“世纪星”数控系统

华中“世纪星”数控系统 (见图 1-5) 在功能和配置方面远优于国外普及型数控系统。特别是在多轴 (9 轴) 联动、三维图形显示、动态仿真、大容量程序内存、双向螺距补偿、汉字界面、网络功能、开放体系结构等配置方面，已达到国外高档系统的水平。华中“世纪星”系列数控系统包括世纪星HNC-18i、HNC-19i、HNC-21和HNC-22四个系列产品，均采用工控机(Industrial Personal Computer，IPC)作为硬件平台的开放式体系结构的创新技术路线，充分利用PC软、硬件的丰富资源，通过软件技术的创新，实现数控技术的突破。例如，大容量存储器、高分辨率彩色显示器、多媒体信息交换、联网通信等技术，使数控系统可以伴随PC技术的发展而发展，从而长期保持技术上的优势。

广州数控成立于1991年，公司致力于提供先进的机床数控系统、伺服驱动、伺服电动机“三位一体”的成套解决方案。近年来公司先后投产了GSK983M-V、GSK980MD铣床数控系统、GSK980TDa、GSK928TEII、GSK980TB1、GSK218TB车床数控系统、DAP03主轴伺服驱动、ZJY208、ZJY265主轴伺服电动机等产品。最新研发的GSK218MC系列加工中心系统的最大控制轴数为12轴，联动轴数为5轴，PLC控制轴数为3轴，可适配加工中心、磨床、滚齿机、螺杆铣、等离子切割等机床，采用高速样条插补算法，使加工精度、速度、表面粗糙度得到大幅度的提升。

国产数控系统在近几年升级换代很快，在高端市场也取得了跨越式进展，但只占据小部分特殊的行业市场，大部分数控产品的市场还是被国外品牌占据。与国外的差距主要在高速、高精、多通道等软件的功能上，以及配套的电主轴、直线电动机、力矩电动机等功能部件。

目前就我国市场的经济型数控系统来说，国产性价比高，而国外系统不能及时维修、维修费用相对较高，性价比低。国内外普及型数控系统在技术性能上差别不大，都可以实现4联动控制及各种曲线插补功能。国产系统开放性好，可根据实际情况扩展功能，便于进行二次开发，与国外系统差距主要在硬件的稳定性、可靠性，以及配套驱动和电动机的性能。

随着我国制造业的不断发展，人们对产品的质量要求和精度要求都在不断地提高。这就给数控机床的发展和使用带来了广阔的空间。然而不管是国外还是国内的数控机床，其价格动辄就是十几万到几十万，这对一些对精度要求不是十分苛求，而且是小批量生产的厂家而言，这无疑是一笔巨大的成本。而且在很多情况下，厂家需要的数控机床的性能比较单一和特殊，标准机床多余的作用不但没有得到应用，反而增加了成本。在科学技术飞速发展、产品需求水平提高和制造业全球化趋势加剧的今天，对数控机床的多品种小批量的需求趋势也日益明显。传统的数控企业可能无法顾及众多不同需求的厂家对机床的特殊要求。这就使非标准设备的制造有了很大的市场，并且是不少厂家的迫切需求。

图1-6　搭建的非标数控机床

非标准设备简称为非标设备，是指不是按照国家颁布的统一的行业标准和规格制造的设备，而是根据自己的用途需要，自行设计制造，且外观或性能不在国家设备产品目录内的设备。

购买数控机床各个部件，然后再自行将各个部分总装起来，完成数控机床的搭建，这对于节省成本甚至是掌握机床使用性能及后续的维修都是非常有意义的(见图1-6)。由于数控机床中数控系统所占的费用比较大，购买现成的整套商用数控系统就和购买整个现成的数控机床的费用相差无几。所以如果购买数控机床时成本和特殊要求是考虑的首要因素，那么购买数控系统各部分的非标设备然后再总装是明智选择。

随着微处理器芯片应用到计算机数控系统上，计算机的价值在数控系统上得到充分体现，现在的不少数控系统生产商几乎直接将PC应用到数控机床中，充分利用PC软、硬件的丰富资源。数控系统的一种比较经济的构成方法是将PC与包含插补、加减速控制等函数的运动控制卡结合起来而共同实现对数控机床的控制。

通过PC机上的扩展槽，如PCI（Peripheral Component Interconnect）插槽将运动控制卡或整个CNC单元插入到计算机中。这种结构的数控系统开发较灵活，运动控制卡上有丰富的API函数库，能实现直线或圆弧插补等多轴联动。PC机作非实时处理，实时控制由运动控制卡或CNC单元来承担。此外，运动控制卡还提供很多通用的I/O接口，用户可以根据自己的加工环境和需求来分配各运动轴，还可以在PC机上开发自己的软件控制系统。基于运动控制卡的数控硬件系统如图1-7所示。

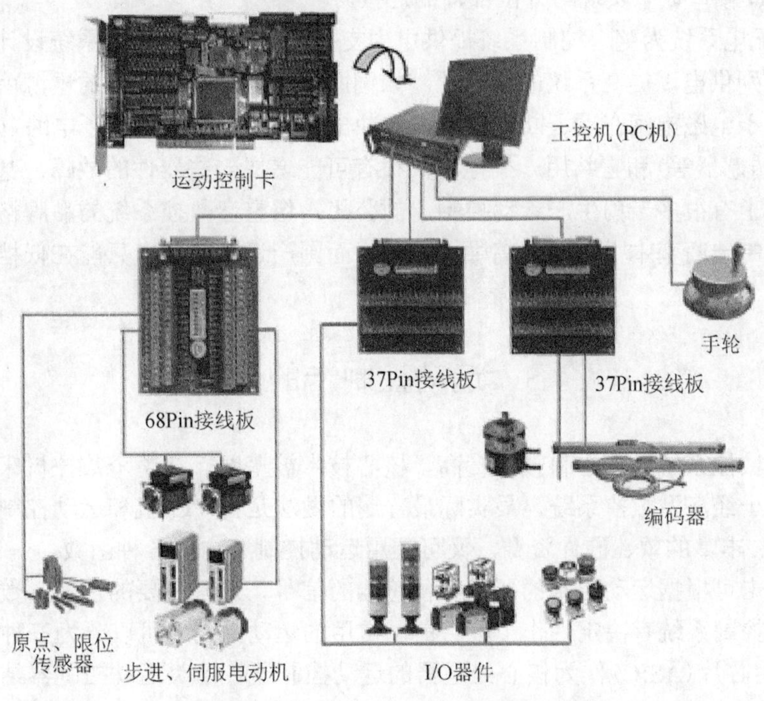

图1-7　“PC+运动控制卡”硬件系统

(1)PC机为上位机，运动控制器为下位机。PC机通过通信总线与运动控制器进行通信。常用的通信接口有PCI、USB接口，串行通信接口等。其中PCI接口通信最为可靠，实时性最好。USB接口虽然比串行接口速度快，但抗干扰能力差一些，容易掉线。此外，还有以太网接口、CAN总线接口等。运动控制系统的上位机程序在PC机上运行。人机交互界面、系统参数配置、数据管理、复杂控制模型的解算、系统运动状态的监控保护等功能都由该程序来实现。这部分程序需要用户自己进行开发。

(2)运动控制器的功能可分为运动控制功能和I/O功能两大部分。运动控制功能部分通过编码器反馈通道、D/A输出通道以及脉冲输出通道与外部驱动控制设备相连接，伺服电动机与驱动控制卡构成一个控制回路。伺服电动机一般都有编码器，电动机驱动器通过编码器获得电动机转子的位置信息，从而可以对电动机进行精确控制。同时，电动机驱动器又将该位置信号通过编码器反馈通道反馈给运动控制器，由运动控制器对该信号进行处理，调整控制信号的输出。D/A 输出通道和脉冲输出通道均是控制信号的输出通道。伺服电动机驱动器通常支持两种控制方式：模拟量控制和数字脉冲控制。D/A 输出通道一般输出的是标准电压信号(-10V～+10V)。在速度控制或力矩控制中常用这种控制方式，这时，应将运动控制器的 D/A 输出通道与电动机驱动器的控制信号输入端连接在一起。一般在对运动控制系统进行位置控制时最常用的是“脉冲+方向”控制方式。在该方式中由脉冲(PULSE)信号来控制位置，由方向(DIR)信号来控制运动方向。为了增强抗干扰能力，脉冲信号、方向信号以及编码器信号都采用差动方式，由屏蔽双绞线进行传送。

整个运动控制系统中所涉及的外部辅助器件，如限位开关、行程开关、编码器、光栅尺以及继电器、接触器、信号指示灯等都与运动控制器的 I/O 功能部分相连接。一些运动控制器的 I/O 接口部分没有集成在运动控制器的主板上或主板上只集成有限的 I/O 端口，这就需要通过扩展 I/O 接口板来实现与外围部件的连接。

(3)低压配电系统为整个控制系统提供电力支持。在进行低压配电系统设计时要注意不同类型部件应分别供电以提高系统的可靠性。如伺服电动机中电磁抱闸的电源就应该单独配置一路电源。由于电磁抱闸在通、断时有较大的冲击电流，如果其他电子电路(如运动控制器、I/O 接口板、传感器等)和它共用一个电源，很有可能造成一些器件的故障，甚至损坏。

现在市场上有很多专门生产运动控制卡的公司，像整套数控系统的品牌格局一样，国外的运动控制卡制造商基本上垄断了高中档市场，而国产运动控制卡只能在低档技术层面抢占有限的市场。

1.3　运动控制卡的分类

商业化的数控系统，由于科技含量高，核心技术被垄断，在整个数控机床中所占的成本比例较大。对于经济型数控系统，最实际最普遍的做法是将 PC 机和运动控制卡结合起来，既充分利用 PC 丰富的软、硬件资源，又可调用运动控制卡内的各种函数。

运动控制卡可根据运动控制的要求和传感器的信号，进行必要的逻辑、数字运算，其性能好坏对整个控制系统有决定性作用。目前，常用的运动控制卡可以分为三种类型：

(1)以专用芯片(ASIC)作为核心处理器的运动控制器。这类运动控制器结构比较简单，大多只能输出脉冲信号，工作在开环控制模式。这类控制器对单轴的点位控制是基本满足要求的，但不能满足高速多轴协调运动和轨迹插补控制的需求。

(2)以单片机或微处理器作为核心的运动控制器。这类运动控制器的精度不高，成本相对较低。在一些只需要低速点位运动控制和对轨迹要求不高的轮廓运动控制场合应用。

(3)基于总线的以 DSP(Digital Signal Processing)和 FPGA(Field-Programmable Gate Array)作为核心处理器的开放式运动控制卡。其充分利用了 DSP 的高速数据处理功能和 FPGA 的超强逻辑处理能力，具有多轴协调运动控制及轨迹规划的能力，可实现实时误差补偿、伺服滤波算法。这类运动控制卡以 DSP 芯片作为运动控制卡的核心处理器，以 PC 机作为信息处理平台，构成“PC+运动控制卡”的模式。这种方案将 PC 机的信息处理能力和开放式的特点与运动控制卡的运动轨迹控制能力有机地结合在一起，具有信息处理能力强、高度的开放性、精确的轨迹控制、良好的通用性等特点。

第一类运动控制器由于其性能的限制，只能占有小份额的市场，主要应用于一些单轴简单运动的场合，往往还面临同PLC厂商提供的定位控制模块的激烈竞争。第二类运动控制器因其结构简单、成本低，占有一定的市场份额。目前市场上主要采用第三类运动控制器来满足一系列运动控制需求。对于经济型数控机床的搭建，既要充分满足一定的运动控制功能，又要将成本控制在一定范围内，所以基于PC总线的以DSP和FPGA作为核心处理器的开放式运动控制卡是数控系统搭建的最佳选择。以下就这类运动控制卡按其不同的方面分别进行介绍。

1.3.1 基于PC总线的运动控制卡

所谓总线就是在模块和模块之间或设备与设备之间的一组进行互连和传输信息的信号线，信息包括指令、数据和地址。对于连接到总线上的多个设备而言，任何一个设备发出的信号可以被连接到总线上的所有其他设备接收。如果两个以上的设备同时在总线上发出自己的信号，则会发生信号混乱。因此，在同一时间段内，连接到总线上的多个设备中只能有一个设备主动进行信号的传输，其他设备只能处于被动接收的状态。

计算机的总线按其层次结构来分，可以分为4类。需要指出的是，随着计算机技术的发展，总线的功能也形成了交叉，所以这里的4级总线的分法仅供参考。

1. CPU总线

CPU总线也称为主总线(Host Bus)，位于微处理器的内部，作为ALU和各种寄存器等功能单元之间的相互连接。目前，CPU总线也开始分布在CPU外，提供系统原始的控制和命令等信号，是计算机系统中速度最快的总线。

2. 局部总线

局部总线是在CPU总线和系统总线之间的一级总线，如PCI总线，它的一侧直接面向CPU总线，另一侧面向系统总线，分别由桥片连接。由于局部总线是直接连接CPU总线的I/O总线，因此外部设备通过它可以快速地与CPU之间进行数据交换。

3. 系统总线

系统总线又称为I/O通道总线，是用来与扩展槽上的各种扩展卡相连接的总线。比如，ISA（Industry Standard Architecture）总线和EISA总线等。以前计算机系统主要是利用系统总线来连接扩展卡，现代计算机系统为了加快总线速度，多用局部总线PCI来连接扩展卡，保留的系统总线主要还有ISA总线。

4. 通信总线

通信总线也有称为外部总线的，是计算机系统之间或计算机与外部设备之间进行通信的总线。如计算机和计算机之间可以使用RS232C总线，计算机和智能仪表之间可以使用IEEE—488总线，以及现代计算机上很流行的USB和IEEE 1394通用串行总线。

由于数控系统采用的是将运动控制卡通过扩展槽插入PC来组成一个控制整体，所以运动控制卡与PC机之间的连接以前是通过系统总线现在是通过局部总线来完成的。

PC/104是一种专门为嵌入式控制而定义的工业控制总线，近年来在国际上广泛流行，是

ISA (IEEE-P996) 标准的延伸，是一种优化的、小型堆栈式结构的嵌入式控制系统。标准的 PC 兼容体系结构大大减少了软件工程师的工作量。PC/104 具有非常灵活的模块化配置功能，开发者可以根据自己的需求，准确选择他们所需要的功能模块，用于构建自己的系统。

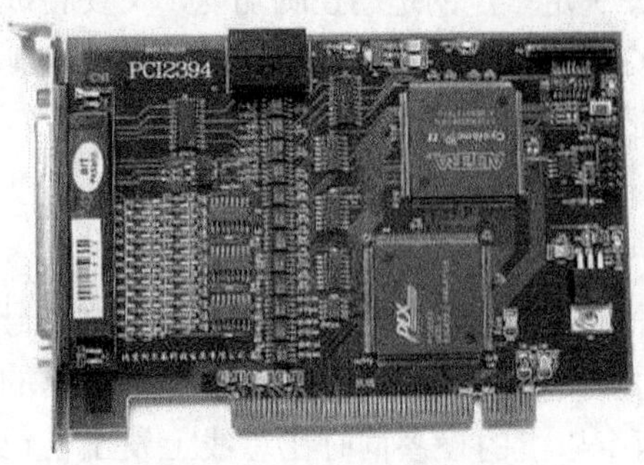

图 1-8　PCI 总线运动控制卡

PCI 总线是目前个人电脑中使用最为广泛的接口，是 Intel 公司推出的一种先进的高性能 32/64 位局部总线，几乎所有的主板产品上都带有这种插槽。由于 ISA 自身的缺陷，已经逐步被 PCI 总线所替代，开发基于 PCI 总线的运动控制器是数控系统发展的一个新要求。

PCI 运动控制卡是指基于 PCI 总线的高集成度、高可靠度的运动控制板卡，可控制多个步进电动机或伺服电动机，如图 1-8 所示。

1.3.2　DSP 和 FPGA 运动控制卡

DSP 运动控制卡是基于数字信号处理器为核心的控制卡。前已述及，如果按核心处理器来划分，运动控制卡大致可分为三类：基于单片机型、基于专用控制芯片型和基于数字信号处理器型(原理如图 1-9 所示)。

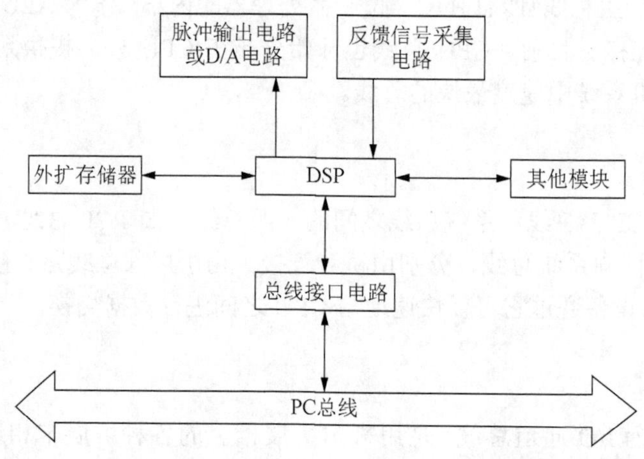

图 1-9　基于 DSP 的运动控制卡原理框图

随着数控机床等对电动机定位精度和速度精度要求的不断提高，以 MCS51 单片机为代表的单板单片机已无法满足控制系统的要求。20 世纪 90 年代，美国 TI 公司推出了系列信号处理器，为实现体积小、功耗低、高可靠性和高精度的电动机数字化控制系统提供了可能。因 DSP 的计算速度优势，可实现拖动系统的自适应控制、模糊控制及人工神经网络控制，使系统的控制品质大幅度提高。

目前，采用 DSP 为核心、结合 FPGA/CPLD 逻辑可编程器件的灵活性而设计完成的运动控制器，已成为伺服运动控制系统的主流。首先，DSP 以其不适应频繁中断、擅长深度处理而著称，而运动控制器的特点恰恰又是中断源少控制算法复杂。基于以上理由，在伺服运动控制器中，DSP 已取代单片机。其次，FPGA/CPLD 逻辑可编程控制器件的灵活性使其在多 CPU 架构的联系中发挥了越来越重要的作用。基于 PC 板卡的伺服运动控制系统的结构限制了运动控制器的物理尺寸，其中复杂的逻辑和时序电路的转换又需要多种TTL集成电路，器件越多，故障点就会越多，会给系统带来多种不稳定因素。FPGA/CPLD逻辑可编程器件的应用正好提供了解决方案。

1.4　运动控制技术的应用

运动控制技术正在不断地深入到国民经济和国防建设各个领域并迅速地向前推进，其应用范围已经涵盖了机床、汽车、仪表、家用电器、轻工机械、纺织机械、包装机械、印刷机械、冶金机械、化工机械、工业机器人及智能机器人等几乎所有的工业领域。归纳起来主要有以下几个方面。

(1)加工机械。无心磨床、EDM(Electrical Discharge Machining)机床、激光切割机、水射流切割机、磨床、冲压机床、快速成型机、加工中心、铣床、车床、镗床、钻床、刨床等。

(2)机器人。焊接机器人、装配机器人、搬运机器人、喷涂机器人、农业机器人、空间机器人、水下机器人、医疗机器人、建筑机器人、助残机器人、服务机器人、多指机械手、行走机器人、移动机器人等。

(3)制造业与自动组装线。粘接分配器、发射台伸展臂、高速标签印刷机、玻璃注入炉、包装机、芯片组装、焊接机、软管纺织机、光纤玻璃拉伸机、龙门式输送臂、玻璃净化炉、标签粘贴机、包装机械等。

(4)材料输送处理设备。纸板箱升降机、装设运转带驱动器、核反应棒移动器、食品加工机、自动仓库、搬运机械、印刷设备、挤出成型机、码垛机等。

(5)半导体制造与测试。晶片自动输送、盒带搬运、电路板路径器、IC插装机、晶片探针器、抛光机、晶片切割机、清洗设备等。

(6)军事航空宇宙。自行火炮与坦克等武器的火控系统、车(船)载卫星移动通信、飞机的机载雷达、天线定位器、激光跟踪装置、天文望远镜、空间摄影控制等。

(7)测试与测量。坐标检测、齿轮检测、进给部分检测器、键盘测试器、显微镜定位器、印刷电路板测试、焊点超声波扫描仪等。

(8)食品加工。食品包装、家禽修整加工机、精密切肉机等。

(9)医疗设备。人工咀嚼仿真机、血压分析仪、测步仪、尿样测试机、医疗图像声呐等。

(10)纺织机械。自动织袋机、毛毯修饰机、地毯纺织机、被褥缝制机、绗缝机、绕线机、编织机等。

以工业机器人为例，工业机器人(Industrial Robot)是一种能自动检测、可重复编程、多功能、多自由度的操作机。它能根据需要改变动作顺序和行程大小，搬运材料、工件或操持工具完成各种作业，应用灵活，适应性强。工业机器人在柔性自动化系统中承担着运送和装卸工件等多项工作，并能作为操作机完成装配、焊接、浇注、喷涂等其他工作。

图1-10　机器人结构

机器人由控制系统、驱动系统和执行机构三部分组成，其结构如图1-10所示。

(1)控制系统。包括计算机、运动控制卡、传感器、检测元件、信号处理电路以及操纵台和示教盒等。

(2) 执行机构。包括机身、手臂、手腕、行走机构和末端执行器。末端执行器包括手爪、焊钳及喷枪等。手爪又有外夹式、内撑式、托持式和吸附式(用真空吸盘或磁性吸盘)几种。

(3) 驱动系统。可用步进电动机、直流和交流伺服电动机等控制电动机驱动。电动机驱动结构紧凑、耗能低、噪声小、污染少、动态性能好。

机器人是高度机电一体化的多用途的自动化生产装置，对当代科学技术及社会发展有深远影响。我国已成功研制了喷漆机器人、点焊机器人、弧焊机器人、浇注机器人、冲压机器人、搬运机器人、装配机器人、排地雷机器人、水下机器人等。一些大中型汽车厂、电子工厂、机床厂、机器制造厂还从国外引进了一些机器人，组成了喷漆自动线、焊接自动线、锻造自动线、铸造自动线、切削加工自动线、热处理自动线。为扩大机器人的应用范围，目前机器人研制已向仿生、高速、高精度、多功能及智能化方向发展。智能化是提高机器人功能、扩大应用范围的主攻方向。这就对作为机器人的核心部件——控制系统部分，尤其是运动控制卡提出了更高的要求。

1.5　运动控制技术的发展

运动控制技术不是用电子装置对机械的简单控制，而是包含了机械工程、电子工程、控制工程、计算机科学以及传感检测技术的相互交叉和融合的综合技术，如图 1-11 所示。

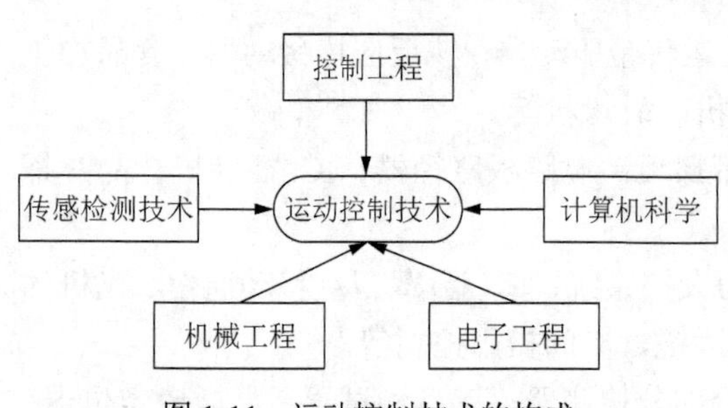

图 1-11　运动控制技术的构成

运动控制技术是在传统技术基础上，与一些新兴技术相结合而发展起来的，其关键技术可以归纳为 6 个方面：精密机械技术、传感检测技术、计算机与信息处理技术、自动控制技术、伺服驱动技术及系统总体技术，形成了多学科技术领域综合交叉的技术密集型系统工程。

(1) 精密机械技术。机械技术是运动控制的基础，运动控制系统中的机械与一般的同类型机械的区别在于：结构更简单、功能更强、性能更优越。新机构、新原理、新材料、新工艺等不断出现，现代设计方法不断发展和完善，以满足运动控制设备对减轻重量、缩小体积、提高精度和刚度、改善性能等多方面的要求。

(2) 传感检测技术。传感检测技术指与传感器及其信号检测装置相关的技术。在运动控制设备中，传感器就像人体的感觉器官一样，将各种内、外信息通过相应的信号检测装置感知并反馈给控制及信息处理装置，因此传感检测是实现自动控制的关键环节。运动控制技术要求传感器能快速、精确地获取信息并经受各种严酷环境的考验。

(3) 计算机与信息处理技术。信息处理技术包括信息的交换、存取、运算、判断和决策等，实现信息处理的主要工具是计算机，计算机与信息处理技术是密切相关的。计算机技术包括计算机硬件技术和软件技术、网络与通信技术、数据库技术等。在运动控制设备中，计算机与信息处理装置指挥整个系统的运行，信息处理是否正确、及时，直接影响到系统工作的质量和效率。因此，计算机与信息处理技术已成为促进运动控制技术发展的最活跃因素。

(4) 自动控制技术。自动控制技术包括自动控制理论、控制系统设计、系统仿真、现场调试、可靠运行等从理论到实践的整个过程。由于被控对象种类繁多，所以控制技术内容极其丰富，包括高精度定位控制、速度控制、自适应控制、自诊断、校正、补偿、示教再现、检索等控制技术。自动控制技术的难点在于自动控制理论的工程化与实用化。

(5) 伺服驱动技术。伺服驱动技术是在控制指令的指挥下，控制驱动元件，使机械的运动部件按照指令要求运动，并具有良好的动态性能。伺服系统是实现电信号到机械动作的转换装置或部件，对系统的动态性能、控制质量和功能具有决定性的影响。常见的伺服驱动方式有直流伺服电动机、交流伺服电动机、步进电动机等。由于变频技术的进步，交流伺服驱动技术取得了突破性进展，为运动控制系统提供了高质量的伺服驱动装置，极大地推动了运动控制技术的发展。

(6) 系统总体技术。系统总体技术是一种从整体目标出发，用系统工程的观点和方法，将系统总体分解成相互联系的若干功能单元，并以功能单元为子系统继续分解，直至找到可实现的技术方案，然后再把功能单元和技术方案组合进行分析、评价和优选的综合应用技术。

运动控制技术的发展将随着运动控制系统软硬件的发展而得到进一步的发展，发展趋势主要体现在以下几个方面。

(1) 高精度、高速度、高效率、高可靠性。

要提高效率，首先必须提高运动速度以缩短运行时间；要确保质量，必须提高机械部件运动轨迹精度，而可靠性则是上述目标的基本保证。主轴转速可达 15000～100000r/min，进给运动部件快移速度可达到 60～120m/min，切削进给速度可高达 60m/min，运动控制精度可达到 0.1μm，甚至可进入纳米级(0.001μm)。可靠性指标平均无故障工作时间(Mean Time Between Failures，MTBF)由 10000h 提高至 30000～50000h。

(2) 智能化、柔性化、复合化、集成化。

智能化是和人工智能技术发展及计算机应用密切关联的。采用智能编程、自适应控制、工艺参数自动生成、智能化人机界面、智能化故障诊断等会大大加强运动控制系统的智能化程度，从而对操作人员的要求降至最低。

柔性化是为了实现多品种、小批量生产的自动化与高效率。首先，将系统分解为若干个层次，使系统功能分散，并使各部分协调而又安全地运转；然后，再通过硬、软件将各个层次有机地连接起来，使其性能最优、功能最强。从点(单机)、线(生产线)向面(车间)、体(工厂)的方向发展。

复合化要求运动控制系统具有数据采集、检测、运算、记忆、监控、执行、反馈等多种功能，以便能实现整个系统的最佳化和智能化。

集成化包括各种技术的相互渗透、相互融合和各种产品不同结构的优化与组合。以提高系统的可靠性、实用化为前提，以易于联网和集成为目标，注重加强单元技术的开拓、完善，由单机控制逐渐向信息集成方向发展。

(3) 开放化、模块化、软件化、网络化。

开放化是指体系结构的开放性，建立开放式体系结构的运动控制系统，使系统硬件的体系结构和功能模块具有兼容性和互换性，使软件层次结构、控制流程、接口及模块结构等规范化和标准化，生产商可以在共同的标准平台上建立广泛的合作，用户可以根据需要选择最先进的硬件和最新的控制软件，来实现最优化的运动控制。

模块化指系统结构的功能部件采用标准模块的形式，对运动控制产品制定各项标准，以便各部件、单元的匹配，研制和开发具有标准机械接口、电气接口、动力接口和环境接口的运动控制产品单元，可利用标准单元迅速开发出新产品，同时也可以扩大生产规模。

软件化是采用硬实时运动控制内核，使实时控制器在软件中运行，系统的硬件完全透明、无缝且易于编程，从而减少系统对硬件的依赖。

网络化是在运动控制系统上开发多个通信接口和多级通信功能，以满足进线和联网的不同需要，使之不仅具有串行、DNC 等点对点的通信，还支持制造自动化协议(MAP)及以太网等多种通用和专用的网络操作，通过网络可摆脱空间的限制，以实现远距离控制，极大地方便操作，并可使运动控制设备远离人们可接触的地方。

随着计算机、通信、光机电一体化、自动控制等高新技术的快速发展，基于实时网络的具有开放式模块化结构的智能型软件化运动控制系统，将逐步取代传统的运动控制系统，并成为运动控制技术的发展主流。

复 习 题

1．基于运动控制卡的数控硬件系统的组成有哪些？

2．请介绍运动控制卡的分类。

3．举例说明运动控制技术的应用。

4．简单分析运动控制技术的发展趋势。

第 2 章　基于运动控制卡的控制技术基础

现代数控系统的研究大多趋向于开放式系统，这是因为开放式数控系统不管是在互换性上还是在操作性上都比封闭式数控系统优越。近年来，为了解决传统数控系统的封闭式体系结构带来的问题，西方工业发达国家以及亚洲的日本等都先后提出开放式体系结构数控系统的计划体系，如美国提出的 OMAC(Open Modular Architecture Controller，开放式模型结构控制器)计划，日本的 OSEC 体系(Open System Environment for Controller，控制器开放系统环境)以及欧洲的 OSACA 体系(Open System Architecture for Controls within Automation Systems，自动化系统内部控制的开放系统)。

开放式数控系统的主要研究目的是解决频繁改变的需求与封闭的控制系统结构之间的矛盾，建立一种新型的模块化、可重构、可扩充的控制系统结构。基于运动控制卡的数控系统是比较现实的数控开放化的途径，其运动速度快，可以满足高精度的运动控制，且具备可移植性、可互换性、可操作性等要求。

2.1　控制系统的特点

随着制造技术的不断发展和多元化，传统的数控技术凸显出很多问题，已经不能满足现代快节奏、多样化的制造生产，不能适应产品快速升级、中小批量的需求。传统数控技术的封闭性是问题的关键。由于大批量生产和保密的需要，不同的数控系统生产厂家自行设计其硬件和软件，这样设计出来的封闭式专用系统具有不同的软硬件模块、不同的编程语言、五花八门的人机界面、多种实时操作系统、非标准化接口等缺陷。从而导致：一方面，各控制系统之间互联能力差，影响了系统的相互集成；风格不一的操作方式以及专用件的大量使用，给用户的使用与维护带来很多不便。另一方面，系统的封闭性阻碍了计算机技术的及时应用，不利于数控产品技术的进步。传统的数控系统体系结构是封闭的、不开放的，CNC 控制器是一个严封保密的黑箱子，生产商不能将自己的制造工艺、特殊技术加入到机床，机床的用户也不能将积累的经验技术、管理心得添加到机床中去。传统数控系统的硬件大多是专用的，相似硬件之间没有互换性。软件系统根据这些不通用的硬件开发而来，可移植、可扩展性差。比如，用户想改变机床的控制策略，但是其控制器是专用且封闭的，软件系统也没有提供相应的接口，所以对用户来说改变原有的控制方案和功能模块是非常困难的。除此之外，计算机主流技术的飞速发展，远远超出数控系统的硬件技术，由于控制器的封闭性，造成了系统维护和升级不仅困难，而且成本升高。

随着市场运作模式改变、市场需求的多样化和生产组织结构转变，需要数控系统具有很大的柔性，能快速适应市场、制造商、用户的需求(快速改变加工方式、缩短开发周期、合理的市场价格等)，这就要求数控系统具有可重构、可扩展等特点。这不仅体现在硬件系统，软件系统也应具有这些特征。为了解决这些问题，数控系统的开放性是很好的途径。在硬件方面，通信协议标准化，机床制造商和用户能够有更大空间去选择组成数控系统的各个组成硬件，如驱动器等。在软件方面，能够根据自己的生产需求和条件，重新配置机床、添加修改部分功能，从而提高生产质量，缩短加工周期。数控技术的开放性是未来发展的必然趋势，也是当今数控系统的一个重要的特点。

基于运动控制卡的数控系统是一种半开放式的数控系统，由于运动控制卡的不同，其性能和开放层次也就存在差异，但不管运用哪种运动控制卡，它们都有一些共同的特征。目前在数控加工方面完全开放的系统所追求的系统特性如下。

(1) 可移植性。数控系统的软件控制系统可以在不同的硬件环境下和不同的操作系统环境下正常工作，比如对 Windows 操作系统和 Linux 操作系统等操作系统的兼容性。

(2) 可互换性。系统的硬件和软件系统都是以模块化的思想搭建的，不同的用户可能对数控系统功能的复杂性、精确性等不同性能要求不同，所以用户可以选择适合自己的模块，功能相似的模块之间具有相同的接口标准，模块可以来自不同的厂商。

(3) 可伸缩性。可以根据机床不同的加工精度、加工环境、实现的功能多少，以及机床的特性对系统的模块进行重新配置，或者配置相应的参数。

(4) 可扩展性。系统的升级性要强，用户或机床生产商可以方便地将新功能或新的技术添加到数控系统中去。比如，用户添加新的插补算法、新的控制策略或者根据自己的经验技术添加新的 G 代码功能等。

(5) 互操作性。系统的每个功能模块都有标准开放接口，都有统一的规范，系统内部各主要部件、系统与其他系统之间、外部环境与系统之间都能互相访问和影响。

基于运动控制卡的数控系统作为一种半开放式的系统，其特征大体符合上面所述的内容，但还是有区别的：首先，在互换性方面，由于运动控制卡是一个实实在在的客观形体，其内部的程序已不可改变，因此该硬件是不可改变的，不能以软件模块化的思想代替它。其次，对于可扩展性，同样由于控制卡是一个不可改变的封闭的整体，对于控制卡负责的任务，用户很难再添加新的算法来改变控制卡的性能。但是运动控制卡数控系统也具有开放式数控系统无法比拟的优势，即经济实用性。由于运动控制卡内含有插补、加减速、刀补等函数，用户可以直接调用，这极大地给用户带来了便利。而且，相比全开放式的数控系统，运动控制卡+工控机的模式更加经济实惠，在对控制要求不高的情况下，使用运动控制卡能节省一大笔费用，同时操作更简便实用。

2.2　控制系统的基本分类

目前，数控机床的控制系统大多由工业控制计算机和数控系统结合而产生。PC 机给数控系统提供了更多的软件工具和硬件资源，其高速的数据处理能力完全满足数控系统的需求。PC 机与数控系统的结合比单独的数控系统具备以下优势。

(1) PC 机可以安装各种软件工具来增强数控系统的辅助功能，比如利用 RTX(Real Time Extension)技术增强数控系统的实时处理能力，利用 ANSYS 软件对数控加工工件进行切削力、切削温度、变形的模拟仿真。

(2) PC 机上有丰富的 VC++、VB 等开发平台，用户可以根据自己的需求，采用当下流行的编程语言如 C++等开发自己的软件功能模块，并将其添加到原来的数控系统中或直接替换原有的功能模块。

目前，PC 机与数控系统的结合主要有三种方式：PC 板卡嵌入 NC 板卡、NC 板卡嵌入 PC 板卡和 SoftCNC。

PC 板卡嵌入 NC 板卡(见图 2-1)，该类型系统是将 PC 卡装入到 NC 内部，两者用专用的总线连接。PC 主要负责一些文件的输入、编辑 NC 程序、加工仿真等非实时任务。此种控制系统尽管具有一定的开放性，但由于它的 NC 部分依然是传统的数控系统，其体系结构还是不开放的。另外，这种系统结构虽然功能强大，但是增加了机床的复杂程度和成本预算。

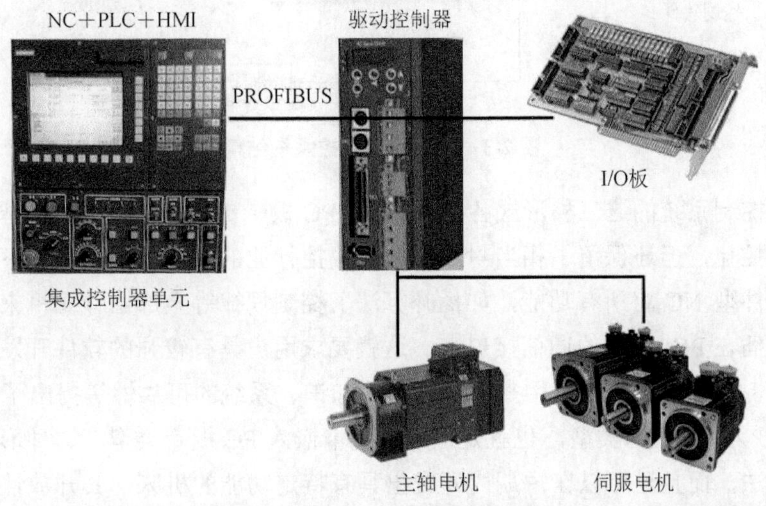

图 2-1　PC 板卡嵌入 NC 板卡结构

NC 板卡嵌入 PC 板卡(见图 2-2)，NC 板卡一般是指专用的 CNC 卡，比如运动控制卡、PMAC(Programmable Multi-Axis Controller)卡等。通过 PC 机上的扩展槽，如 PCI 插槽将运动控制卡或整个 CNC 单元插入到计算机中。这种结构的数控系统开发较灵活，运动控制卡上有丰富的 API 函数库，能实现直线或圆弧插补等多轴联动。PC 机作非实时处理，实时控制任务由运动控制卡或 CNC 单元来承担。此外，NC 板卡还提供很多通用的 I/O 接口，用户可以根据自己的加工环境和需求来分配各运动轴，还可以在 PC 机上开发自己的软件控制系统。

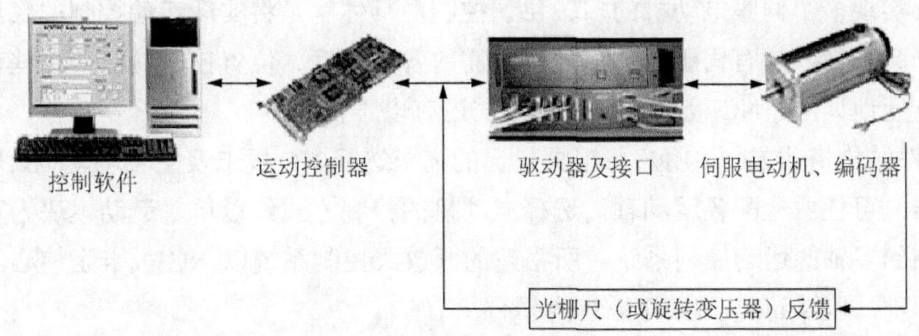

图 2-2　NC 板卡嵌入 PC 板卡结构

这种结构方式开发周期相对较短，可以在有限时间内开发出具有特定功能的机床。在软件开发方面，用户可以选择操作软件和开发工具，利用 PC 机上丰富的软件资源开发出具有模块化特点的控制系统。

SoftCNC(结构见图 2-3)，即全软件型数控，这种结构最大限度地将数控系统的功能用软件的形式来实现。通过装在 PC 机上扩展槽的通信卡，实现控制器与伺服驱动器间的命令传递及信息反馈。其软件的通用性好，编程处理灵活。

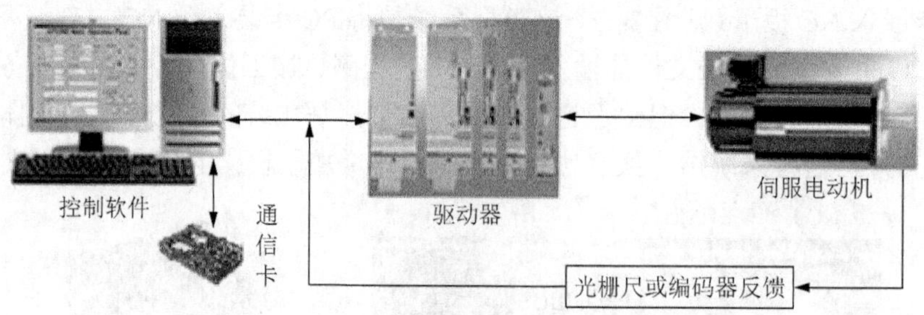

图 2-3　全软件型数控系统结构

数控机床控制系统的这三种形式各有其特点，PC 板卡嵌入 NC 板卡的类型虽然在一定程度上实现了数控化，但还保留了相当封闭性，在数控行业的系统开放化趋势下，它的应用前景不大。全软件型 NC 将所有功能，如插补算法、控制规律等全部由计算机来实现，其外部辅助装置仅有插在 PCI 槽中的通信接口卡。这就要求用户具有较强的软件开发能力，虽然实现了真正意义上的开放性，但对用户本身具备的知识、系统的可靠性等提出了较高的要求。

NC 板卡嵌入 PC 板卡类型，也就是运动控制卡嵌入 PC 板卡类型，这种形式更容易让用户掌握操作方法，而且还可以在短期内开发出具有特定功能的机床，其开放性能也达到用户的需求。此类型设备的一个重要组成部分是运动控制卡，运动控制卡是一种基于工业 PC 机、用于各种运动控制场合(包括位移、速度、加速度等)的上位控制单元。它的出现主要是因为：①为了满足新型数控系统的标准化、柔性、开放性等要求；②在各种工业设备(如包装机械、印刷机械等)、国防装备(如跟踪定位系统等)、智能医疗装置等设备的自动化控制系统研制和改造中，急需一个运动控制模块的硬件平台；③PC 机在各种工业现场的广泛应用，也促使配备相应的控制卡以充分发挥 PC 机的强大功能。

运动控制卡实质是一个小型的运动控制器，它是利用高性能微处理器(如 DSP)及大规模可编程器件实现多个伺服电动机的多轴协调控制，具体就是将实现运动控制的底层软件和硬件集成在一起，使其具有伺服电动机控制所需的各种速度、位置控制功能。这些功能可以通过计算机方便地调用。NC 板卡+PC 机的模式还有以下优点。

(1)硬件结构搭建方便。用户可根据自己的需求选择 NC 板卡及主轴电动机、伺服电动机及其驱动器，可任意分配各运动轴，选择电动机的控制方式。以单轴运动模块为基本单元，可搭建两轴到多轴的运动控制系统。所搭建的开放式控制系统以 NC 板卡为核心，以交流伺服系统为基础，以 Windows 操作系统为平台。

(2)任务分配明确。NC 板卡作为下位机，PC 机作为上位机，形成一个主从式结构。NC 板卡负责插补等实时性任务，PC 机负责 G 代码的诊断报错、译码、任务生成、机床状态显示、操作模式管理、文件管理等非实时任务，这样便于实现模块化编程，给用户提供了很大的开发空间。PC+SoftCNC 虽然开放性更高，但需要解决实时性、可靠性等问题。

(3)编程灵活，便于实现模块化编程。NC 板卡提供了强大的 API 接口函数，用户利用其提供的功能丰富的函数库及 PC 机上的多种开发工具、软件开发标准和各种软件资源，能在短时间内开发出自己的数控系统，缩短了开发周期。

一般地，运动控制卡与 PC 机构成主从式控制结构(见图 2-4)。运动控制卡都配有开放的函数库供用户在 DOS 或 Windows 系统平台下自行开发、构造所需的控制系统。因而这种基于运动控制卡的开放式控制系统能够广泛地应用于制造业自动化的各个领域。

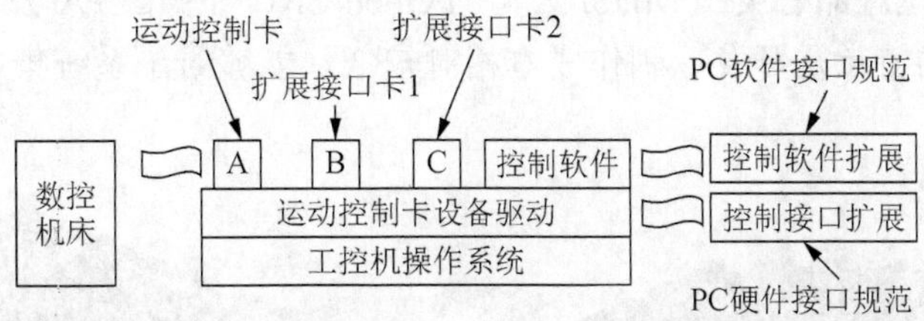

图 2-4　运动控制卡与 PC 机的主从式控制结构接口

2.2.1　硬件结构体系

目前，市场上运动控制卡的主机通信接口主要以 ISA 和 PCI 总线为主。

ISA 总线是 IBM 于 1982 年之后逐渐确立的标准总线，在 20 世纪 80 年代被广泛采用。但随着计算机技术的发展，ISA 总线已经不能适应计算机技术的发展：其最大传输功率仅为 8MB/s，严重制约着处理器性能，而且板卡无法实现即插即用。

PCI 总线是 Intel 公司联合其他 100 多家公司于 1992 年推出的一种局部总线。PCI 局部总线是一种高性能 32/64 位数据/地址复用总线，其用途是在高度集成的外设控制器器件、扩展板和处理器系统之间提供一种内部连接机制。PCI 总线的组件、扩展板接口与处理器无关，使得 PCI 总线具有很好的 I/O 功能，同时在多处理器系统结构中，数据能够高效地在多个处理器之间传输。

由于 PCI 总线具有高性能、高可靠性和低成本等特点，它已经逐渐代替 ISA 等总线成了微机总线的主流技术。大部分新型 PC 机主板上已不再提供 EISA/ISA 接口，因此开发基于 PCI 总线的运动控制产品已成为一种必然趋势。

与 PC 机和数控系统相结合的三种主要方式：PC 板卡嵌入 NC 板卡、NC 板卡嵌入 PC 板卡和 PC+SoftCNC 相对应。

运动控制器也有三种形式：

(1) 嵌入式结构运动控制器。它把计算机嵌入到运动控制器中，与计算机之间的通信依然是靠计算机总线，实质上是基于总线结构运动控制器的一种变种。在使用中，采用如工业以太网、RS485、SERCOS 等现场网络通信接口连接上级计算机或控制面板。嵌入式的运动控制器也可配置软盘和硬盘驱动器，甚至可以通过 Internet 进行远程诊断。典型产品有美国 ADEPT 公司的 Smart Controller。

(2) 基于计算机标准总线的运动控制器。这类独立于计算机的运动控制器通过标准总线与 PC 机相结合构成具有开放体系结构的控制系统。运动控制器大都采用专业运动控制芯片或高性能微处理器(如单片机、DSP)作为运动控制核心，可完成高速实时插补、自动加减速控制、伺服驱动和外部 I/O 之间的标准化通用接口功能，它开放的函数库可供用户根据不同的需求，在计算机操作系统平台下自行开发应用软件，组成各种控制系统。比较著名的如美国 Delta Tau 公司的 PMAC 多轴运动控制器，它的升级版 UMAC(Universal Motion and Automation Controller)(见图 2-5)以及 Galil 公司的 Galil 运动控制卡。

(3) Soft 型开放式运动控制器。它提供给用户最大的灵活性，其运动控制软件全部安装在计算机中，而硬件部分仅是计算机与伺服驱动和外部 I/O 之间的标准化通用接口。用户可以在操作系统的支持下利用开放的运动控制内核，开放所需的控制功能，构成各种类型的高性能运动控制系统。典型产品有美国 MDSI 公司的 Open CNC 和德国 PA 公司的 PA8000NT。Soft 型开放式运动控制的特点是开发、制作成本相对较低，能够给予系统集成商和开发商更加个性化的开发平台。

(a) PMAC 多轴运动控制器

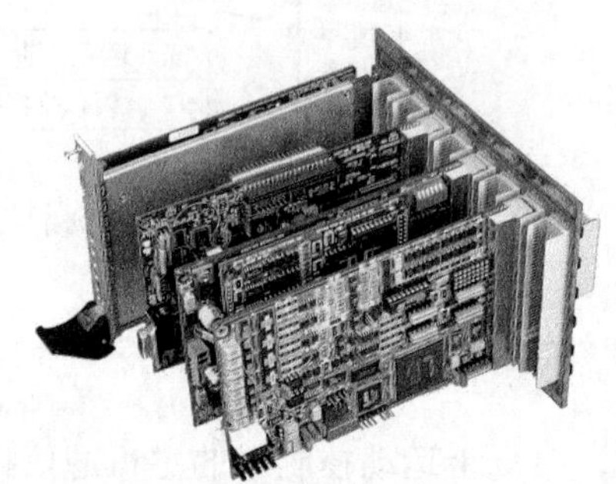

(b) UMAC 多轴运动控制卡

图 2-5　Delta Tau 公司的运动控制卡

各厂家生产的运动控制器不尽相同，而且根据不同的应用场合，会有不同的运动控制器。但是，无论哪种运动控制器都包含图 2-6 所示的组成部分。

(1) 处理器。处理器是运动控制器的核心部分，可以是单片机、DSP 或者是以 DSP 为核心的运动控制芯片(见图 2-7)。主要进行伺服驱动的位置、速度、插补等实时控制。DSP 拥有高速数据处理功能，便于设计出功能完善、性能优越的运动控制器。运动控制过程中，由 DSP 实现复杂运动轨迹规划与多轴协调控制、实时的插补运算、伺服控制滤波等数据运算和实时控制管理，现场可编程逻辑器件 CPLD 和其他相关器件组成伺服控制和位置反馈硬件接口。

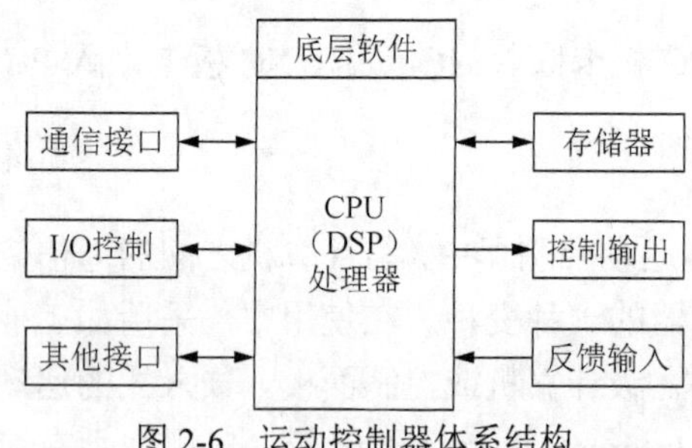

图 2-6　运动控制器体系结构

图 2-7　数字信号处理器 DSP

(2) 存储器。运动控制器中的存储器有 RAM 和 ROM，RAM 一般会有 SRAM、DPRAM、FLASHRAM。

① SRAM(零等待 RAM)，主要用于编译程序和用户数据的存储。

② DPRAM(双通道 RAM)，它为主机和控制器提供了可以共享的高速内存区，利用 DPRAM 可以实现主机和控制器之间的高速不需“握手”的数据交换，DPRAM 为以下数据提供了存储空间。

- 主机到控制器的数据：电动机的指令位置、电动机指令速度、机床在线命令等。
- 从控制器到主机的数据：电动机状态变量、电动机的实际位置、电动机的实际速度、电动机的实际加速度、电动机的跟随误差、机床及控制面板的开关量、手摇脉冲发生器的脉冲数值等。

③ FLASHRAM(闪存)，主要用于用户备份。

④ ROM，主要存储(固化)运动控制器完成实时、多任务控制的底层软件。

(3) 控制输出。控制输出是向执行元件(电动机)发出控制信号的通道，执行元件不同，所需要的信号形式不同，通道也不同，主要有以下几种：

① 模拟量输出，以速度或者力矩方式控制交流伺服电动机。

② 直接数字 PWM 输出，以速度或者力矩方式控制直流伺服电动机。

③ 脉冲/方向输出，输出脉冲和方向信号，控制步进电动机。

上述的几种控制输出形式不一定每种运动控制器都需要，有的可能有部分，有的可能全部具有。根据上述控制输出形式，运动控制器可以连接交流伺服电动机、直流伺服电动机、步进电动机、直线电动机等。

(4) 反馈输入。不是所有的运动控制器都带有位置反馈接口，开环控制系统就不具备反馈输入功能。带有反馈接口的运动控制器一般可以接收增量/绝对编码器、正弦编码器、光栅尺、磁栅、旋转变压器、感应同步器、激光干涉仪等数字式或者模拟式位置检测元件。

(5) I/O 控制。运动控制器的 I/O 控制功能主要完成机器 I/O、面板端口等逻辑控制。值得注意的是 PC 机上也有该模块，一般不需要用户自己开发。它是 CNC 装置与外界进行数据和信息交换的接口板，即 CNC 装置中的 CPU 通过该接口可以从外部输入设备获取数据，也可以将 CNC 装置中的数据输送给外部设备。

(6) 通信接口。通信功能是运动控制器必不可少的功能，一般应具备串行通信、总线(PCI、PCI1040、VME 等)、以太网接口，通过这些接口与上位机通信。

数控系统中还有一个重要的硬件，可编程逻辑控制器(Programmable Logic Controller，PLC)，PLC 是由计算机简化而来的，为适应顺序控制的要求，PLC 省去了计算机的一些数字运算功能，而强化了逻辑运算功能，是一种介于继电器控制和计算机控制之间的自动控制装置。PLC 代替数控机床上的继电器逻辑，使顺序控制的控制功能、响应速度和可靠性大大提高，而且柔性好。在一些运动控制卡中已经集成了 PLC 功能，而简单的运动控制卡没有该功能。

2.2.2　软件系统方案

运动控制卡是由硬件和软件组成的，硬件为软件的运行提供支持环境。在信息处理方面，软件与硬件在逻辑上是等价的，即硬件能完成的功能从理论上讲也可以用软件来完成。但是，硬件和软件在实现这种功能时各有不同的特点：

(1) 硬件处理速度快，但灵活性差，实现复杂的控制功能困难。

(2) 软件设计灵活，适应性强，但处理速度相对较慢。

因此，哪些功能应由硬件来实现，哪些功能应由软件实现，即如何合理确定软件硬件的功能分担是运动控制卡结构设计的重要任务。这就是所谓的软件和硬件的功能界面划分的概念，通常功能界面划分的准则是系统的性能价格比。

运动控制卡软件是一个典型而又复杂的实时系统，它的许多控制任务，如刀具半径的补偿、插补运算、位置控制以及精度补偿等都是由软件实现的。从逻辑上讲，这些任务可看成一个个功能模块，模块之间存在着耦合关系；从时间上来讲，各功能模块之间存在一个时序配合问题。在设计运动控制卡软件时，如何组织和协调这些功能模块，使之满足一定的时序及逻辑关系，是运动控制卡软件结构要考虑的问题。

运动控制卡软件的主要任务之一是将由零件加工程序表达的加工信息变换成各进给轴的位移指令、主轴转速指令和辅助动作指令，控制加工设备的轨迹运动和逻辑动作，加工出符合要求的零件。其数据转换的过程如图 2-8 所示。

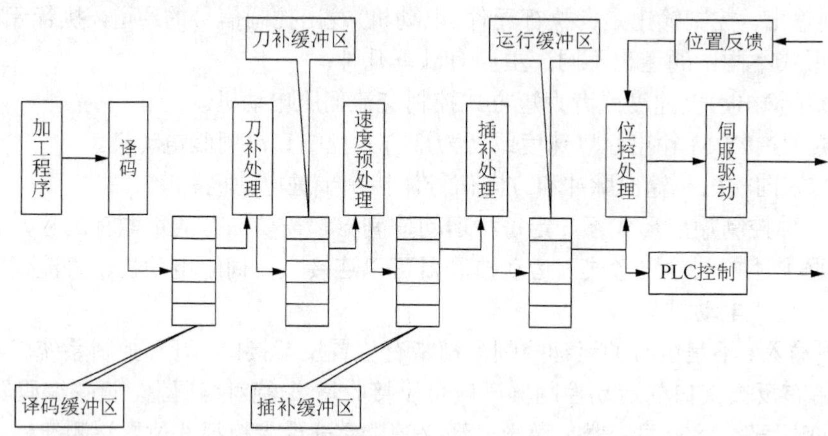

图 2-8　CNC 装置数据转换流程

对于软件系统的设计开发来说，光有硬件是不可能完成控制卡的智能控制的，还需要开发运动控制卡 PC 机的配套软件，由于目前 PC 机主流操作系统是 Windows，所以要实现板卡功能，必须设计 Windows 平台的 PCI 设备驱动程序，同时开发运动控制函数库。首先要确定开发的工具和方法，然后再安排开发的流程。所以可以针对数控机床要完成的所有功能，用面向对象的思想对这些功能进行模块化划分。利用模块化编程的思想对软件控制系统进行开发能够确保软件系统的开放性，便于后续对软件系统添加新的功能模块，或替换、修改原有的模块，这样也有利于对软件系统进行升级和维护。

2.3　控制过程及工作原理

数控加工过程包括由给定零件的加工要求(零件图纸、加工数据或实物模型)到完成加工的全过程，首先要将被加工零件图纸上的几何信息和工艺信息用规定的代码和格式编写成加工程序，然后将加工程序输入数控装置，按照程序的要求，经过数控系统信息处理、分配，使各坐标移动若干个微小移动量，实现刀具与工件的相对运动，完成零件的加工，如图 2-9 所示。

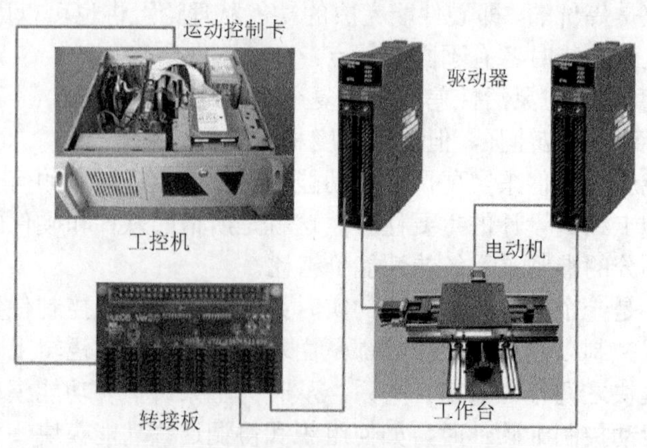

图 2-9　控制系统控制过程原理图

数控机床是用数字化的信息来实现自动控制的，将与加工零件有关的信息——工件与刀具相对运动轨迹的尺寸参数(进给执行部件的进给尺寸)、切削加工的工艺参数(主运动和进给运动的速度、切削深度等)，以及各种辅助操作(主运动变速、刀具更换、冷却和润滑液启停、工件夹紧松开等)等加工信息用规定的文字、数字和符号组成的代码，按一定的格式编写成加工程序单。工控机的人机界面上接收 NC 文件后对文件进行编辑，并对文件进行译码和诊断，转换成计算机能识别的指令后再由上位机通过双端口 RAM 把运动控制指令或控制参数传递给运动控制器的 DSP，DSP 根据采集到的 PC 机指令，通过位置控制和速度控制算法进行计算。然后将计算出的脉冲信号经脉冲驱动送电动机驱动。

脉冲信号是一种离散信号，形状多种多样，与普通模拟信号(如正弦波)相比，波形之间在时间轴不连续(波形与波形之间有明显的间隔)，但具有一定的周期性特点。最常见的脉冲波是矩形波(也就是方波)，如图 2-10 所示。脉冲信号可以用来表示信息，例如电脑里用到的数字电路的信号 0、1 可以表示成方波，如果设置成高电平为 1，低电平为 0，则当执行电动机处于信号的高电平时转动，处于信号的低电平时停止。控制系统则利用这一脉冲信号控制电动机。

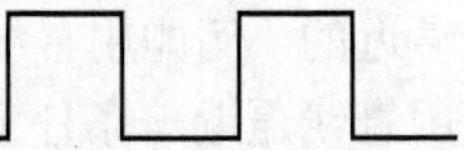

图 2-10　脉冲信号

图 2-11 所示为控制卡 DSP 主程序的流程图。主 CPU 使用硬件复位控制 DSP 的复位操作，DSP 复位后运行片内 ROM 或加载到 RAM 中的系统主程序。初始化程序完成所有变量的初始化，复位全部外设和关闭所有输出。之后进入循环和等待中断的过程，检测到主机命令之后，读取命令并根据系统需要调用相应的处理程序。命令处理完后再进入循环等待状态，命令处理程序是实现运动控制器功能的关键程序，包括运动控制的算法，速度控制、位置控制等功能的实现，还包括完成数据写入和读取等功能，同时对外部中断进行处理。当上位机给运动控制卡发送控制命令时，DSP 首先读取主机发送来的轴目标位置，根据速度控制的模式设定指令选择相应的速度控制算法，同时查询外部事件，如有事件发生，执行相应的处理程序。接着就可以送出轴的控制输出，检测各轴是否都完成运动(判断轴状态寄存器完成标志位)，完成则退出命令处理程序，否则继续执行。

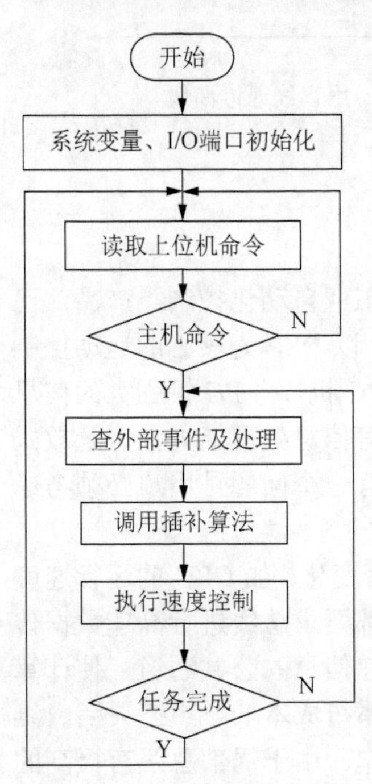

图 2-11　DSP 主程序流程框图

数控机床的加工，是把刀具与工件的运动坐标分割成一些最小的单位量，即最小位移量，由数控系统按照零件程序的要求，使坐标移动若干个最小位移量(即控制刀具运动轨迹)，从而实现刀具与工件的相对运动，完成对零件加工。当走刀轨迹为直线或圆弧时，数控装置则在线段的起点和终点坐标值之间进行“数据点密化”，求出一系列中间点的坐标值，然后按中间的坐标值，向各坐标输出脉冲数，保证加工出需要的直线或圆弧轮廓。数控装置进行的这种“数据点的密化”称作插补，一般数控装置具有对基本函数(如直线函数和圆函数)进行插补的功能。对任意曲面零件的加工，必须使刀具运动的轨迹与该曲面完全吻合，才能加工出所需的零件。

例如，欲加工图 2-12 所示的轮廓为任意曲线 L 的零件，可将曲线 L 分成 ΔL_0，ΔL_1，ΔL_2，…，ΔL_i 等线段，设切削的时间为 $\Delta L_{i\to 0}$，即把曲线划分的线段越小，则刀具运动的轨迹越逼近曲线 L，即

$$\lim_{\Delta L_{i\to 0}} \sum^{\infty} \Delta L_i = L$$

当加工直线时，ΔL_i 的斜率不变，各坐标轴速度分量的比值不变，因此进给速度可保持常量。当加工任意曲线时，ΔL_i 的斜率不断变化，各坐标轴速度分量的比值也不断变化。只要能连续地自动控制两坐标方向运动速度的比值，便可实现任意曲线零件的加工。

实际上，在数控机床上加工任意曲线零件，是由该数控装置所能处理的基本数学函数来逼近的，例如用直线、圆弧等。当然，逼近误差必须满足零件图样的要求。如图 2-13 所示为用直线逼近一条任意曲线 L 的情况。只要求出节点 $a, b, c,$ …的坐标值，按节点写出直线插补程序，数字装置就可以进行节点间“数据点的密化”，并向各坐标轴分配脉冲数，控制刀具完成该直线段的加工。

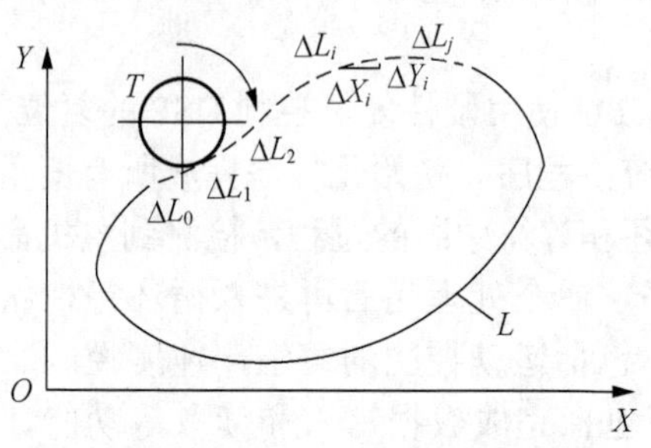

图 2-12　数控机床对曲线的加工原理

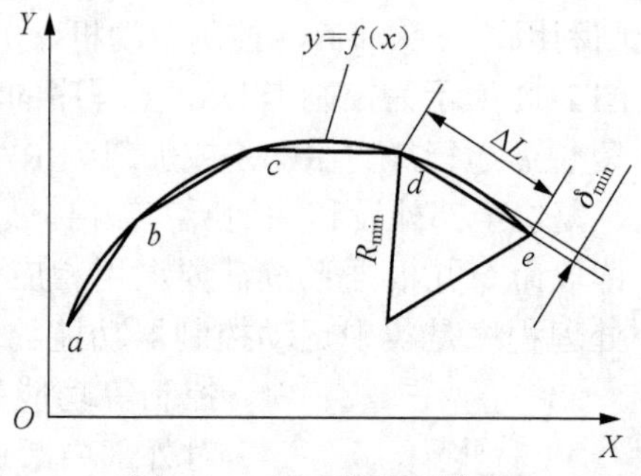

图 2-13　用直线逼近曲线

2.4　PCI 运动控制卡

随着运动控制技术的不断进步，运动控制器作为一个独立的工业自动化控制类产品，已被广泛应用于越来越多的产业领域，并形成引人瞩目的市场规模，以 DSP 为核心的运动控制卡已成为运动控制器的发展主流，它可以方便地以插卡形式嵌入 PC 机，将 PC 机强大的信息处理能力和开放式特点与运动控制卡的运动控制能力相结合，具有信息处理能力强、开放式程度高、运行控制方便、通用性好的特点。在这种结合方式中，有一个问题是用户必须考虑的，那就是怎样高效地将运动控制卡与 PC 机联系起来。

随着计算机技术的不断发展，计算机的体系结构也发生了显著变化，如 CPU 的运行速度的提高、多处理器结构的出现、高速缓冲存储器的广泛采用等，都要求总线进行高速数据传输，在这种情况下多总线结构应运而生。总线是多个模块之间传递信息的公共通道，使计算机各个组成部分能够进行数据和命令的传送。总线应用的优点是系统成本低、组态灵活、维修方便。局部总线是指来自处理器的延伸线路，与处理器同步操作，由于局部总线有极高的数据传输率，因此，运动控制卡与计算机之间数据传输就用局部总线来实现，如图 2-14 所示，图中 AB 为地址总线，CB 为控制总线，DB 为数据总线。

PCI 局部总线的引入，打破了数据传输的瓶颈，其以优异的性能成为微机总线的主流。同时 PCI 总线因其高性能的特点使得其在工程各领域中得到了广泛应用，是极具竞争力的一

种标准总线(见图 2-15)。PCI 局部总线是一种高性能的 32 位/64 位地址数据复用的高速外围设备接口局部总线。

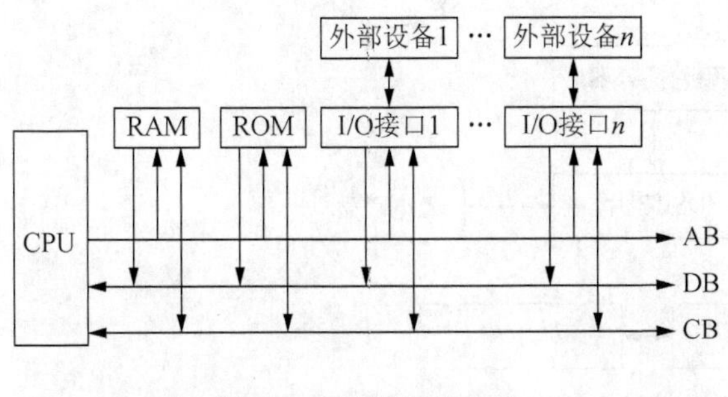

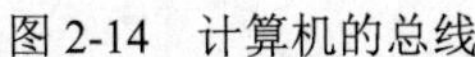
图 2-14　计算机的总线

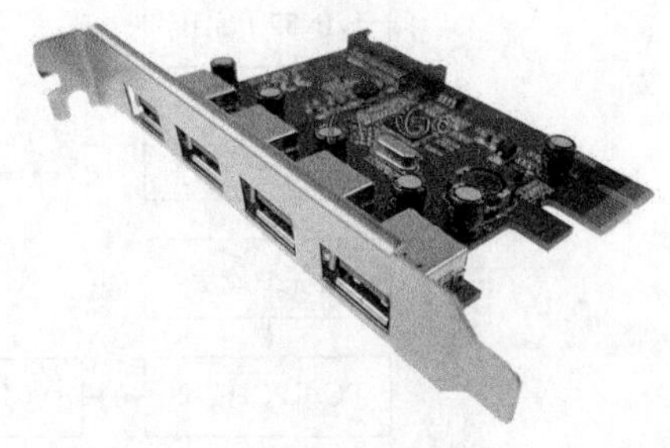
图 2-15　PCI 接口

相对于其他常用的总线而言，PCI 总线有以下主要特点。

(1) 独立于处理器，为 PCI 局部总线设计的器件是针对 PCI 而不是针对处理器的，因此设备的设计独立于处理器的升级。

(2) 每个 PCI 局部总线支持约 80 个 PCI 功能，每个设备对于总线来说就是一个负载。

(3) 低功耗，PCI 技术规范的主要设计目标就是实现电流尽可能小的系统设计。

(4) 在读写传送中可实现突发(Burst)传送，32 位 22MHz 的 PCI 局部总线在读写传送中可支持 132MB/s 的峰值传送速率，对于 64 位 33MHz 的 PCI 传送支持 264MB/s 的峰值传送速率，对于 64 位 66MHz 的 PCI 局部总线，其传送速率可达到 528MB/s。

(5) 技术规范提供了 256 个 PCI 局部总线的支持。

(6) 总线速度。2.0 版规范支持的 PCI 局部总线速度达到 33MHz，2.1 以上的版本增加了对 66MHz 总线操作的支持。

(7) 64 位总线扩展支持。

(8) 访问时间快，当停靠在 PCI 局部总线上的主设备写 PCI 目标时，在 33MHz 总线速度下，访问时间只需要 60ns。

(9) 进行总线操作，桥支持完全总线并行操作，与处理器总线、PCI 局部总线和扩展总线同步使用。

(10) 总线主设备支持。全面支持 PCI 局部总线主设备，允许同级 PCI 局部总线访问和通过 PCI—PCI 桥与扩展总线桥访问主存储器与扩展总线设备。

(11) 引脚数少，一个功能的 PCI 主设备只需要 49 个引脚，而从设备只需要 47 个引脚。

(12) 交易完整性校验，在地址、命令、数据周期上进行奇偶校验。

(13) 共享中断。PCI 总线是采用低电平有效方式，多个中断可以共享一条中断线。

(14) 自动配置，支持自动的设备检测与配置。

(15) 支持插入卡连接，规范包括 PCI 连接器和插入卡的机械和电气定义。

根据以上分析，可以了解到 PCI 运动控制系统是一种以微机为主控单元，基于 PCI 总线，可以实现自动、实时正反向硬件插补的运动控制卡，其原理如图 2-16 所示。

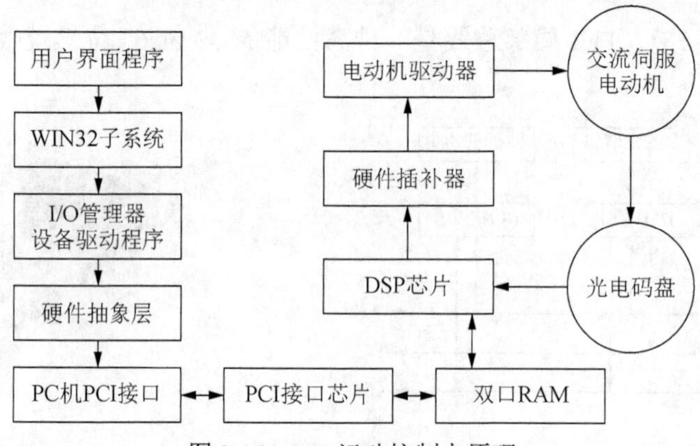

图 2-16　PCI 运动控制卡原理

PCI 运动控制卡与 PC 机的连接是通过控制卡的 PCI 接口芯片与 PC 机的 PCI 接口连接来实现的。由于 PCI 总线规范复杂，接口实现较为困难。目前市场上提供的 PCI 专用接口芯片种类繁多，性能价格也各不相同。常见的有 AMCC 公司的 S59xx 系列、PLX 公司的 PC190xx 系列、CYPRESS 公司的 CY7C09449 芯片，以及 TI 公司生产的用于与 DSP 无缝连接的 PCI2040 等。

PCI 与 DSP 通信接口不能简单地连在一起。比如，在 PCI 主控端，时钟信号为 PC 机提供 33MHz 时钟，而 DSP 可配置为 150MHz 频率。为了使这两个不同频率接口能正确通信，应在中间用一片双口 RAM 作为缓冲。同时，PC 机系统是按字节寻址的，即在 PC 机上的一个地址值代表一个字节的存储单元，也就是 8 位二进制数，而 DSP 使用 16 位二进制数。所以它们之间的地址线不是简单的相同位的线相连。

2.4.1　运动控制卡的基本组成

图 2-17 所示为运动控制卡的典型结构图，运动控制卡按其功能可划分为以下几个模块。

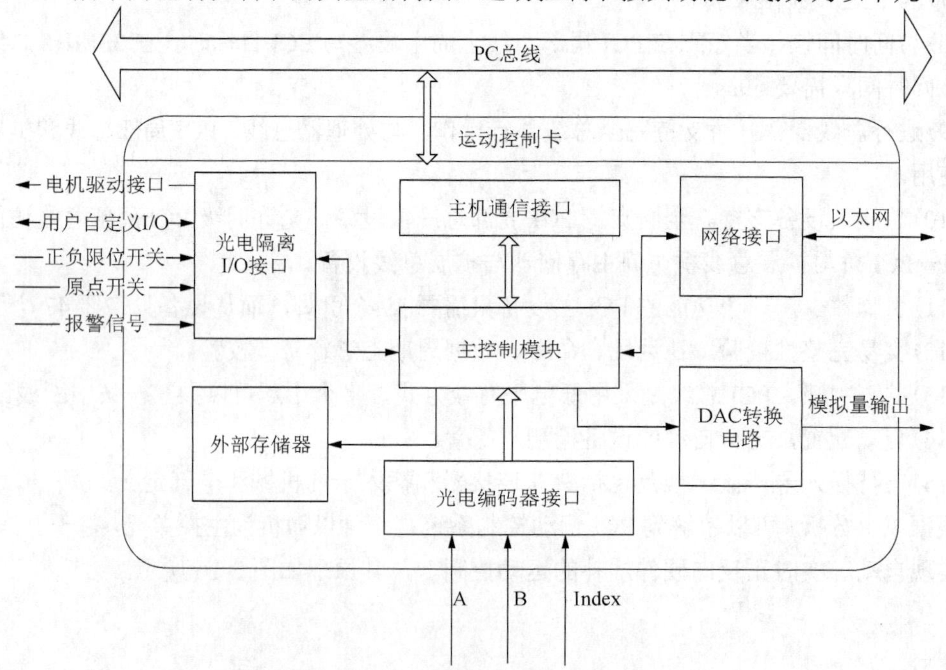

图 2-17　运动控制卡的典型结构图

1. 主控单元模块

该单元模块是运动控制卡的核心，主要完成的工作是接受上位机、位置指令和控制指令，进行插补运算、自动加减速处理等控制算法，以及电动机的驱动输出、I/O 口的操作和运动控制卡的信息反馈。目前市场上主流产品的主控单元采用的是高性能 DSP，也有更高档产品采用 DSP+FPGA 结构，由 DSP 和 FPGA 分别完成粗精两级插补运算，使系统性能得到进一步提升。

2. 主机通信接口模块

PC 机与运动控制卡构成主从式控制结构。主机通信接口用于 PC 机与运动控制卡的信息交换，PC 机通过该接口向运动控制卡主控单元传送位置指令，以及设定运动控制卡的状态/模式等控制指令。主控单元通过该接口向 PC 机反馈运动控制卡的当前状态/模式、编码返回数据等。

3. 反馈信号处理模块

根据运动控制卡的位置控制原理，按照有无位置检测传感器和检测元件，及其在整个控制系统中所处的部位，可以将运动控制卡分为开环控制器、半闭环控制器和闭环控制器三类。反馈信号处理模块应用于半闭环、闭环运动控制卡中，该模块主要对采集的反馈信号进行处理，然后送给主控单元进行运算。该模块的典型处理包括倍频、计数和辨向。典型应用如光电编码器把电动机的运动转换为 A、B 两路相位差为 90° 的脉冲序列，并以差动输出方式(A、/A、B、/B)反馈给运动控制卡，运动控制卡接收光电编码器的反馈信号，并倍频计数得到伺服电动机的实际速度和位置，并将反馈的实际位置与目标位置进行比较，以决定下一步动作，实现闭环控制。

4. 驱动电动机接口模块

驱动电动机接口模块按驱动器控制信号类型可以分为数字脉冲控制和模拟信号控制两种方式。当采用模拟信号控制方式时，运动控制器上需要设计 DAC 转换电路。这种控制方式工作速度很快，系统的频率可以做得很宽，这使得系统具有快速的动态响应性能和很宽的调速范围，其缺点是所需器件很多，占用板卡体积，不易调试，还存在着零点漂移等问题，在调节和控制上受到环境的影响较大，正逐渐被数字脉冲控制方式代替。目前，伺服驱动器一般都有数字脉冲接口，控制器可以用脉冲串进行控制，脉冲的频率控制电动机的转速，脉冲的数目控制电动机的位置。相对模拟接口，其成本更低，实现更简单。但是由于受限于脉冲的频率，其速度变化的范围是有限的。一般电动机驱动器的脉冲输入形式有三种：指令脉冲和方向、正转脉冲/反转脉冲、两相正交脉冲，如图 2-18 所示。

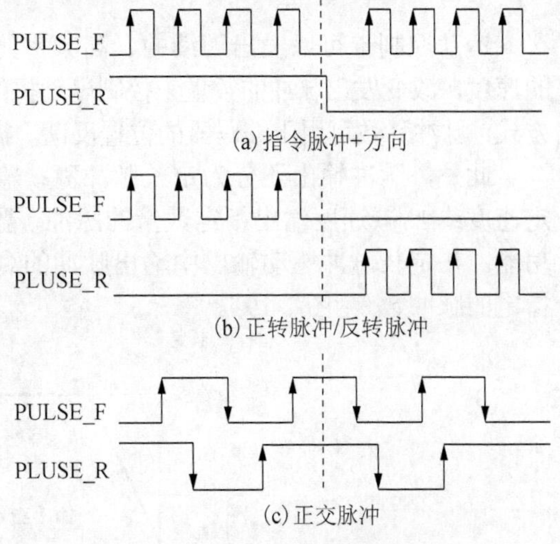

图 2-18　电动机驱动器控制方式

5. 光电隔离 I/O 接口模块

该接口模块可作为电动机各轴的限位开关、原点开关、报警信号以及用户自定义的输入/输出点。为有效防止干扰从过程通道进入运动控制卡和主机，采用光耦隔离的方法输入/输出开关量。光电耦合的主要优点是能有效抑制尖峰脉冲和各种噪声的干扰，从而使过程通道上的信噪比大为提高。

6. 外围存储模块

大部分的DSP内部集成有随机存储器RAM和闪存FLASH，但由于技术和工艺上的问题，使得它们内部集成的存储器不可能太大，所以运动控制卡一般都扩展外部 RAM 和 FLASH。要扩展大容量外部存储器，除了要用到 DSP 所有的外部地址和数据总线外，还要利用 DSP 的通用 I/O 口来设置专用的存储器，从而扩展出更大的寻址空间。

7. 网络接口模块

该模块可以实现运动控制卡与其他控制单元的通信，从而实现远程监控、故障诊断等。该模块通常包括以太网、RS232、RS422/485、Profibus-DP 等。

对于运动控制卡，除以上各硬件功能模块外，为便于用户使用运动控制卡以构成控制系统，通常在 PC 机上还配套运动控制函数库供用户调用。对于 Windows 操作系统，则要配套驱动程序，并且把运动控制函数库扩展成动态链接库形式供用户调用。

2.4.2　运动控制卡的性能评价

随着运动控制技术的不断完善，如今国内外运动控制卡的类型各式各样。因此，如何评价一个运动控制卡的好坏显得十分重要。运动控制卡性能的描述，大体上包含几个方面，比如能带动多少轴独立驱动、脉冲频率为多少、插补情况如何、速度控制能力怎样等。运动控制卡的性能评价一般可以概括如下。

1. 脉冲输出

运动控制卡可以发出连续的、高频率的脉冲串，通过改变发出脉冲的频率来控制电动机的速度，改变发出脉冲的数量来控制电动机的位置，其脉冲输出模式包括脉冲/方向、脉冲/脉冲方式。脉冲计数可用于编码器的位置反馈，提供机器准确的位置，纠正传动过程中产生的误差。

此外，脉冲输出还分为定长脉冲驱动输出和连续驱动脉冲输出。定长脉冲驱动是指以固定速度或加/减速度输出指定数量的脉冲，需要移动到确定的位置或进行确定的动作时使用此功能。在定长脉冲驱动输出中输出脉冲的剩余数比加速累计的脉冲数少时，就开始减速输出指定的脉冲数(见图 2-19)。

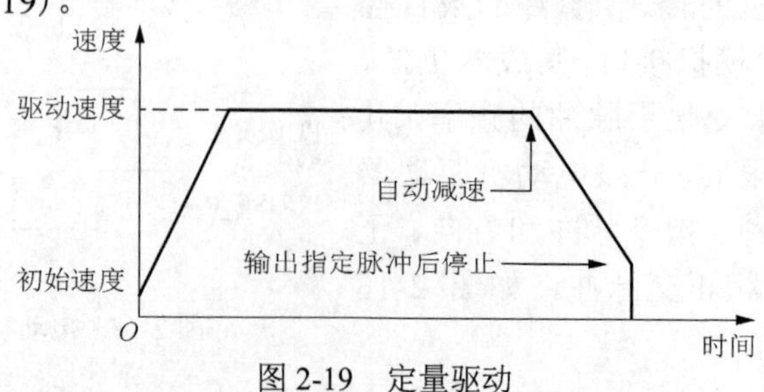

图 2-19　定量驱动

定量驱动中可以变更输出脉冲数。在连续驱动中，连续输出驱动脉冲直至高位的停止命令或停止信号有效。需要运行原点搜寻、扫描操作、控制马达旋转速度时，使用此功能。

有两种停止命令，一个是减速停止，另一个是立即停止。可以通过写入命令设置立即停止或减速停止，也可以设定每个轴都有的用于减速/立即停止的外部信号的逻辑方向(正/负逻辑)、信号模式(电平/边沿信号)来控制。

2. 速度曲线

各轴的驱动脉冲输出一般使用正/负方向的定量驱动或连续驱动命令。此外，以模式设定或参数设定来产生定速、直线加/减速和 S 曲线加/减速的速度曲线。

定速驱动以固定的速度输出驱动脉冲。如果设定的驱动速度小于初始速度，就没有加/减速驱动，而是定速驱动(见图 2-20)。

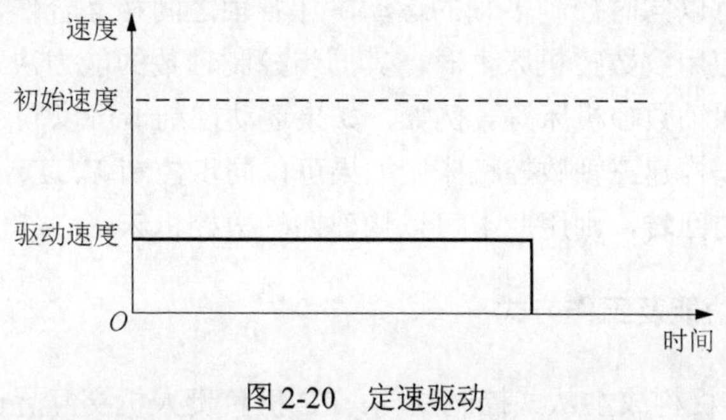

图 2-20　定速驱动

直线加/减速驱动是线性地从驱动的初始速度加速到指定的驱动速度。定量驱动时，加速的计数器记录加速所累计的脉冲数。当剩余输出脉冲数少于加速脉冲后，就开始减速(自动减速)。减速时将用指定的减速度线性地减速至初始速度。

3. 插补功能

在插补驱动过程中，插补运算是在指定轴的基本脉冲时序下运行的。因此，进行插补命令之前，先要设定指定轴的速度、加速度、终点位置(脉冲数)等参数。在插补中，精确设定每个轴的输出脉冲数。在每个轴独立运行时，输出脉冲数设定为没有符号的数值。但是，在插补驱动时，用相对数值设定为当前位置的终点坐标。

硬件缓存插补功能可以有效地避免两次插补之间出现停顿的现象，从而提高加工效率。对于普通的插补指令(不带 FIFO 前缀的插补)，如果需要在上一插补点结束后继续下一插补，只能不断查询上一插补是否完成，然后输出下一插补的数据，如果上位机的速度较慢，或者上位机运行多任务操作系统，在两次插补之间就会出现停顿，会影响插补的效果，插补速度也难以提高。硬件缓存插补功能可以有效解决这一问题，它可以将多条插补命令连续存放在硬件缓存空间内。即便是已经在执行插补命令运动，也可以写入插补命令。

当一个空的硬件缓存空间有命令写入时，控制卡会立即执行第一条写入的命令，并且按照命令先写入先执行的原则执行，当硬件缓存空间为空时，执行完当前插补运动后，插补过程自动停止。向硬件缓存空间存放插补命令时需要预先判断缓存空间是否已满，若空间已满就不能继续写入插补命令了，否则继续写入会造成命令丢失。

4. 信号输入/输出

运动控制卡的信号输入/输出是通过输入/输出接口实现的，输入/输出接口是运动控制卡与 PC 之间交换信息的连接电路，它们通过总线与 CPU 相连。输入/输出接口用于运动控制卡与 CPU 之间进行数据、信息交换以及控制，使用时应使微型计算机总线把运动控制卡连接起来，这时就需要使用微型计算机总线接口；当微型计算机系统与其他系统直接进行数字通信时使用通信接口。运动控制卡信号输入/输出能力关系到控制卡的响应速度和精准度，是一个非常重要的指标。另外，信号输入/输出接口还包含限位、报警等开关量接口，开关量也是一个重要的指标。

5. 控制轴数

一个运动控制卡可以同时控制多轴的运动，让各轴之间相互合作，从而构成特定的运动路线。当运动控制卡应用到数控机床上时，其同步控制轴数的能力决定了数控机床的类型，比如三轴数控机床、四轴数控机床等。例如，如果运动控制卡可以同步控制 X、Y、Z 三轴轴向运动，则用此卡可以构建三轴数控机床。如果可以同步控制 X、Y、Z 三轴轴向运动，还可以同时控制某一根轴的回转，则用此卡可以构建四轴数控机床。

2.4.3 运动控制卡的功能及工作方式

运动控制卡与 PC 机构成主从式控制结构：PC 机负责人机交互界面的管理和控制系统的实时监控等方面的工作；控制卡完成运动控制的所有细节，包括直线和圆弧插补、刀具半径补偿、自动加减速的处理等。运动控制卡都配有开放的函数库供用户自行开发、构造所需的控制系统。

1. 运动控制卡的插补功能及其工作方式

众所周知，零件的轮廓形状是由各种线形，如直线、圆弧、螺旋线、抛物线、自由曲线等构成的，其中最主要的是直线和圆弧。用户在零件加工程序中，一般仅提供描述该线形所必需的相关参数，如对直线，提供其起点和终点；对圆弧，提供起点、终点、顺圆或逆圆以及圆心相对于起点的位置等。因此，为了实现轨迹控制，必须在运动过程中实时计算出满足线形和进给速度要求的若干中间点，这就是数控技术中插补的概念。

对于轮廓控制系统来说，最重要的功能便是插补功能，这是由于插补运算是在机床运动过程中实时进行的，即在有限的时间内，必须对各坐标轴实时地分配相应的位置控制信息和速度控制信息。轮廓控制系统正是因为有了插补功能，才能加工出各种形状复杂的零件。可以说插补功能是轮廓控制系统的本质特征。因此，插补算法的优劣，将直接影响 CNC 系统的性能指标。

根据轮廓控制对插补算法的要求，评价插补算法的指标有以下几个。

(1) 稳定性指标。

众所周知，插补运算实质上是一种迭代运算，所以就存在一个算法稳定性的问题。根据数值分析理论，插补算法稳定性可定义为：在插补运算过程中，其舍入误差和计算误差不随迭代次数的增加而累积。这里的计算误差主要是指由于采用近似计算而产生的误差，而舍入误差则是指计算结果圆整时所产生的误差。

对插补运算进行稳定性分析是很有必要的，这是因为要完成一段直线或曲线的插补运算，往往进行成千上万次的迭代运算，若算法本身不稳定，则有可能由于计算误差和舍入误差的累积而使总误差不断增大，从而使插补轨迹严重偏离给定轨迹。因此，为了确保轮廓精度的要求，实用的插补算法应该是稳定的，即它们对计算误差和舍入误差没有累积效应。

(2) 插补精度指标。

插补精度是指插补轮廓与给定轮廓的符合程度，可用插补误差来评价。插补误差包括：逼近误差、计算误差和圆整误差。其中，逼近误差和计算误差与插补算法密切相关。因此，应尽量采用上述两误差较小的插补算法。一般要求上述三个误差的综合效应(轨迹误差)不大于系统的最小运动指令或脉冲当量值。

(3) 合成速度的均匀性指标。

合成速度的均匀性是指插补运算输出的各轴进给量，经运动合成的实际速度与给定的进给速度的符合程度。为了描述这种符合程度，引入速度不均匀性系数：

$$\lambda = \left|\frac{F - F_{\text{C}}}{F}\right| \times 100\%$$

式中，F 为给定的进给速度；F_{C} 为实际合成进给速度。

在加工过程中，若实际合成进给速度与给定进给速度差别过大，势必影响零件的加工质量和生产率；若实际合成进给速度波动过大，就会影响零件的加工质量，尤其是表面质量，严重者还会使机床在加工过程中产生过大的振动和噪声，从而导致机床和刀具的使用寿命降低。

(4) 插补算法要尽可能简单，要便于编程。

因为插补运算是实时性很强的运算，若算法太复杂，控制器每次插补运算的时间必然加长，从而限制进给速度指标和精度指标的提高。

由于插补方法的重要性，不少学者都致力于插补方法的研究，使之不断有新的、更有效的插补方法应用于 CNC 系统，目前常用的各种插补算法大致分两类：

1) 脉冲增量插补

这类插补算法的特点如下。

(1) 每次插补的结果仅产生一个单位的行程增量，以一个个脉冲的方式输出给步进电动机。其基本思想是：用折线来逼近曲线(包括直线)。

(2) 插补速度与进给速度密切相关。而且还受到步进电动机最高运行频率的限制，当脉冲当量为 10μm 时，采用该插补算法所能获得的最高进给速度是 4～5m/min。

(3) 脉冲增量插补的实现方法较简单，通常仅用加法和移位运算方法就可完成插补。因此它比较容易用硬件来实现，但也有用软件来完成这类算法的。这类插补算法有逐点比较法、最小偏差法、目标点跟踪法、单步追踪法等，它们主要用在采用步进电动机驱动的数控系统。

2) 数字增量插补

这类插补算法的特点如下。

(1) 插补程序以一定的时间间隔定时(插补周期)运行，在每个周期内根据进给速度计算出各坐标轴在下一插补周期内的位移增量(数字量)。其基本思想是：用直线段(内接弦线、内外均差弦线、切线)来逼近曲线(包括直线)。

(2)插补运算速度与进给速度无严格的关系。因而采用这类插补算法时，可达到较高的进给速度。

(3)数字增量插补的实现算法较脉冲增量插补复杂，它对计算机的运算速度有一定的要求。

这类插补方法有数字积分法(DDA)、二阶近似插补法、双 DDA 插补法、角度逼近插补法、时间分割法等。这类插补算法主要用于交、直流伺服电动机为伺服驱动系统的闭环、半闭环数控系统，也可用于以步进电动机为伺服驱动系统的开环数控系统。

2. 运动控制卡的刀具半径补偿功能及工作方式

数控机床在加工过程中，它所控制的是刀具中心的轨迹。用户总是按零件轮廓编制加工程序，因而为了加工所需的零件轮廓，在进行内轮廓加工时，刀具中心必须向零件的内侧偏移一个偏置量；在进行外轮廓加工时，刀具中心必须向零件的外侧偏移一个偏置量，如图 2-21 所示。数控装置按零件轮廓编制的数控程序和预先设定的偏置参数，能实时自动生成刀具中心轨迹的功能称为刀具半径补偿。

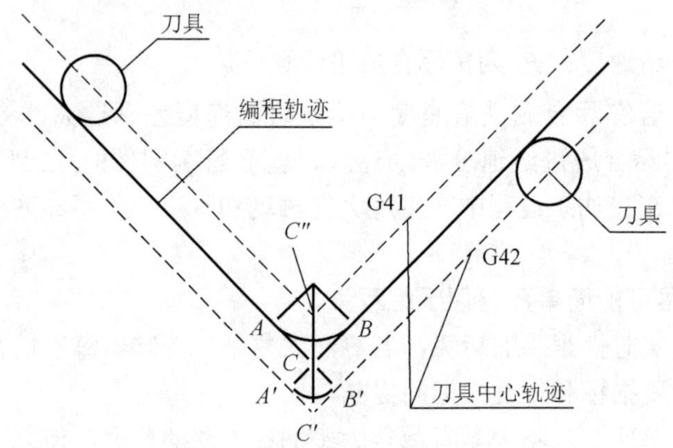

图 2-21　刀具半径补偿示意图

在图 2-21 中，实线为所需加工的零件轮廓，虚线为刀具中心轨迹。根据 ISO 标准，当刀具中心轨迹在编程轨迹(零件轮廓)前进方向的右边时称为右刀补，用 G42 指令实现；反之称为左刀补，用 G41 指令实现。

在零件加工过程中，采用刀具半径补偿功能，可大大简化编程的工作量。具体体现在以下两个方面。

(1)由于刀具的磨损或因换刀引起的刀具半径变化时，不必重新编程，只需修改相应的偏置参数即可。

(2)由于轮廓加工往往不是一道工序能完成的，在粗加工时，要为精加工工序预留加工余量。加工余量的预留可通过修改偏置参数实现，而不必为粗、精加工各编制一个程序。

刀具半径补偿的常用方法为 B 刀补法和 C 刀补法。

B 刀补法的特点是刀具中心轨迹的段间连接都是以圆弧进行的，但由于段间过渡采用圆弧，会产生一些无法避免的缺点：首先，当加工外轮廓尖角时，由于刀具中心通过连接圆弧轮廓尖角处始终处于切削状态，要求的尖角往往会被加工成小圆角。其次，在内轮廓加工时，要由程序员人为地编进一个辅助加工的过渡圆弧，如图 2-21 中的圆弧 $\overset{\frown}{AB}$ 。并且还要求这个过渡圆弧的半径必须大于刀具的半径，一旦疏忽，使过渡圆弧的半径小于刀具半径时，就会因刀具干涉而产生过切削现象，使加工零件报废。

C 刀补法的特点是相邻两段轮廓的刀具中心轨迹之间用直线进行连接，由数控系统根据工件轮廓的编程轨迹和刀具偏置量直接算出刀具中心轨迹的转接交点 C' 点和 C'' 点，如图 2-21 所示。然后再对刀具中心轨迹作伸长或缩短的修正，这就是所谓的 C 机能刀具半径补偿(简称 C 刀补)。该法的尖角工艺性较 B 刀补要好，在内轮廓加工时它可实现过切(干涉)自动预报，从而避免过切的产生。

B 刀补法在确定刀具中心轨迹时，采用的是读一段、算一段、再走一段的处理方法，无法预计到由于刀具半径所造成的下一段加工轨迹对本段轨迹的影响。为了解决下段加工轨迹对本段加工轨迹的影响问题，C 刀补采用的方法是一次对两段进行处理，即先预处理本段，然后根据下一段的方向来确定其刀具中心轨迹的段间过渡状态，从而完成本段的刀补运算处理。

3. 运动控制卡的自动加减速控制功能及工作方式

数控机床必须具备自动加减速功能，这是由于控制系统、驱动系统以及被控制对象的电气和机械惯性，使被控对象的速度不能突变。因此，对进给速度不加以控制任其发生突变，必然会产生冲击、振荡或超程、失步等动态误差。无论是从系统的精度还是从系统的品质指标出发，都要求有加减速控制。对于加减速过程，应满足如下要求：

(1) 所选用的加减速规律应保证轨迹精度和位置精度。

(2) 加速度越大，快速性越好。

(3) 加减速过程的平稳性。在加速、减速过程中，加速度越大，冲击力越大，平稳性也就越差。在加减速的速度趋近目标速度时，总希望加速度逐步降低，使之平稳地趋近目标速度，否则会引起速度的超调。

(4) 加减速控制算法应尽可能简单，便于计算机实现。

目前已形成商品的数控系统，大多采用线性加减速规律或指数加减速规律，如图 2-22 所示。

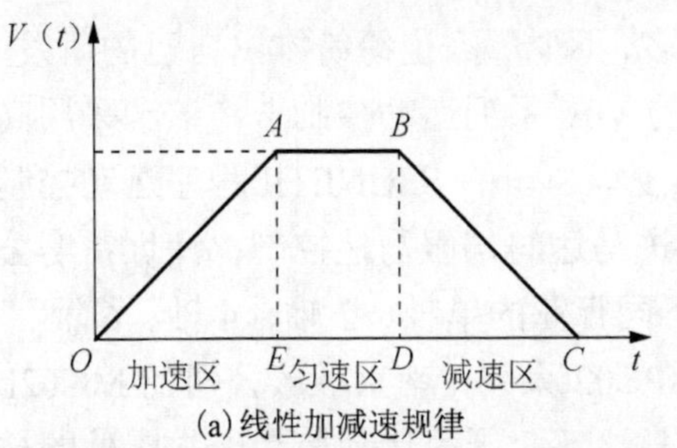

(a) 线性加减速规律

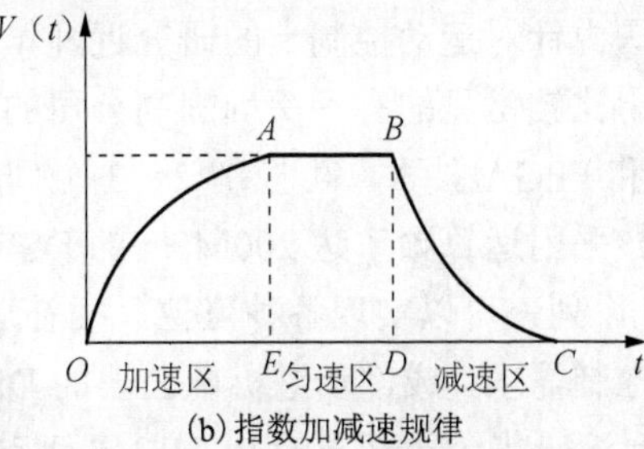

(b) 指数加减速规律

图 2-22　加减速曲线

在实际应用中，也可对上述规律进行改进，以提高它们的指标。具体可采用下面两种方法：其一，对规律自身进行改进，例如在不同的速度范围内，线性规律可设置多个加速度，指数规律可设置多个时间常数，以达到兼顾、协调各个指标的目的，提高规律自身的综合指标。其二，利用上述规律各自的特点，将它们结合起来，利用指数规律稳定性的特点，将其用在升降速的结束段。显然，它的综合指标要优于其他规律；但是，它的控制算法相应要复杂一些。

2.4.4 运动控制卡的选型

运动控制卡的性能很大程度决定了整个数控系统的性能。而微电子及数字信号处理技术的发展与应用，使运动控制卡的性能也得到不断的改进，集成度和可靠性大大提高。按照运动控制卡的控制核心，其可分为基于微控制器、基于专用运动控制芯片和基于数字信号处理器三种类型。

近年来，国外厂商纷纷致力于运动控制卡的开发。1998 年，仅在美国就有 200 余家公司从事运动控制卡软硬件产品的开发和制造。欧洲各国和日本的公司也纷纷进入这个市场。其中比较著名的运动控制卡制造商有美国的 Delta Tau、Galil、PMC，德国的 MOVTEC 及日本的 MAZAK 公司和 NOVA 公司。

在众多运动控制卡中，基于 DSP 处理器类别中比较典型的有美国 Delta Tau 公司的开放式多轴运动控制卡 PMAC，其功能强大，性能完善，内部使用了一片 MotorolaDSP56001/56002 数字信号处理芯片，它的速度、分辨率、带宽等指标远优于一般的控制卡。现在，PMAC 已发展到第五代，其最新产品 TURBO PMAC 可控制 32 个轴，CPU 速度为 150MHz，具有光纤通信、MACRO 环形网等功能，在世界上处于领先地位。

基于微控制器的典型运动控制卡有美国 ADEPT 公司的 Smart-Controller。该卡将计算机嵌入到运动控制卡上，能够独立运行，这种产品采用更加可靠的总线连接方式(针式连接器)与计算机通信，更加适合工业运用。

国外专门研究生产专用运动控制芯片的厂商也不少，比较著名的厂商有美国 TI 公司的 LM629 和日本 NOVA 公司的 MCX 系列。这类芯片中一般都已集成了插补算法和运动控制算法程序，能够同时控制多轴。不过芯片功能因已固化，无法在运动控制卡的开发中再引入复杂的控制和插补算法，在应用上具有一定的局限性。但由于其基于硬件，速度、集成度和可靠性都非常高。相对于其他应用 DSP 或微控制器等芯片，应用这种芯片开发运动控制卡更简单，无须编写卡上的软件，大大减少了开发工作量。特别是这种运动控制卡的实时性好，精度、稳定性、抗干扰性和可靠性都非常高，能满足大部分的中档数控系统要求，因此也很受控制卡开发者和制造商的喜爱。

国内针对运动控制卡的研究近几年开展得比较多，不少厂家也纷纷推出自己的研发产品，市场上比较常见的有：深圳固高公司的基于 DSP 的 GE 系列运动控制卡，该卡采用高性能 DSP 和 FPGA 技术，可控制 2～3 个伺服/步进轴；凌华公司的 SSCNETll 程序运动控制卡，其内核采用运算频率达 200MHz 的 DSP，适用于步进马达与伺服马达控制；深圳雷赛公司的 DMC 系列，可以实现各种点位、插补运动，满足不同行业的单轴、2 轴、4 轴、6 轴、12 轴运动控制需求，成都步进机电公司的 DMC300 和 MPC02 系列；南京顺康公司的 MC62lxP 系列；台湾研华公司开发的 PCI-1240 运动控制卡。相比之下，国内运动控制卡与国外的技术仍存在着一定的差距，尤其在运行速度、分辨率、带宽等指标方面。

在数控系统搭建过程中，对运动控制卡的选型应考虑以下几个因素。

(1) 确定控制卡的总线类型。运动控制卡是基于 PC 机各种总线的步进电动机或数字式伺服电动机的上位控制单元，总线形式也是多种多样。由于计算机主板的更新换代，ISA 插槽越来越少，PCI 总线的运动控制卡是目前的主流。

(2) 确定运动轴数。如果数控机床所控轴数在四轴以上时，需考虑各轴联动关系。所谓多轴联动是指在一台机床上的多个坐标轴（包括直线坐标和旋转坐标）在计算机数控系统的控制下同时协调运动，进行加工。多轴联动加工可以提高空间自由曲面的加工精度、质量和效率。如果加工对象和加工精度要求机床能够多轴联动，则首先要选择具备这种多轴联动功能的运动控制卡。而且工件加工曲面越复杂，要求的精度越高，所选运动控制卡的轴数则要越多。

(3) 系统要求性能。比如直线、圆弧、连续插补，还有最高输出脉冲和是否带模拟量控制等。毫无疑问，不同的运动控制卡有着不同层次的性能。

2.5　Visual C++6.0 环境下控制系统开发步骤

Visual C++是集成了 Windows 内部应用程序接口函数的可视化软件开发工具，包含了功能强大的基于 Windows 平台的微软基本类库应用框架，具有图形界面友好、系统资源丰富、操作配置方便、运行速度较快等特点。在提供可视化编程方式的同时，Visual C++也适用于编写直接对系统进行底层操作的程序，因而用它编制实时控制软件十分方便。

以深圳雷赛公司的 DMC2410 PCI 总线 4 轴运动控制卡为例，其 Visual C++6.0 环境下控制系统的开发步骤如下。

(1) 需确保运动控制卡已经插入到计算机插槽中，安装好驱动程序、运动控制卡测试软件和 VC++6.0 软件。

(2) 启动运动控制卡演示软件，进行运动控制卡控制功能的简单测试，如单轴定长运动等，以确定运动控制卡软硬件安装正常。

(3) 运行 VC++6.0，并建立一个工程，将工程命名，并设定保存路径。

(4) 将 DMC2410.lib 和 DMC2410.h 文件拷贝到该工程的目录下（相关库文件在 driver 目录下）。

(5) 将运动函数链接到工程项目中，将 DMC2410.lib 加入到工程中。

(6) 在调用运动函数的文件头部代码中加入#include“DMC2410.h”语句。

当将运动函数链接到项目中后，就可以像调用其他 API 函数一样，调用运动函数，每个函数的具体功能可以打开头文件 DMC2410.h 了解。

复　习　题

1. 开放式数控系统所追求的系统特性有哪些？
2. NC 板卡嵌入 PC 板卡型数控系统的优点有哪些？
3. 简单分析数控加工过程及工作原理。
4. 简述运动控制卡的组成。
5. 运动控制卡选型时应考虑哪些因素？

第3章　数控机床运动控制的主要部件

3.1　工控机及选型

工控机即工业控制计算机，是一种采用总线结构，对生产过程及机电设备、工艺装备进行检测与控制的工具总称，如图 3-1 所示。工控机具有重要的计算机属性和特征，如具有计算机CPU、硬盘、内存、外设及接口，并有操作系统、控制网络和协议、计算能力、友好的人机界面等。工控行业的产品和技术非常特殊，属于中间产品，是为其他各行业提供可靠、嵌入式、智能化的工业计算机。随着信息化技术的不断深入，关键性行业的关键任务将越来越多地依靠工控机，而以 IPC 为基础的低成本工业控制自动化正在成为主流。

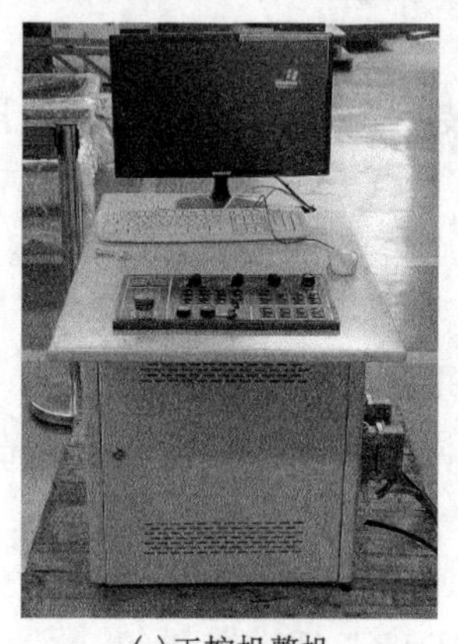

(a)工控机整机

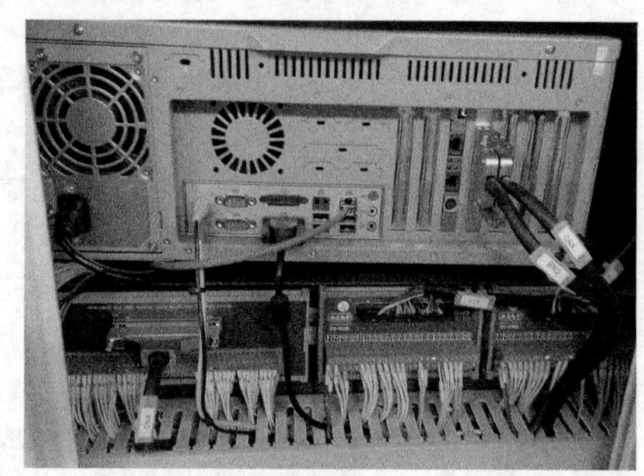

(b)控制柜内部

图 3-1　工控机

工控机得以广泛应用主要基于以下两方面原因：其一，PC 机具有开放性，具有丰富的硬件资源、软件资源；PC 机易于与其他信息技术集成，并且性价比高，因而受到广大工程技术人员的欢迎。其二，PC 机飞速发展、迅速普及，通用计算机中 95%以上是 PC 机。为此，工控领域的专家、技术人员和厂家自然会想到把 PC 机推向工控大市场，于是在 PC 机的基础上，诞生了可用于恶劣工业测控环境的 IPC。IPC 自 20 世纪 90 年代初进入工业自动化领域以来，获得了广泛应用，在过程控制、制造自动化等方面扮演着重要角色。事实上，对 PC 机可靠性有特殊要求的产业和领域都可能是 IPC 的潜在市场，包括需要高可靠性 PC 机应用、特殊结构 PC 机平台及各种 PC 机的控制系统。IPC 技术的不断完善和普及，其外延应用的价值将同样是不可估量的。

将运动控制卡插入工控机组成运动控制系统在前面已讲过，现在对其选型进行介绍。

工控机是嵌入在工业系统内部，在工业极端环境里能够连续长期稳定可靠工作的工业型计算机。工控机的计算机系统与普通的商用 PC 机在结构上略有不同，从系统的可靠性出发，它的主板与系统总线(母板)是分离的，即系统总线是一单独的无源母板，主板则做成插卡形式，且集成度更高，即所谓的 ALIJ-IN-ONE 主板。这种主板主要包括以下的功能结构：①CPU

芯片及其外围芯片；②内存单元、Cache 及其外围芯片；③通信接口(串口、并口、键盘接口)；④软、硬驱动器接口。各功能模块的组成原理与普通微型计算机的原理完全一样，这里不再赘述。

(1) 硬件系统一般有运行操作台，可放置计算机、外设、主机柜、CRT、I/O 机柜(机箱、电源、接线端子板、接地保护装置等)等。

(2) 软件系统由实时操作系统、实时数据库及应用软件、数据采集与处理软件、各类控制软件组成。

(3) 工控机与商用及个人机比，其特点是强大的过程输入/输出能力、高可靠性、抗干扰性与实时性。

为了最大便利地实现数控系统的控制操作，机床内的工控机应满足以下特性。

(1) 可靠性。IPC 具有在粉尘、烟雾、高/低温、潮湿、振动、腐蚀等环境下持续工作，快速诊断和可维护的特点。

(2) 实时性。IPC 对工业生产过程进行实时在线监测与控制，对工作状况的变化给予快速响应，及时进行采集和输出调节，遇险自复位，保证系统的正常运行。

(3) 输入/输出能力。IPC 具有很强的输入/输出功能，与工业现场的各种检测仪表和控制装置，如传感器、变送器、执行机构、报警器、显示器等相连接，以完成各种测控任务。

(4) 扩充性。IPC 由于采用底板+CPU 卡结构，可扩充 20 个板卡(甚至更多)，能够根据现场的需求构成各种规模的 IPC 测控系统。

(5) 系统监测和自复位。看门狗电路已成为 IPC 系统中不可缺少的一部分，它能在系统出现故障时迅速报警，并在无人干预的情况下，使系统自动恢复运行。

(6) 丰富的软件支持。IPC 软件包括：实时多任务操作系统、应用软件、网络通信、数据库、工控软件包、组态软件等。

(7) 通信功能强。通信、网络技术的引入，特别是实时工业网络产品的面市，使采用 IPC 作为节点机、再经联网组合构成高性能分散控制系统(DCS)的方案成为可能。IPC 具有多种通信网卡和通信支持软件，很容易构成 DCS。

(8) 性能价格比高。各类高性能 I/O 板卡作为成熟的工业化产品与 IPC 配套使用，性能价格比不断提高，使用户可在短时间内，像搭积木一样很快构成所需的应用测控系统，投入实际运行，创造很好的效益。

IPC 是在 PC 总线的基础上构成的一种能够在恶劣工业环境下工作的计算机。目前，IPC 已普遍采用了如下措施，以适应工业现场的要求。

(1) 特殊设计的高可靠性电源装置，除了能适应较宽的电压波动范围外，还可承受瞬间浪涌冲击，保证 IPC 在电网不稳、电气干扰较大的环境中也能可靠运行。

(2) 高功率双冷风扇配置，一方面解决高温下的散热问题，另一方面使机箱内始终保持空气正压，以减少粉尘侵入，如图 3-2 所示。

(3) 全钢结构标准机箱(带滤网)和减振、加固压条装置，在机械振动较大的环境中仍能可靠运行，具有防电磁干扰的能力。

(4) 采用大底板结构，留给用户尽可能多的插槽以便 I/O 扩展。总线驱动能力加强，一台 IPC 的底板可插入多达 10～20 块 I/O 板卡。一般的小系

图 3-2　双冷风扇工控机

统仅用一台 IPC 外加若干块配套的 I/O 板卡即可实现。

(5)采用标准化部件，硬、软驱动器一般采用通用部件。所有部件均要求进行老化试验，确保整机质量。整机可靠性能远远超过商用 PC。

目前，国内的工控机供应渠道主要来源于中国台湾及内地的厂商，国外的产品(例如 RADISYS、ROCKWELL、INTEL 等)由于成本高、服务贵，仅在特殊场合应用。国内主要工控机厂商有台湾的研华、磐仪、大众和大陆的研祥、华北、康拓等。

现在的各种总线工控机向高性能、高可靠方向发展，其中比较有代表性的是 Compact PCI/PXI 总线、STD 总线和 STD32 总线工业控制机。随着 Compact PCI 总线冗余设计技术、热插拔技术、自诊断技术的成熟，构造高可用性系统的简化，Compact PCI/PXI 总线工控机技术得到迅速普及和广泛应用，成为国内继 STD 总线工控机、IPC 工控机之后最具普及前景的新一代高性能工控机。

工控机在数控机床的应用上，其选型可遵循以下原则。

(1)根据使用工控机的空间大小选择。工控机通常需要安装在机架上或其他狭小空间中，所以安装尺寸就构成了首要限制条件。近十年发展出体积更小的无风扇嵌入式工控机，长仅为十余厘米，也有功能更为复杂的工作站。所以，首先要根据现场安装尺寸的大小，选择产品规格。

(2)根据现场选择可行的安装方式，安装方式可分为壁挂式、机架式(见图 3-3)、台式、嵌入式；同时也要考虑出线方式以避免接线困难，如前出线、后出线等。

(a)壁挂式工控机

(b)机架式工控机

图 3-3　不同类型的工控机

(3)环境需求。工控机之所以不同于普通个人计算机，是因为其能够应用于恶劣的环境，如超高或超低的温度、高粉尘、高振动等场合。所以在选择工控机时要仔细察看其参数是否能够满足应用环境的需求，如操作温度、存储温度等。

(4)技术参数。如同选择个人电脑一样，选择工控机类型时也要看配置：处理器(处理速度)、存储、内存、软件等。对于这些参数，应根据应用需求进行选择。

(5)扩展性。要考虑工控机的接口类型需要，例如是否需要 RS—232/485、CPCI、USB、Profinet 等种类的接口，如果购买的不是工控机整机而是组装机，注意在选择板卡的时候考虑接口问题。

(6)品牌。工控机是应用在关键场合的产品，稳定性、可靠性、质量等直接影响到整个项目的成败，所以品牌也是非常重要的考虑因素。工控机老牌品牌以研华等台湾品牌为主，目前也有一些国内的工控机品牌，如华北工控、研祥等。西门子这样的欧美企业目前也正在做工控机的本土化，价格也与台湾品牌日渐接近，都是可供选择的方案。

3.2　伺服单元及选型

伺服电动机的驱动装置通常称为伺服单元，是伺服系统中必不可少的重要元件之一，如图 3-4 所示。

图 3-4　伺服驱动单元

伺服系统性能的优劣除取决于电动机本身的性能参数之外，在很大程度上依赖于伺服单元的品质。生产厂商在销售伺服系统时，一般总是将伺服电动机与伺服单元配套销售，不同厂家生产的伺服电动机与伺服单元通常不能互换使用。

伺服单元是一个电气电子装置，其电路由主回路、控制回路及保护回路三个主要部分构成。主回路给伺服电动机提供调压或调频电源，此电源的输出由控制回路的指令信号来控制。控制回路的输出是根据外部输入的操作指令和来自电动机的反馈信号进行综合分析计算而获得的。保护回路的作用一方面要保护伺服电动机不因长时间过载工作而发生损坏，另一方面还要保护伺服单元本身的主回路不因瞬时发生的过电压、过电流而烧毁。

驱动器在广义上指的是驱动某类设备的驱动硬件，由于交流电动机在数控机床等数控领域的大量应用，伺服驱动器大多是指交流伺服驱动器，而且这种交流伺服驱动器主要用来驱动、控制永磁同步交流电动机。步进电动机和直流伺服电动机也有其驱动部分，用以给相应电动机调速。这种调速的部分可以单独成为一个独立驱动器，也可以以调速回路的形式与其他控制装置整合在一个装置内。

数控机床对驱动装置的要求如下。

(1) 精度高。输出位移有足够的精度，即实际位移与指令位移之差要小。

(2) 具有较长时间的大过载能力，以满足低速大转矩的要求。一般直流伺服电动机要求数分钟内过载 4～6 倍而不损坏。

(3) 调速范围宽。从最低速到最高速时，电动机均能平滑运转，转矩波动小，特别是在低速(如 0.1r/min 或更低)时，速度平稳而无爬行现象。能承受频繁启动、制动和反转。

3.2.1　伺服驱动

1. 步进电动机的驱动

步进驱动器是一种能使步进电动机运转的功率放大器，能把控制器发来的脉冲信号转化为步进电动机的角位移，电动机的转速与脉冲频率成正比，所以控制脉冲频率可以精确调速，控制脉冲数就可以精确定位。脉冲发生器所产生的脉冲信号，通过环形分配器按一定的顺序加到电动机各相绕组上。为了使电动机能够输出足够的功率，经环形分配器产生的脉冲信号还需进行功率放大。环形分配器、功率放大器以及其他控制线路组合称为步进电动机的驱动电源，它对步进电动机的控制来说是不可缺少的一部分。

在步进电动机的驱动过程中，控制脉冲通过环形分配器控制步进电动机励磁绕组按照一定顺序接通、断电，使电动机绕组的通电按输入脉冲的控制而循环变化。环形分配器的主要功能是把来源于控制环节的时钟脉冲串按一定的规律分配给步进电动机驱动器的各相输入端。同时，步进电动机有正反转的要求，所以这种环形分配器的输出既是周期性的，又是可逆的。接受时钟脉冲串和方向电平，输出各相的导通信号，是环形分配器的基本功能。

环形分配器分为两大类，如图 3-5 所示。一类是用硬件构成的环形分配器，通常称为硬环形分配器；另一类是用计算机软件设计的方法实现环形分配器要求的功能，脉冲分配和方向控制都用软件解决，称为软环形分配器。硬环形分配器种类很多，其中比较常用的是专用集成芯片或通用逻辑器件组成的环形分配器。

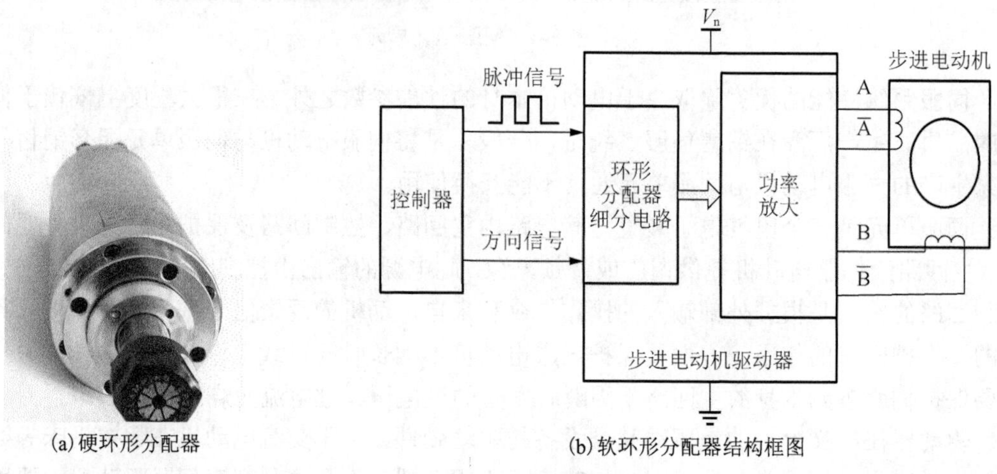

(a) 硬环形分配器　　(b) 软环形分配器结构框图

图 3-5　环形分配器

步进电动机要拖动一定的负载做功，励磁绕组必须注入所要求的电流，于是要把从分配器输出的微弱信号进行放大。具体的放大电路要根据电动机所需的励磁电流大小来设计。目前的电流放大电路主要有双电压电路驱动器、恒流斩波电路驱动、调频调压和细分等新型驱动电路。

2. 直流电动机的驱动

一般来说，直流电动机的调速是通过改变电枢电压来实现的。将一个来自电源的电压改变成直流电动机所需的电压一般要经过功率放大电路、过电流保护电路、短路制动和直流电动机正/反转控制电路。

在功率放大电路中所使用的半导体器件有：双极型晶体管及其模块、IGBT 及其模块和功率 VDMOS 及其模块等。在使用驱动电路过程中，可能接错电源端子或输出端子。在这种情况下产生的大电流通过晶体管电路，有可能损坏晶体管。为此，在设计驱动电路时必须考虑上述过电流的发生，并把过电流保护措施加进去。

脉宽调制变换电路是近年来在直流调速领域应用比较广泛的一种技术，它采用脉宽中宽度调制的方法实现对输出电压的斩波，如图 3-6 所示。图 3-6(a)的变换器只有一个大功率晶体管 T，开关频率可达 1～4kHz，输出端负载为直流电动机(L_a为电动机电枢电感，为分析方便，与电动机分离画出)。电源电压 V_P一般由不可控整流电源提供，C 为滤波电容。二极管 D 在晶体管 T 关断时为电枢回路提供释放电感储能的续流回路。

T 的基极由脉宽可调的脉冲电压 u_b 驱动，波形如图 3-6(b)所示。当$0 \leqslant t < t_{on}$时，u_b为正，T 饱和导通，电源电压 V_P通过 T 加到电动机电枢两端。当$t_{on} \leqslant t < T$时，u_b为 0，T 截止，电枢失去电源，经 D 续流，电动机得到的平均端电压为

$$U_a = \frac{t_{on}}{T} V_P = V_P \rho$$

式中，ρ为负载电压系数，$0 \leqslant \rho \leqslant 1$，改变$\rho$即可改变电动机电枢平均电压，从而实现电动机调速。由于ρ是可以连续改变的，所以调速是无级的连续调速。

稳态时电枢两端电压 u_a、电枢平均电压 U_a和电枢电流 i_a的波形见图 3-6(c)、(d)。如电动机负载较大，T 的开关频率足够高，能维持$t_{on}-T$期间内始终$i_a \geqslant 0$，即电流连续；反之，在新的周期开始之前，i_a就衰减到零，电流断续。由于 D 阻断，使$U_a = E$，U_a和i_a的波形如图 3-6(e)、(f)所示，机械特性变软。

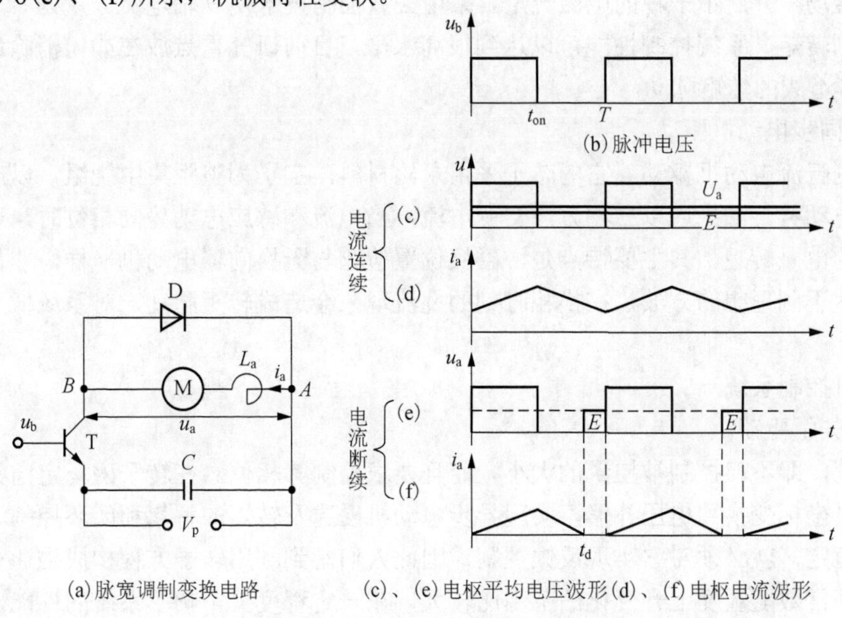

(a)脉宽调制变换电路　　(c)、(e)电枢平均电压波形(d)、(f)电枢电流波形

图 3-6　一种 PWM 变换器电路及其波形

3. 交流电动机的驱动

对于交流电动机，不论是同步电动机还是异步电动机，采用矢量控制技术及新的控制方法后，系统性能均大大提高，已经取代直流电动机，取得了电气控制领域中的主导地位。由于交流电动机属于多变量、强耦合的非线性系统，与直流电动机相比，调速要困难得多。矢量控制理论解决了交流电动机的转矩控制和速度调节问题，采用坐标变换将三相系统等效为两相系统，坐标变为沿着主磁通Φ的方向的 d 轴和沿着电枢绕组产生磁动势方向的 q 轴，d 轴和 q 轴正好垂直。按转子磁场定向的同步旋转实现了变量的解耦，从而达到对交流电动机

电流和磁链分别控制的目的，就可以将交流电动机等效为直流电动机进行控制，因而获得了与直流电动机同样优越的调速性能和特性。

目前典型的已经应用或正在研究的高性能交流电动机控制系统有以下几种。

1) 同步电动机控制系统

(1) 无换向器电动机驱动。

采用交—直—交电流型逆变器给普通同步电动机供电，整流及逆变部分均由晶闸管构成，利用同步电动机电流可以超前电压的特点，使逆变器的晶闸管工作在自然换相状态。同时检测转子磁极位置，用以选通逆变器的晶闸管，使电动机工作在自同步状态，故又称自控式同步电动机控制系统。

(2) 交—交变频供电同步电动机驱动。

逆变器采用交—交循环变流电路，由普通晶闸管组成，提供三相正弦电流给普通同步电动机，采用矢量控制后可对励磁电流进行瞬态补偿。其特点是容量可以很大，但调速范围有一定限制，只能从 1/2 同步速度往下调。

(3) 正弦波永磁同步电动机驱动。

电动机转子采用永磁材料，定子绕组仍为正弦分布绕组。如通以三相正弦交流电，可获得较理想的旋转磁场，并产生平稳的电磁转矩。采用矢量控制技术使 d 轴电流分量为零，用 q 轴电流直接控制转矩，系统控制性能可以达到很高水平。目前研究重点放在如何消除齿谐波及 PWM 控制等造成的转矩脉动。

(4) 方波永磁同步电动机驱动。

其又称为无刷直流电动机驱动。它的转子采用永磁材料，定子为整距集中绕组，以产生梯形磁场和感应电动势。如果通以三相方波交变电流，当电流和感应电动势同相位时，理论上可以产生平稳的电磁转矩。其主要特点是，磁极位置检测与无换向器电动机一样，非常简单，选通及系统达不到理想的方波，在换相时刻的叠流现象会造成转矩脉动，对系统低速性能有一定影响。

2) 异步电动机控制系统

(1) 坐标变换矢量驱动。

所谓矢量控制，即不但控制被控量的大小，而且要求控制其相位。在转子磁场定向矢量控制系统中，通过坐标变换和电压补偿，实现异步电动机磁通及转矩的解耦和闭环控制。为了保持转子磁通恒定，就必须对它实现反馈控制，因此人们想到利用转子方程构成磁通观测器。由于转子时间常数随温度上升变化的范围比较大，在一定程度上影响了系统的性能，目前提出了很多转子时间常数的实时辨识方法，使系统的动静态特性得到一定提高。

(2) 转差频率矢量驱动。

有时为简化控制系统的结构，直接忽略转子磁通的过渡过程，得到 d 轴电流，而 q 轴电流可直接从转矩参考值，即转速调节器的输出中求得。这样构成的系统，磁通采用开环控制，结构大为简化，且适合电流型逆变器或电流控制 PWM 电压型逆变器供电的异步电动机控制系统。进一步简化，即只考虑稳态方程后，还可得出转差频率控制系统和开环的电压/频率恒定控制系统。其精度虽然不高，但在量大面广的风机、水泵负载调速节能领域中得到广泛应用。

(3) 直接和间接转矩驱动。

直接转矩控制法是直接在定子坐标系上计算磁通的模和转矩的大小，并通过磁通和转矩的直接跟踪，即双位调节，来实现 PWM 控制和系统的高动态性能。从转矩的角度看，只关心转矩的大小，磁通本身的小范围误差并不影响转矩的控制性能。因此，这种方法对参数变化不敏感。此外，由于电压开关矢量的优化，降低了逆变器的开关频率和开关损耗。

电压定向控制是在交流电动机广义派克方程的基础上提出的一种磁通和转矩间接控制方法。这种方法把参考坐标系放在同步旋转磁场上，使 d 轴与定子电压矢量重合，并根据磁通不变的条件，求得其动态控制规律，间接控制了定转子磁通和电动机的转矩。为实现上述控制规律，需观测某些派克方程状态变量。此规律不但避免了传统矢量控制系统中繁杂的坐标变换，还可使磁通和转矩的控制完全解耦，因此，在此基础上可方便地实现速度和位置的控制。

3.2.2　伺服单元的类型

根据使用场合和控制系统要求的不同，伺服驱动器可分为通用型和专用型两类。通用型伺服驱动器是指本身带有闭环位置控制功能，可独立用于闭环位置控制或速度、转矩控制的伺服驱动器；专用型伺服驱动器是指必须与上级位置控制器(如 CNC)配套使用，不能独立用于闭环位置控制或速度、转矩控制的伺服驱动器。

1. 通用伺服驱动器

通用伺服驱动器对上级控制装置无要求。驱动器用于位置控制时，它可直接通过图 3-7 所示的位置指令脉冲信号来控制伺服电动机的位置与速度，只要改变指令脉冲的频率与数量，即可改变电动机的速度与位置。

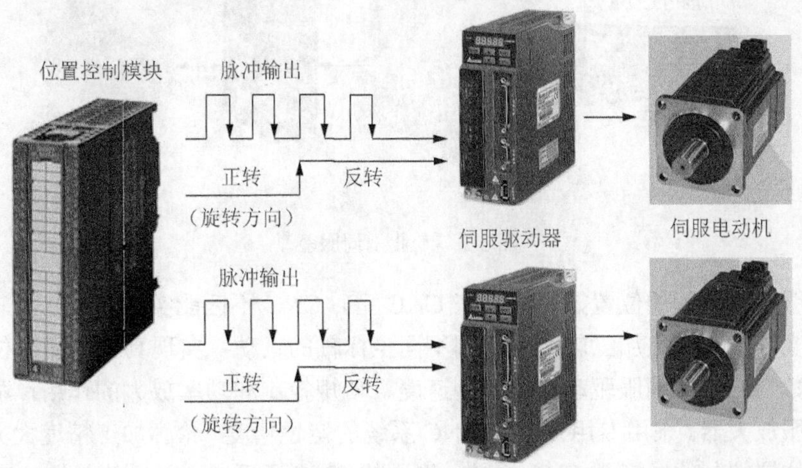

图 3-7　通用型伺服驱动

为了增强驱动器的通用性，通用伺服驱动器一般可接收线驱动输出或集电极开路输出的正/反转脉冲信号、“脉冲+方向”信号及相位差为 90° 的 A/B 两相差分脉冲等，先进的驱动器还利用 CC-Link、PROFIBUS、Device-NET、CANopen 等通用与开放的现场总线通信，实现网络控制。

通用型伺服驱动器进行位置控制时，不需要上级控制器具有闭环位置控制功能，因此，上级控制器可为经济型 CNC 装置或 PLC 的脉冲输出、位置控制模块等，其使用方便、控制容易，对上级控制装置的要求低。但是，这种系统的位置与速度检测信号没有反馈到上级控制器，因此，对上级控制器(如 CNC)来说，其位置控制是开环的，控制器既无法监控系统的实际位置与速度，也不能根据实际位置来协调不同轴间的运动，其轮廓控制(插补)精度较差。从这一意义上说，通用型伺服的作用类似于步进驱动器，只是伺服电动机可在任意角度定位、也不会产生“失步”而已。

然而，由于通用伺服也可以用于速度控制，因此，它也可以通过上级控制器进行闭环位置控制，驱动器只承担速度、转矩控制功能，在这种情况下，它就可实现与下述专用伺服同样的功能，系统定位精度、轮廓加工精度将大大高于独立构成位置控制系统的情况。由于通用伺服需要独立使用，因此，驱动器一般需要有用于驱动器参数设定、状态监控、调试的操作显示单元。

2. 专用伺服驱动器

专用伺服驱动器的位置控制只能通过上级控制器实现，它必须与特定位置控制器(一般为 CNC)配套使用，不能独立用于闭环位置控制或速度、转矩控制。专用伺服多用于数控机床等需要高精度轮廓控制的场合，FANUC 公司 cd/JSi 系列交流伺服以及 SIEMENS 公司的 611 u 系列交流伺服等都是数控机床常用的典型专用型伺服产品。

为了简化系统结构，当代专用型伺服驱动器与 CNC 之间一般都采用图 3-8 所示的网络控制技术，两者使用专用的现场总线进行连接，如 FANUC 的 FSSB(FANUC Serial Servo Bus)总线等。

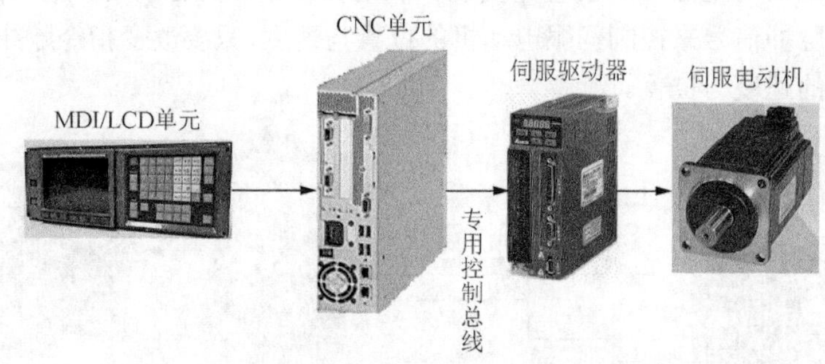

图 3-8　专业型伺服驱动

专用伺服驱动系统的位置控制设计在 CNC 上，CNC 不但能实时监控坐标轴的位置，而且还能根据实际位置调整加工轨迹、协调不同坐标轴的运动，实现真正的闭环位置控制。

在大多数情况下，伺服驱动器只起到速度、转矩控制和功率放大的作用，故又称速度控制单元或伺服放大器。采用专用伺服的 CNC 系统的定位精度、轮廓加工精度大大高于使用通用伺服实现位置控制的经济型 CNC 系统；先进的 CNC 还可通过“插补前加减速”、“AI 先行控制(Advanced Preview Control)”等前瞻控制功能进一步提高轮廓加工精度。专用伺服驱动器的参数设定、状态监控、调试与优化一般可直接利用 CNC 的操作与显示单元进行，驱动器一般不需要配套数据设定、显示的操作面板。由于专用型伺服一般由 CNC 生产厂家配套提供，多用于数控机床等需要高精度轮廓控制，它通常不能脱离 CNC 单独使用。

在通用伺服驱动器中，根据所驱动电动机的不同，交流伺服电动机驱动器可分为变频器、交流主轴驱动器、交流进给伺服驱动器三大类调速系统。

1) 变频器

根据电机学理论，交流异步电动机和交流同步电动机的转速可分别由下式表示：

$$n_1 = \frac{60f}{p}(1-S)$$

$$n_2 = \frac{60f}{p}$$

式中，n_1为异步电动机转速；n_2为同步电动机转速；p为电动机磁极对数；f为电源频率；S为转差率。

由上式可知，影响电动机转速的因素有：电动机的磁极对数p、电源频率f，异步电动机还有转差率S。其中，改变电源频率来实现交流异步电动机调速的方法效果最理想，这就是所谓变频调速。

变频器(见图 3-9)是应用变频技术与微电子技术，通过改变电动机工作电源频率方式来控制交流电动机的电力控制设备。变频器主要由整流(交流变直流)、滤波、逆变(直流变交流)、制动单元、驱动单元、检测单元、微处理单元等组成。变频器靠内部绝缘栅双极型晶体管(Insulated Gate Bipolar Transistor，IGBT)的开断来调整输出电源的电压和频率，根据电动机的实际需要来提供其所需的电源电压，进而达到节能、调速的目的。另外，变频器还有很多的保护功能，如过流、过压、过载保护等。

图 3-9　变频器

主电路是给电动机提供调压调频电源的电力变换部分，变频器的主电路大体上可分为两类：电压型是将电压源的直流变换为交流的变频器，直流回路的滤波是电容。电流型是将电流源的直流变换为交流的变频器，其直流回路滤波是电感。它由三部分构成，将工频电源变换为直流功率的“整流器”，吸收在变流器产生的电压脉动的“平波回路”和逆变器。

2) 交流主轴驱动器

一般的交流主轴伺服系统(见图 3-10)只是一个速度控制系统。控制主轴的旋转运动，提供切削过程中的转矩和功率，完成在转速范围内的无级变速和转速调节。当主轴伺服系统要求有位置控制功能时(如数控车床类机床)，称为C轴控制功能。这时，主轴与进给伺服系统一样，为一般概念的位置伺服控制系统。交流主轴驱动器和变频器一样，是用于感应电动机变频调速的控制器，采用全数字控制、PWM 变频技术；主回路为“交一直一交”PWM 变频的拓扑结构，所使用的电力电子器件以第三代“复合型”器件 IGBT 为主导。

3) 交流进给伺服驱动器

进给伺服驱动器(见图 3-11)又称为伺服控制器、伺服放大器，是用来控制伺服电动机的一种控制器，主要应用于高精度的定位系统。一般是通过位置、速度和力矩三种方式对伺服电动机进行控制，实现高精度的传动系统定位，目前是传动技术的高端产品。

图 3-10 交流主轴驱动器

图 3-11 交流进给伺服驱动器

目前，主流的伺服驱动器均采用数字信号处理器作为控制核心，可以实现比较复杂的控制算法，实现数字化、网络化和智能化。功率器件普遍采用以智能功率模块(IPM)为核心设计的驱动电路，IPM 内部集成了驱动电路，同时具有过电压、过电流、过热、欠压等故障检测保护电路，在主回路中还加入软启动电路，以减小启动过程对驱动器的冲击。

3.2.3 伺服驱动器的主要特性

驱动器的主要特性可以从驱动器的调速指标和通用变频器、交流主轴驱动器、交流伺服三大类调速系统的性能比较来说明。变频器与交流伺服是新型的交流电动机速度调节装置，传统意义上的调速指标已不能全面反映调速系统的性能，需要从静、动态两方面来重新定义技术指标。

调速系统不但要满足工作机械稳态运行时对转速调节与速度精度的要求，而且还应具有快速、稳定的动态响应特性。因此，除功率因数、效率等常规经济指标外，衡量交流调速系统技术性能的主要指标有调速范围、调速精度与速度响应性能三方面。

1. 调速范围

调速范围是衡量系统速度调节能力的指标。调速范围一般以系统在一定的负载下，实际可达到的最低转速与最高转速之比或直接以最高转速与最低转速的比值来表示。但是，对通用变频器来说，调速范围需要注意以下两点。

(1) 变频器参数中的频率控制范围不是调速范围。频率控制范围只是变频器本身所能够达到的输出频率范围，但是，在实际系统中还必须考虑电动机的因素。一般而言，如果变频器的输出频率小于一定值(如 2Hz)，电动机将无法输出正常运行所需的转矩，因此，变频器调速范围要远远小于频率控制范围。

(2) 变频器的调速范围不能增加传统的额定负载条件。因为，如果变频器采用 V/f 控制，实际只能在额定频率的点上才能输出额定转矩。目前，不同的生产厂家，对通用变频器调速范围内的输出转矩规定有所不同，例如，三菱公司一般将变频器能短时输出 150%转矩的范围定义为调速范围；而安川公司则以连续输出转矩大于某一值的范围定义为调速范围等。

2. 调速精度

交流调速系统的调速精度在开环与闭环控制时有不同的含义。开环控制系统的调速精度是指调速装置控制四极标准电动机、在额定负载下所产生的转速降与电动机额定转速之比，其性质和传统的静差率类似，计算如下：

$$\delta = \frac{\text{空载转速} - \text{满载转速}}{\text{额定转速}} \times 100\%$$

对于闭环调速系统和交流伺服驱动系统，计算式中的"额定转速"应为电动机最高转速。调速精度与调速系统的结构密切相关。一般而言，在同样的控制方式下，采用闭环控制的调速精度是开环控制的 10 倍左右。

3. 速度响应

速度响应是衡量交流调速系统动态快速性的新增技术指标。速度响应是指负载惯量与电动机惯量相等的情况下，当速度指令以正弦波形式给定时，输出可以完全跟踪给定变化的正弦波指令频率值。速度响应有时也称频率响应，分别用 rad/s 或 Hz 两种不同的单位表示，转换关系为 1Hz= 2π rad/s。

速度响应是衡量交流调速系统的动态跟随性能的重要指标，也是不同形式的交流调速系统所存在的主要性能差距。表 3-1 是当前通用变频器、主轴驱动器和伺服驱动器普遍可达到的速度响应比较值。

表 3-1　变频器、主轴驱动器和伺服驱动器的速度响应

控制装置		速度响应/ (rad/s)	频率响应/Hz
通用变频器	V/f 控制	10～20	1.5～3
	闭环 V/f 控制	10～20	1.5～3
	开环矢量控制	20～30	3～5
	闭环矢量控制	200～300	30～50
主轴驱动器		300～500	50～80
交流伺服驱动器		≥3000	≥500

目前市场上各类交流调速装置的产品众多，由于控制方式、电动机结构、生产成本与使用要求的不同，调速性能的差距较大，表 3-2 为通用变频器、交流主轴驱动器、交流伺服的技术性能表，使用时应根据系统的要求选择合适的控制装置。

表 3-2　交流调速系统技术性能

项目	伺服驱动器	变频器				主轴驱动器
电动机类型	永磁同步电动机	通用感应电动机				专用感应电动机
适用负载	恒转矩	无明确对应关系，选择时应考虑 2 倍余量				恒转矩/恒功率
控制方式	矢量控制	开环 V/f 控制	闭环 V/f 控制	开环矢量控制	闭环矢量控制	闭环矢量控制
主要用途	高精度、大范围速度/位置/转矩控制	低精度、小范围速度/1∶n 控制	小范围、中等精度变速控制	小范围、中等精度变速控制	中范围、中高精度变速控制	恒功率变速/简单位置/转矩控制
调速范围	≥1∶5000	≈1∶20	≈1∶20	≤1∶200	≥1∶1000	≥1∶1500

续表

项目	伺服驱动器	变频器				主轴驱动器
调速精度	≤0.01%	2%～3%	0.30%	0.20%	0.02%	0.02%
最高输出频率	—	400～650Hz	400～650Hz	400～650Hz	400～650Hz	200～400Hz
最大启动转矩/最低频率(转速)	200%～350%/0(r/min)	150%/3Hz	150%/3Hz	150%/0.3～1Hz	150%/0(r/min)	150%～200%/0(r/min)
频率响应	400～600Hz	1.5～3Hz	1.5～3Hz	3～5Hz	30～50Hz	50～80Hz
转矩控制	可以	不可以	不可以	不可以	可以	可以
位置控制	可以	不可以	不可以	不可以	简单控制	简单控制
前馈前瞻控制等	可以	不可以	不可以	不可以	可以	可以

3.2.4　伺服驱动器的选用原则

一般来说，人们更偏好选择大尺寸的驱动器，大尺寸往往也意味着大功率。许多电动机其实是大马拉小车，超强的运动转矩常常大于机械的实际要求。作为驱动装置，选择大尺寸的电动机通常包括如下一些理由：

(1)机器的要求是不确定的。

(2)对于销售者而言，电动机越大赚取的利润就越多。

(3)可用性。大尺寸的电动机往往认为可以使用很多年。

虽然过大的电动机是不可取的，但如果功率不够，那么所产生的问题也会更多。小型电动机是没有办法正确驱动或者移动负载的，严重时会面临电动机烧毁的危险。实现伺服驱动和电动机与工业机器的性能匹配，成为一个非常重要的问题。在工业应用中，选择伺服意味着选择合适的驱动器和电动机。一般情况下，选择伺服驱动器要考虑以下几个方面。

1. 驱动的变化

驱动器所控制电动机的输出力矩和速度在工作环境下是需要不断变化的，这在数控机床对工件的加工过程中表现的尤为明显。因此在选择伺服驱动器时，必须考虑其所能调节的速度和转矩范围。同时保证被控对象常用的速度和转矩正好在这一范围的中间位置附近。

2. 惯量

在选择伺服驱动器时，折合到电动机轴上的负载惯量是一个重要的考虑因素(见图3-12)。电动机负载的额外增加会改变伺服驱动的补偿，并使驱动的带宽下降。折合到电动机上的总负载惯量是负载重量、机器的滑动台、滚珠丝杠、电动机联轴器、驱动辊或齿轮箱的惯量总和，还有一些对于伺服驱动来说可以忽略的惯量。

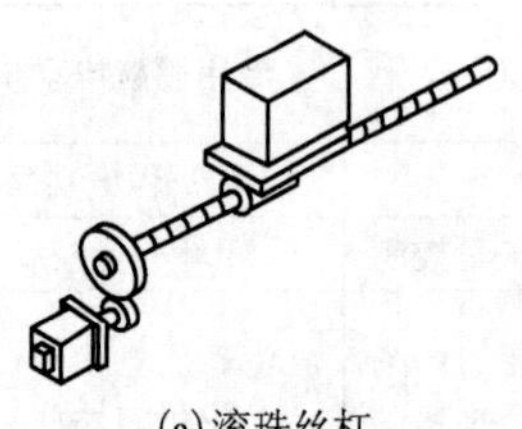

(a)滚珠丝杠

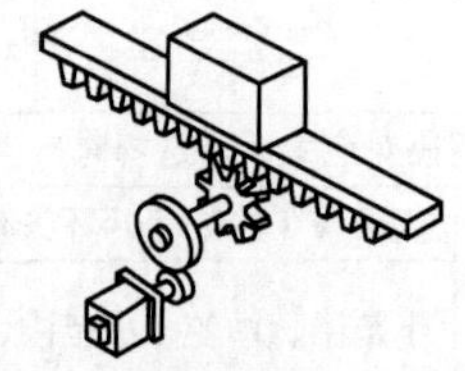

(b)齿条和小齿轮、传送带、链条传动

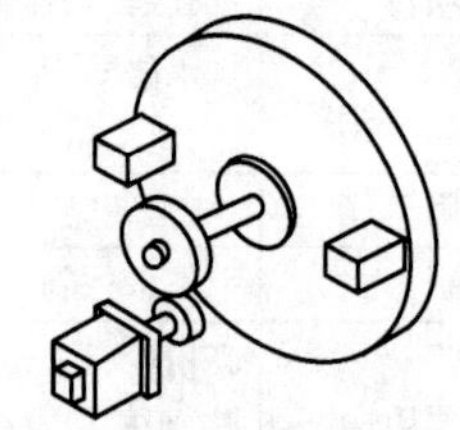

(c)旋转体、转盘驱动

图3-12　电动机输出轴上的转动惯量

3. 驱动转矩

在选择伺服驱动器的时候，一个最重要的考虑因素就是确保有足够的对被控对象的推力来满足其运动要求。在考虑驱动转矩问题时，应确保以下两点：第一，伺服驱动器必须提供足够的机械推力和电动机加速的加速转矩。加速转矩是由伺服驱动器的位置环所控制的，是折合到电动机的总惯量和设定加速度的积。第二，为了保持对于加速转矩的实际限制，被控对象的加速度不应该高于 $1.5g\,(g=9.8\text{m/s}^2)$。

4. 稳定性

伺服驱动器在所有的工作条件下必须保持稳定。虽然在电机的选型要求中没有“稳定”这一项，但是有一些参数会直接关系到伺服电动机的稳定性(例如负载惯量的变化和驱动器中机械和电气时间常数)，选型过程可以标示出非常规环境下的应用，选型时要对这些参数予以综合考虑。

5. 驱动的分辨率及刚性

对于机床而言，还有加工轮廓的要求，但是伺服驱动器有时提供不了很高的加工精度，因此时常需要改变电动机的传动比。电气传动的驱动分辨率是与电动机传动比成反比的，也就是说电动机配的减速机减速比越大(传动比越小)，驱动的分辨率越高。同时驱动分辨率与滚珠丝杠的导程成正比。减速比值越大，导程越细(导程个数越多)，驱动的分辨率就越好。在对驱动进行选型时，使用减速机将大大提高加工精度。同样，更细的滚珠丝杠导程也可以提高加工精度。此外，刚性的变化也与滚珠丝杆的导程有关。因此，在对伺服驱动进行选型时，要重视考虑运用传动比和较细导程带来的优势。

6. 占空比

在伺服驱动器的选型中，还要考虑的因素包括提供推力、机器寿命以及间歇时间。这些参数可以作为驱动器选型的参考。机器的设计者还需要知道驱动器可以承受多大的过载以及过载的时间会有多长，大多数的机器供应商可以提供这些信息，这些信息应该在驱动器选型时予以考虑。

3.3 伺服电动机

伺服电动机是指在伺服系统中控制机械元件完成速度和轨迹控制的执行元件，可以将电压信号转化为转矩和转速以驱动控制对象。伺服电动机具有机电时间常数小、线性度高等特性，可把所收到的电信号转换成电机轴上的角位移或角速度输出。

3.3.1 伺服电动机的分类及特点

在数控机床中可用作伺服系统执行元件的电动机种类很多，从大的类别看，有步进电动机、直流伺服电动机、交流伺服电动机和直线电动机。步进电动机应用在轻载、负荷变动不大以及经济型数控系统中；直流伺服电动机具有良好的调速性能，在 20 世纪 70 年代的数控系统中得到广泛应用；交流伺服电动机随着结构和调速技术的发展，性能大大提高，从 20 世纪 80 年代末开始逐渐取代直流伺服电动机成为目前主要使用的电动机。

1. 步进电动机

步进电动机(见图 3-13)是将电脉冲信号转变为角位移或线位移的执行机构，转动的速度和脉冲的频率成正比，改变脉冲的顺序，可以方便地改变转动的方向。步进电动机是由一组缠绕在电动机固定部件——定子齿槽上的线圈驱动，是一种感应电动机。图 3-14 为三相异步电动机原理图，脉冲信号发出一段有着特定频率的脉冲数，使定子绕组通电产生旋转磁场，转子在旋转磁场作用下产生感应电动势或电流。由于旋转磁场的作用，使转子转动。当步进驱动器接收到一个脉冲信号，它就驱动步进电动机按设定的方向转动一个固定的角度，它的旋转是以固定的角度一步一步运行的。可以通过控制脉冲个数来控制角位移量，从而达到准确定位的目的；同时可以通过控制脉冲频率来控制转动的速度和加速度，从而达到调速的目的。

(a)步进电动机实物

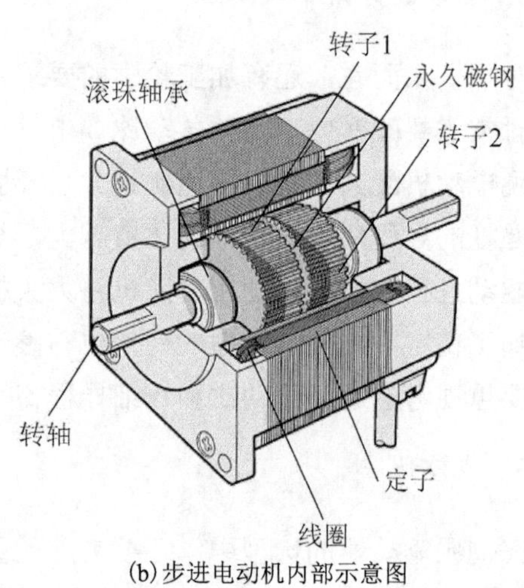

(b)步进电动机内部示意图

图 3-13　步进电动机

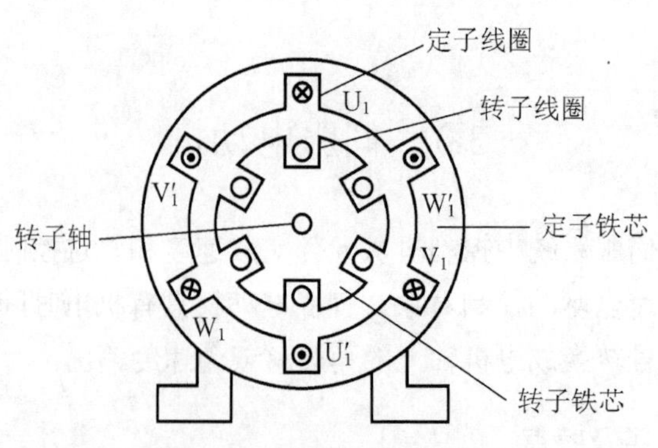

图 3-14　异步电动机原理图

2. 直流伺服电动机

直流伺服电动机(见图 3-15)是自动控制系统中具有特殊用途的能将直流电能转换成机械能的旋转电动机。

图 3-15　直流伺服电动机

在数控机床中，进给系统常用的直流伺服电动机主要有以下几种。

1) 小惯性直流伺服电动机

小惯性直流伺服电动机因转动惯量小而得名。这类电动机一般为永磁式，电枢绕组有无槽电枢式、印刷电枢式和空心杯电枢式三种。因为小惯量直流电动机可以最大限度地减小电枢的转动惯量，所以能获得最快的响应速度。在早期的数控机床上，这类伺服电动机应用得比较多。

2) 大惯量宽调速直流伺服电动机

大惯量宽调速直流伺服电动机又称直流力矩电动机。一方面，由于它的转子直径较大，线圈绕组匝数增加，力矩大，转动惯量比其他类型电动机大，且能够在较大过载转矩时长时间地工作，因此可以直接与丝杠相连，不需要中间传动装置。另一方面，由于它没有励磁回路的损耗，它的外形尺寸比类似的其他直流伺服电动机小。它还有一个突出的特点，是能够在较低转速下实现平稳运行。因此，这种伺服电动机在数控机床上得到了广泛应用。

3) 无刷直流伺服电动机

无刷直流伺服电动机又叫无整流子电动机。它没有换向器，由同步电动机和逆变器组成，逆变器由装在转子上的转子位置传感器控制。它实质是一种交流调速电动机，由于其调速性能可达到直流伺服电动机的水平，又取消了换向装置和电刷部件，大大地提高了电动机的使用寿命。

在数控机床上，直流进给伺服系统通常使用永磁式直流电动机，主流的主轴伺服系统通常使用电磁式电动机。在直流进给伺服系统中，广泛应用普通型永磁直流伺服电动机，其转子惯量大，调速范围宽，可以很好地完成数控机床所要求的任务。

直流伺服电动机的结构与一般的电动机结构相似，也是由定子、转子和电刷等部分组成，在定子上有励磁绕组和补偿绕组，转子绕组通过电刷供电。由于转子磁场和定子磁场始终正交，因而产生转矩使转子转动。由图 3-16 可知，定子励磁电流产生定子电势 F_s，转子电枢电流 i_a 产生转子磁势 F_r，F_s 和 F_r 垂直正交；补偿磁阻与电枢绕组串联，电流 i_a 又产生补偿磁势 F_c，F_c 与 F_r 方向相反，它的作用是抵消电枢磁场对定子磁场的扭斜，使电动机具有良好的调速特性。

永磁式直流伺服电动机的转子绕组通过电刷供电，并在转子的尾部装有测速发电机和旋转变压器(或光电编码器)，它的定子磁极是永久磁铁。永磁式直流伺服电动机也叫大惯量宽调速直流伺服电动机。永磁式直流伺服电动机与普通直流电动机相比有更高的过载能力，更大的转矩转动惯量比，调速范围大。因此，永磁式直流伺服电动机曾广泛应用于数控机床进给伺服系统。它的转子惯量较大，可以直接与丝杠相连而不需中间传动装置。由于近年来出现了性能更好的转子为永磁铁的交流伺服电动机，永磁式直流电动机在数控机床上的应用才越来越少。

为了满足数控机床对主轴驱动的要求，直流主轴电动机的结构与永磁式直流伺服电动机不同。因为要求主轴电动机有大的输出功率，所以在结构上不做成永磁式，而与普通直流电动机相同，为他励式，如图 3-17 所示。由图可见，直流主轴电动机也是由定子和转子两大部分组成。转子与永磁直流伺服电动机相同，由电枢绕组和换向器组成；而定子则完全不同，它由主磁极和换向极组成。有的主轴电动机在主磁极上不但有主磁极绕组，还带有补偿绕组。

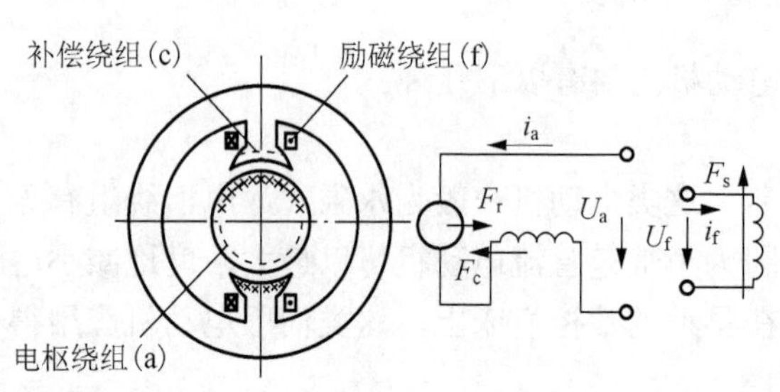

图 3-16　直流伺服电动机的结构和工作原理

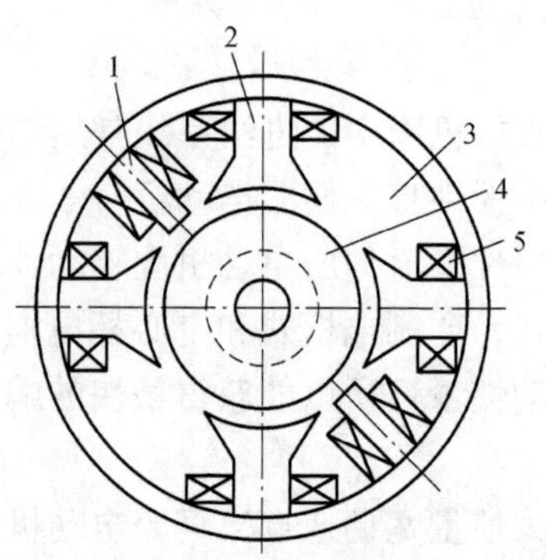

图 3-17　直流主轴电动机结构示意图

1-换向器；2-主磁极；3-定子；4-转子；5-线圈

另外，直流主轴电动机一般都有过载能力，且大都以能过载 150%(即连续额定电流的 1.5 倍)为指标。至于过载时间，则根据生产厂的不同有较大差别，从 1min 到 30min 不等。

前期的数控机床多采用直流主轴驱动系统，但由于直流电动机的换向限制，大多数系统恒功率调速范围都非常小。因此，它成了主轴直流电气传动的一个大问题。20 世纪 70 年代末至 80 年代初开始采用交流驱动系统，现在国际上新生产的数控机床绝大部分采用交流主轴驱动系统。

3. 交流伺服电动机

交流伺服电动机(见图 3-18)分为永磁式同步交流伺服电动机和感应式异步交流伺服电动机。交流永磁式电动机相当于交流同步电动机，它具有硬的机械特性及较宽的调速范围，常用于进给系统；感应式电动机相当于交流感应异步电动机，它与同容量的直流电动机相比，重量轻 1/2，但价格仅为直流电动机的 1/3，常用于主轴伺服系统。

1) 异步型交流伺服电动机

异步型交流伺服电动机指的是交流感应电动机。其结构简单，与同容量的直流电动机相比，质量轻 50%，价格仅为直流电动机的 30%左右。缺点是不能经济地实现范围很宽的平滑调速，必须从电网吸收滞后的励磁电流，从而造成电网功率因数变坏。

交流感应电动机从结构上分有带换向器和不带换向器两种，通常多用不带换向器的三相感应电动机。它的结构是定子上装有对称三相绕组，而在圆柱体的转子铁芯上嵌有均匀分布的导条，导条两端分别用金属环把它们连成一体，称为笼式转子。因此，这种电动机也称为笼式电动机。交流主轴电动机是专门设计的，为了增加输出功率，缩小电动机的体积，采用了定子铁芯在空气中直接冷却的办法，没有机壳，而且在定子铁芯上有轴向孔以利通风等。为此，电动机外形是呈多边形而不是圆形。交流主轴电动机结构和普通感应电动机的比较如图 3-19 所示。这类电动机轴的尾部都同轴安装有检测用脉冲发生器或脉冲编码器。

图 3-18 交流伺服电动机

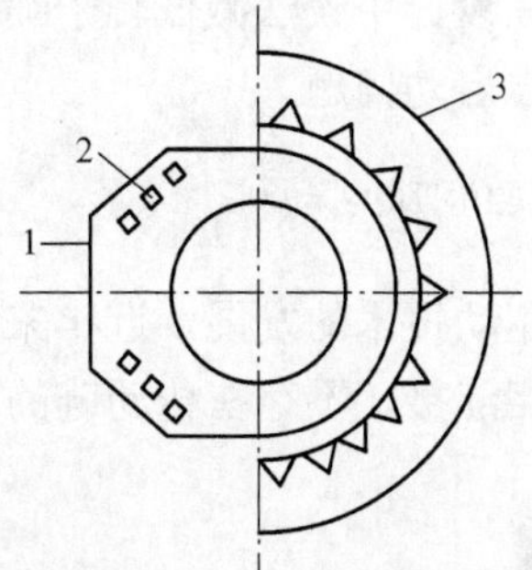

图 3-19 交流感应电动机与普通感应电动机的比较

1-交流主轴电动机；2-冷却通风口；3-普通感应电动机

交流感应主轴电动机的工作原理是：当定子上对称三相绕组接通对称三相电源以后，由电源供给励磁电流，在定子和转子之间的气隙内建立起以同步转速旋转的旋转磁场，依靠电磁感应作用，在转子导条内产生感应电势。因为转子上导条已构成闭合电路，转子导条中就有电流流过，从而产生电磁转矩，实现由电能变为机械能的能量变换。

2) 同步型交流伺服电动机

同步型交流伺服电动机虽比异步电动机复杂，但比直流电动机简单。它的定子与感应电动机一样，都在定子上装有对称三相绕组。而转子却不同，按不同的转子结构又分电磁式及非电磁式两大类。非电磁式又分为磁滞式、永磁式和反应式多种。与异步电动机相比，由于采用了永磁铁励磁，消除了励磁等损耗，所以效率高。因为没有电磁式同步电动机所需的集电环和电刷等，其机械可靠性与异步电机相同，而功率因数却大大高于异步电机，从而使永磁同步电动机的体积比异步电动机小些。

永磁式同步交流伺服电动机由定子、转子和速度检测元件三部分组成，图 3-20 为其结构原理图。定子具有齿槽，内有三相绕组，形状与普通感应电动机的定子相同；但考虑到散热良好，其外形有的呈多边形，且无外壳。转子由多块永磁铁和冲片组成。这种结构的优点是气隙磁密度较高，极数较多。转子结构中还有一类是有极靴的星形转子，采用矩形磁铁或整体星形磁铁。

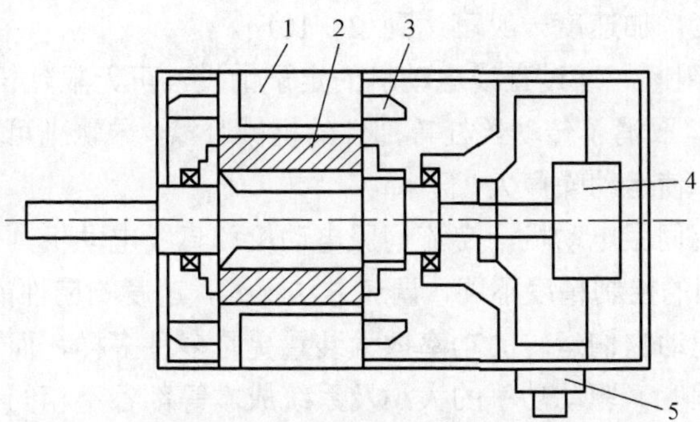

图 3-20 永磁交流伺服电动机结构

1-定子；2-转子；3-定子三相绕组；4-编码器；5-出线盒

无论哪种永磁交流伺服电动机，永磁材料的性能直接影响电动机性能和外形尺寸大小。现在一般采用第三代稀土永磁合金——钕铁硼(Nd-Fe-B)合金，它是一种很有前途的稀土永磁合金。

永磁同步电动机有一个缺点是启动困难。这是由于转子本身的惯量以及定、转子磁场之间转速相差太大，使之在启动时，转子受到的平均转矩为零，因此不能启动。解决这个问题的方法是在设计中设法减低转子惯量，或者在速度控制单元中采取先低速后高速的控制方法等来解决自启动问题。

4. 直驱伺服电动机

随着驱动技术的发展，近年来出现了“直接传动”的概念，即驱动电动机的输出部件与机床部件相连接，不存在传动链的驱动系统，也称为“零传动驱动”，如图 3-21 所示。

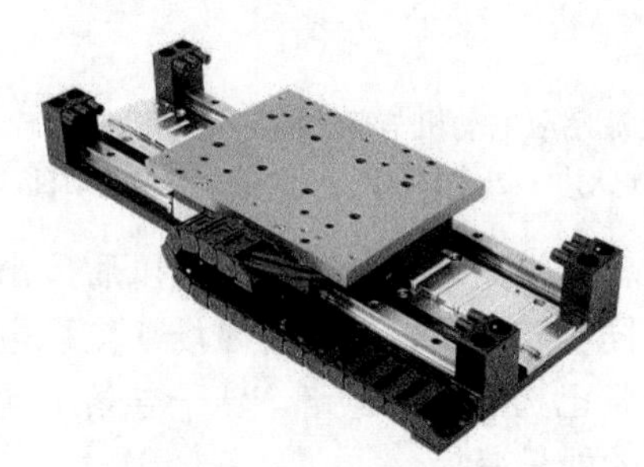

图 3-21　直线伺服驱动

传统机床的驱动装置依赖丝杠、齿轮齿条机构、皮带等驱动，其具有一系列不利因素，包括：长度限制、机械背隙、摩擦、较长的振动衰减时间、与电动机的耦合惯量以及丝杠的轴向压缩等，这些因素限制了传统驱动装置的效率和精度。当设备磨损时，必须进行不断的调节以确保所需精度。直驱电动机驱动技术可以保证比传统的将旋转运动转化为直线运动的电动机驱动装置具备更高的效率和简便性，具有传统驱动装置无法达到的高速、高精度。机床应用直驱伺服的优势包括以下几点：

(1) 高响应性。一般来讲，电气元器件比机械传动件的动态响应时间要小几个数量级。由于系统中取消了响应时间较大的如丝杠等机械传动件，使整个闭环伺服系统动态响应性能大大提高。

(2) 高精度性。由于取消了丝杠等机械传动机构，因而减少了传统系统滞后所带来的跟踪误差。通过高精度直线位移传感器，进行位置检测反馈控制，大大提高机床的定位精度，其精度误差可达 0.001μm。

(3) 高传动刚度、推力平稳。“直接驱动”提高了传动刚度，直线电动机的布局可根据机床导轨的形面结构及其工作台运动时的受力情况来布置，通常设计成均布对称，使其运动推力平稳。

(4) 高速度、加减速过程短。机床直线电动机进给系统，能够满足 60～100m/min 或更高的超高速切削进给速度，加速度一般可达到(2～10)g。

(5) 行程长度不受限制。通过直线电动机的定子铺设，可无限延长动子的行程长度。

(6) 运行时噪声低。取消了传动丝杠等部件的机械摩擦，导轨副可采用滚动导轨或磁垫悬浮导轨(无机械接触)，使运动噪声大大下降。

步进电动机、直流伺服电动机、交流伺服电动机和直线电动机，作为可用作伺服系统执行元件的电动机，它们的控制精度不同，调速方法不同，速度响应性能不同，矩频特性不同，所需电源种类不同，驱动它们运转的功率放大装置更是多种多样，而且它们的机械特性、过载能力、线路的复杂程度、驱动功率的大小及系统成本等都各不相同，实际选用时需要具体的分析比较来确定。

3.3.2　伺服电动机的性能指标和参数

1. 直流伺服电动机的性能指标

电动机制造厂根据国家标准对各种型号的直流电动机的使用条件和运行状态都做了一些规定。凡符合使用条件，达到额定工作状态的运行称为额定运行。额定值一般写在电动机的铭牌上，因此，额定值有时也称为铭牌值。直流电动机在铭牌上标明的额定值一般有：额定功率 P_n(W)、额定电压 U_n(V)、额定电流 I_n(A)、额定转速 n_n(r/min) 以及定额。

电动机的额定值表示了电动机的主要性能数据和使用条件，是选用和使用电动机的依据。如果不了解这些额定值的含义，使用方法不对，就有可能使电动机性能变坏，甚至损坏电动机，或者不能充分利用。

(1) 额定功率。额定功率指直流电动机在额定运行时，其轴上输出的机械功率。

(2) 额定电压。额定电压是指在额定运行情况下，直流电动机的励磁绕组和电枢绕组应加载的电压值。

(3) 额定电流。额定电流是指电动机在额定电压下，负载达到额定功率时的电枢电流和励磁电流值。对于连续运行的直流电动机，其额定电流就是电动机长期安全运行的最大电流。短期超过额定电流是允许的，但长期超过额定电流将会使电动机绕组和换向器损坏。

(4) 额定转速。额定转速是指电动机在额定电压和额定功率时每分钟的转数。

(5) 定额。按电动机和运行的持续时间，定额分为“连续”、“短时”和“断续”三种。“连续”表示该电动机可以按各项额定值连续运行；“短时”表示按额定值只能在规定的工作时间内短时使用；“断续”表示短时重复运行。

(6) 额定转矩。额定转矩是额定电压和额定功率时的输出转矩。在选用电动机时，电动机的额定转矩是一项重要的指标，一般在铭牌上不标出。但是可以由电动机的额定功率和额定转速计算得到。

2. 交流伺服电动机的性能指标

1) 空载始动电压 U_{do}

在额定励磁电压(产生圆形旋转磁场时，加于励磁绕组的端电压)下，使转子在任意位置开始空载连续转动的最小控制电压称为空载始动电压，以额定控制电压 U_{cr} (产生圆形旋转磁场时，加于控制绕组的端电压)的百分比表示。U_{do} 越小，系统的不灵敏区越小，一般 $U_{do} < (3\sim4)\% U_{cr}$。

2) 机械特性的非线性度 K_m

在额定电压下，任意控制电压时的实际机械特性与线性机械特性在 $T = T_n/2$ 时的速度差与空载速度之比的百分数称为机械特性的非线性度，如图 3-22 所示，一般满足如下公式：

$$K_m = \frac{\Delta n}{n_0} \times 100\% \leqslant (10\sim20)\%$$

3) 调节特性的非线性度 K_C

在额定励磁电压下，当 $A = 0.7$ 时，实际调节特性和线性调节特性的速度差与空载速度之比的百分数，称为调节特性的非线性度。如图 3-23 所示，一般满足如下公式：

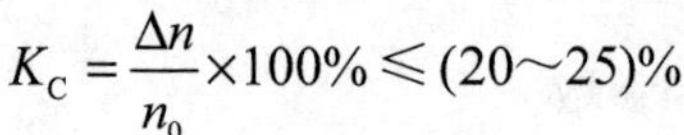

$$K_C = \frac{\Delta n}{n_0} \times 100\% \leqslant (20 \sim 25)\%$$

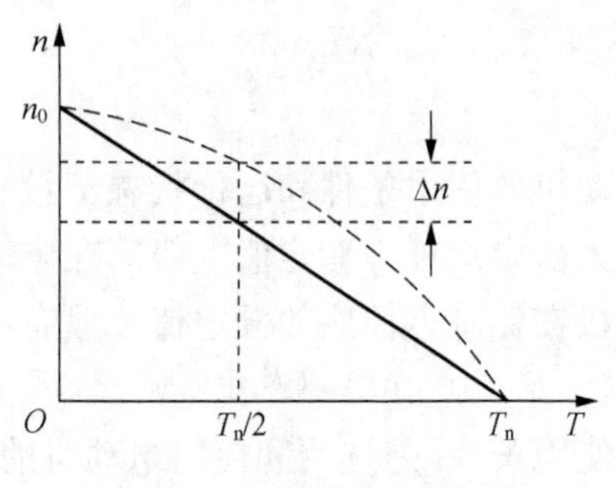

图 3-22　机械特性非线性度

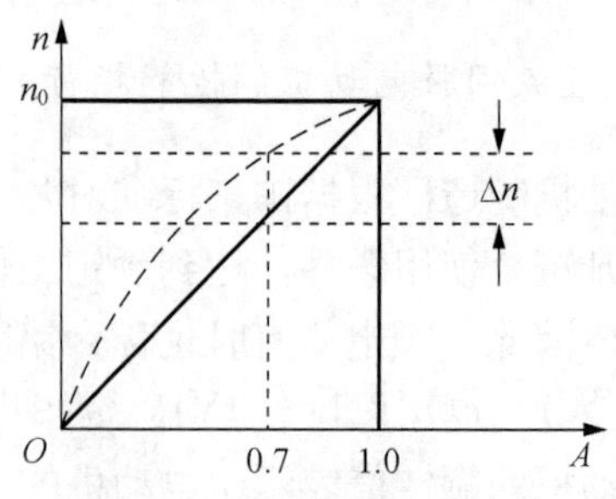

图 3-23　调节特性非线性度

4) 机电时间常数 τ_t

在空载和额定励磁电压下，加阶跃式额定控制电压，电动机由静止状态加速到空载速度的 63.2%所需要的时间，叫机电时间常数。为了克服交流伺服电动机的自转现象，转子电阻值都设计得比较大。其值较大，会减小启动转矩，增大机电时间常数，对快速响应不利。

3. 交流伺服电动机的主要技术参数

交流伺服电动机的主要技术参数包括额定电压、额定频率、堵转转矩和电流、空载转速、额定输出功率。

1) 额定电压

励磁绕组的额定电压一般允许变动范围±5%左右，电压太高，电动机会发热，电压太低，电动机的性能将变坏。例如，堵转转矩和输出功率会明显下降，加速时间增长等。

2) 额定频率

目前控制电动机常用的频率分为低频和中频两大类，低频为 50Hz(60Hz)，中频为 400Hz(或 500Hz)。因为频率越高，涡流损耗越大，所以中频电动机的铁芯用较薄的(0.2mm 以下)硅钢片叠成，以减小涡流损耗，低频电动机则用 0.35～0.5mm 的硅钢片。

3) 堵转转矩，堵转电流

定子两相绕组加载额定电压，转速等于零时的输出转矩，称为堵转转矩。这时流经励磁绕组和控制绕组的电流分别称为堵转励磁电流和堵转控制电流。堵转电流通常是电流的最大值，可作为设计电源和放大器的依据。

4) 空载转速

定子两相绕组加载上额定电压，电动机不带任何负载时的转速称为空载转速 n_0，空载转速与电动机的极数有关，由于电动机本身阻转矩的影响，空载转速略低于整步转速。

5) 额定输出功率

当电动机处于对称状态时，输出功率随转速 n 变化，当转速接近空载转速 n_0 的一半时，输出功率最大，通常就把这点规定为交流伺服电动机的额定状态，电动机可以在这个状态下长期连续运转而不过热。这个最大的输出功率就是电动机的额定功率 P_{out}，对应这个状态下的转矩和转速称为额定转矩 T_t 和额定转速 n_t。

3.3.3　伺服电动机的选用原则与计算

选择执行电动机不能只停留在确定电动机的类别及其控制方式上，还必须确定具体型号与规格，需要作定量的核算。为此，要根据被控对象的运动形式(旋转或直线运动)、运动的变化规律、运动负载的性质和具体数量、运行工作体制(是长期连续运行或短时运行或间歇式运行)，结合系统的稳态性能指标要求，作定量的分析。

伺服系统带动被控对象运动，常常很难用简单的数学表达式来描述。为便于工程设计计算，需作合理的简化，首先应将被控对象运动负载作必要的典型分解，以转动形式为例，常见的典型负载有以下几种：干摩擦力矩、惯性转矩、黏性摩擦力矩、重力力矩、弹性力矩等。以上典型负载与其运动参数(角速度、角加速度或角度)有关，如果被控对象的运动有规律，其角速度、角加速度、角度能用简单的数学形式来表述，则定量分析系统负载的大小很方便。但多数被控对象的运动形态是随机性的，很难用简单的确定的格式来描述。工程上采取近似方法，或选取几个有代表性的工况作定量分析计算。如长期运行时执行电动机的发热状态、短时超载或系统极限运行时执行电动机的承受能力，根据对系统动态性能的要求，检验电动机的响应能力。当执行电动机与被控对象之间有变速传动装置时，还需要考虑传动比、传动效率和传动装置的等效转动惯量等因素。

被控对象的运动参数及负载特性需由用户提出，而电动机的特性及其技术参数，由生产厂家的产品目录来提供。但电动机的种类多、型号多、生产厂家也多，所提供的产品技术参数也不一致，所用量纲也不统一，因此选执行电动机作定量计算时，必须作相应的换算。

执行电动机轴直接与被控对象的转轴联结，电动机的角速度与负载的角速度相同，转角相等。电动机轴承受的总负载只需简单地相加便可得到。多数伺服系统执行电动机与被控对象之间有减速传动装置，减速比 $i>1$，即执行电动机的转速是负载转速的 i 倍。因此需要确定减速传动装置的形式、传动比、传动效率和传动装置的等效转动惯量。在作定量计算时，要进行等效折算。

很显然，传统的执行电动机选择问题是待定的参数太多，为减少盲目性，这里介绍一种简单的初选方法。然后确定有关参数，并按稳态和动态的要求对所选电动机作验算。考虑到大多数伺服系统的负载只有干摩擦力矩和惯性转矩，因此可依据下式初选伺服电动机的额定输出功率 P：

$$P \geqslant 2\left(T_{\mathrm{C}} + J_{\mathrm{L}}\frac{\mathrm{d}\omega_{\mathrm{m}}}{\mathrm{d}t}\right)\omega_{\mathrm{m}}$$

式中，T_{C} 为干摩擦力矩；ω_{m} 为电动机轴角速度；J_{L} 为负载轴转动惯量。

在初选电动机时，式右端的各项参数都应该是已知的，因此可以很方便算出所需电动机的功率值，用它查产品目录选出准备采用的电动机型号，同时电动机的各项技术参数便成为已知。接着根据电动机的技术参数和负载运动的要求，选择传动装置的传动比，选择减速装置的类型，估计传动装置的传动效率，估计传动装置折算到电动机轴上的等效转动惯量。

以上参数均确定后，可对电动机进行验算，通常用三个方面进行定量检验：一是系统长期运行时电动机的发热与温升能否满足；二是系统短时极限运行状态电动机能否承受；三是系统动态响应频带的要求电动机能否提供。只有以上验算都满足要求，所选电动机才合适，其中任一项得不到满足，则需要考虑改选电动机，重新按以上步骤进行验算。

3.4　机械与反馈装置

在数控机床发展的最初阶段，其机械结构与通用机床相比没有多大的变化，只是在自动变速、刀架、工作台自动转位和手柄操作等方面进行了一些改变。随着数控技术的发展，考虑到它的控制方式和使用特点，才对其机械结构提出了更高的要求。

3.4.1　数控机床主体结构的特点及要求

数控机床的主体结构有以下特点。

(1) 由于采用了高性能的无级变速主轴及伺服传动系统，数控机床的传动结构大为简化，传动链也大大缩短。

(2) 为适应连续的自动化加工、提高生产率，数控机床机械结构具有较高的静、动态刚度和阻尼精度以及较高的耐磨性，而且热变形小。

(3) 为减小摩擦、消除传动间隙和获得更高的加工精度，更多地采用了高效传动部件，如滚珠丝杠副和滚动导轨、消隙齿轮传动副等，如图 3-24 所示。

(4) 为了改善劳动条件、减少辅助时间、改善操作性、提高劳动生产率，采用了刀具自动夹紧装置、刀库与自动换刀装置及自动排屑装置等辅助装置，如图 3-25 所示。

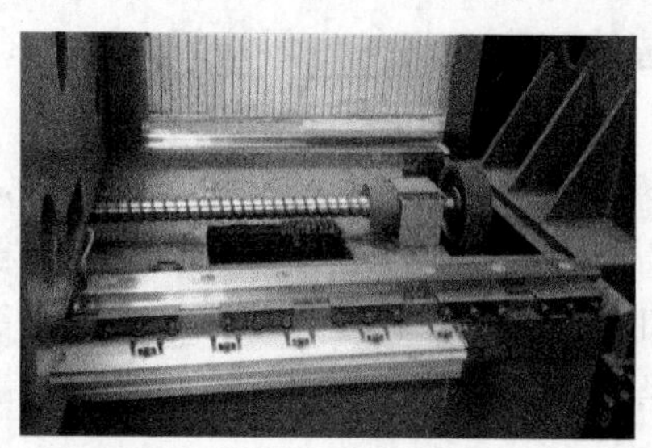

图 3-24　高效进给传动部件

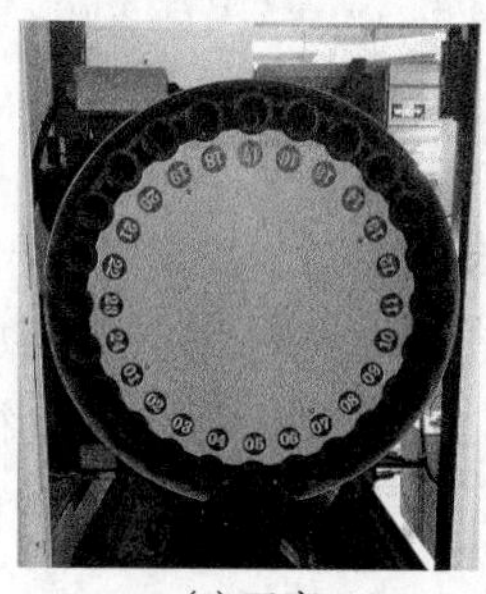

(a) 刀库

(b) 排屑装置

图 3-25　数控机床辅助装置

根据数控机床的使用场合和机构特点，对数控机床结构提出了以下要求。

(1) 高刚度。因为数控机床要在高速和重切削条件下工作，因此机床的床身、工作台、主轴、立柱、刀架等主要部件，均需要很高的刚度，工作中应无变形或振荡。

① 床身应合理布筋，能承受重载与重切削力；

② 工作台与拖板应具有足够的刚度，能承受工件重量并使工作平稳；

③ 主轴能在高速下运转，应具有高的径向转矩和轴向推力；

④ 立柱在床身上移动，应平稳，能承受大的切削力；

⑤ 刀架在切削加工中应十分平稳而无振动。

(2) 高灵敏度。数控机床在自动状态下加工，要求精度比普通机床高，因而运动部件应具有高灵敏度。

① 导轨部件通常用滚动导轨、塑料导轨、静压导轨等，以减少摩擦力，在低速运动时无爬行现象；

② 工作台、刀架等部件的移动，由直流或交流伺服电动机驱动，经滚珠丝杠或静压丝杠传动；

③ 主轴既要在高刚度、高转速下回转，又要有高灵敏度，因而多数采用滚动轴承或静压轴承。

(3) 高抗振性。数控机床的一些移动部件，除了应具有高刚度、高灵敏度外，还应具有高抗振性，在高速重切情况下应无振动，以保证加工工件的高精度和表面粗糙度。特别是要避免切削时的谐振。

(4) 热变形小。机床的主轴、工作台、刀架等运动部件，在运动中易产生热量。为保证部件的运动精度，要求各运动部件的发热量最少，以防止热变形。

① 立柱一般采取双壁框式结构，在提高刚度的同时，使零件结构对称，防止因热变形而产生倾斜偏移；

② 为使主轴在高速运转中产生的热量最少，通常采用恒温冷却装置，使主轴轴承在运转中产生的热量易于消散；

③ 为减少电动机运转发热的影响，在电动机上安装有散热装置或热管消热装置。

(5) 高精度保持性。在高速强力切削下满载工作，为保证机床长期稳定的加工精度，要求数控机床具有高的精度保持性。除了各有关零件应正确选择材料，以防止使用中的变形和快速磨损外，还要求采取一些工艺措施，如淬火和磨削导轨、粘贴抗磨塑料导轨等，以提高运动部件的耐磨性。

(6) 减少辅助时间和改善操作性能。在数控机床的单件加工中，辅助时间(非切削时间)占有较大的比重。要进一步提高机床的生产率，就必须采取措施最大限度地压缩辅助时间。目前已经有很多数控机床采用了多主轴、多刀架以及带刀库的自动换刀装置等，以减少换刀时间。对于切削量较大的数控机床，床身机构必须有利于排屑。

3.4.2　数控机床主轴部件

主轴是数控机床的主要部件之一。它的回转精度影响工件的加工精度，它的功率大小与回转速度影响加工的效率。数控机床上的主轴型式有立式、卧式，主轴箱可摆动一定角度，主轴可立卧转换、多个主轴排列组成多轴加工机床等。根据数控机床的规格、精度而采用不同的主轴轴承，一般中小规格的数控机床(如车床、铣床、钻镗床、加工中心、磨床)的主轴组件多数采用滚动轴承，重型数控机床采用液体静压轴承，高精度数控机床(如坐标镗床)采用气体静压轴承，转速达 $2\times10^4\sim10\times10^4$r/min 的主轴可采用磁力轴承或陶瓷滚珠轴承。磁力轴承是一种高速轴承，其优点是无机械接触部分，不磨损，不用润滑油。缺点是由于回转轴对回转中心不平衡，会产生振动；低速时，轴与轴承有电磁关系，会使轴承座振动；高转速时，磁力结合动刚度较差。

主运动系统的配置：

(1) 普通电动机、机械变速系统、主轴部件(结构较复杂)。

(2) 变频器、交流电动机、1～2 级机械变速、主轴部件(中低档机床)。

(3) 交、直流主轴电动机主轴部件(变速范围宽，中高档机床)。

(4) 电主轴(见图 3-26)，又称内装式主轴电动机，即主轴与电动机转子合为一体。其优点是主轴部件结构紧凑、重量轻、惯量小，可提高启动、停止的响应特性，利于控制振动和噪声，速度可达 20×10^4r/min，其缺点是电动机运转产生的振动和热量将直接影响到主轴。因此，主轴组件的整机平衡、温度控制和冷却是内装式电动机主轴的关键。

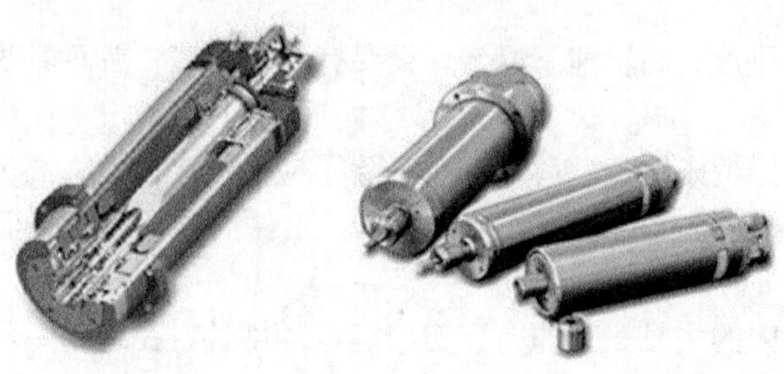

图 3-26　电主轴

3.4.3　数控刀柄

数控刀柄系统是用于连接机床和切削用刀具的数控工具系统，是刀具与机床的接口。刀柄系统的选择是数控机床配置中的重要内容之一，因为刀柄系统不仅影响数控机床的生产效率，而且直接影响零件的加工质量。如图 3-27 所示，数控加工常用刀柄根据加工用途主要分为钻夹头刀柄、镗孔刀具刀柄、铣刀类刀柄、攻丝刀柄；根据刀柄与刀具的连接方式，可以分为弹簧夹头刀柄、螺钉夹紧侧固式刀柄、螺纹夹紧刀柄、心轴连接式刀柄、热缩夹紧刀柄。

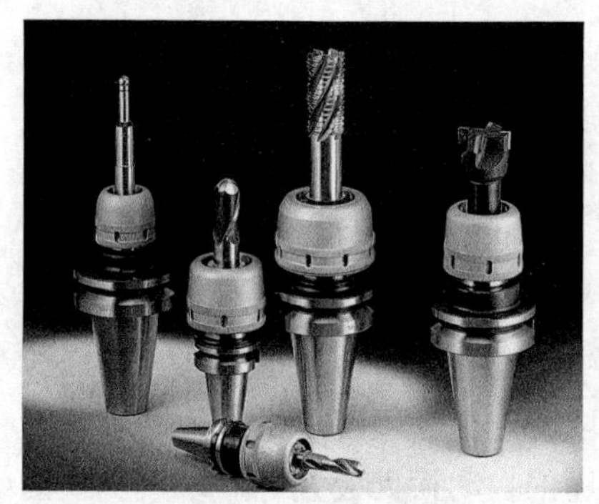

图 3-27　常用数控刀柄

选择刀柄的第一步是根据机床的主轴确认所需刀柄的柄部锥度。由于机床厂家的不同，刀柄的柄部主要包括：莫氏柄、SK 柄、BT 柄、空心圆锥柄 HSK、多边形柄等。加工中心的主轴锥孔通常分为两大类，即锥度为 7∶24 的通用系统和 1∶10 的 HSK 真空系统。目前，数控铣床和镗铣加工中心使用最多的仍是 7∶24 工具锥柄，并采用相应型式的拉钉拉紧结构与机床主轴相配合。但在高速加工机床上，1∶10 空心圆锥柄的使用正日益增多。对于车削中心和车铣中心，则以 1∶10 短锥柄使用较多。

由于 7∶24 工具锥柄的广泛通用性，在这一锥孔比例的锥柄上，衍生出很多不同固定类型的刀柄，如图 3-28 所示。

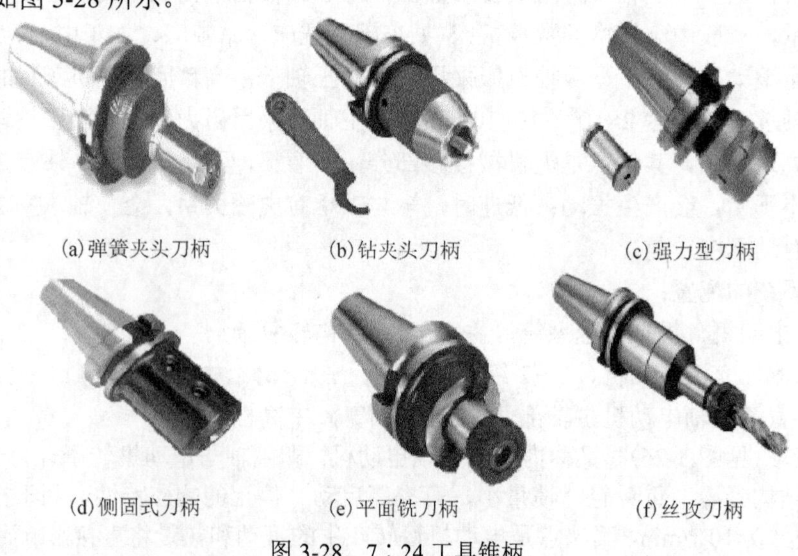

(a) 弹簧夹头刀柄　(b) 钻夹头刀柄　(c) 强力型刀柄

(d) 侧固式刀柄　(e) 平面铣刀柄　(f) 丝攻刀柄

图 3-28　7∶24 工具锥柄

1. 弹簧夹头刀柄

自动换刀系统采用弹簧夹头和外驱动夹紧机构等关键技术，并作为加工中心的标准附件组织专门化生产，不仅大大简化了机床主轴结构，也使数控机床的工作性能明显进步。弹簧夹头刀柄主要用于钻头、铣刀、丝锥等直柄刀具及工具的装夹，如图 3-28(a)所示。

2. 钻夹头刀柄

钻夹头刀柄主要用于夹紧直柄钻头，也可用于直柄铣刀、铰刀、丝锥的装夹。夹持范围广，单款可夹持多种不同柄径的钻头，但由于夹紧力较小，夹紧精度低，所以常用于直径在 $\phi 16$ 以下的普通钻头夹紧，如图 3-28(b)所示。

3. 强力型刀柄

强力型刀柄用于铣刀、铰刀等直柄刀具及工具的夹紧。其夹紧力比较大，夹紧精度较好，更换不同的筒夹来夹持不同柄径的铣刀、铰刀等。在加工过程中，强力型刀柄前端直径要比弹簧夹头刀柄大，容易产生干涉，如图 3-28(c)所示。

4. 侧固式刀柄

主要用于连接螺纹铣刀、铣刀、钻头，适用于精加工、粗加工、平面加工、端面加工、槽、切入加工、重切削等加工工艺。侧固式刀柄柄部形状因装夹刃具不同，而所配的锁紧螺丝相应不同，所以使用中必须确认侧固式螺丝的位置，对好刃具的平面位方可锁紧，如图 3-28(d)所示。

5. 平面铣刀柄

主要用于套式平面铣刀盘的装夹，采用中间心轴和两边定位键定位，端面内六角螺丝锁紧，如图 3-28(e)所示。

6. 丝攻刀柄

丝攻刀柄用于加工螺纹时的装夹，伸缩攻牙刀柄通过内部的保护机构可使前后收缩 5mm，在丝锥过载停转时起到保护作用，如图 3-28(f)所示。

7. 莫氏刀柄

莫氏刀柄分为莫式钻头刀柄(MTA)和莫氏铣刀刀柄(MTB)。MTA 适合于安装莫氏有扁尾的钻头、铰刀及非标刀具。MTB 适合于安装莫氏无扁尾的铣刀各非标刀具，如图 3-29 所示。

标准的 7∶24 锥度连接有许多优点：不自锁，可实现快速装卸刀具；刀柄的锥体在拉杆轴向拉力的作用下，紧紧地与主轴的内锥面接触，实心的锥体直接在主轴内锥孔内支承刀具，可以减小刀具的悬伸量；这种连接只有一个尺寸，即锥角需加工到很高的精度，所以成本较低，而且使用可靠，多年来应用非常广泛。

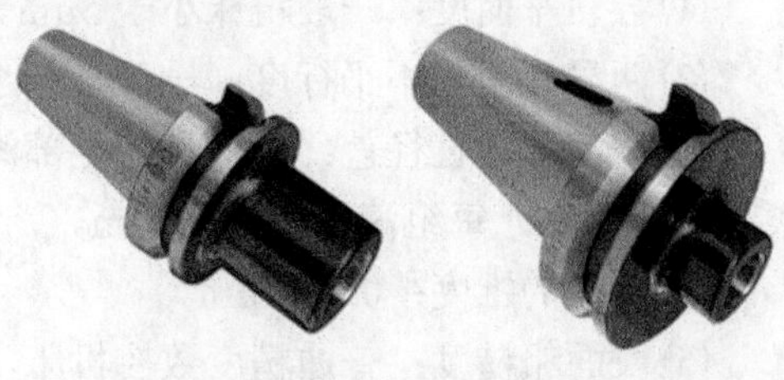

图 3-29　莫氏刀柄(MTA 右、MTB 左)

但是，7∶24 锥度连接也有一些缺点：

(1)单独锥面定位。7∶24 连接锥度较大，锥柄较长，锥体表面同时要起两个重要的作用，即刀具相对于主轴的精确定位及实现刀具夹紧并提供足够的连接刚度。由于它不能实现与主轴端面和内锥面同时定位，所以标准的 7∶24 刀/轴锥度连接，在主轴端面和刀柄法兰端面间有较大的间隙。

(2)在高速旋转时，主轴端部锥孔的扩张量大于锥柄的扩张量。对于自动换刀(ATC)来说，每次自动换刀后，刀具的径向尺寸都可能发生变化，存在着重复定位精度不稳定的问题。由于刀柄锥部较长，也不利于快速换刀和减小主轴尺寸。

HSK 刀柄是一种新型的高速锥型刀柄，其接口采用锥面和端面两面同时定位的方式，刀柄为中空，锥体长度较短，有利于实现换刀轻型化及高速化。由于采用端面定位，完全消除了轴向定位误差，使高速、高精度加工成为可能。这种刀柄在高速加工中心上应用很普遍，被誉为是“21 世纪的刀柄”。

3.4.4　数控机床导轨

导轨是数控机床的重要部件之一，它在很大程度上决定了数控机床的刚度、精度与精度保持性。目前数控机床采用的导轨型式主要有滑动导轨、滚动导轨和静压导轨三类。

1. 滑动导轨

滑动导轨如图 3-30 所示，它可分为：金属—金属型式，目前数控机床很少采用；多数采用金属—塑料型式，称贴塑导轨，贴塑导轨一面贴有塑料板，采用特定黏结剂加压固化，另一滑动面为淬火磨削面，快速运动可达 30m/min。滑动贴塑导轨的塑料化学稳定性高、摩擦因数低、静动摩擦因数差值小、耐磨损、耐腐蚀、吸振性好、比重小、强度大、加工成型简单，能在任何液体或无润滑条件下工作。其主要缺点是耐热性差、导热率低，必须注意散热；热膨胀系数比金属大，应采用较薄的塑料板；在外力作用下易产生塑性流动；惯性差，应注意贴塑导轨的装配质量；吸湿性大，影响尺寸稳定性。

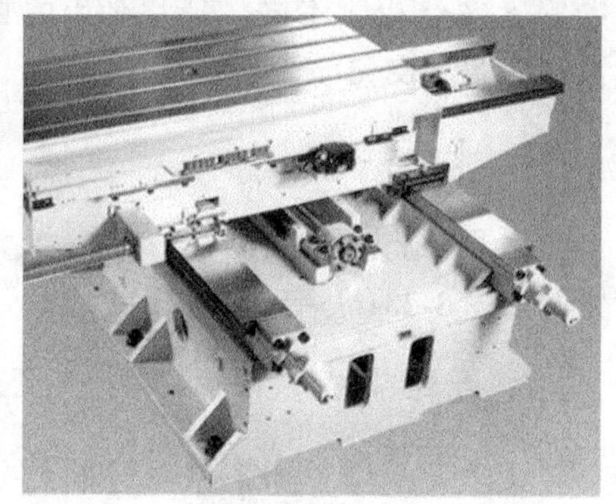

图 3-30　滑动导轨

2. 滚动导轨

滚动导轨的技术要求：导轨的制造精度、装配精度和表面粗糙度对导轨的接触刚度影响很大。数控机床采用滚动导轨，其技术要求如下。

(1)导轨平面度：一般机床小于 5μm。

(2)两导轨间的不平行度：一般机床小于 3μm。

(3)滚动体的直径差：一般机床全部滚动体为 2μm，每组滚动体为 1μm；精密机床全部滚动体为 1μm，每组滚动体为 0.5μm。

(4)滚柱的锥度：0.5～1μm。

(5)表面粗糙度：普通精度数控机床，磨削不低于 R_a0.4μm。

滚动导轨的结构形式如图 3-31 所示，按滚动体种类可分为滚珠导轨、滚柱导轨和滚针导轨。

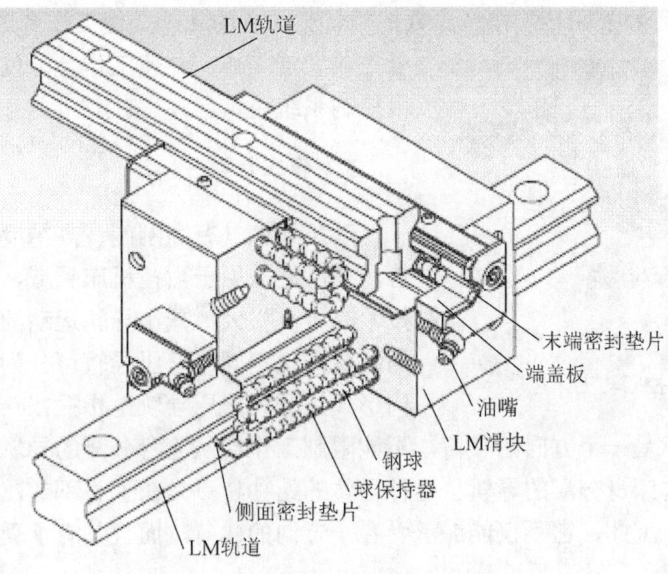

图 3-31　滚动导轨

直线滚动导轨是为了适应数控机床的需要而发展的一种导轨形式，其优点为：

(1) 将滚珠式直线滚动导轨副制成标准部件，只要安装在相对运动的导轨平面上，就可组成合适的导轨，大大简化了设计和装配。

(2) 在所有方向均能承受载荷。

(3) 通过预加载荷，可得到高刚度、高精度及能承受切削载荷的动刚度。

(4) 由于具有自动调整功能，可达到微米级的运动精度。

3.4.5　数控回转工作台

工作台是数控机床的重要部件，其型式、尺寸往往表征数控机床的规格和性能。工作台主要有矩形、回转式以及倾斜成各种角度的万能工作台三种。回转工作台又分为 90° 分度工作台和任意分度工作台，以及卧式回转工作台和立式回转工作台等。此外，由数控机床组成的柔性制造单元中，附加在数控机床上的还有交换工作台，在 FMS 中有工件缓冲台、工件上下料台、工件运输台等。

数控机床常用的回转工作台有分度工作台和数控回转工作台两种。

1. 分度工作台

分度工作台的功能是完成分度辅助运动，即在需要分度时将工作台及其工件回转一定的角度。数控机床的分度工作台有牙盘式和定位销式两种。牙盘式工作台定位精度和重复定位精度较高、磨损小、使用寿命长，但制造较为困难。定位销式工作台的定位精度取决于定位销的制造精度。

2. 数控回转工作台

图 3-32 所示为数控回转工作台。数控回转工作台的功能是使工作台进行连续圆周进给，以完成切削工作，并使工作台分度。其定位精度完全由控制系统决定。

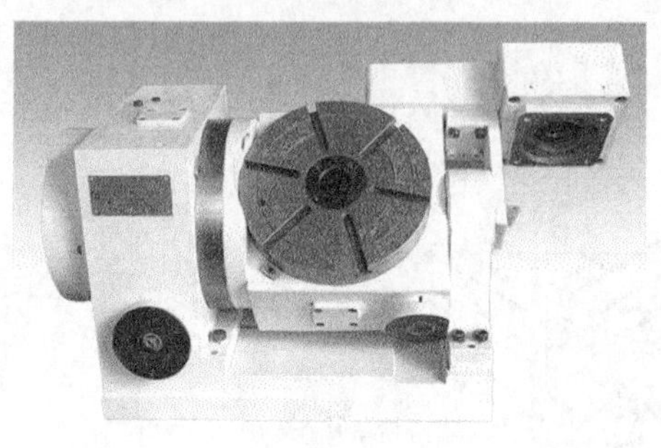

图 3-32 数控回转工作台

3. 静压导轨

静压导轨具有高刚度、高精度、低磨损等技术优势，被广泛应用于数控机床领域，采用液体静压支承技术，可以极大地减小导轨运动的振动。根据所承受的载荷情况不同，静压导轨可分为开式和闭式两种结构形式。开式静压导轨是指只在一个方向上开有承载油腔，基本上只承受一个方向的载荷，不能限制工作台从床身分离的导轨。闭式导轨，是指能够防止工作台与床身分离的导轨。这种导轨的结构特点是在上、下或左、右各个方向上都开有对置的油腔。因此，它不仅能够承受各个方向的载荷，而且具有承受很大的倾覆力矩的能力。

液体静压导轨的主要优点包括：摩擦系数小，一般为 0.0005～0.001，机械效率高，导轨面之间的油膜很薄，具有良好的润滑性和吸振性，导轨长期使用无磨损，工作运动平稳。因此，液体静压导轨比滑动导轨和滚动导轨的寿命长。同时，液体静压导轨运动速度的变化对其油膜厚度和刚度的影响小，消除了工作台低速运动的“爬行”现象，且降低了对导轨材料的要求。由于液体静压导轨具有上述诸多优点，因此液体静压导轨能满足高精度、重载荷及各种速度范围机床的要求，在各种机床(尤其是数控机床、超精密机床)中得到了广泛的应用。

3.4.6 检测反馈装置

位置检测装置是运动控制中的重要环节，其作用是检测机床运动部件的位移和速度，并返回反馈信号，构成半闭环或闭环控制。数控机床的加工精度理论上讲由检测系统本身的精度决定，要提高数控机床的精度，必须要提高检测装置的精度。

检测装置可以按被测物理量分为位移、速度、电流等类型；按测量方式划分为增量式和绝对式；按运动形式分为旋转型和直线型等。不同类型的数控机床特性、检测要求和工作环境，应该采用不同类型的检测装置。数控机床对位置检测装置的要求包括：

(1) 满足数控机床的精度和速度要求。要求检测元件的测量精度在 0.001～0.02mm/m，分辨率在 0.0001～0.01mm；从速度上讲，目前中档数控机床的进给速度一般可达 15～24m/min。因此，要求检测装置必须满足数控机床高精度和高速度的要求。

(2) 高可靠性和高抗干扰性。检测装置应能抗各种电磁干扰，且抗干扰能力强；对温湿度敏感性低，温湿度变化对测量精度影响小。

(3) 使用维护方便，适合机床运行环境。测量装置安装时要有一定的安装精度要求。由于受使用环境影响，整个测量装置要求有较好的防尘、防油雾、防切屑等措施。

(4) 成本低等。

对检测反馈装置，其检测的性能指标如下。

(1) 精度。符合输出量与输入量之间的特定函数关系的准确程度称为精度，传感器要满足高精度和高速实时测量的要求。

(2) 分辨率。分辨率应适应机床精度和伺服系统的要求。提高分辨率，对提高系统其他性能指标和运行平稳性都很重要。

(3) 灵敏度。实时测量装置灵敏度要高，输出、输入关系中对应的灵敏度要求一致。

(4) 迟滞。对某一输入量，传感器的正向输出量和反向输出量不一致，这种现象称为迟滞。数控伺服系统的传感器要求迟滞要小。

(5) 测量范围。传感器的测量范围要满足系统的要求，并留有余地。

(6) 零漂与温漂。传感器的漂移量是其重要性能标志，它反映了随着时间和湿度的改变，传感器测量精度的微小变化。

1. 旋转变压器

旋转变压器也称同步分解器，是一种旋转式的小型交流电动机，属于间接式位置检测装置，可用于角位移测量。旋转变压器可单独和滚珠丝杠相连，也可与伺服电动机组成一体。从原理上看，旋转变压器相当于一个可以旋转的变压器，从结构上看，旋转变压器与两相的绕线转子异步电动机类似。其特点是结构简单、动作灵敏、输出信号幅度大、抗干扰能力强等，是数控机床常用的位置检测装置之一。旋转变压器的外形如图 3-33 所示。

图 3-33　旋转变压器实物图

1) 结构

旋转变压器由定子和转子组成，激磁电压接到定子绕组上，激磁频率通常为 400Hz、500Hz、1000Hz 及 5000Hz。转子绕组输出感应电压，输出电压随被测角位移的变化而变化。从转子感应电压的输出方式来看，旋转变压器可分为有刷和无刷两种类型。有刷旋转变压器定子与转子上两相绕组轴线分别互相垂直，转子绕组的端点通过电刷与滑环引出；无刷旋转变压器由分解器与变压器组成，无电刷和滑环，其结构如图 3-34 所示。

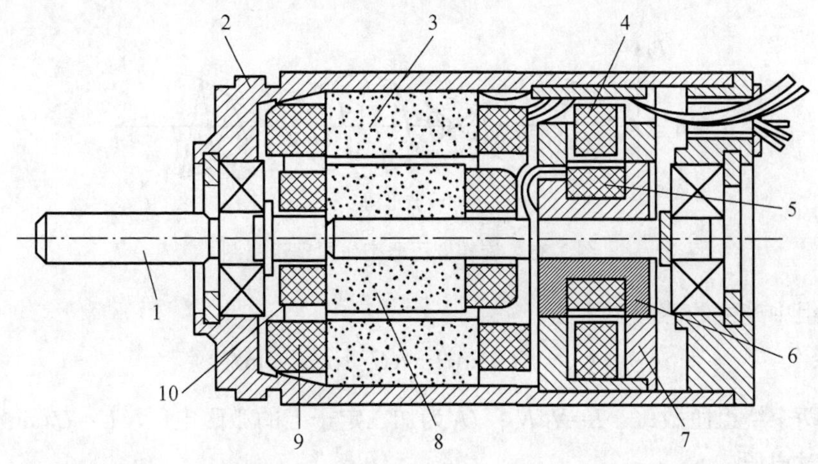

图 3-34　无刷旋转变压器结构示意图

1-电动机轴；2-外壳；3-分解器定子；4-变压器定子绕组；5-变压器转子绕组；6-变压器转子；7-变压器定子；8-分解器转子；9-分解器定子绕组；10-分解器转子绕组

分解器结构与有刷旋转变压器基本相同，变压器的一次绕组绕在与分解器转子轴固定在一起的线轴上，与转子一起转动，二次绕组绕在与转子同心的定子轴线上，分解器定子线圈外接激磁电压，转子线圈输出信号接到变压器的一次绕组，从变压器的二次绕组引出最后的输出信号。无刷旋转变压器的特点是：输出信号大，可靠性高且寿命长，不用维修，更适合数控机床使用。

除了常用的两极绕组旋转变压器，还有多极型旋转变压器。多极式产品精度比两极式要高一个数量级以上，用于高精度检测系统和同步系统。

2) 工作原理

旋转变压器是根据互感原理工作的，在结构设计和制造过程中保证定子与转子之间的磁通分布呈正弦规律，因此在定子绕组上加交流激磁电压时，发生互感现象，转子绕组中将产生感应电动势。输出电压的大小由定子与转子两个绕组轴线在空间的相对转角决定。两者平行时互感最大，副边的感应电动势最大；两者垂直时互感为零，感应电动势为零。当两者呈一定角度时，其互感按正弦规律变化，如图 3-35 所示。

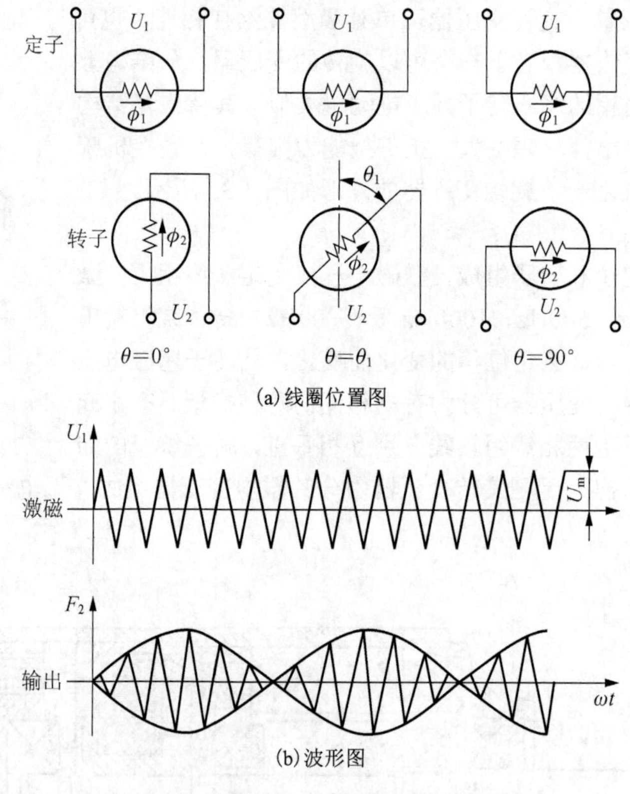

图 3-35　旋转变压器工作原理示意图

副边绕组中产生的感应电压为

$$U_2 = KU_1 \sin\theta = KU_m \sin\omega t \cdot \sin\theta$$

式中，K 为两个绕组匝数比，$K=N_1/N_2$；U_1 为加在定子上的激磁电压，$U_1=U_m\sin\omega t$；U_m 为定子的最大瞬时电压。

当转子绕组线轴转到与定子绕组平行时，产生的感应电动势最大，最大输出电压为

$$U_2 = KU_m \sin\omega t$$

2. 光栅

光栅是一种应用于光谱分析的光学器件，一般可分为物理光栅和计量光栅，物理光栅刻线细密，栅距在 0.002～0.005mm，通常用于光谱分析和光波波长测定；计量光栅刻线相对较粗，栅距在 0.004～0.25mm，通常用于数字检测系统，如检测直线位移和角位移，是一种广泛应用于数控机床闭环反馈系统的精密检测元件，具有精度高、响应速度快等优点。

1) 光栅的结构

从结构上看，光栅是由标尺光栅和光栅读数头两部分组成的，其中，光栅读数头又由光源、透镜、指示光栅、光敏元件和驱动线路组成，图 3-36 为光栅的组成示意图。

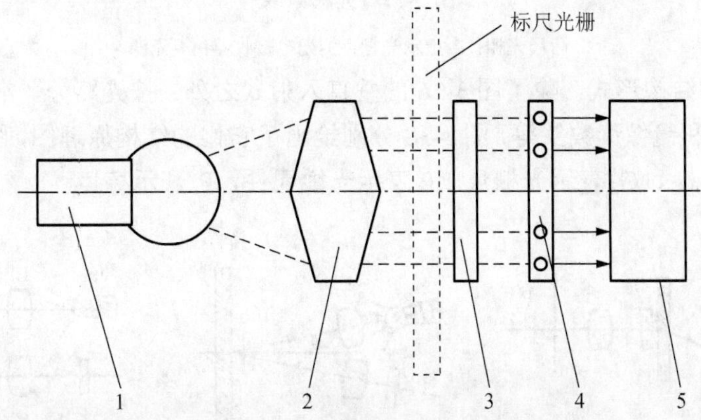

图 3-36　光栅位置检测装置组成示意图

1-光源；2-透镜；3-指示光栅；4-光敏元件(光电池组)；5-驱动线路

光源发出的光线经过透镜后变成平行光束，照射在光栅尺上。光敏元件是一种将光强信号转换为电信号的光电转换元件，它接收透过光栅尺的光强信号，并将其转换成与之成比例的电压信号。由于光敏元件产生的电压信号一般比较微弱，在长距离传递时很容易被各种干扰信号所淹没、覆盖，造成传送失真。为了保证光敏元件输出的信号在传送中不失真，应首先将该电压信号进行功率和电压放大，然后再进行传送。驱动线路就是实现对光敏元件输出信号进行功率和电压放大的线路。

这里，标尺光栅不属于光栅读数头，但它要穿过光栅读数头，并保证与指示光栅之间准确的位置关系。一般要求标尺光栅和指示光栅的平行度以及两者之间的间隙要严格保证(0.05～0.1mm)。在数控机床上安装和使用光栅时，标尺光栅一般固定在机床的活动部件上，光栅读数头安装在机床的固定部件上，当光栅读数头相对于标尺光栅移动时，指示光栅便在标尺光栅上相对移动。

标尺光栅和指示光栅通常统称为光栅尺，光栅尺是用真空镀膜的方法刻上均匀密集线纹的透明玻璃片或长条形的金属镜面，这些刻线称为光栅条纹。光栅条纹相互平行，相邻两条光栅条纹之间的距离叫栅距。对于圆光栅，这些条纹是圆心角相等的向心条纹。两条向心条纹线之间的夹角叫栅距角。栅距和栅距角是光栅的重要参数。对于透射光栅，这些刻线不透光(对于反射光栅，这些刻线不反光)。光线由两刻线之间窄面透射(或反射回来)，金属反射光的长光栅，条纹密度为每毫米 25 或 50 条，玻璃透射光栅为每毫米 100 或 250 个条纹。对于圆光栅，一个圆周刻有 10800 条线纹(圆光栅直径为 70mm，360 进制)。光栅条纹如图 3-37 所示。

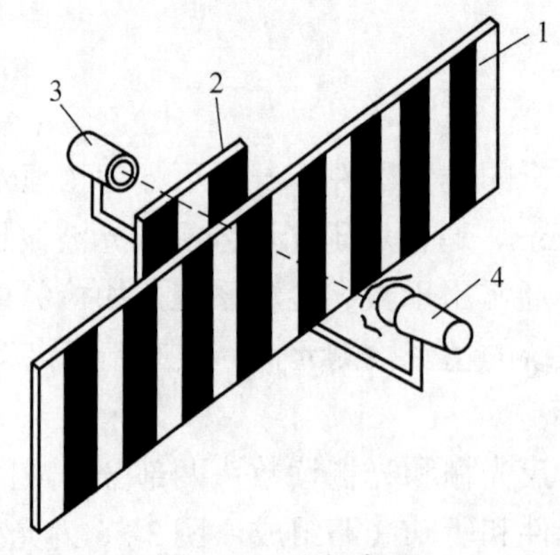

图 3-37　光栅条纹

1-标尺光栅；2-指示光栅；3-光电接收器；4-光源

光栅读数头的结构形式，除了图 3-36 的垂直入射式之外，按光路分，常见的还有分光读数头、反射读数头和镜像读数头等，图 3-38 分别给出了它们的结构原理图，图中 Q 表示光源，L_1～L_4 表示透镜，G_1、G_2 表示光栅尺，P 表示光敏元件，P_r 表示棱镜。

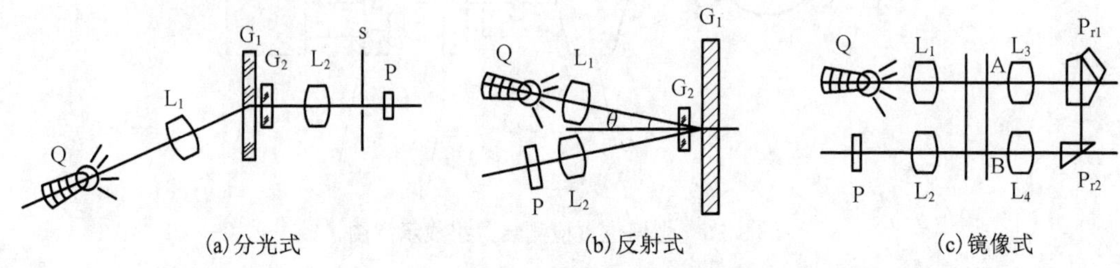

图 3-38　光栅读镜头结构原理图

以分光式结构为例，光源 Q 发出的光经透镜 L_1 变成平行光，照射(或反射)到光栅 G_1 和 G_2 上，由透镜把在指示光栅上形成的莫尔条纹聚焦，并在它的焦面上安置光电元件以接受莫尔条纹的明暗信号。这种光学系统是莫尔条纹光学系统的基本形式。

2) 光栅的工作原理与数字变换线路

把指示光栅平行放在标尺光栅侧面，并使它们的刻线相对倾斜一个很小角度，光源放在标尺光栅另一侧面(以透射光栅为例)。光线通过时，由于光的衍射作用，在指示光栅上会产生莫尔条纹。莫尔条纹是明暗相间、间隔相等的条纹，方向与光栅线纹的方向大致垂直。当指示光栅移动时，莫尔条纹随之移动，移动方向几乎与光栅移动方向垂直。指示光栅相对标尺光栅移动一个栅距 P，莫尔条纹也移动一个莫尔条纹间距 W，如图 3-39 所示。因此，只要利用光电检测系统对移过莫尔条纹的数目计数，就可知道光栅移动了多少个栅距，进而得出移动距离。光电元件所接收的光线受莫尔条纹影响呈正弦规律变化，因此在光电元件上产生接近正弦规律变化的电流。莫尔条纹间距与刻线间距关系如下：

$$W=P/\sin\theta$$

又 θ 很小，可认为 $\sin\theta\approx\theta$，故

$$W=P/\theta$$

例如，P=0.01mm，θ=0.01rad，得 W=1mm，放大 100 倍。

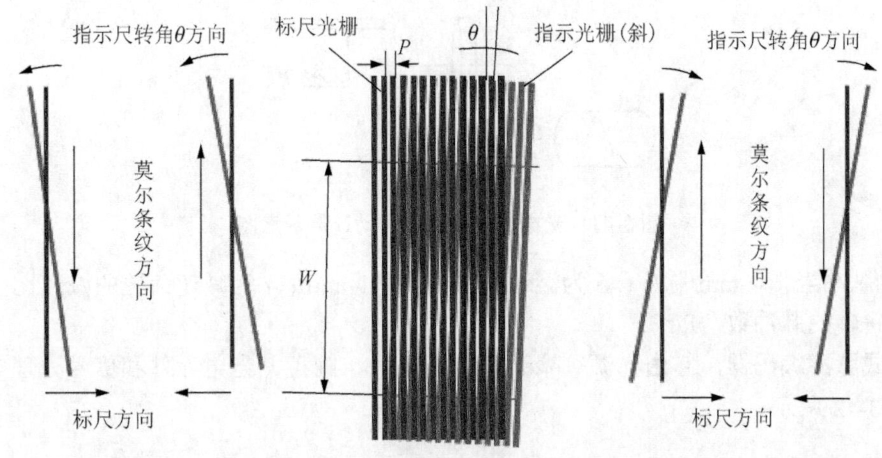

图 3-39　莫尔条纹及移动示意图

3. 脉冲编码器

脉冲编码器是一种旋转式脉冲发生器，如图 3-40 所示。从产生元件上分，脉冲编码器分光电式、接触式和电磁感应式三种。从精度和可靠性来看，光电式脉冲编码器优于其他两种。数控机床主要使用光电式脉冲编码器。

图 3-40　脉冲编码器实物图

光电式脉冲编码器是一种光学式位置检测元件，编码盘直接装在转轴上，能把机械转角变成电脉冲信号，是数控机床上使用很广泛的位置检测装置，它可以用于角度检测，也可用于速度检测。通常它与电动机做成一体，或安装在非轴伸端。光电式脉冲编码器按编码方式又可分为绝对值式和增量式两种，这两种在数控机床中均有应用。常用的为增量式脉冲编码器，而绝对值式脉冲编码器则用在有特殊要求的场合。

1) 增量式脉冲编码器

增量式脉冲编码器是一种增量检测装置，它的型号由每转输出的脉冲数来区别。数控机床上常用的编码器有两种，一种是以十进制为单位的，用脉冲数/转，如 2000P/r、2500P/r、3000P/r 等；另一种是以二进制为单位的，如 1024P/r、2048P/r、4096P/r 等。目前，在高速、高精度数字伺服系统中，应用高分辨率的脉冲编码器的脉冲数则较高，如 18000P/r、20000P/r、25000P/r、30000P/r 等。现在已有使用每转 10 万以上脉冲的脉冲编码器。

光电式脉冲编码器通常与电动机做在一起，或者安装在电动机非轴伸端，电动机可直接与滚珠丝杠相连，或通过减速比为 i 的减速齿轮，然后与滚珠丝杠相连，如图 3-41 所示。那么，每个脉冲对应机床工作台移动的距离可用下式计算：

$$\delta = \frac{S}{iM}$$

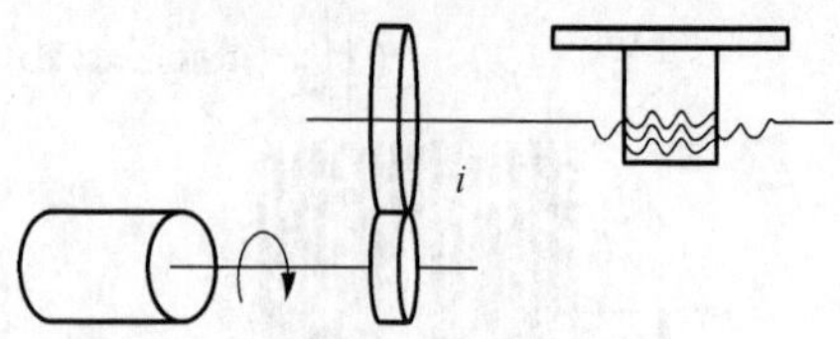

图 3-41　光电脉冲编码器传动计算示意图

式中，δ为脉冲当量，mm/脉冲；S 为滚珠丝杠的导程，mm；i 为减速齿轮的减速比；M 为脉冲编码器每转的脉冲数，P/r。

光电式脉冲编码器，它由光源、聚光镜、光电盘、圆盘、光电元件和信号处理电路等组成，如图 3-42 所示。

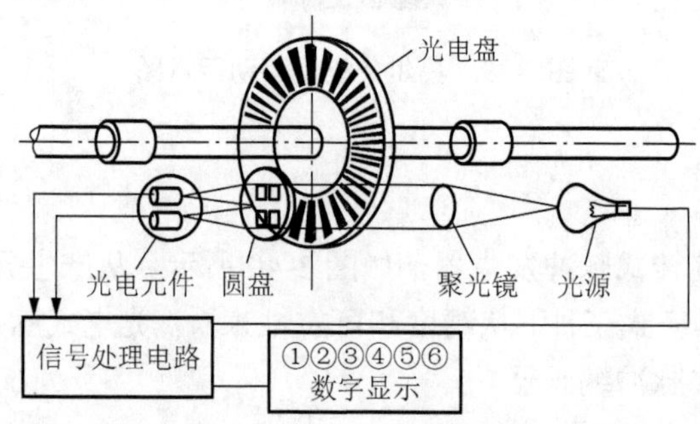

图 3-42　脉冲编码器结构组成示意图

光电盘是用玻璃材料研磨抛光制成，玻璃表面在真空中镀上一层不透光的铬，然后用照相腐蚀法在上面制成向心透光窄缝。透光窄缝在圆周上等分，其数量从几百条到几千条不等。圆盘也用玻璃材料研磨抛光制成，其透光窄缝为两条，每一条后面安装有一只光电元件。光电盘与工作轴连在一起，光电盘转动时，每转过一个缝隙就发生一次光线的明暗变化，光电元件把通过光电盘和圆盘射来的忽明忽暗的光信号转换为近似正弦波的电信号，经过整形、放大和微分处理后，输出脉冲信号。通过记录脉冲的数目，就可以测出转角。测出脉冲的变化率，即单位时间脉冲的数目，就可以求出速度。其用于数字脉冲比较伺服系统（见图 3-43）的具体工作原理如下：

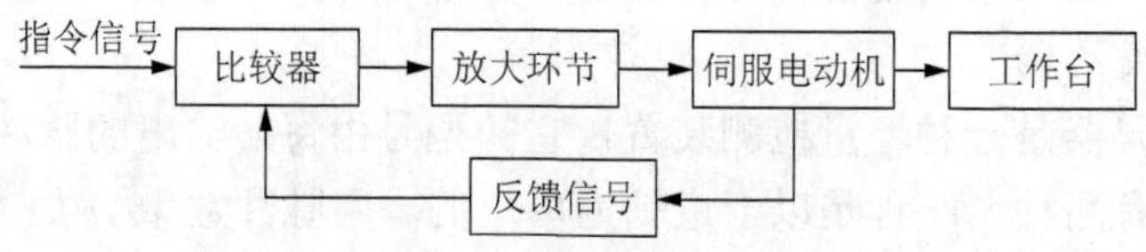

图 3-43　反馈系统逻辑框图

光电脉冲编码器与伺服电动机的转轴连接，随着电动机的转动产生脉冲序列，其脉冲的频率将随着转速的快慢而升降。若工作台静止，指令脉冲和反馈脉冲都为零，两路脉冲送入数字脉冲比较器中进行比较，结果输出也为零。因伺服电动机的速度给定为零，工作台依然不动。随着指令脉冲的输出，指令脉冲不为零，在工作台尚未移动之前，反馈脉冲仍为零，比较器输出指令信号与反馈信号的差值，经放大后，驱动电动机带动工作台移动。电动机运转后，光电脉冲编码器将输出反馈脉冲送入比较器，与指令脉冲进行比较，如果偏差不为零，工作台继续移动，不断反馈，直到偏差为零，即反馈脉冲数等于指令脉冲数时，工作台停在指令规定的位置上。

为了判断旋转方向，圆盘的两个窄缝距离彼此错开 1/4 节距，使两个光电元件输出信号相位差 90°。如图 3-44 所示，*A*、*B* 信号为具有 90° 相位差的正弦波，经放大和整形变为方波 *A*、*B*。设 *A* 相比 *B* 相超前时为正方向旋转，则 *B* 相超前 *A* 相就是负方向旋转，利用 *A* 相与 *B* 相的相位关系可以判别旋转方向。此外，在光电盘的里圈不透光圆环上还刻有一条透光条纹，用以产生每转一个的零位脉冲信号，当转轴旋转一周时在固定位置上产生一个脉冲。*A*、*B* 相脉冲信号经频率电压转换后，得到与转轴转速成正比例的电压信号，即速度反馈信号，提供给速度控制单元，进行速度调节。

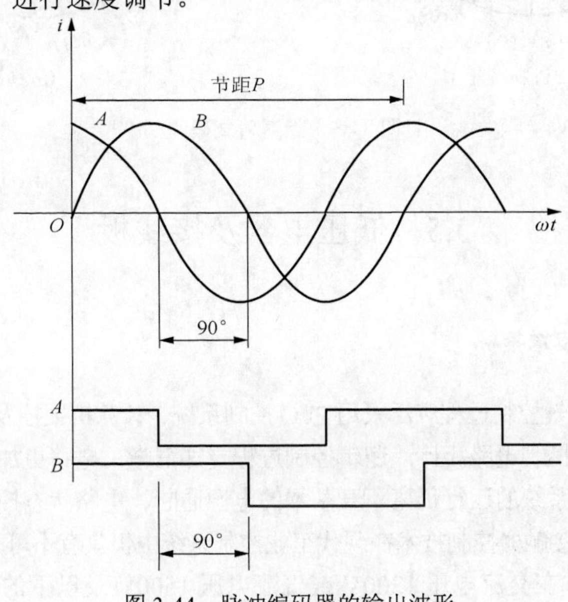

图 3-44　脉冲编码器的输出波形

2) 绝对式脉冲编码器

绝对式编码器是利用自然二进制或循环二进制(格雷码)方式进行光电转换。绝对式编码器与增量式编码器不同之处在于圆盘上透光、不透光的线条图形。绝对编码器可有若干编码，根据读出码盘上的编码信息检测绝对位置。编码的设计可采用二进制码、循环码、二进制补码等。

编码盘是按照一定的编码形式制成的圆盘。如图 3-45(a) 是二进制的编码盘，图 3-45(b) 是格雷码编制，图中空白部分是透光的，用“0”来表示；涂黑的部分是不透光的，用“1”来表示。通常将组成编码的圈称为码道，每个码道表示二进制数的一位，其中最外侧的是最低位，最里侧的是最高位。如果编码盘有 4 个码道，可形成 16 个二进制数，因此就将圆盘划分 16 个扇区，每个扇区对应一个 4 位二进制数，如 0000，0001，…，1111。

总的来说，增量式编码器结构简单，成本低，使用方便。缺点是有可能由于噪声或其他外界干扰产生计数误差，若因停电、刀具破损而停机，事故排除后不能再找到事故发生前执行部件的正确位置；而绝对值式编码器是利用其圆盘上的图案来表示数值的，坐标值可从绝对编码盘中直接读出，不会有累计进程中的误计数，运转速度可以提高。编码器本身具有机械式存储功能，即便因停电或其他原因造成坐标值清除，通电后仍可找到原绝对坐标位置。其缺点是，当进给转数大于一转时，需作特别处理，如用减速齿轮将两个以上的编码器连接起来组成多级检测装置，因而一般结构复杂、成本较高，多用于精度和速度要求较高的数控机床，特别是控制轴数多达四五个的加工中心机床上。

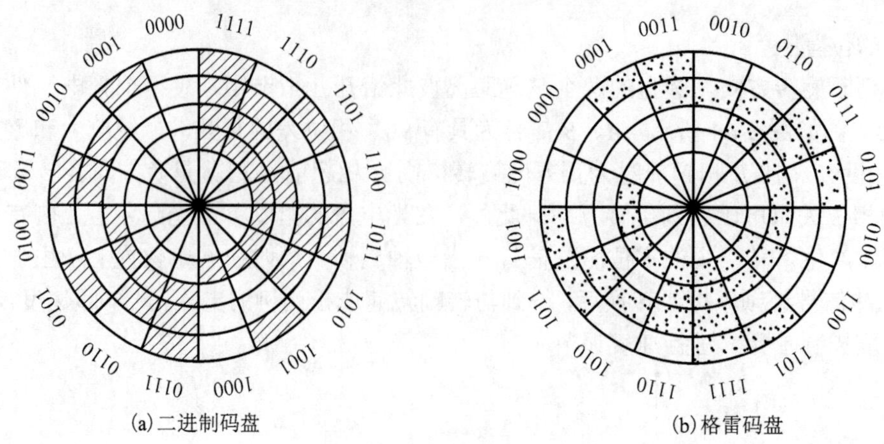

(a) 二进制码盘　　(b) 格雷码盘

图 3-45　绝对值式码盘

3.5　低压电器及接线板

3.5.1　常用低压电器技术指标

现代的机械设备电气控制过程广泛采用 PLC 控制系统、计算机数控及交流变频调速技术，与传统的继电器—接触器控制电路相比，逻辑控制过程更加清晰，电路更加简化，使电气控制更为方便灵活。但是，这些系统的运行仍离不开基本的电源通断、电路状态控制及控制电路的保护和检测。因此，继电器—接触器控制技术在现代工业控制系统中仍具有不可替代的重要作用。

低压电器就是工作在交流电压 1200V 或直流电压 1500V 及以下的电路中，起通断、保护、控制或调节作用的电器产品。低压电器的作用是根据外部信号(如电流、电压和其他物理量)或系统控制要求改变电路状态，最终控制电路中负载的有序有效工作。为了实现这一目的，一般将多个低压电器组合使用，形成具备某种功能、逻辑可控、安全可靠的电路。使用上，应该根据实现的功能、技术指标、应用场合等选择合适的低压电器。

1. 常用低压电器分类

根据条件的不同，低压电器有不同的分类方法。从实现的功能上，低压电器可以分为如下几类：

(1) 配电电器。这类电器的作用是实现低压供电系统中电能的输送和分配。如断路器、熔断器、刀开关等。配电电器的技术要求是通断能力强、限流效果好；在系统发生故障时保护动作准确，工作可靠；足够的热稳定性和动稳定性。

(2) 控制电器。这类低压电器主要用于直流或交流电动机拖动机械设备运动部件或其他自动控制系统的控制功能实现。接触器、各种控制继电器都归于此类。控制电器的主要技术要求是有一定的通断能力，操作频率高，电器机械寿命长。

(3) 主令电器。这类电器是专门用来发送控制指令的低压电器，如控制按钮、接近开关、行程开关等。主令电器的技术要求是操作频率高，抗冲击，电器和机械寿命长。

(4) 保护电器。这类电器用于保护电路和其中的用电设备，如熔断器、电流继电器、电压继电器、热继电器等。对这类电器的主要技术参数是具备足够的分断电路能力，可靠性高，反应灵敏。

(5)执行电器。这类电器是电路控制动作或进行传动的执行机构，如电磁铁、电磁阀等。

另外，低压电器还可按控制量的类型划分为电磁式电器和非电信号控制电器，按电器动作的原理可以划分为手动电器和自动电器等。

2. 电磁式低压电器工作原理

大部分低压电器是根据电磁感应原理工作的，属于电磁式低压电器，了解这类电器的工作原理，对于低压电器的选择和使用有很大帮助。

电磁式低压电器由触点系统和电磁机构组成，一般还包括灭弧装置。触点是电磁式电器的执行部件，电磁式低压电器就是通过动、静触点的接触、分开来改变电路的通断状态，从而控制电路中的用电设备。动、静触点接触时相当于一个闭合的“开关”，此时电路通电，有工作电流通过。

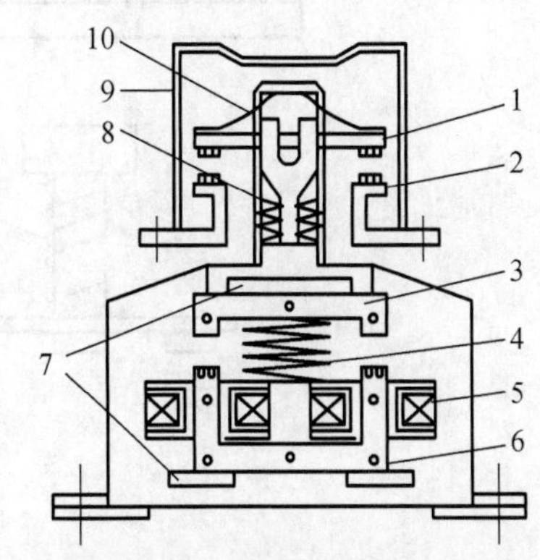

图 3-46　交流接触器结构示意图

1-动触点；2-静触点；3-衔铁；4-缓冲弹簧；5-电磁线圈；6-固定铁芯；7-垫毡；8-触点弹簧；9-灭弧罩；10-触点压力簧片

1) 电磁机构的结构和工作原理

电磁机构的组成部分有可动铁芯(衔铁)、固定铁芯和电磁线圈，铁芯一般由硅钢片叠加。电磁机构工作时，缠绕在固定铁芯上的电磁线圈通电，在电磁感应作用下形成磁场，吸引衔铁向下与固定铁芯吸合。以交流接触器为例，图 3-46 是交流接触器的结构示意图，电磁线圈通电后，衔铁 3 受力朝向固定铁芯 6 运动，并带动和其连成一体的动触点 1 向下运动，从而完成动触点 1 与静触点 2 的接触动作，接触器触点所在电路接通；电磁线圈断电或电压显著下降时，吸引力消失或变小，衔铁在缓冲弹簧作用下弹起，动、静触点断开，电路被切断。

在电气控制电路中，一般将接触器的触点系统连入主电路，电磁机构连入控制电路，由控制电路中的一个或几个按钮控制电磁线圈的通断电，再由接触器的触点分合状态控制主电路状态和电路中用电设备。

图 3-46 中的电磁机构称为衔铁做直线运动的直动式，除此之外，电磁机构还有其他形式。图 3-47 是几种常用的电磁机构结构简图，包括衔铁绕棱角转动的拍合式和衔铁绕轴转动的拍合式等。

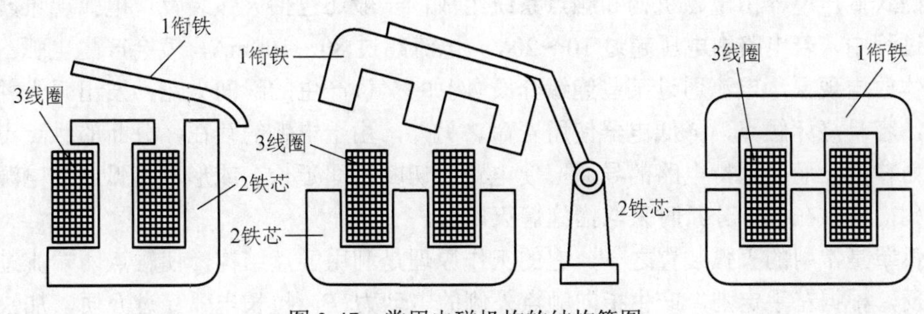

图 3-47　常用电磁机构的结构简图

2) 低压电器的触点系统

低压电器的触点系统是控制电路通断状态的执行部件，一般采用铜材料，小容量电器常用银材料制成。触点可分为常开触点和常闭触点。在电磁线圈未通电、衔铁没有动作时，动、静触点保持分开状态的称为常开触点，也称动合触点；反之，在衔铁没有动作时，动、静触点是接触状态的称为常闭触点，也称动断触点。图 3-48 是几种常见的触点接触形式。

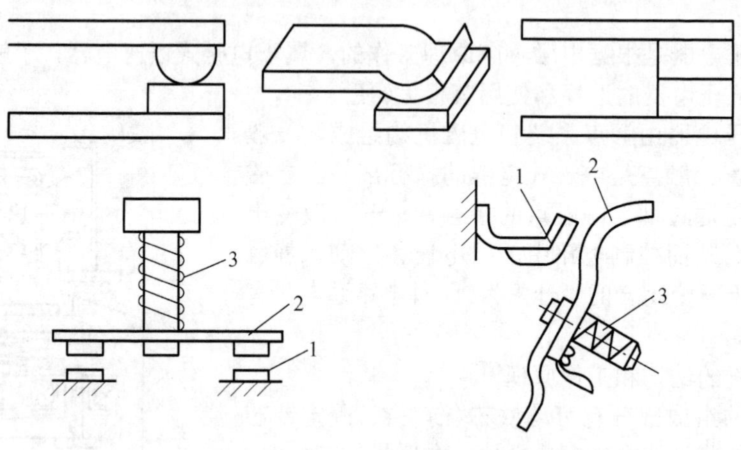

图 3-48　触点的常见接触形式

1-静触点；2-动触点；3-复位弹簧

触头的结构形式很多，按其所控制的电路可分为主触头和辅助触头。主触头用于接通或断开主电路，允许通过较大的电流；辅助触头用于接通或断开控制电路，只能通过较小的电流。

值得注意的是，接触状态的动、静触点并非是完全的面接触，由于制造工艺的限制，触点是由无数微小、无序的凸起组成的近似平面。从微观上来看，实际有效接触的部分是动、静触点上的凸起部分。这种现象造成触点上可供电流通过的导电部分面积减少，从而使触点部分具有较大的电阻，这种由于触点接触产生的电阻称为接触电阻。接触电阻会造成一定的电压损耗，还会增加铜耗，导致触点温升超过允许值，造成相邻绝缘材料的老化。触点发热、磨损甚至熔焊，是电磁式低压电器的常见故障之一，也是引起电气系统事故的重要因素之一。因此，最高环境温度和允许温升值是低压电器的技术指标之一。

3) 电弧现象和灭弧装置

电磁式低压电器由电磁机构和触点系统组成，一般还包括灭弧装置。电弧现象产生在触点分断过程中，若电路中电压超过 10～20V，电流超过 80～100mA，就会产生电弧。电弧是一种气体放电现象，电流通过某些绝缘介质(例如空气)产生的瞬间火花，发出强光并放出大量热量，容易烧坏触点，降低电器使用寿命。另外，由于电弧的存在，分断的触点不会立即切断电力输送，而是保持电路的导通，使电路的切断时间延长，或形成飞弧造成电源短路事故。因此，应该在触点分断时采取措施熄灭电弧。

灭弧罩是常用的灭弧装置之一，它的工作原理是利用触点结构，使触点两端流过的电流方向相反，根据左手定则，产生指向触点外侧的电动力 F，拉长电弧穿过介质，加快电弧冷却熄灭过程，这种灭弧方式叫电动力吹弧，其原理如图 3-49 所示。

灭弧罩多用耐弧陶土、石棉水泥或其他耐弧塑料制成，可以分隔电弧，使电弧迅速冷却。图 3-50 是灭弧罩的实物图。

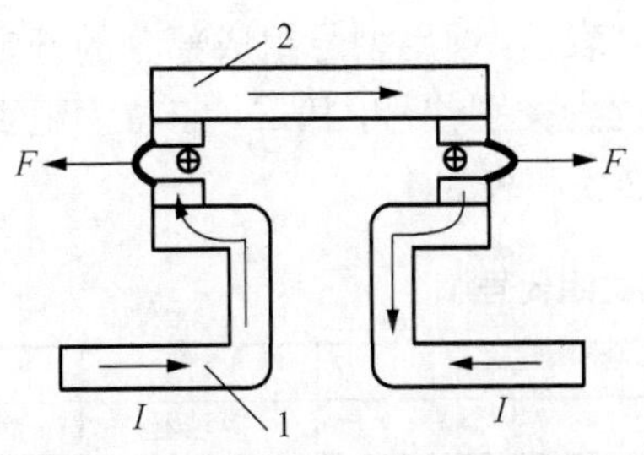

图 3-49　电动力吹弧原理示意图

1-静触点；2-动触点

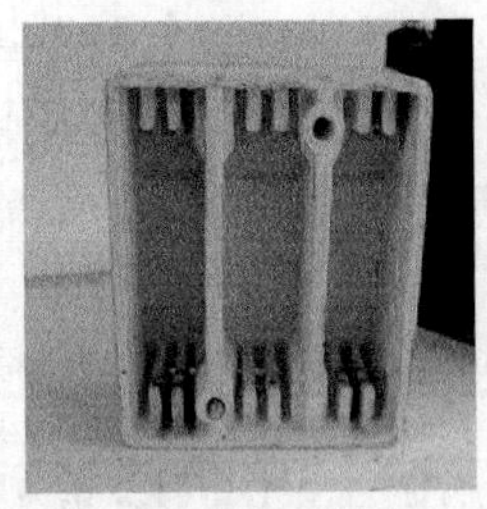

图 3-50　灭弧罩实物图

金属栅片灭弧的原理如图 3-51 所示，熄弧栅片是由几片镀铜薄钢片和石棉绝缘板组成，彼此相互绝缘，片间距离 2～5mm。触点分断时产生的电弧在电动力的作用下进入金属栅片，被分隔成多段串联的电弧，金属栅片吸收电弧热量，同时每个栅片间电压不足以达到电弧燃烧电压，电弧迅速冷却熄灭。这种灭弧方式常用于交流灭弧。其他的灭弧措施还有磁吹式灭弧、狭缝灭弧、机械灭弧等。

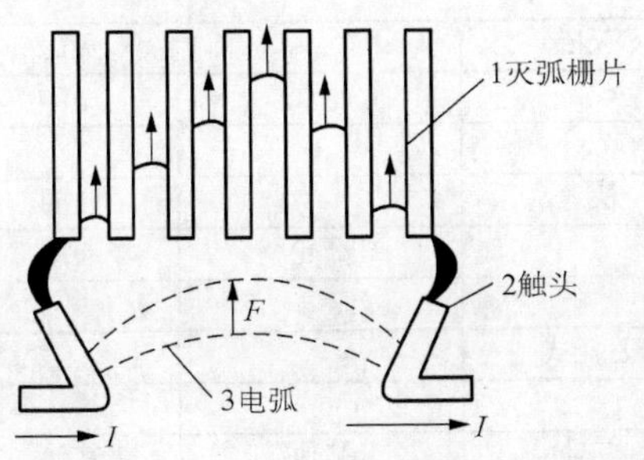

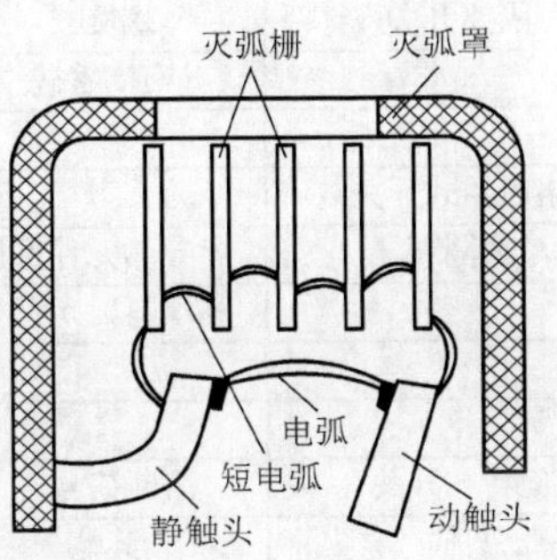

图 3-51　栅片灭弧原理图

3. 低压电器的主要技术参数

1) 低压电器的型号表示法和代号含义

低压电器产品型号是识别和选择低压电器产品品种与规格的基本标志，推进低压电器产品型号的标准化，对低压电器的生产销售、管理及使用、维修等具有重要的意义，是维护各方利益和方便的基础性措施。我国的低压电器产品型号编制按照 JB/T 2930—2007《低压电器产品型号编制方法》统一编制代号。低压电器产品通用代号组成部分如图 3-52 所示。

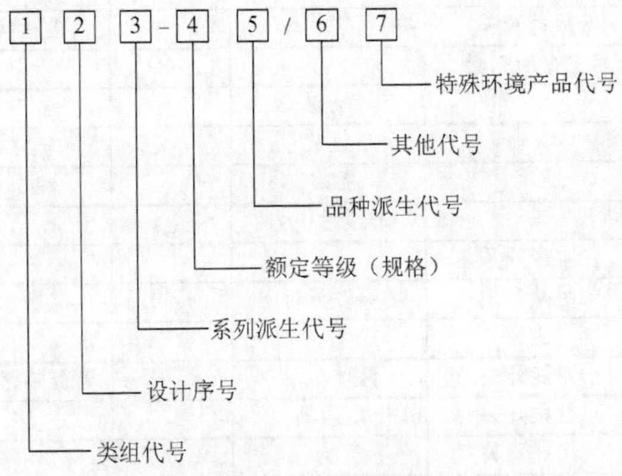

图 3-52　低压电器通用型号组成示意图

低压电器全型号各部分必须使用规定的符号或数字表示，通用型号组成部分的确定如下。

(1)类组代号。用两位或三位汉语拼音字母，第一位为类别代号，第二、三位为组别代号，代表产品名称。各电器具体类别代号和组别代号见表3-3和表3-4。

表3-3　低压电器产品型号的类组代号1

代号	H	R	D	K	C	Q
名称	空气式开关、隔离器等	熔断器	断路器	控制器	接触器	启动器
A						按钮式
B				控制与保护开关电器		
C		插入式				电磁式
D	隔离器					
G	熔断器式隔离器			鼓形	高压	
H	负荷开关	汇流排式				
J					交流	减压
K	开启式		真空		真空	
L	隔离开关	螺旋式				
M		密闭管式	灭磁		灭磁	
P				平面	中频	
R	熔断器式开关					软
S	转换隔离器	半导体元件保护	快速		时间	手动
T		有填料封闭管式		凸轮	通用	
U						油浸
W			万能式			无触点
X	旋转式开关	熔断信号器				星三角
Y	其他	其他	其他	其他	其他	其他
Z	组合开关	自复	塑料外壳式		直流	综合

表3-4　低压电器产品型号的类组代号2

代号	J	L	Z	B	T	M	A
名称	控制继电器	主令电器	电阻器 变阻器	总线电器	自动转换 开关电器	电磁铁	其他
A		按钮					
B			板型元件				保护器
C	可编程		旋臂式				插座
D	漏电						信号灯
J		接近开关			接触器式		
K		主令控制器					
L	电流		励磁				电铃
P	频率		频敏		一体式		
Q			启动			牵引	
R	热		非线性电力				
S	时间	主令开关					
T	通用	足踏开关	铸铁元件	接口			插头
U		旋钮					
W	温度	万能开关	液体启动		万能断路器式	启动	
X		行程开关	电阻器				电子消弧器
Y	其他	超速开关				液压	
Z	中间				塑壳断路器式	制动	

(2) 设计序号。用阿拉伯数字表示，位数不限，表示同类低压电器元件的不同设计序列。

(3) 系列派生代号。一般用一位或两位汉语拼音字母，表示全系列产品变化的特征。

(4) 额定等级(规格)。用阿拉伯数字表示，位数不限，根据各产品的主要参数确定，一般用电流、电压或容量参数表示。

(5) 品种派生代号。一般用一位或两位汉语拼音字母，表示系列内个别品种的变化特征。派生代号和代表意义见表 3-5。

表 3-5　派生代号及特殊环境代号表

派生代号	代表意义
C	插入式、抽屉式
E	电子式
J	交流、防溅式、高通断能力、节电型
Z	直流、防震、正向、重任务、自动复位、组合式、中性接线柱式、智能型
W	失压、无极性、外销用、无灭弧装置、零飞弧
N	可逆、逆向
S	三相、双线圈、防水式、手动复位、三个电源、有锁住机构、塑料熔管式、保持式、外置式通信接口
P	单相、电压的、防滴式、电磁复位、两个电源、电动机操作
K	开启式
H	保护式、带缓冲装置
M	灭磁、母线式、密封式、明装式
Q	防尘式、手车式、柜式
L	电流的、褶板式、剩余电流动作保护、单独安装式
F	高返回、带分励脱扣、多纵缝灭弧结构式、防护盖式
X	限流
T	可通信、内置式通信接口
G	高电感、高通断能力型、高原型
TH	湿热带产品代号
TA	干热带产品代号

(6) 其他代号。用阿拉伯数字或汉语拼音字母表示，位数不限，表示除品种以外的需进一步说明的产品特征，如极数、脱扣方式、用途等。

(7) 特殊环境产品代号。表示产品的环境适应性特征。

辅助文字符号表示电气设备、装置和元件的功能、状态和特征，由 1～3 位英文名称缩写的大写字母表示。辅助文字符号可以和单字母符号组合成双字母符号，例如单字母符号 K(表示继电器接触器大类)和辅助文字符号 AC(交流)组合成双字母符号 KA，表示交流继电器；单字母符号 M(表示电动机大类)和辅助文字符号 SYN(同步)组合成双字母符号 MS，表示同步电动机。辅助文字符号可以单独使用，如表 3-6 所示。

表 3-6　辅助文字符号表

名称	高	低	升	降	主	辅
符号	H	L	U	D	M	AUX
名称	正	反	红	绿	黄	直流
符号	FW	R	RD	GN	YE	DC
名称	交流	电压	电流	时间	闭合	断开
符号	AC	V	A	T	ON	OFF
名称	自动	手动	启动	停止	控制	信号
符号	A，AUT	M，MAN	ST	STP	C	S

2) 低压电器的技术指标

为保证电气设备安全可靠地工作，国家对低压电器的设计、制造规定了严格的标准，合格的电器产品应符合国家标准规定的技术要求。使用电器元件时，也应该按照产品说明书中规定的技术条件选用。低压电器的主要技术指标如下。

(1) 操作频率。电器元件在单位时间 (1h) 内允许操作的最高次数。

(2) 寿命。电器的寿命包括电寿命和机械寿命两项指标。电寿命指电器元件的触头在规定的电路条件下，正常操作额定负荷电流的总次数。机械寿命指电器元件在规定使用条件下，正常操作的总次数。

(3) 绝缘强度。绝缘强度指电器元件的触头处于分断状态时，动、静触头之间耐受的电压值。

(4) 极限允许温升。电器的导电部件通过电流时将引起发热和温升。极限允许温升指为防止过度氧化和烧熔而规定的最高温升值。其中，温升值是指实际温度与环境温度之差。

(5) 耐潮湿性能。耐潮湿性能指保证电器可靠工作的允许环境潮湿条件。

3.5.2　低压电器的特性和应用范围

低压电器的小型化、模块化、组合化、通用化等特点，使其能够灵活、可靠地满足不同领域、不同工作环境下的各种自动化需求。低压电器种类繁多，不同类别的电器元件之间在结构、选择、使用等方面有着较大差异。本节将具体介绍常用低压电器的特性和应用范围，主要包括接触器、常用继电器、熔断器、主令电器和低压开关的基本结构、工作原理、技术参数和选用原则。

1. 接触器

接触器是一种电磁式自动开关。主要用于频繁接通和分断的交直流主电路及大容量控制电路。其主要的控制对象为电动机。根据主触点通过的电流的种类的不同，接触器有交流接触器与直流接触器之分。接触器是机床电动机主电路中最重要的控制电器。

1) 接触器的结构及工作原理

接触器是一种电磁式低压电器，在结构上分为触点系统、电磁机构、灭弧装置。交流接触器一般有 3 对主触点，2 对辅助触点。主触点用于接通或分断主电路，主触点和辅助触点一般采用双断点的桥式触头，电路的接通和分断由两个触点共同完成。由于这种双断点的桥式触头具有电动力吹弧的作用，所以 10A 以下的交流接触器一般无灭弧装置，而 10A 以上的交流接触器则采用栅片灭弧罩灭弧。直流接触器常采用磁吹式灭弧装置灭弧。交流接触器的实物图和结构如图 3-53 所示。

接触器的工作原理是利用电磁感应原理，当接触器的电磁线圈通电后，在衔铁气隙处产生电磁吸力，使衔铁吸合。由于主触点支持件与衔铁固定在一起，衔铁吸合带动主触点也闭合，接通主电路；当线圈断电或电压显著降低时，电磁吸力消失或变小，衔铁在复位弹簧的作用下打开，使触点恢复到原来的状态，把电路切断。接触器在电路电压发生显著下降时，也会发生动作，从而分断电路，这使得接触器具备一定的失压保护作用，但没有自动开关所具有的过载和短路保护功能。

交流接触器用于控制电压至 380V、电流至 600A 的 50Hz 交流电路。铁芯为双 E 型，由硅钢片叠成。在固定铁芯端面上嵌入短路环，以防止衔铁吸合不严，出现跳动。

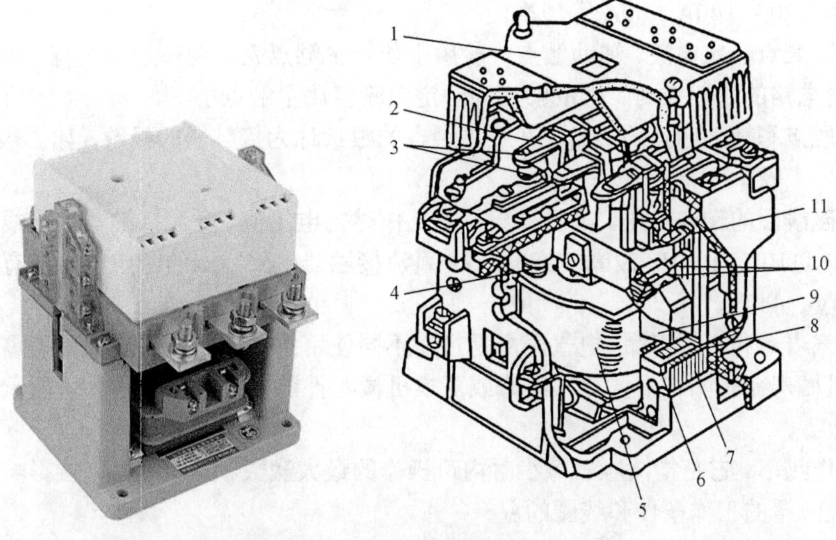

图 3-53　交流接触器的外形和结构

1-灭弧罩；2-触头压力弹簧片；3-主触点；4-复位弹簧；5-电磁线圈；6-短路环；7-固定铁芯；8-弹簧；9-衔铁；10-辅助常开触头；11-辅助常闭触头

直流接触器的作用是通断直流电路或控制直流电动机动作，与交流接触器不同之处在于，铁芯线圈通以直流电，不会产生涡流和磁滞损耗，所以不发热。为方便加工，铁芯由整块软钢制成。为使线圈散热良好，通常将线圈绕制成长而薄的圆筒形，与铁芯直接接触，易于散热。其结构和工作原理与交流接触器相似，因此这里不再赘述。

2) 接触器的技术参数

交流接触器的产品型号如图 3-54 所示。与交流接触器相区别，直流接触器的产品型号前两位是 CZ，如 CZ18、CZ21 等。

接触器在电气图中的符号如图 3-55 所示。

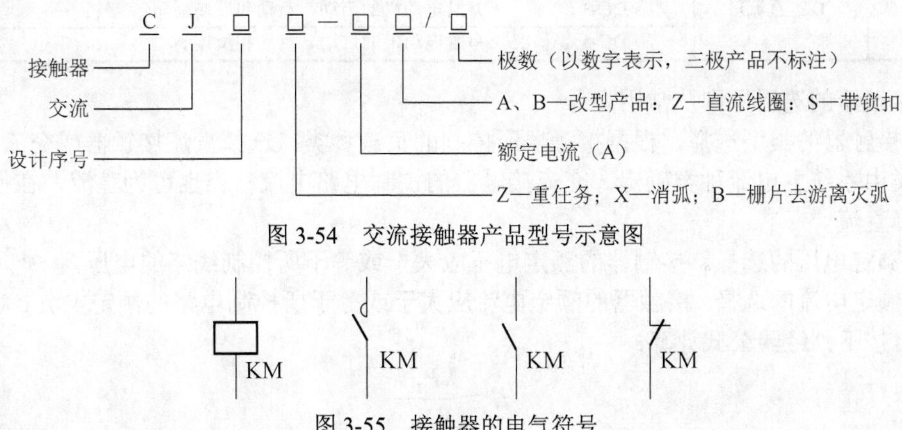

图 3-54　交流接触器产品型号示意图

图 3-55　接触器的电气符号

接触器的主要技术参数如下。

(1) 额定电压。接触器铭牌上的额定电压是指主触点的额定电压，即接触器正常工作时触点间的电压值。交流接触器的额定电压值主要包括 220V、380V、660V 等档次；直流接触器的额定电压值主要有 110V、220V、440V 等档次。

(2) 额定电流。接触器铭牌上的额定电流是指主触点的额定电流，即接触器所在电路的额定电流。交流接触器的额定电流值包括 5A、10A、20A、40A 等档次；直流接触器的额定电流值有 10A、20A、40A、60A 等档次。

(3) 辅助触点额定电流。辅助触点一般用于配合主触点完成逻辑控制过程，或控制电路及其他小容量电路的通断控制，辅助触点的额定电流值比主触点小。

(4) 主触点和辅助触点的数目。其中主触点的数量称为接触器的极数，如二极接触器、三极接触器等。

(5) 电磁线圈的额定电压。电磁线圈正常工作时的电压值。交流接触器电磁线圈的额定电压值有 36V、110V、127V、220V、380V 等；直流接触器电磁线圈的额定电压值有 24V、48V、110V、220V、440V。

(6) 电气寿命和机械寿命。电气寿命是指在不同使用条件下无须修理或更换零件的负载操作次数；机械寿命是指在需要正常维修或更换机械零件前，包括更换触头所能承受的无载操作循环次数。

(7) 操作频率。它是指接触器每小时内可操作的最大次数。操作频率直接影响到接触器的电寿命、灭弧罩的工作条件和线圈的温升。

(8) 额定接通能力和额定分断能力，统称为额定通断能力。额定通断能力是指接触器主触点在规定条件下能可靠地接通和分断的电流值。在此条件下正常工作的接触器不应该出现触点熔焊和长时间燃弧。

(9) 使用类别。使用类别不同，负载对接触器主触点的通断能力要求不同，应按不同使用条件来选用相应使用类别的接触器。接触器使用类别代号和典型负载举例见表 3-7。

表 3-7　接触器使用类别代号

触点	电流种类	使用类别代号	典型用途
主触点	AC(交流)	AC-1	无感或微感负载，电阻性负载，电阻炉、加热器等
		AC-2	绕线转子感应电动机的启动、分断，起重机、压缩机等
		AC-3	笼型感应电动机的启动、分断，风机、泵类
		AC-4	笼型感应电动机的启动、点动、反接制动，泵、机床等
	DC(直流)	DC-1	无感或微感负载、电阻炉
		DC-3	并励电动机的启动、点动和反接制动
		DC-5	串励电动机的启动、点动和反接制动

3) 接触器的选用原则及常用型号

(1) 接触器的类型选择。根据接触器所控制的负载种类，选择直流接触器或交流接触器。电流种类由系统主电流种类确定。交流接触器的控制电路电流种类也可为直流，在操作频繁时常选择直流。

(2) 额定电压的选择。接触器的额定电压应大于或等于所控制线路的电压。

(3) 额定电流的选择。接触器的额定电流应大于或等于所控制电路的额定电流。对于电动机负载可按下列经验公式计算：

$$I_C = \frac{P_N}{KU_N}$$

式中，I_C 为接触器主触头电流，A；P_N 为电动机额定功率，kW；U_N 为电动机额定电压，V；K 为经验系数，一般取 1～1.4。

(4) 电磁线圈额定电压选择。电磁线圈的额定电压应根据控制回路的电压选择，一般选择与控制电路电压值相同。交流接触器工作时，控制电路施加的交流电压大于线圈额定电压值的 85%时，接触器才能可靠地吸合。

(5) 接触器主、辅触点数量和种类选择。触点的数量和种类(常开、常闭)应满足主电路的逻辑控制要求。

(6) 足够的分断能力。通常需要注意在触点数量、种类、组合形式可以满足电路控制要求时的辅助触点通断能力。辅助触点由于没有灭弧装置，只能用于控制电路或其他小容量电路。

(7) 一定的机械寿命和电气寿命。现代电器元件在正常工作条件下，其寿命一般可以满足需求，需要注意的是电器元件的安装和工作环境要求，如操作频率、环境湿度范围、振动强度等，避免由此引起的电器元件寿命降低和元件频繁损坏。

(8) 在接触器的触点数量或其他额定参数不能满足控制系统要求的情况下，可以增加中间继电器扩展触点数量和种类。

常用的交流接触器有 CJ20、B、3TB、CJX1、CJX2 等系列的产品。CJ20 系列交流接触器适用于交流 50Hz、电压至 660V、电流至 630A 的电力系统，供远距离接通和分断线路，以及频繁地启动及控制电动机用。其机械寿命高达 1000 万次，电寿命为 120 万次，主回路电压可达 380～660V，部分可达 1140V，规格齐全，应用广泛，这里主要介绍 CJ20 系列交流接触器。

CJ20 系列交流接触器电磁机构为直动式，铁芯采用 U 形，主触头为双断点，采用优质吸振材料作缓冲，动作可靠。接触器采用铝基座，陶土灭弧罩，辅助触头采用通用辅助触头，根据需要可制成各种不同组合以适应不同需要。该系列接触器的结构优点是体积小，重量轻，易于维修保养，安装面积小，噪声低。

CJ20 系列交流接触器的具体特性参数见表 3-8。常用交流接触器实物图如图 3-56 所示。

表 3-8 CJ20 系列产品主要技术参数

<table>
<tr><th rowspan="2">型号</th><th rowspan="2">额定电压/V</th><th rowspan="2">约定发热电流/A</th><th rowspan="2">额定操作频率/(次·h)</th><th rowspan="2">额定电流/A</th><th rowspan="2">机械寿命/万次</th><th colspan="2">辅助触点</th></tr>
<tr><th>约定发热电流/A</th><th>触点数目</th></tr>
<tr><td rowspan="3">CJ20-10</td><td>220</td><td rowspan="3">10</td><td>1200</td><td>10</td><td rowspan="21">1000</td><td rowspan="21">10</td><td rowspan="21">2 常开 2 常闭</td></tr>
<tr><td>380</td><td>1200</td><td>10</td></tr>
<tr><td>660</td><td>600</td><td>5.8</td></tr>
<tr><td rowspan="3">CJ20-16</td><td>220</td><td rowspan="3">16</td><td>1200</td><td>16</td></tr>
<tr><td>380</td><td>1200</td><td>16</td></tr>
<tr><td>660</td><td>600</td><td>13</td></tr>
<tr><td rowspan="3">CJ20-25</td><td>220</td><td rowspan="3">32</td><td>1200</td><td>25</td></tr>
<tr><td>380</td><td>1200</td><td>25</td></tr>
<tr><td>660</td><td>600</td><td>16</td></tr>
<tr><td rowspan="3">CJ20-40</td><td>220</td><td rowspan="3">55</td><td>1200</td><td>40</td></tr>
<tr><td>380</td><td>1200</td><td>40</td></tr>
<tr><td>660</td><td>600</td><td>25</td></tr>
<tr><td rowspan="3">CJ20-63</td><td>220</td><td rowspan="3">80</td><td>1200</td><td>63</td></tr>
<tr><td>380</td><td>1200</td><td>63</td></tr>
<tr><td>660</td><td>600</td><td>40</td></tr>
<tr><td rowspan="3">CJ20-100</td><td>220</td><td rowspan="3">125</td><td>1200</td><td>100</td></tr>
<tr><td>380</td><td>1200</td><td>100</td></tr>
<tr><td>660</td><td>600</td><td>63</td></tr>
<tr><td rowspan="3">CJ20-160</td><td>220</td><td rowspan="3">200</td><td>1200</td><td>160</td></tr>
<tr><td>380</td><td>1200</td><td>160</td></tr>
<tr><td>660</td><td>600</td><td>100</td></tr>
<tr><td rowspan="2">CJ20-250</td><td>220</td><td rowspan="2">315</td><td>600</td><td>250</td><td rowspan="6">600</td><td rowspan="6">16</td><td rowspan="6">4 常开 2 常闭或 3 常开 3 常闭</td></tr>
<tr><td>380</td><td>600</td><td>250</td></tr>
<tr><td rowspan="2">CJ20-400</td><td>220</td><td rowspan="2">400</td><td>600</td><td>400</td></tr>
<tr><td>380</td><td>600</td><td>400</td></tr>
<tr><td rowspan="2">CJ20-630</td><td>220</td><td rowspan="2">630</td><td>600</td><td>630</td></tr>
<tr><td>380</td><td>600</td><td>630</td></tr>
</table>

注：①辅助触点额定电压为交流至 380V；
②CJ20 系列交流接触器工作电路电网频率要求 50Hz。

图 3-56　常用交流接触器实物图

2. 常用继电器

继电器是一种利用电信号(如电流、电压)或非电信号(如时间、温度)的输入状态变化来接通或断开所控制的电路，以实现对所在电路的自动控制、放大、连锁、保护和调节等任务的自动电器。

继电器的分类有几种不同的方式，如继电器可以按输入量的物理性质划分为电压继电器、电流继电器、功率继电器、时间继电器、温度继电器、速度继电器等；按动作原理划分为电磁式继电器、感应式继电器、电动式继电器、电子式继电器、热继电器；按动作时间分为延时继电器、快速继电器；按触点数目分为有触点继电器、无触点继电器等。图 3-57 是几种常见的继电器外形。

电磁式继电器的结构和工作原理与一般的电磁式低压电器类似，即利用电磁感应原理，使触点按要求的控制方式通断。继电器的主要特性是输入—输出特性，即继电特性。其特性曲线如图 3-58 所示，X_2 称为继电器吸合值，欲使继电器吸合，输入需大于或等于此值；X_1 称为继电器释放值，欲使继电器释放，输入量必须小于或等于此值。当继电器输入量由零增至 X_2 以前，输出量 Y 为零。当输入量 X 增加到 X_2 时，继电器吸合，输出量为 Y_1；若 X 再增大，Y_1 值保持不变。当 X 减小到小于等于 X_1 时，继电器触点释放，输出量由 Y_1 降至零。

图 3-57　继电器的外形示意图

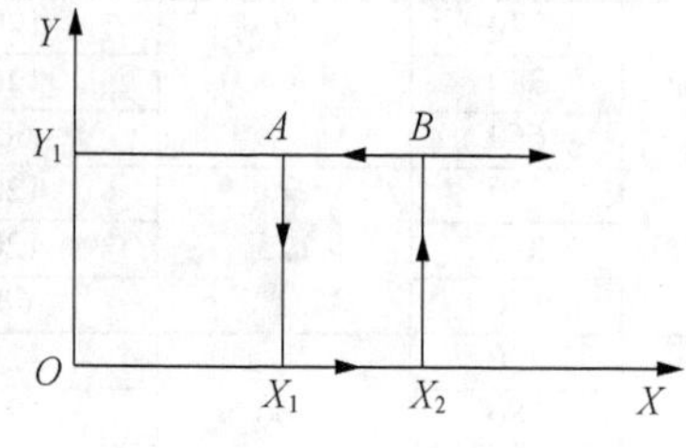

图 3-58　继电特性示意图

继电器和接触器的作用一样，主要用于电路的通断控制，它们的区别在于：接触器的主触点可以通过大电流，常用于控制电动机等大功率、大电流电路及主电路；继电器的体积和触点容量小，触点数目多，且只能通过小电流，因此常用于仪表线路、自控装置和机床的控制电路中。另外，继电器的输入信号可以是各种物理量，如电压、电流、时间、压力、速度等，而接触器的输入量只有电压。继电器的继电特性决定了继电器的部分技术参数，继电器的技术参数如下。

(1) 基本输入参数。

基本输入参数指控制继电器动作的输入信号参数和继电器状态跃变条件，包括输入额定值、动作值、释放值、输入最大值。以电磁式电压继电器为例，输入额定值具体指线圈的额定电压，动作值是指线圈的动作电压，释放值指释放电压，输入最大值指输入最大电压值。另外，其他的参数还有线圈电阻、额定功率、动作灵敏度等。

(2) 基本输出参数。

基本输出参数与继电器的输出形式(有无触点)有关。仍以电磁式继电器为例，其基本输出参数包括：

① 触点额定电流。在规定条件下触点闭合时通过触点的额定电流。

② 触点最大电流。在规定条件下触点允许通过的最大电流。

③ 触点电压。在规定条件下触点断开时触点两端的电压。

④ 触点形式。常开、常闭、转换、先合后断(桥接)转换触点。

⑤ 分断能力。在规定条件下触点所能断开的触点电流和触点电压的乘积。

(3) 其他参数。

① 返回系数。返回系数 k 是释放值与动作值之比，是继电器的重要参数之一。k 值的大小可以根据使用场合的不同进行调节。一般要求返回系数 k 应在 0.1～0.4，这样当继电器吸合后，输入量波动较大时不致引起误动作；欠电压继电器则要求高的返回系数，k 值应在 0.6 以上。当电压低于额定电压的 60%时，继电器释放，起到欠电压保护的作用。

② 吸合时间和释放时间。吸合时间是指从线圈接受电信号到衔铁完全吸合所需的时间；释放时间是指从线圈失电到衔铁完全释放所需的时间。一般继电器的吸合时间与释放时间为 0.05～0.15s，快速继电器为 0.005～0.05s，它的大小影响着继电器的操作频率。

继电器的一般选用原则：

(1) 工作电路参数的确定。主要依据继电器的基本输入输出参数进行选用。

① 在输入信号类型上，输入信号是电量则选择电压或电流继电器、直流或交流继电器，交流电路中还应考虑所在电路的频率；若是非电量输入信号则选择与信号性质相应的时间继电器、速度继电器等。

② 输入额定值及变化范围。应根据继电器所在电路的额定电压、电流确定符合要求的继电器。选用继电器时，一般控制电路的电源电压可作为选用的依据。在任何条件下，继电器的输入额定值应大于或等于被控电路的额定值，并具备一定的短时间过载或电网波动情况下的工作能力。

③ 动作值与释放值。选用的继电器在电路中应能正确地进行通断动作。控制电路应能给继电器提供足够的工作电流，否则继电器吸合是不稳定的。

④ 在继电器结构上，应该考虑输入信号数目、输出电路数目、触点结构等因素，根据这些因素和控制系统的运行逻辑选用符合要求的产品，还可以添加中间继电器以扩展触点数目。

⑤ 负载的性质和容量。在继电器输出端，应该依据负载的类型和被控容量选择不同使用类别的继电器。

(2) 时间参数的选择。对一般继电器，时间参数是指吸合时间和释放时间，对时间继电器，时间参数还包括延时范围和精度，不同工作原理的时间继电器精度差别很大，应用场合也不同。可以依据能否完成正常逻辑控制过程、工作是否可靠进行选用。

(3) 使用环境条件。使用环境条件主要是指环境温湿度范围、低气压、振动及冲击强度等。继电器产品应用领域广泛，工作环境千差万别，对工作环境的适应能力和范围也不同，应考虑继电器的工作条件，以免造成元件频繁损坏，甚至引起电气事故。

(4) 安装尺寸和安装方式的确定。若是用于一般用电器，除考虑机箱容积外，小型继电器主要考虑电路板安装布局。

(5) 机械寿命与电气寿命的要求。继电器的寿命是指在规定的试验环境条件和负载下，继电器的失误次数不超过规定要求的动作次数，在动作过程中触点断开时的粘结现象以及触点闭合时的触点压降超过规定的水平均为失误。

(6) 工作制与操作频率。继电器工作制应与使用场合工作制一致，且实际操作频率应低于继电器额定操作频率。

继电器的具体分类情况如下。

(1) 热继电器。

热继电器是一种利用电流的热效应原理来切断电路的保护电器，专门用来对连续运转的电动机进行过载及断相保护，以防电动机过热而烧毁。热继电器主要由热元件、双金属片和触点及动作机构等部分组成。图 3-59 是热继电器的外形和结构示意图。

双金属片是热继电器的感测元件，由两种膨胀系数不同的金属片用机械碾压而成。膨胀系数大的称为主动层，小的称为被动层。在受热以前，两金属片长度基本一致。在电路电流通过电路中元件产生热效应时，双金属片由于膨胀系数不同，且紧密结合在一起而自然发生弯曲。电动机正常运行时，双金属片的弯曲程度不足以使热继电器动作，若电动机长时间过载，热元件中电流超过额定值，加上时间效应，双金属片接受的热量大大增加，从而使弯曲程度加大，最终双金属片推动导板使热继电器的触头动作，切断电动机的控制电路，完成过载保护作用。

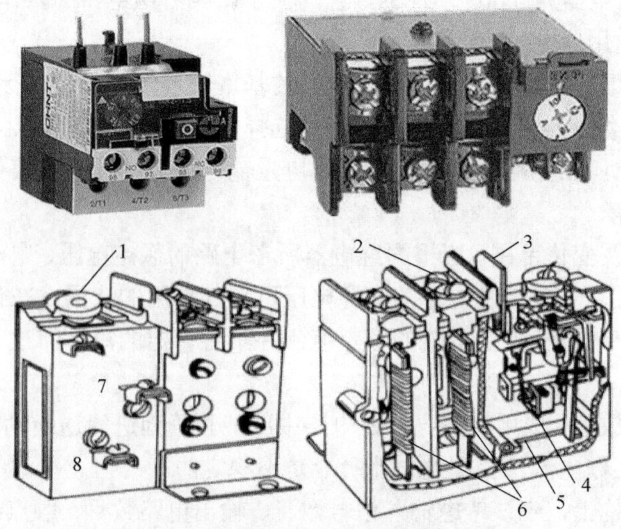

图 3-59　热继电器外形与结构图

1-电流整定装置；2-主电路接线柱；3-复位按钮；4-常闭触头；
5-动作机构；6-热元件；7-常闭触头接线柱；8-常开触头接线柱

热元件根据其数目不同，有两相结构和三相结构两种形式，三相结构中有三相带断相保护和不带断相保护装置。

除了双金属片式，热继电器还有热敏电阻式和易熔合金式。热敏电阻式是利用热敏电阻的电阻值随温度改变而变化的特性，在电动机过载、热效应明显时断开电路，保护电动机。易熔合金式是利用过载电流发热使易熔合金熔化令继电器动作。

热继电器的产品代号是 FR，其电气符号如图 3-60 所示。

热继电器包含如下技术参数。

① 热继电器额定电流。指可以安装的热元件的最大整定电流。

② 相数。

③ 热元件额定电流。指热元件的最大整定电流。

④ 整定电流。指长期通过热元件而不引起热继电器动作的最大电流，按电动机额定电流整定。

⑤ 调节范围。手动调节整定电流的范围。

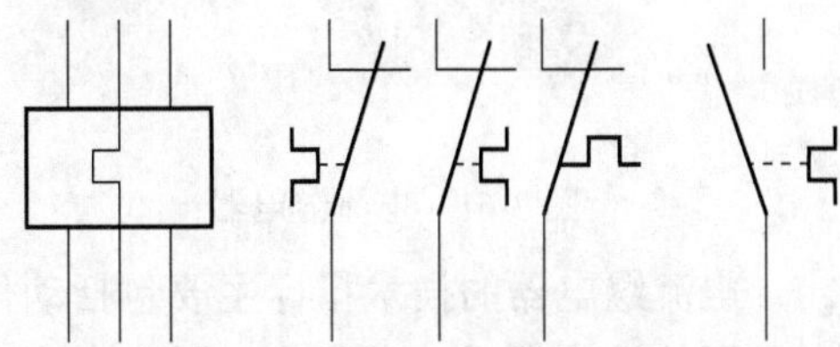

图 3-60　热继电器的电气符号表示

根据热继电器的特性和作用，在选用时应根据电动机的额定电流确定热继电器的型号及热元件的额定电流等级和整定电流，热元件额定电流应接近或略大于电动机的额定电流。对于星形接法的电动机及电源对称性较好的场合，可选用两相结构的热继电器；对于三角形接法的电动机或电源对称性不好的场合，应选用三相结构或三相结构带断相保护的热继电器。

常用的热继电器有 JR0、JR2、JR9、JR10、JR15、JR16、JR20、JR36 等几个系列。

(2) 电流继电器。

电流继电器是根据输入电流大小而动作的继电器，它反映的是电流信号，如图 3-61 所示。使用时，电流继电器的线圈和被保护的设备串联，根据电流的变化而动作。为降低负载效应和对被测量电路参数的影响，线圈匝数少，导线粗，阻抗小，不影响电路正常工作。电流继电器除用于电流型保护的场合外，还经常用于按电流原则控制的场合。

电流继电器有欠电流和过电流继电器两种。

① 欠电流继电器。当电路电流过低时立即切断电路。线圈中通以 30%～65%的额定电流时继电器吸合，当线圈中的电流降至额定电流的 10%～20%时继电器释放。所以，在电路正常工作时，欠电流继电器始终是吸合的。当电路由于某种原因使电流降至额定电流的 20%以下时，欠电流继电器释放，发出信号，从而改变电路状态。

② 过电流继电器。电路发生短路及过流时立即切断电路。其结构、原理与欠电流继电器相同，只不过吸合值与释放值不同。过电流继电器吸引线圈的匝数很少。直流过电流继电器的吸合值为 70%～300%额定电流，交流过电流继电器的吸合值为 110%～400%额定电流。

应当注意，过电流继电器在正常情况下(即电流在额定值附近时)是释放的，当电路发生过载或短路故障时，过电流继电器才吸合，吸合后立即使所控制的接触器或电路分断，然后自己也释放。由于过电流继电器具有短时工作的特点，所以交流过电流继电器不用装短路环。

图 3-62 是电流继电器的电气符号，其产品代号是 KA。

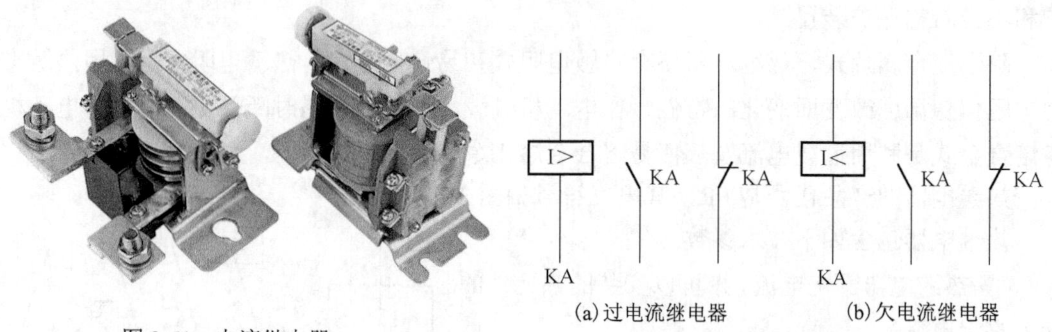

图 3-61　电流继电器

(a) 过电流继电器　(b) 欠电流继电器

图 3-62　电流继电器的电气符号

电流继电器的技术指标主要包括动作电流、返回电流、返回系数。动作电流是指电流继电器开始动作所需的电流值；返回电流是电流继电器动作后返回原状态的电流值；返回系数是指返回值和动作值之比。

(3) 电压继电器。

电压继电器反映的是电压信号。使用时，电压继电器的线圈并联在电路中，线圈的匝数多、导线细、阻抗大。继电器根据所接线路电压值的变化，处于吸合或释放状态。常用的有欠电压继电器和过电压继电器两种，工作原理与电流继电器类似。电路正常工作时，欠电压继电器吸合，当电路电压减小到某一整定值 (30%～50%U_N) 以下时，欠电压继电器释放，对电路实现欠电压保护。电路正常工作时，过电压继电器不动作，当电路电压超过某一整定值 (105%～120%U_N) 时，过电压继电器吸合，对电路实现过电压保护。图 3-63 是电压继电器的电气符号。

(4) 时间继电器。

在自动控制系统中，需要有瞬时动作的继电器，也需要延时动作的继电器。时间继电器就是利用某种原理实现触头延时动作的自动电器，经常用于时间原则进行控制的场合，如图 3-64 所示。其种类主要有电磁阻尼式、空气阻尼式、电子式、电动式、数字式。

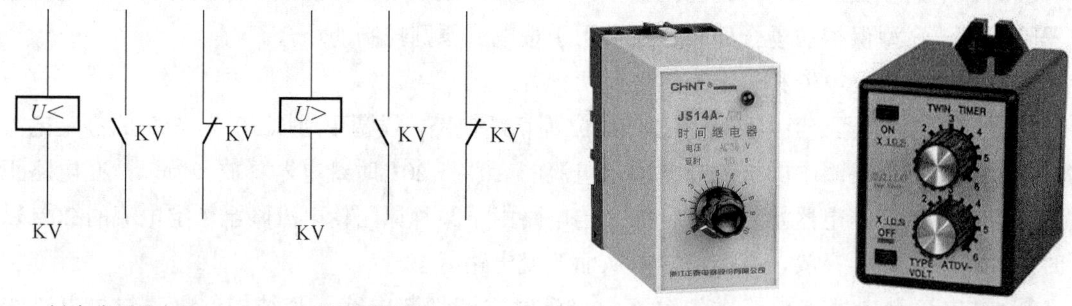

(a) 欠电压继电器　(b) 过电压继电器

图 3-63　电压继电器的电气符号

图 3-64　时间继电器外形

时间继电器的延时方式有两种：通电延时，接受输入信号后延迟一定的时间，输出信号才发生变化，当输入信号消失后，输出瞬时复原；断电延时，接受输入信号时，瞬时产生相应的输出信号，当输入信号消失后，延迟一定的时间，输出才复原。图 3-65 是时间继电器的电气符号，其文字符号用 KT 表示。以图 3-65(f) 为例，它的含义是继电器通电时立即闭合，而断电时延时一段时间后触点断开。

图3-66是空气阻尼式时间继电器的外形和结构示意图。这类时间继电器主要由电磁系统、工作触头、气室、传动机构等四个部分组成。电磁系统主要由线圈、铁芯、衔铁组成，还有反力弹簧和弹簧片；工作触头由两副瞬时触头、两副延时触头组成；气室主要由橡皮膜、活塞和壳体组成；传动机构由杠杆、推板、推杆、宝塔弹簧等组成。

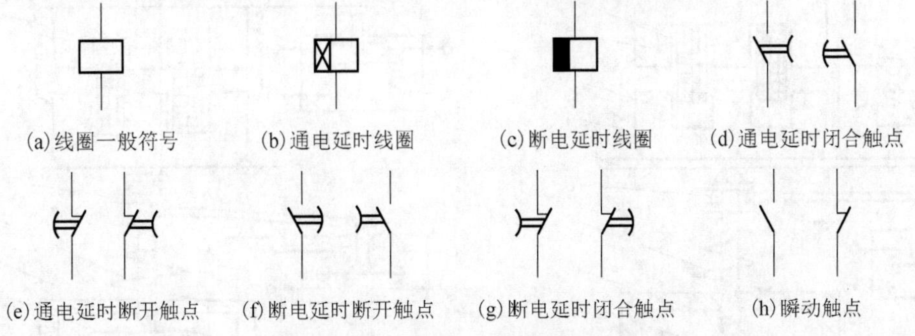

图 3-65　时间继电器的电气符号及代表含义

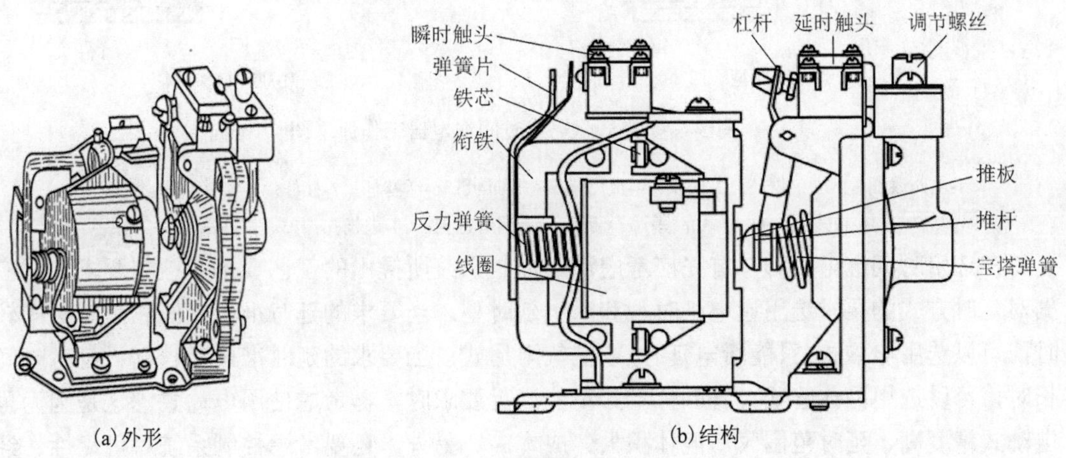

图 3-66　空气阻尼式时间继电器

空气阻尼式时间继电器是利用空气阻尼原理获得延时的，其工作原理如图 3-67 所示。当线圈 1 得电后，衔铁 3 吸合，活塞杆 6 在宝塔弹簧 8 的作用下带动活塞 12 及橡皮膜 10 向上移动，由于橡皮膜 10 下方的空气较稀薄形成负压，活塞杆 6 只能缓慢上移，其移动的速度决定了延时的长短。调整调节螺栓 13，改变进气孔 14 的大小，可以调整延时时间：进气孔大，移动速度快，延时短；进气孔小，移动速度慢，延时较长。在活塞杆向上移动的过程中，杠杆 7 随之做逆时针旋转。当活塞杆移动到与已吸合的衔铁接触时，活塞杆停止移动。同时，杠杆 7 压动微动开关 15，使微动开关的常闭触头断开、常开触头闭合，起到通电延时的作用。延时时间为线圈通电到微动开关触头动作之间的时间间隔。当线圈 1 断电后，电磁吸力消失，衔铁 3 在反力弹簧 4 的作用下释放，并通过活塞杆 6 带动活塞 12 的肩部所形成的单向阀，迅速地从橡皮膜 10 上方的气隙中排出，因此杠杆 7 和微动开关 15 能在瞬间复位，线圈 1 通电和断电时，微动开关 16 在推板 5 的作用下能够瞬时动作，是时间继电器的瞬动触头。

空气阻尼式时间继电器的特点是：延时范围较大(0.4～180s)，结构简单，寿命长，价格低。但其延时误差较大，无调节刻度指示，难以确定整定延时值。在对延时精度要求较高的场合，不宜使用这种时间继电器。它的电磁机构可以是直流的，也可以是交流的；既有通电延时型也有断电延时型。只要改变电磁机构的安装方向，便可实现不同的延时方式：当衔铁位于铁芯和延时机构之间时为通电延时；当铁芯位于衔铁和延时机构之间时为断电延时。

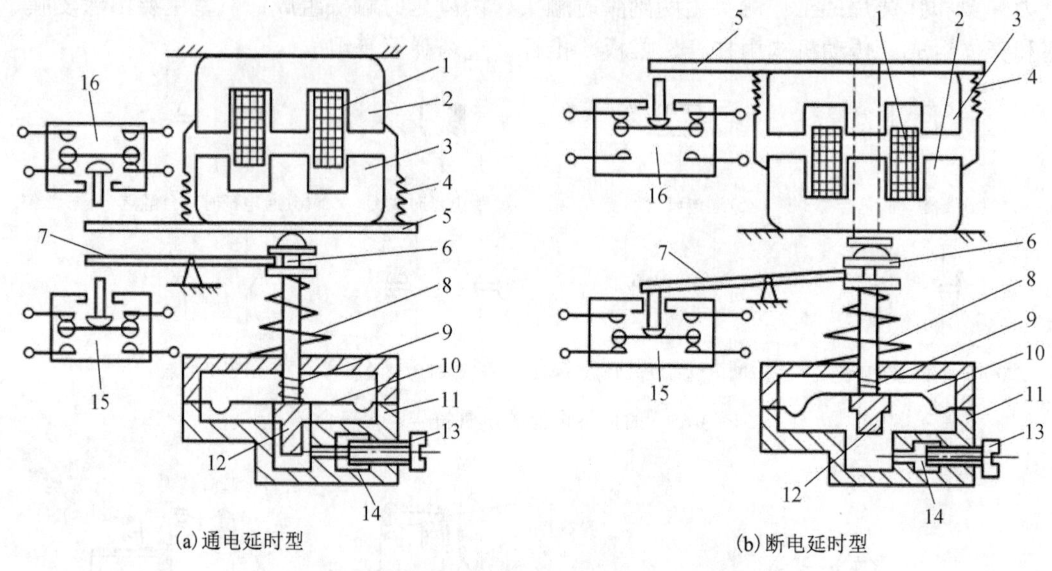

图 3-67 空气阻尼式时间继电器工作原理图

1-电磁线圈；2-固定铁芯；3-衔铁；4-反力弹簧；5-推板；6-活塞杆；7-杠杆；8-宝塔弹簧；9-弹簧；10-橡皮膜；11-空气室壁；12-活塞；13-调节螺栓；14-进气孔；15、16-微动开关

在选用时间继电器时，首先应考虑满足控制系统所提出的工艺要求和控制要求，并应根据对延时方式的要求选用通电延时型和断电延时型。当要求的延时准确度低和延时时间较短时，可以选用电磁式(只能断电延时)或空气阻尼式；当要求的延时准确度较高、延时时间较长时，可以选用晶体管式。若晶体管式不能满足要求时，再考虑使用电动式。这是因为虽然电动式精度高、延时范围大，但体积大、成本高。另外，还要考虑控制系统对可靠性、经济性、工艺安装尺寸等提出的要求。

(5) 速度继电器。

速度继电器是根据电磁感应原理制成的，常用于笼型异步电动机的反接制动控制线路中，也称反接制动继电器。图 3-68 是速度继电器的结构图。当电动机制动转速下降到一定值时，由速度继电器切断电动机控制电路，是一种利用速度原则对电动机进行控制的自动电器。它主要由转子、定子和触头组成。转子是一个圆柱形永久磁铁，定子是一个笼型空心圆环，由硅钢片叠成，并装有笼型的绕组。

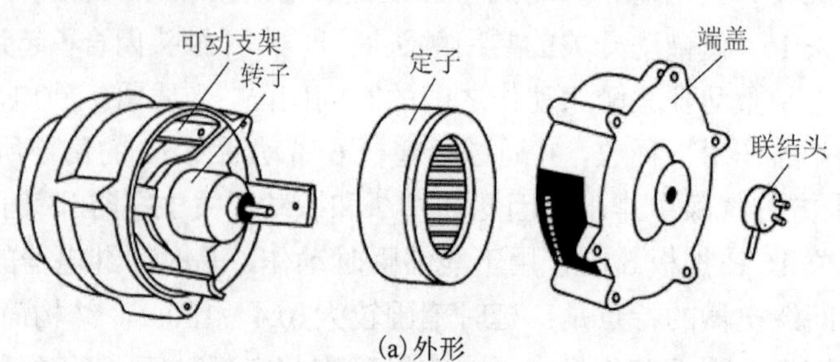

(a)外形

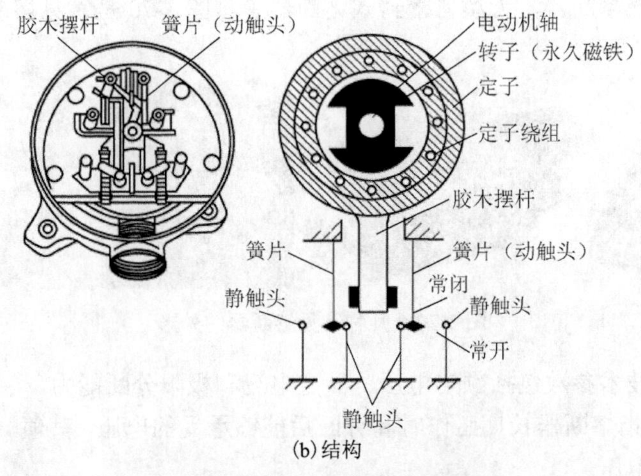

图 3-68　速度继电器结构原理图

速度继电器的转轴应与被控电动机的轴相连接，当电动机轴旋转时，速度继电器的转子随之转动。这样定子圆环内的绕组便切割转子旋转磁场，产生使圆环偏转的转矩。偏转角度与电动机的转速成正比。当转速使定子偏转到一定角度时，与定子圆环连接的摆锤推动触头，使常闭触头分断，当电动机转速进一步升高后，摆锤继续偏转，使动触头与静触头的常开触头闭合。当电动机转速下降时，圆环偏转角度随之下降，动触头在簧片作用下复位(常开触头断开，常闭触头闭合)。

速度继电器各有一对常开触头和常闭触头，可分别控制电动机正、反转的反接制动。常用的速度继电器有 JY1 型和 JFZ0 型，一般速度继电器的触头动作速度为 120r/min，触头的复位速度值为 100r/min。在连续工作制中，能可靠地工作在 1000～3600r/min，允许操作频率每小时不超过 30 次。速度继电器的选用主要以电动机的额定转速为依据。

3. 熔断器

熔断器是由熔体和熔断管以及其他支持件组成的一种保护电器，串联在被保护电路的前部，防止供电线路和电气设备正常工作中出现严重过载和短路。熔断器熔体通常用低熔点的铅锡合金、锌、铜、银的丝状或片状材料制成，在电路异常状态下因电流产生热效应受热熔化而分断电路，保护控制系统安全。其电气符号如图 3-69 所示。

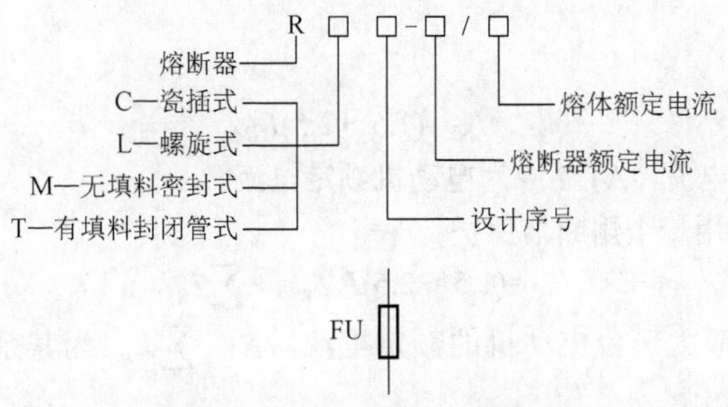

图 3-69　熔断器的型号及电气符号

熔断器整体结构简单，价格低廉，工作可靠。熔断器可分为瓷插式熔断器、螺旋式熔断器、有填料封闭管式熔断器、无填料密封式熔断器等。图 3-70 是常见熔断器的实物图。

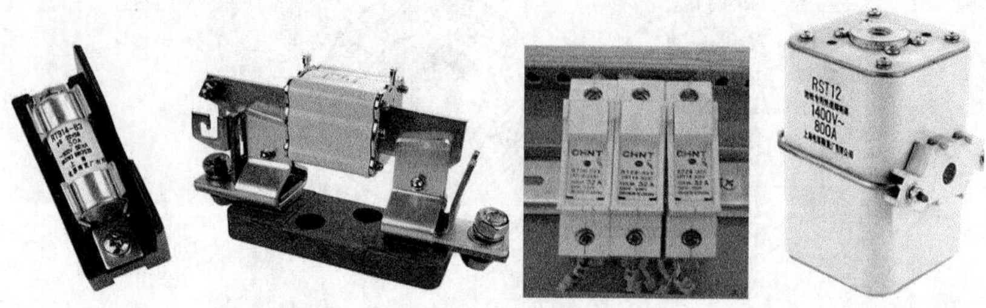

图 3-70　几种常见熔断器的外形

熔断器的主要技术参数包括额定电压、额定电流和极限分断能力。

(1) 额定电压。指熔断器长期工作时和分断后能够承受的电压，其值一般等于或大于电路中电气设备的额定电压。

(2) 额定电流。指熔断器长期工作时设备部件温升不超过规定值时所能承受的电流。厂家为了减少熔断管额定电流的规格，熔断管的额定电流等级比较少，而熔体的额定电流等级比较多，也即在一个额定电流等级的熔管内可以分几个额定电流等级的熔体，但熔体的额定电流最大不能超过熔断管的额定电流。

(3) 极限分断能力。是指熔断器在规定的额定电压和功率因数(或时间常数)的条件下，能分断的最大电流值，在电路中出现的最大电流值一般指短路电流值。所以极限分断能力也反映了熔断器分断短路电流的能力。

根据以上列出的熔断器技术参数，在其选用原则上，需主要考虑以下几个方面因素。

(1) 熔断器类型的选择。

熔断器类型应根据负载的保护特性和短路电流大小来选择。对于保护照明和电动机的熔断器，一般只考虑它们的过载保护，这时熔体的熔化系数适当小些。对于大容量的照明线路和电动机，除过载保护外，还应考虑短路时分断短路电流的能力来选择。当短路电流较大时，还应采用具有高分断能力的熔断器甚至选用具有限流作用的熔断器。

此外，还应根据熔断器所接电路的电压来决定熔断器的额定电压。

(2) 熔体与熔断器额定电流的确定。

熔体额定电流大小与负载大小、负载性质有关。对于负载平稳、无冲击电流，如一般照明电路、电热电路，可按负载电流大小来确定熔体的额定电流。对于有冲击电流的电动机负载，为达到短路保护目的，又保证电动机正常启动，对笼型感应电动机，其熔断器熔体的额定电流为：

① 单台电动机

$$I_{NP}=(1.5\sim2.5)I_{NM}$$

式中，I_{NP} 为熔体额定电流，A；I_{NM} 为电动机额定电流，A。

② 多台电动机共用一个熔断器保护

$$I_{NP}=(1.5\sim2.5)I_{NMmax}+\sum I_{NM}$$

式中，I_{NMmax} 为容量最大一台电动机的额定电流，A；$\sum I_{NM}$ 为其余各台电动机额定电流之和，A。

(3) 校核熔断器的保护特性。

对上述选定的熔断器类型及熔体额定电流，还需校核该熔断器的保护特性曲线是否与保护对象的过载特性有良好的配合，使在整个范围内获得可靠的保护。同时，熔断器的极限分断能力应大于或等于所保护电路可能出现的短路电流值，这样才能得到可靠的短路保护。

(4) 熔断器上、下级的配合。

为满足选择性保护的要求，应注意熔断器上下级之间的配合。一般要求上一级熔断器的熔断时间至少是下一级的 3 倍，不然将会发生超级动作，扩大停电范围。为此，当上下级选用同一型号的熔断器时，其电流等级以相差 2 级为宜；若上下级所用的熔断器型号不同，则应根据保护特性上给出的熔断时间来选取。

4. 低压开关

在机床电路中，低压开关常串联在主电路中用作电源开关，可以不频繁地接通和分断主电路，也可用作小容量电动机的启停控制。低压开关包括刀开关、组合开关、低压断路器等。

1) 刀开关

刀开关是用于隔离电源，不频繁地接通、分断电路的开关电器。刀开关可以按照结构内部是否带有熔断器分为开启式负荷开关、封闭式负荷开关；也可以按刀的极数划分为单极、双极和三极；按刀的转换方向分为单掷和双掷等。图 3-71 是开启式负荷开关的外形和内部结构。

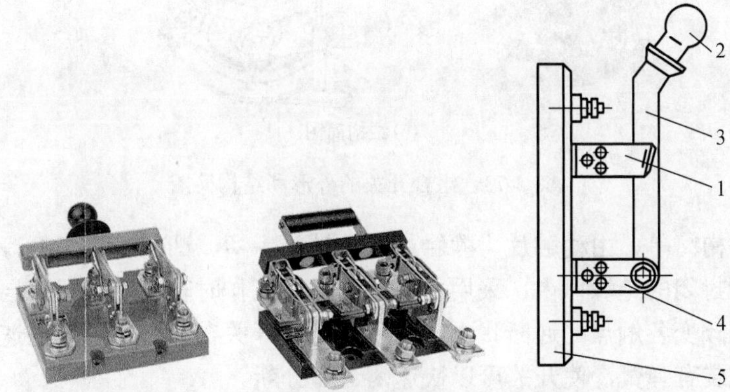

图 3-71 开启式负荷开关外形和结构简图

1-静插座；2-操作手柄；3-触刀；4-支座；5-绝缘底板

刀开关的主要技术参数是额定电压、额定电流和分断能力。选用刀开关时，刀的极数要与电源进线相数相等；刀开关的额定电压应大于所控制的线路额定电压；刀开关的额定电流应大于负载的额定电流。刀开关的电气符号如图 3-72 所示。

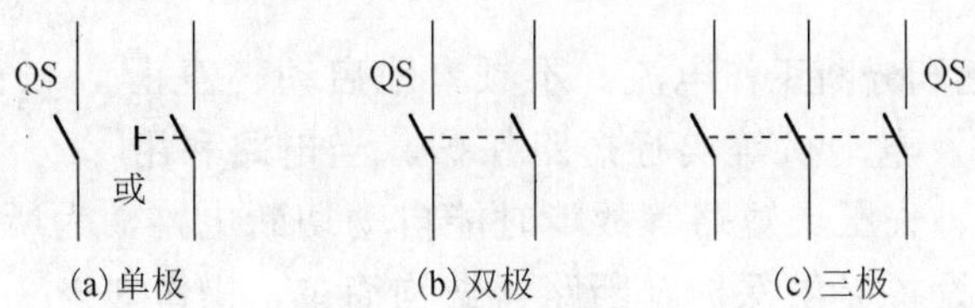

图 3-72 刀开关的电气符号

2) 组合开关

组合开关也称转换开关，其作用类似于刀开关，常用在机械设备控制电路中，作为电源的引入开关、不频繁地通断电路和用电设备，如图 3-73 所示。另外，由于自身的功能结构特性，也可方便地用作小容量电动机启动、停止、正反转的控制开关，与一般的电动机正反转、降压启动电路相比，使用组合开关更为简便。

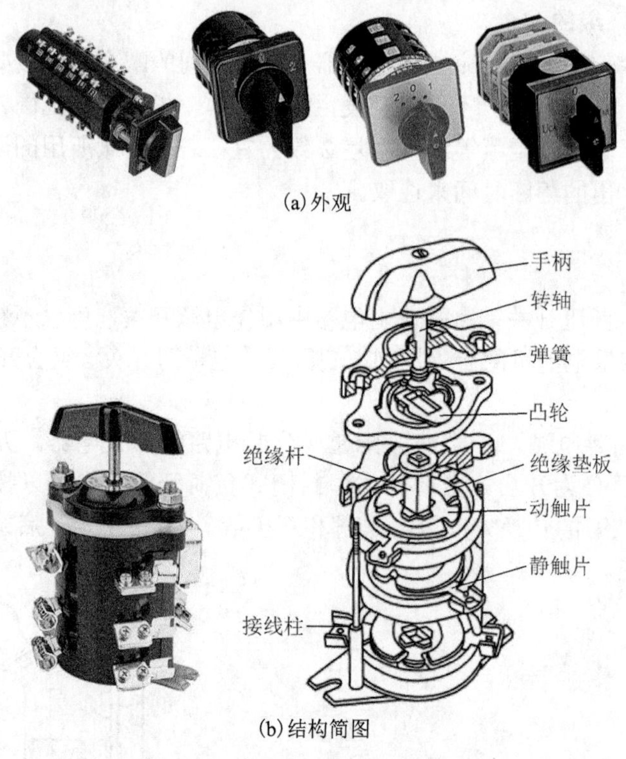

(a) 外观

(b) 结构简图

图 3-73　组合开关的外形和结构简图

组合开关结构简单，由动触片、静触片、转轴、手柄、凸轮、绝缘杆等部件组成，动触片和静触片装在封闭的绝缘件内，采用叠装式结构。工作时转动手柄，每层的动触片随转轴一起转动，从而改变各触点的通断状态。为了使组合开关在分断电流时迅速熄弧，组合开关在开关的转轴上装有弹簧，使开关可以快速闭合和分断。

组合开关的主要参数包括额定电压、额定电流和极数。选用时主要注意组合开关的额定电压和额定电流与所在电路的电网参数相配合，并选择可以满足控制功能的极数。图 3-74 是组合开关的电气符号。

3) 低压断路器

低压断路器又叫空气开关，是一种手动进行开关作用的低压电器，如图 3-75 所示。

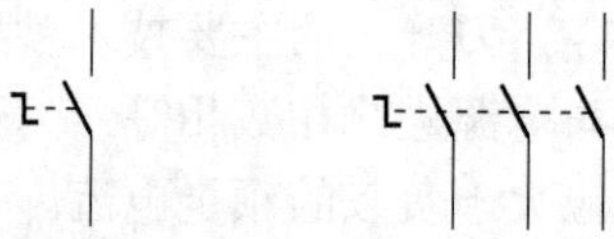

(a) 单极　　(b) 多级

图 3-74　组合开关的电气符号

断路器可用来接通和分断工作电流，不频繁地启动、停止电动机，对电源线路及电动机等实行短路保护。当电路和用电设备发生欠压过载、失压、短路等故障时能自动切断电路，为所在电路和串联于其后的电动机和其他用电设备提供保护。断路器结构简单，操作安全，分断能力较强。

断路器主要分为万能式(也称框架式，见图 3-76)断路器和塑料外壳式断路器，与塑料外壳式断路器相比，万能式断路器在额定电压、额定电流、短路分断能力和隔离性能等方面表现更好，适应电路电网参数范围更广，当然价格也更高，一般用作主开关。

图 3-75　低压断路器外形图

图 3-76　万能式低压断路器实物图

1-灭弧罩；2-开关；3-抽屉座；4-合闸按钮；5-分闸按钮；6-智能脱扣器；7-摇匀柄插入位置；8-连接/试验/分离指示

断路器在结构上由触点系统、灭弧装置、脱扣机构、传动机构组成，其在电气图中的符号是 QF，图 3-77 是常见的小型三极断路器的电气符号和外形图。

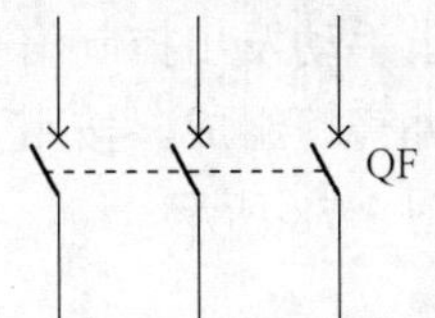

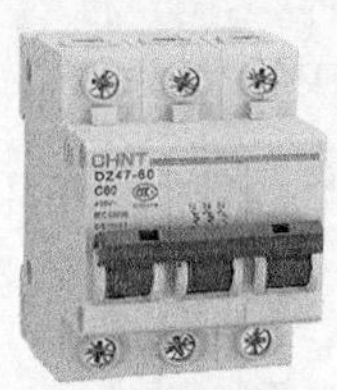

图 3-77　小型低压电断路器电气符号和外形图

低压断路器的主要参数如下。

(1) 额定电压。是指断路器在长期工作时的允许电压，通常等于或大于电路的额定电压。

(2) 额定电流。是指断路器在长期工作时的允许持续电流。

(3) 通断能力。是指断路器在规定的电压、频率以及规定的线路参数(交流电路为功率因数，直流电路为时间常数) 下，所能接通和分断的断路电流值。

(4) 分断时间。是指断路器切断故障电流所需的时间。

(5) 其他参数。如极数、脱扣器类型等。

以 DZ15 系列断路器为例，该系列断路器的主要技术数据见表 3-9。

表 3-9　DZ15 系列低压断路器主要技术数据表

型号	额定电流/A	极数	脱扣器额定电流/A	额定短路通断能力/A	电寿命/次
DZ15-40/190	40	1，2，3，4	6，10，16，20，25，32，40	3000	15000
DZ15-40/290					
DZ15-40/390					
DZ15-40/490					
DZ15-63/190	63	1，2，3，4	10，15，20，25，32，40，50，63	5000	10000
DZ15-63/290					
DZ15-63/390					
DZ15-63/490					
DZ15-100/390	100	3，4	80，100	6000	10000
DZ15-100/490					

由低压断路器的以上参数和其在电路中的作用，在选用上主要需注意以下几点。

(1) 根据电气装置的要求确定断路器的类型。

(2) 根据对线路的保护要求确定断路器的保护形式。

(3) 低压断路器的额定电压和额定电流应大于或等于线路、用电设备的正常工作电压和工作电流。

(4) 低压断路器的极限通断能力大于或等于电路最大短路电流。

(5) 欠电压脱扣器的额定电压等于线路的额定电压，过电流脱扣器的额定电流大于或等于线路的最大负载电流。

5. 主令电器

主令电器是用来发布命令、改变控制系统工作状态的电器，它可以直接作用于控制电路，也可以通过电磁式电器的转换对主电路实现控制，其主要类型有按钮、行程开关、接近开关、主令控制器等。

1) 按钮

按钮是最常用的主令电器，在低压控制电路中用于手动发出控制信号，主要用于接通和断开控制电路。它由按钮帽、复位弹簧、桥式触头和外壳等组成。按用途和结构的不同，分为启动按钮、停止按钮和复合按钮等，其典型结构如图 3-78 所示。

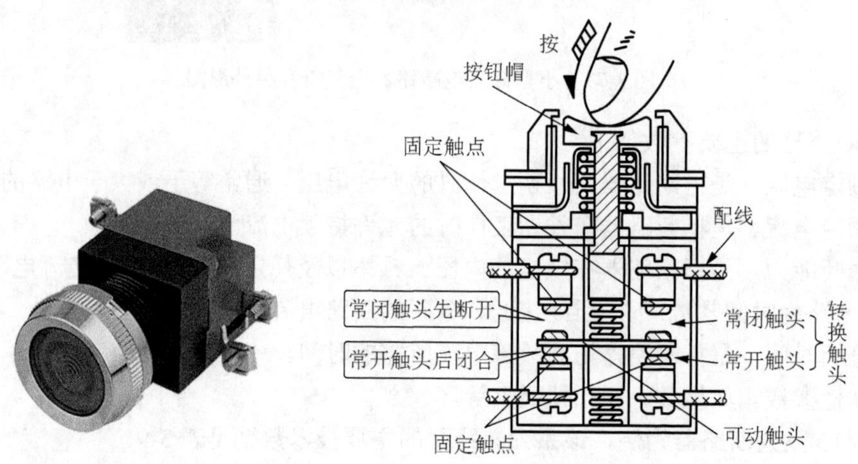

图 3-78　控制按钮结构和外观图

控制按钮的电气符号是 SB，分为常开、常闭、复合按钮三种，具体含义和图形如图 3-79 所示。常用的控制按钮有 LA18、LA19、LA20 及 LA25 等系列，另外还有具备防尘、防溅作用的 LA30 系列以及性能更全的 LA101 系列。控制按钮的主要技术参数有规格、结构形式、触头数及按钮颜色等。常用按钮规格为交流电压 380V，额定工作电流 5A，控制功率 AC 300W、DC 70W。

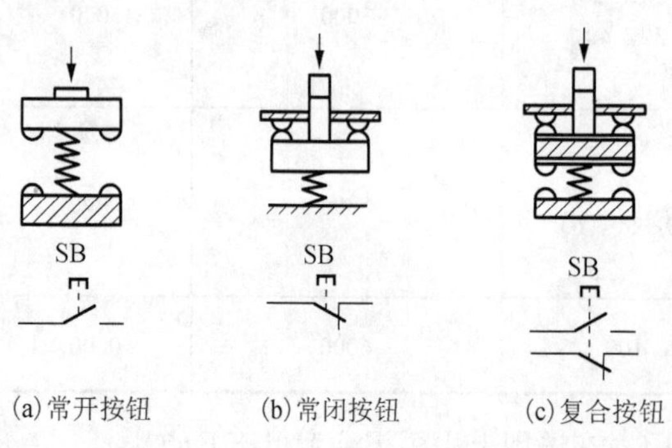

图 3-79　控制按钮电气符号示意图

在控制按钮的选型和使用上，应注意根据所需的触头数、使用的场所及颜色来确定具体产品。按钮的颜色与其对应的功能有详细的定义：“停止”和“急停”按钮必须是红色，当按下红色按钮时，必须使设备停止工作或断电；“启动”

按钮的颜色是绿色；“点动”按钮必须是黑色；“复位”(如保护继电器的复位按钮)必须是蓝色，当复位按钮还有停止的作用时，则必须是红色。

2) 行程开关

行程开关也称位置开关，主要用于检测工作机械的位置，发出命令以控制某些机械部件的运动行程、方向或限位保护。行程开关按结构分为机械结构的接触式有触点行程开关和电气结构的非接触式接近开关。接触式行程开关靠运动物体碰撞行程开关的顶杆而使行程开关的常开触头接通和常闭触头分断，从而实现对电路的控制作用。行程开关有多种构造形式，常用的有直动式(按钮式)、滚轮式(旋转式)，其中滚轮式又有单滚轮式和双滚轮式两种，如图 3-80 所示。

行程开关的特点是灵敏度高、频率响应快、重复定位精度高、寿命长、功耗较低、能适应恶劣的工作环境，电气符号如图 3-81 所示。

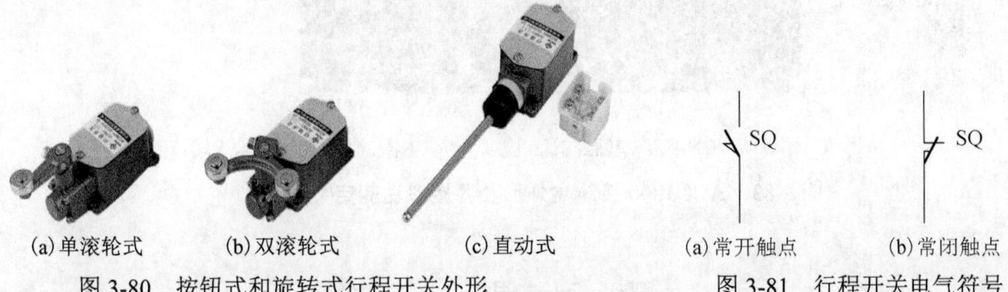

(a) 单滚轮式　(b) 双滚轮式　(c) 直动式

图 3-80　按钮式和旋转式行程开关外形

(a) 常开触点　(b) 常闭触点

图 3-81　行程开关电气符号

在选择行程开关时，应根据被控制电路的特点、要求、生产现场条件和触点数量等因素进行考虑，常用的行程开关有 LX19、LX31、LX32、JLXK1 等系列产品。

3) 接近开关

接近开关又称无触点行程开关，它是一种非接触型的检测装置，可以代替行程开关完成传动装置的位移控制和限位保护，还广泛用于检测零件尺寸、测速和快速自动计数以及加工程序的自动衔接等，其外形如图 3-82 所示。

常用接近开关的主要系列产品有 LJ2、LJ6、LXJ18 等。

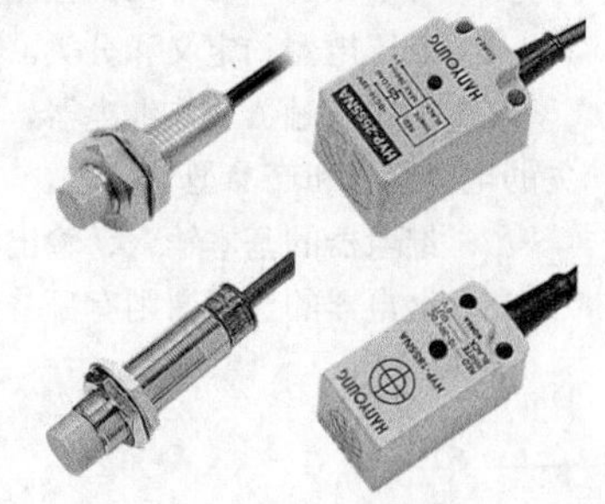

图 3-82　接近开关外形

3.5.3　接线板的工作要求

接线板(或接线盒)是搭建运动控制卡控制系统的必要配件之一，在伺服系统中，它是连接控制卡和伺服驱动器、伺服电动机的媒介。接线板上提供了大量的输入/输出接口，可以进行包括各轴使能、伺服准备、驱动报警、编码器检测等信号的输入/输出，还可通过接线端子获得其他外置传感器和 I/O 器件的信号输入和输出控制。

选用接线板主要考虑的是与运动控制卡配套使用时，控制系统最多可控制的轴数是否满足需要。由于运动控制卡的使用要与接线板配合，因此进行控制卡开发的厂家大多都有自己品牌的接线板，国内的如雷赛、固高等。这里以雷赛的 ACC3800 接线盒为例，介绍接线板上的主要部件和 I/O 口各引脚定义。

ACC3800 接线盒各接口功能如图 3-83 所示，接线盒尺寸为 292mm×189mm×27.2mm。接线盒可与雷赛的 DMC5800 控制卡配合使用，DMC5800 控制卡有 8 路电动机控制信号接口，通过 ACC3800 接线盒与外部电动机驱动器相连。ACC3800 接线盒上的 CN_1～CN_8 轴控制端口上提供了+5V 的电源信号。当电动机驱动器为单端输入接口时，可使用+5V 和 PUL−端口输出脉冲信号，使用+5V 和 DIR−端口输出方向信号；当电动机驱动器为差分输入接口时，使用 PUL+和 PUL−输出脉冲信号，使用 DIR+和 DIR−输出方向信号。

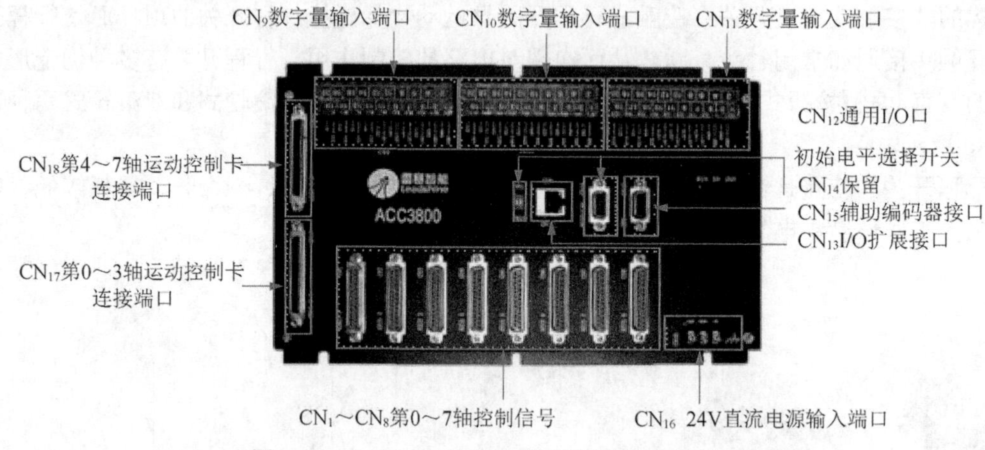

图 3-83　ACC3800 接线盒外形及各接口功能定义

复　习　题

1．主轴伺服和进给伺服的技术要求有哪些？

2．简述伺服驱动器的选用原则。

3．数控机床主体结构的特点及要求有哪些？

4．写出三种以上常用的检测反馈装置，并简述其工作原理。

5．低压电器的定义和分类。

6．写出接触器、热继电器、电流继电器、电压继电器、时间继电器、熔断器、断路器、按钮和行程开关的电气符号和产品型号标志。

7．继电器的基本输入、输出参数包括哪些？

8．继电器的选用原则有哪些？

第 4 章　数控机床的硬件系统搭建

4.1　机械结构方案设计

早期的数控机床，大都是在普通机床的基础上通过对进给系统的革新、改造而成的。因此，在许多场合，普通机床的构成模式、零部件的设计计算方法仍然适用于数控机床。但是，随着数控技术(包括伺服驱动、主轴驱动)的迅速发展，为了适应现代制造业对生产效率、加工精度、安全环保等方面越来越高的要求，现代数控机床的机械结构已经从初期对普通机床的局部改造，逐步发展形成了自己独特的结构。特别是随着电主轴、直线电动机等新技术、新产品在数控机床上的推广应用，部分机械结构日趋简化，新的结构、功能部件不断涌现，数控机床的机械机构正在发生重大的变化。

当前，数控机床的机械结构特点包括：

(1) 结构简单、操作方便、自动化程度高；

(2) 广泛采用高效、无间隙传动装置和新技术、新产品；

(3) 具有适应无人化、柔性化加工的特殊部件；

(4) 对机械结构、零部件的要求高，例如高刚度、高灵敏度、高抗振性、热变形小、高可靠性等。

4.1.1　硬件配置与连接方法

数控机床的硬件系统搭建过程通常包括：

(1) 调查研究和工艺分析，确定加工需求；

(2) 数控机床主体及控制部分方案确定和各部件具体选型；

(3) 硬件的配置和连接等步骤。

表 4-1 给出了基于运动控制卡技术的经济型三轴数控铣床的方案设计实例。

表 4-1　经济型三轴数控铣床硬件方案

部件名称	数量	备　　注
电动高精密滑台	3	行程 500mm
底板	1	尺寸(200mm×160mm×15mm)
L 支架	3	
电动机连接板	4	2 块直角块，2 块连接板
变频电动机	1	三相电动机，功率 1.1kW；1.5kW 的变频器；额定电流：7A；额定转矩：2.2N·m；最大转矩：2.3N·m；转速：2825r/min
刀具夹头	1	
伺服电动机	3	额定输出功率：400kW；额定电流：15A；额定转矩：1.3N·m；最大转矩：3.8N·m；电动机惯量：0.26kg·m^2；变压器容量：0.9kVA
运动控制卡	1	不少于四轴的运动控制卡

续表

部件名称	数量	备　　注
接线盒(板)	2	与运动控制卡配套
64Pin IDE 连接线	1	260mm，带插头
68 芯电缆线	1	2m

按照表 4-1 提出的要求设计的经济型三轴数控铣床的机械结构如图 4-1 所示，该铣床由工作台、交流伺服单元、变频调速主轴及三相异步电动机、测量装置等组成。

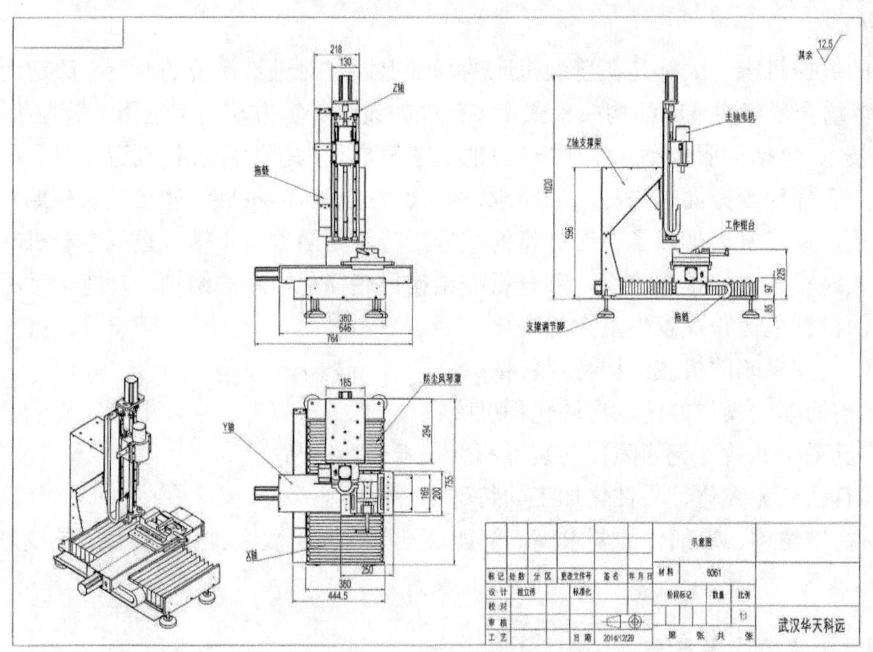

图 4-1　经济型三轴数控铣床机械装置外观

在数控机床机械部分各部件具体确定后，还需要考虑合适的连接方法，包括主轴部件的支承、电动机传动带或联轴器、工作台与丝杠和导轨的连接，机床床身和密封罩的安装，液压及气动系统的油管和气管连接，限位开关和其他外置传感器的固定等。

4.1.2　机床本体的整体设计

数控机床由于采用了电气自动控制，其机械结构大为简化，数控机床在加工高精度产品时，其精度保证不仅取决于电气控制的可靠性，还取决于机械结构的平稳性和可靠性、机械零件及装配的精度。数控机床机械机构的设计应该满足以下几点要求：

(1)具有较高的静、动刚度和良好的抗振性；

(2)具有较好的热稳定性；

(3)具有较高的运动精度和良好的低速稳定性；

(4)具有良好的操作、安全防护性能。

对数控机床机械结构的总体设计主要包括机床总体布局、主传动系统设计、进给传动系统设计、自动换刀装置和辅助机构设计等。通常需要确定机床主要技术参数，选定各部分硬件的结构形式和配置方式，并确定各部件的具体规格参数。具体设计过程如图 4-2 所示。

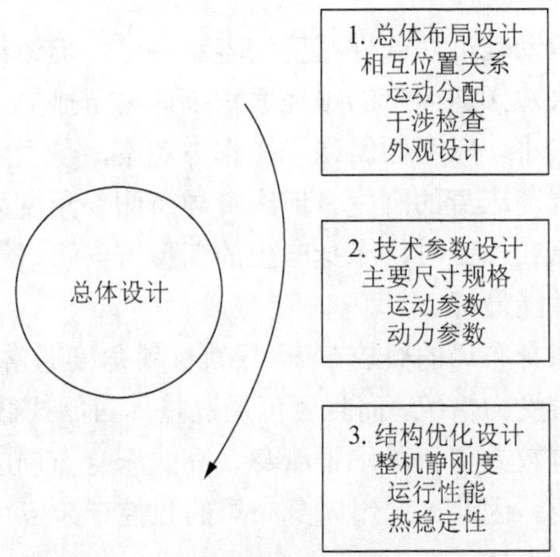

图 4-2　数控机床总体方案设计过程

1. 数控机床的总体布局

数控机床的机械结构主要由下列几部分组成：

(1) 机床的基础部件，包括床身、底座、立柱、横梁等，支承机床主体；

(2) 主传动系统(包括主轴部件)，实现主运动；

(3) 进给传动系统，实现进给运动；

(4) 辅助功能系统和装置，如液压、气动、润滑、冷却、排屑、防护等，实现特殊动作和辅助功能；

(5) 刀架或自动换刀装置(ATC)；

(6) 自动交换工作台(APC)；

(7) 特殊功能装置，如刀具破损监控、精度检查和监控装置；

(8) 各种检测反馈装置。

各类型数控机床的布局具体如下。

1) 数控车床的常见布局形式

数控车床的常用布局形式有四种：水平床身、倾斜床身、平床身斜滑板、立式床身，如图 4-3 所示。这几种布局方式各有特点，一般经济型、普及型数控车床以及数控化改造的车床，大都采用水平床身；性能要求较高的中、小规格数控车床采用倾斜床身或平床身斜滑板结构；大型数控车床或精密数控车床多采用立式床身布局。

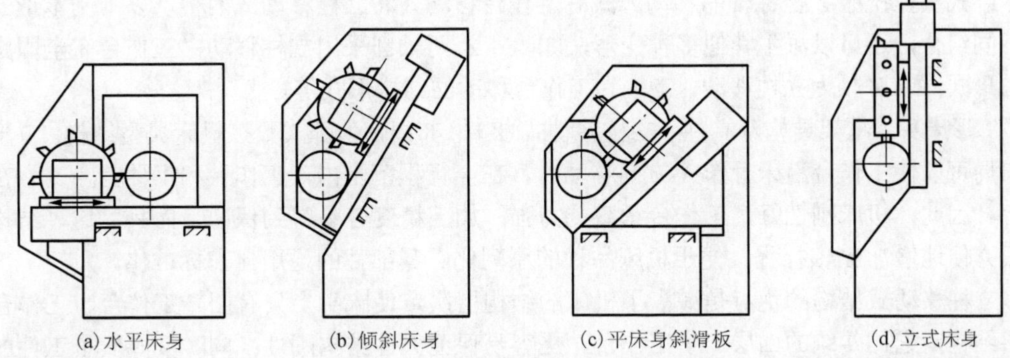

(a) 水平床身　　(b) 倾斜床身　　(c) 平床身斜滑板　　(d) 立式床身

图 4-3　数控车床的常用布局形式

在结构特点上，水平床身的加工工艺性较好，其刀架水平布置，不受刀架、滑板自重的影响，有利于提高刀架的运动精度，部件精度较容易保证。但该结构床身下部空间小，排屑困难，且受热变形影响较大。倾斜床身的占地面积小，易于排屑，受切屑产生的热量影响也小，机床受热变形的影响最小，床身倾斜便于操作与观察，易于安装上、下料机械手，还可采用封闭截面整体结构，提高床身的刚度。但床身导轨倾斜角度太大会影响导轨的导向性及受力情况。立式床身的机床在加工时，床身产生的变形方向正好沿着运动方向，对精度影响最大，但立式床身的排屑性能最好。

在实际应用上，倾斜床身布局的数控车床(导轨倾斜角度通常选择 45°、60°或 75°)，在同等条件下不仅可以改善受力情况，而且还可通过整体封闭式截面设计，提高床身的刚度，特别是自动换刀装置的布置较方便。而水平床身、立式床身布局的机床受结构的局限，布置比较困难，限制了机床性能。因此，倾斜床身布局的数控车床应用比较广泛。

2)数控铣床的常见布局形式

数控铣床(加工中心)分为卧式和立式两种，分别如图 4-4 和图 4-5 所示，其在布局形式上的主要区别是各轴的运动方式，在立柱的结构形式上也有区别。

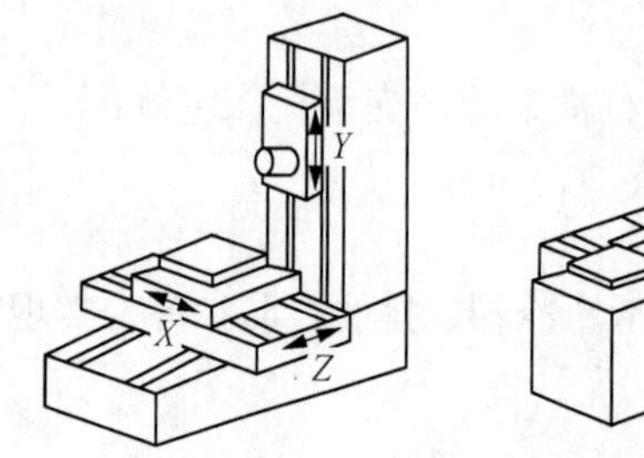

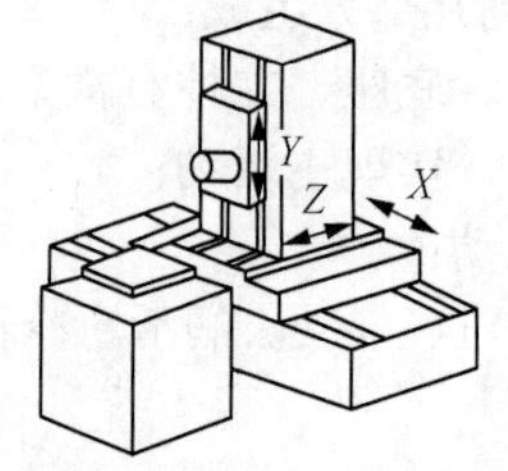

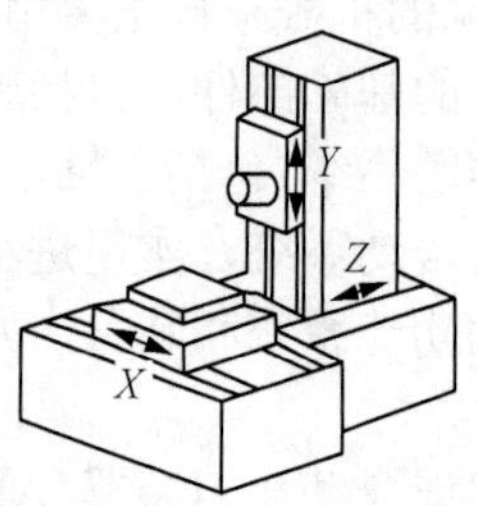

图 4-4　常用卧式数控铣床布局形式

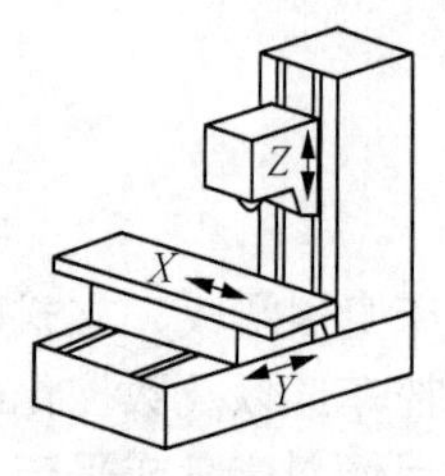

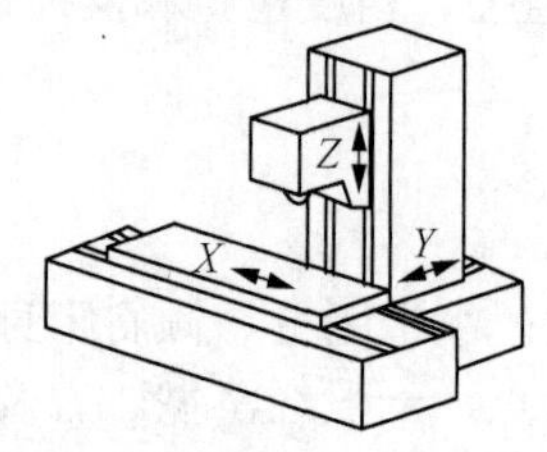

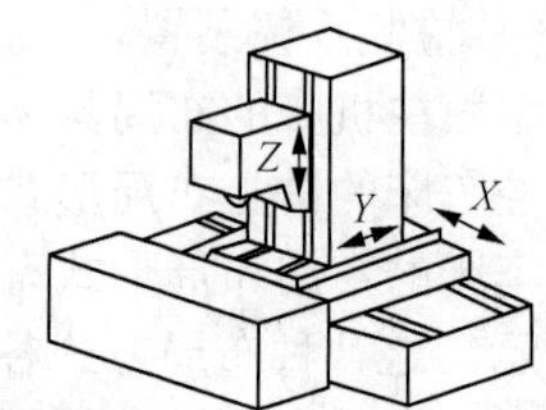

图 4-5　常用立式数控铣床布局形式

卧式数控铣床 Z 坐标轴的移动方式有工作台移动式和立柱移动式两种。以上基本形式通过不同组合，还可以派生其他多种变形，如 X、Z 两轴都采用立柱移动，工作台完全固定的结构形式；或 Z 轴为立柱移动、X 轴为工作台移动的结构形式等。

T 形床身、框架结构双立柱、立柱移动式(Z 轴)布局，为卧式数控机床典型结构。T 形床身布局可以使工作台沿床身作 X 方向移动时，在全行程范围内，工作台和工件完全支承在床身上。因此，机床刚性好，工作台承载能力强，加工精度容易得到保证。而且，这种结构可以很方便地增加 X 轴行程，便于机床品种的系列化、零部件的通用化和标准化。

立柱移动式结构的优点是减少了机床的结构层次，使床身上只有回转工作台、工作台共三层结构，它比传统的四层十字工作台，更容易保证大件结构刚性；同时又降低了工件的装卸高度，提高了操作性能。其次，Z 轴的移动在后床身上进行，进给力与轴向切削力在同一平面内，承受的扭曲力小，铣削精度高。此外，由于 Z 轴导轨的承重是固定不变的，它不随工件重量改变而改变，因此有利于提高 Z 轴的定位精度和精度的稳定性。但是，由于 Z 轴承载较重，对提高 Z 轴的快速性不利，这是其不足之处。

图 4-5 所示的立式铣床常见布局形式中，第一种结构形式是常见的工作台移动式数控铣床(立式加工中心)的布局，为中、小规格机床的常用结构形式；第二种采用移动式立柱结构，立柱可沿 Y 轴方向移动，主轴头保持上下升降形式，工作台在 X 轴方向移动；第三种采用了 T 形床身，X、Y、Z 三轴都是立柱移动式的布局，多见于长床身(X 轴行程大)或采用交换工作台的立式数控机床。这三种布局形式的结构特点，基本和卧式数控铣床(卧式加工中心)的对应结构相同。

同样，以上基本形式通过不同组合，还可以派生其他多种变形，如 X、Z 两轴都采用立柱移动、工作台完全固定的结构形式，或 X 轴为立柱移动、Z 轴为工作台移动的结构形式等等。

2. 数控机床的主传动系统设计

数控机床作为高度自动化的设备，它对主传动系统的基本要求有以下几点：

(1) 为了达到最佳的切削效果，一般都应在最佳的切削条件下工作，因此，主轴一般都要求能自动实现无级变速，转速变换要迅速可靠。

(2) 要求机床主轴系统必须具有足够高的转速和足够大的功率，以适应高效、高速的加工需要。

(3) 数控机床的主轴组件要具有较大的刚度、较高的精度和耐磨性能。

(4) 为了降低噪声、减轻发热、减少振动，主传动系统应简化结构，减少传动件。

(5) 在加工中心上，还必须具有安装刀具和刀具交换所需要的自动夹紧装置，以及主轴定向准停装置，以保证刀具和主轴、刀库、机械手的可靠工作。

(6) 为了扩大机床的功能，实现对 C 轴(主轴回转角度)的控制，有些数控机床的主轴还需安装位置检测装置，以实现对主轴位置的控制。

数控机床主传动系统的设计内容具体如下。

1) 主传动系统调速

与普通机床相比，数控机床的工艺范围更宽，工艺能力更强，因此要求其主传动具有较宽的调速范围，以保证在加工时能选用合理的切削用量，从而获得最佳的加工质量和生产效率。现代数控机床的主运动广泛采用无级变速传动，用交流调速电动机或直流调速电动机驱动，能方便地实现无级变速，且传动链短、传动件少。数控机床和普通机床一样，主传动系统也必须通过变速，才能使主轴获得不同的传递，以适应不同的加工要求。并且，在变速的同时，还要求传递一定的功率和足够的转矩，满足切削的需要。

根据数控机床的类型和大小，其主传动系统的传动类型包括图 4-6 所示三种：①带有二级齿轮的变速装置；②采用定比传动装置；③采用电主轴。

从图 4-6 中可以看出，数控机床的主传动系统结构要比普通机床简单得多。图 4-6(a) 中的传动形式是在使用无级变速传动的基础上，增加两级或三级辅助机械变速机构作为补充。通过分段无级变速方式，确保低速时的大扭矩，扩大恒功率调速范围，满足机床重切削时对扭矩的要求，一般用于大、中型数控机床上。

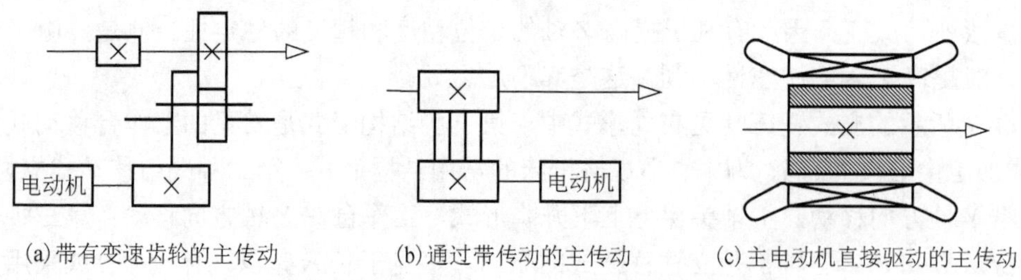

(a)带有变速齿轮的主传动　(b)通过带传动的主传动　(c)主电动机直接驱动的主传动

图 4-6　数控机床主轴的传动类型

在小型数控机床上，主电动机和主轴一般采用定传动比的连接形式。为了降低噪声与振动，通常采用 V 带和同步齿形带传动，如图 4-6(b)所示。也可采用主电动机通过联轴器和主轴直接连接的形式，这种方式可以极大简化主轴传动系统的结构，有效提高主轴刚度和可靠性。但是，其主轴的输出转矩、功率、恒功率调速范围决定于主电动机本身。另外，主电动机的发热对主轴的精度有一定的影响。

图 4-6(c)中使用的是电动机转子和主轴一体的电主轴。电主轴进一步减少了传动件，传动系统的结构更简单，主轴部件刚性更好，主轴转速可以达到每分钟数万转，甚至十几万转的高速。但主轴输出扭矩小，电动机发热对主轴影响较大，需对主轴进行强制冷却。典型的电主轴内部结构如图 4-7 所示。

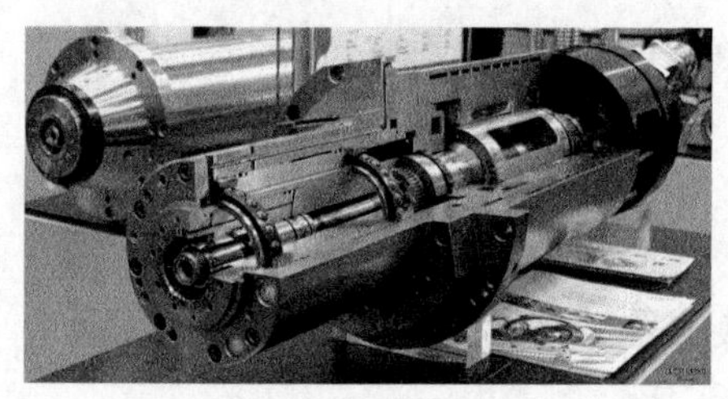

图 4-7　典型的电主轴内部结构图

2)主轴部件的结构

主轴部件是数控机床的关键部件之一，它直接影响机床的加工质量。主轴部件包括主轴的支承、安装在主轴上的传动零件等。主轴部件质量的好坏直接影响加工质量。无论哪种机床的主轴部件都应满足下述几个方面的要求：主轴的回转精度、部件的结构刚度和抗振性、运转温度和热稳定性以及部件的耐磨性和精度保持能力等。对于数控机床尤其是自动换刀数控机床，为了实现刀具在主轴上的自动装卸与夹持，还必须有刀具的自动夹紧装置、主轴准停装置和主轴孔的清理装置等结构。

图 4-8～图 4-10 分别为数控车床、高速加工中心、数控立式加工中心主轴部件的结构示意图。

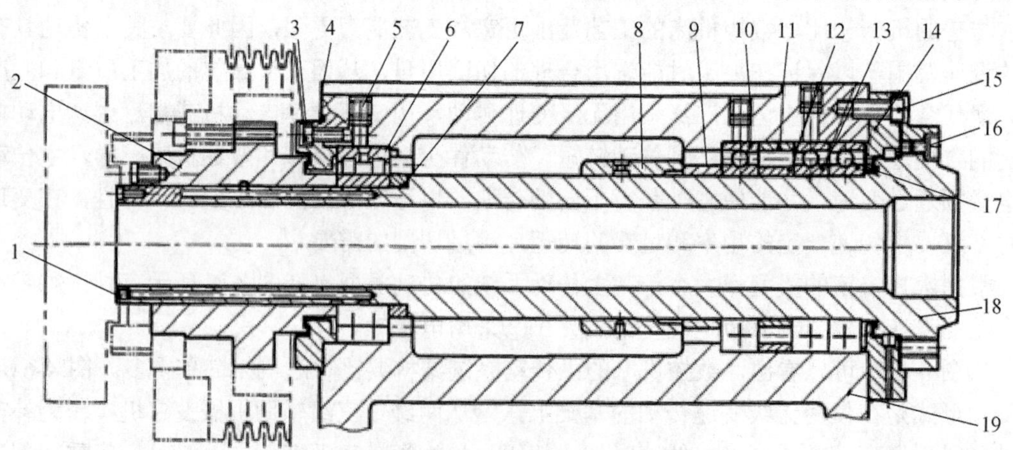

图 4-8　数控车床主轴部件结构示意图

1、5-螺钉；2-带轮连接盘；3、15、16-螺钉；4-端盖；6-圆柱滚珠轴承；7、9、11、12-挡圈；8-热调整套；10、13、17-角接触球轴承；14-卡盘过渡盘；18-主轴；19-主轴箱箱体

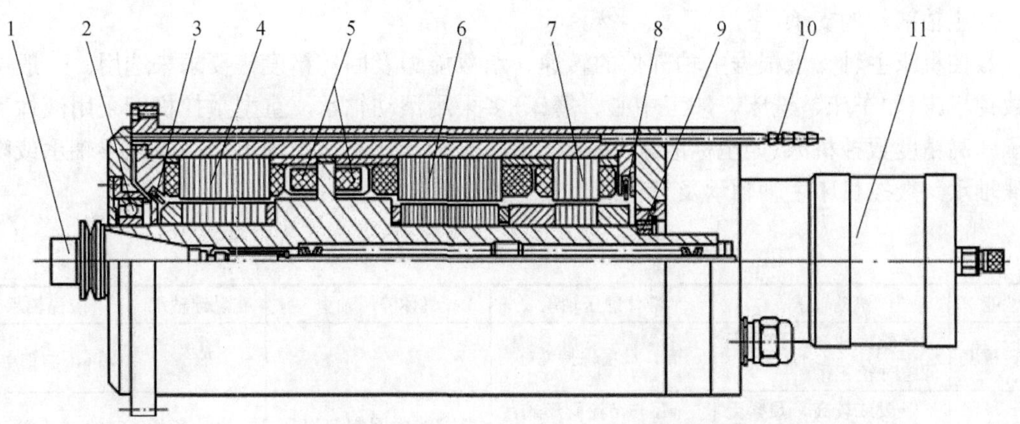

图 4-9　高速加工中心电主轴部件结构示意图

1-刀具系统；2、9-轴承；3、8-传感器；4、7-径向轴承；5-轴向推力轴承；6-高频电动机；10-冷却水管路；11-气－液压力放大器

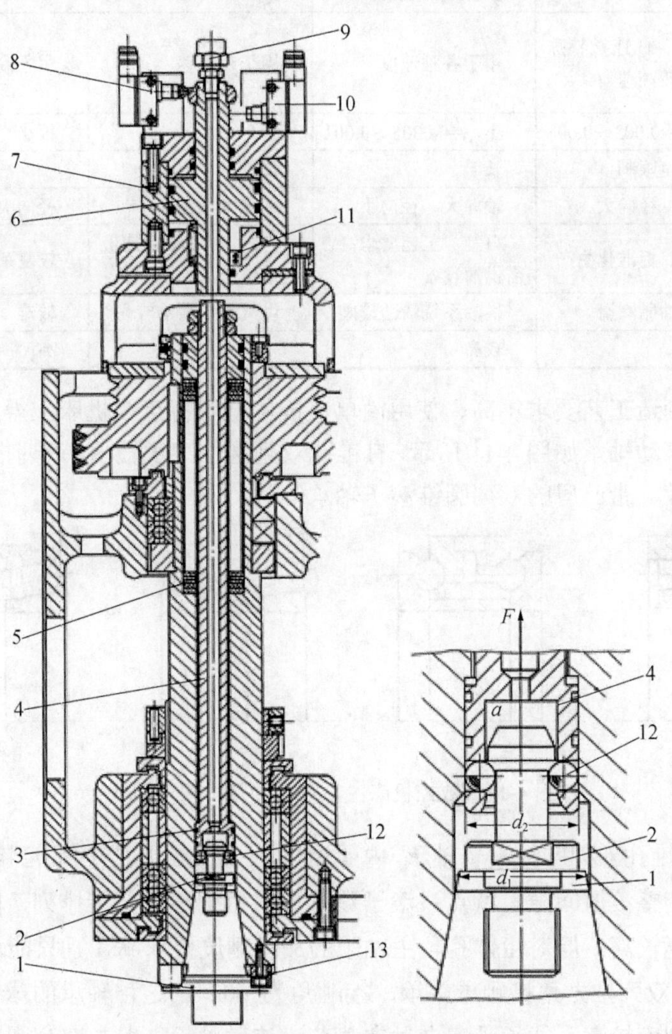

图 4-10　数控立式加工中心主轴部件结构示意图

1-刀架；2-拉钉；3-主轴；4-拉杆；5-碟形弹簧；6-活塞；7-液压缸(或气缸)；8、10-行程开关；9-压缩空气管接头；11-弹簧；12-钢球；13-端面键

3）主轴部件的支承

数控机床主轴支承根据主轴部件的转速、承载能力及回转精度等要求来选用。一般中小型数控机床（如车床、铣床、加工中心、磨床）多采用滚动轴承，重型数控机床采用液体静压轴承，高精度数控机床（如坐标磨床）采用气体静压轴承，高速主轴可采用磁悬浮轴承或陶瓷滚珠轴承。数控机床主轴轴承及其性能如表 4-2 所示。

表 4-2　数控机床主轴轴承及其性能比较

性能	滚动轴承	液体静压轴承	气体静压轴承	磁悬浮轴承	陶瓷轴承
旋转精度	一般或较高，预紧无间隙时较高	高，精度保持性好		一般	同滚动轴承
刚度	一般或较高，预紧无间隙时较高，且取决于所用主轴	高，与节流阀形式有关，带薄膜反馈或滑阀反馈时很高	较差，因空气可压缩，与承载力大小有关	比一般滚动轴承差	比一般滚动轴承差
抗振性能	较差，阻尼比 ξ=0.02～0.04	好，阻尼比 ξ=0.045～0.065	好	较好	同滚动轴承
速度性能	用于中、低速，特殊轴承用于较高速	用于各种速度	用于超高速	用于高速	用于中、高速，热传导率低，不易发热
摩擦损耗	较小，μ=0.002～0.008	小，μ=0.0005～0.001	小	很小	同滚动轴承
使用寿命	疲劳强度限制	长	长	长	较长
结构尺寸	轴向小，径向大	轴向大，径向小	轴向大，径向小	径向大	轴向小，径向大
制造性能	专业化、标准化生产	自制，工艺要求高，需供油设备	自制，工艺要求比液压系统低，需供气设备	较复杂	比滚动轴承难
使用维护	简单，油脂润滑	供油系统清洁较难	供气系统清洁较易	较难	较难
成本	低	较高	较高	高	较高

滚动轴承因制造工艺要求不高、使用简单、成本低等特点在机床上得到广泛使用。数控机床主轴常用的滚动轴承如图 4-11 所示，有锥孔双列圆柱滚子轴承、双列推力角接触球轴承、双列圆锥滚子轴承、带凸肩的双列圆锥滚子轴承等。

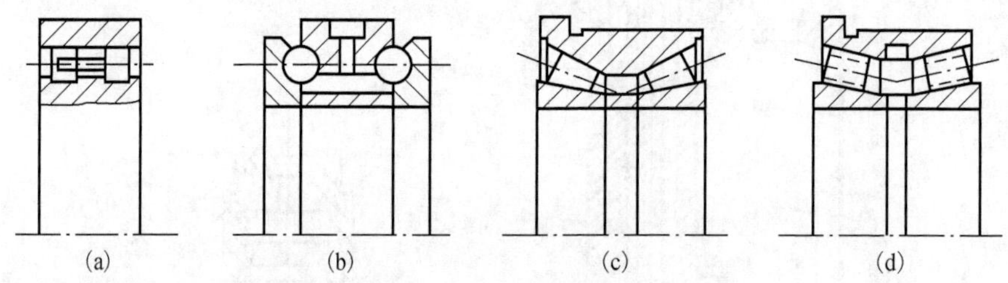

图 4-11　数控机床主轴常用的几种滚动轴承

图 4-11（a）为锥孔双列圆柱滚子轴承，内圈为 1∶12 的锥孔，当内圈沿锥形轴轴向移动时，内圈胀大，可以调整滚道间隙。特点：滚子数量多，两列滚子交错排列，因此承载能力大，刚性好，允许转速较高。但对箱体孔、主轴颈的加工精度要求高，且只能承受径向载荷。

图 4-11（b）为双列推力角接触球轴承，接触角为 60°。这种轴承的球径小、数量多，允许转速高，轴向刚度较高，能承受双向轴向载荷。该种轴承一般与双列圆柱滚子轴承配套用作主轴的前支承。

图 4-11（c）为双列圆锥滚子轴承。这种轴承的特点是内、外列滚子数量相差一个，能使振

动频率不一致，因此，可以改善轴承的动态性能。轴承可以同时承受径向载荷和轴向载荷，通常用作主轴的前支承。

图 4-11(d)为带凸肩的双列圆锥滚子轴承。这种轴承的结构和图 4-11(c)相似，特点是滚子被做成空心，故能进行有效润滑和冷却；此外，还能在承受冲击载荷时产生微小变形，增加接触面积，起到有效吸振和缓冲作用。

滚动轴承的精度有 E 级(高级)、D 级(精密级)、C 级(特精级)、B 级(超精级)四种等级。前轴承的精度一般比后轴承高一个精度等级。数控机床前支承通常采用 B、C 级精度的轴承，后支承则常采用 C、D 级。

主轴的轴承配置也是主传动设计中的一环，合理配置轴承，可以提高主轴精度，降低温升，简化支承结构。在数控机床上配制轴承时，前后轴承都应能承受径向载荷，支承间的距离要选择合理，并根据机床的实际情况配制承受轴向力的轴承。

(1)采用后端定位，推力轴承布置在后支承的两侧，轴向载荷由后支承承受。

(2)采用前、后两端定位，推力轴承布置在前、后支承的两外侧，轴向载荷由前支承承受，轴向间隙由后端调整。

(3)采用前端定位，推力轴承布置在前支承，轴向载荷由前支承承受。

图 4-12(a)中前支承采用双列圆柱滚子轴承和接触角为 60° 的双列推力向心球轴承组合，可承受径向载荷和轴向载荷，后支承为成对的推力角接触球轴承，此配置形式使主轴的综合刚度大幅度提高，可以满足强力切削的要求，普遍应用于各类数控机床。

图 4-12(b)中前支承采用成组推力角接触球轴承，承受径向载荷和轴向载荷，后支承采用双列圆柱滚子，这种配置具有良好的高速性能，主轴部件精度也较好，适用于高速、重载的主轴部件。

图 4-12(c)中前后支承均采用双列角接触球轴承，以承受径向载荷和轴向载荷，这种配置适用于高速、轻载和精密的数控机床主轴。

图 4-12(d)中前支承为双列圆锥滚子轴承，承受径向载荷和轴向载荷，后支承为单列圆锥滚子轴承，这种配置可承受重载荷和较强的动载荷，安装与调整性能好。但是这种配置方式限制了主轴最高转速和精度，适用于中等精度、低速度与重载的数控机床的主轴。

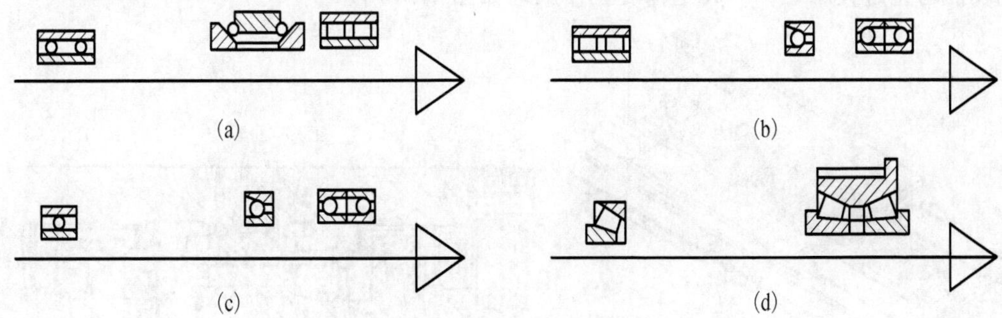

图 4-12　数控机床主轴支承的配置方式

3. 数控机床的进给传动系统设计

三坐标数控钻铣床进给系统示意图如图 4-13 所示。

图 4-13　小型三坐标数控钻铣床进给系统示意图

为确保数控机床进给系统的传动精度和工作平稳性等，在设计机械传动装置时，提出如下要求。

(1) 高的传动精度和定位精度。导轨结构及丝杠螺母、蜗轮蜗杆的支承结构是决定传动精度和刚度的主要部件，应首先保证它们的加工精度以及表面质量，以提高系统的接触刚度。

(2) 提高传动部件的刚度。加大滚珠丝杠的直径，对滚珠丝杠螺母副、支承部件进行预紧，对滚珠丝杠进行预拉伸等，都是提高传动系统刚度的有效措施。

(3) 减小传动部件的惯量。运动部件的惯量是影响进给系统加、减速特性(快速响应特性)的主要因素。

(4) 减小传动部件的间隙。在开环、半闭环进给系统中，传动部件的间隙直接影响进给系统的定位精度；在闭环系统中，它是系统的主要非线性环节，影响系统的稳定性，因此，应尽量消除传动间隙，减小反向死区误差。设计中可采用能消除间隙的联轴节及有消除间隙措施的传动副等方法。

(5) 减小系统的摩擦阻力。进给系统中摩擦阻力的主要来源是导轨和丝杠，改善导轨和丝杠结构使摩擦阻力减少是主要目标之一。

数控机床进给传动系统的基本型式大致分为三种：①通过丝杠(通常为滚珠丝杠或静压丝杠)螺母副，将伺服电动机的旋转运动变成直线运动；②通过齿轮齿条副或静压蜗杆蜗条副，将伺服电动机的旋转运动变成直线运动，这种传动方式主要用于行程较长的大型机床上；③直接采用直线电动机进行驱动，直线电动机是近年来发展起来的高速、高精度数控技术最有代表性的先进技术之一，其结构及工作原理如图 4-14 所示。

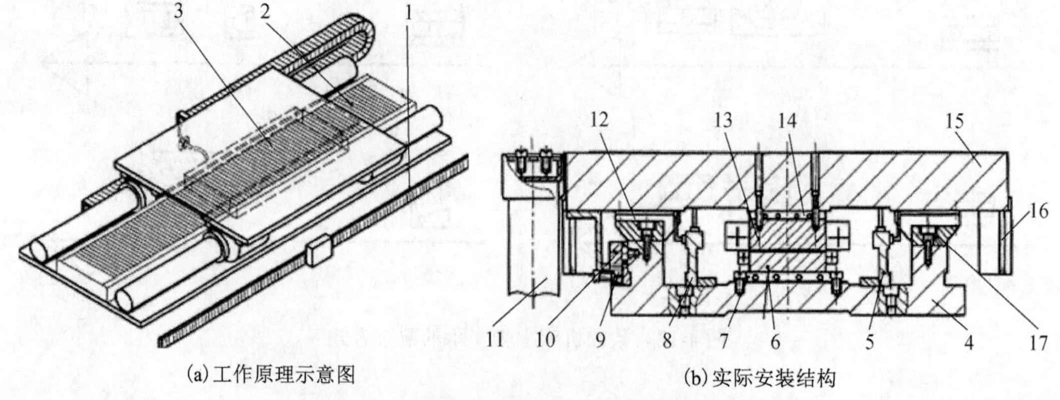

(a) 工作原理示意图　　(b) 实际安装结构

图 4-14　直线电动机的结构及工作原理

1-位置检测器；2-定子；3-转子；4-床身；5、8-辅助导轨；6-初级；7、14-冷却板；9、10-测量系统；11-拖链；12、17-导轨；13-次级；15-工作台；16-防护直线电动机及安装

滚珠丝杠的结构特点是在丝杠和螺母的圆弧螺旋槽之间装有滚珠作为传动元件，因而摩擦系数小(0.002～0.005)，传动效率可达 92%～96%，动、静摩擦系数相差小，不易产生爬行现象。在施加预紧后，轴向刚度好，传动平稳，无间隙，不易产生爬行，随动精度和定位精度都较高，运动具有可逆性。但其缺点是制造工艺复杂，成本较高。

如图 4-15 所示，它的工作原理是：在丝杠和螺母上都有圆弧形螺旋槽，将它们对合起来就形成了螺旋滚道。在滚道内装有滚珠，当丝杠螺母相对运动时，滚珠在螺纹形的滚道内滚动，为保持丝杠螺母连续工作，滚珠通过螺母上的返回装置完成循环，于是丝杠与螺母产生相对轴向运动。

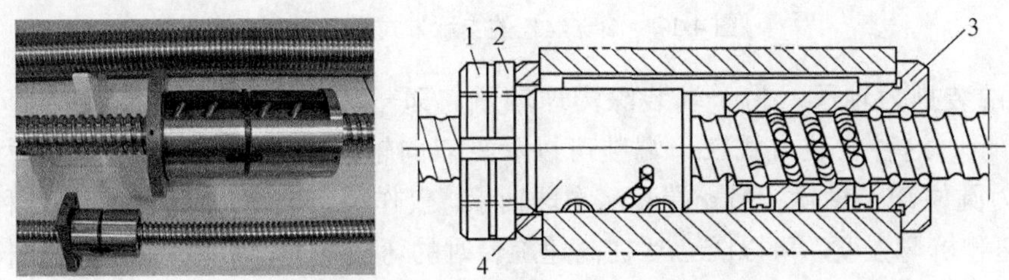

图 4-15　滚珠丝杠螺母副实物及结构原理图

1-锁紧螺母；2-调整螺母；3-右螺母；4-左螺母

按照滚珠的循环方式，滚珠丝杠螺母副分成内循环方式和外循环方式两大类，如图 4-16 所示。内循环方式是指在循环过程中滚珠始终保持和丝杠接触，这种方式结构紧凑，但要求制造精度较高。外循环方式则在循环过程中滚珠与丝杠脱离接触，制造相对容易些。

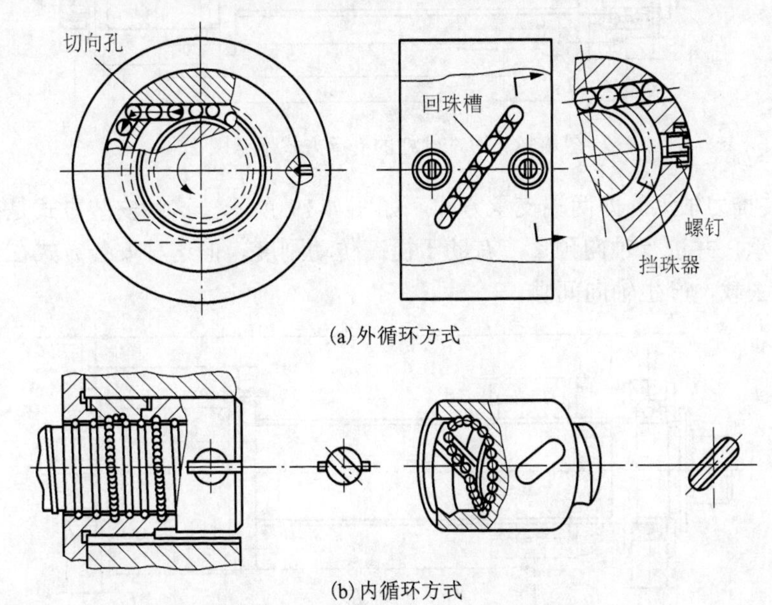

(a) 外循环方式

(b) 内循环方式

图 4-16　滚珠丝杠螺母副的循环方式

滚珠丝杠的支承方式有以下几种。

(1) 一端装推力轴承。即一端固定、一端自由的支承方式，如图 4-17 所示。这种安装方式仅在一端装可以承受双向轴向载荷与径向载荷的推力角接触球轴承或推力圆柱滚子轴承，并进行轴向预紧；另一端完全自由，不作支撑。这种支承方式结构简单，但承载能力较小，总刚度较低，且随着螺母位置的变化刚度变化较大。通常适用于丝杠长度、行程不长的情况。

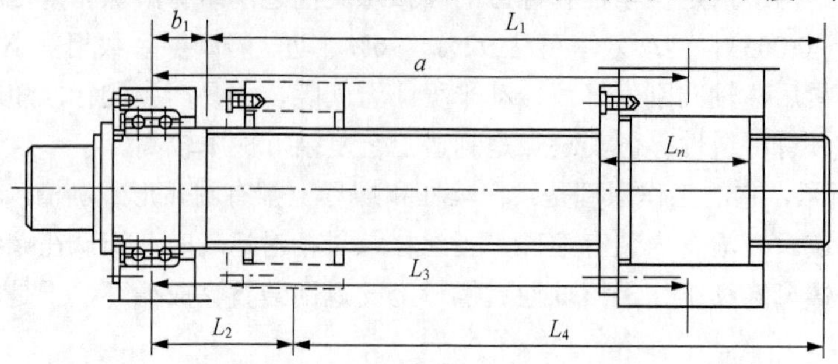

图 4-17　滚珠丝杠的支承方式示意图 1

(2) 一端装推力轴承，另一端装深沟球轴承。即一端固定、一端游动的支承方式，如图 4-18 所示。这种安装方式在一端装可以承受双向轴向载荷与径向载荷的推力角接触球轴承或推力圆柱滚子轴承；另一端装深沟球轴承，仅作径向支撑，轴向游动。这种方式提高了临界转速和抗弯强度，可以防止丝杠高速旋转时的弯曲变形，可以适用于丝杠长度、行程较长的情况。

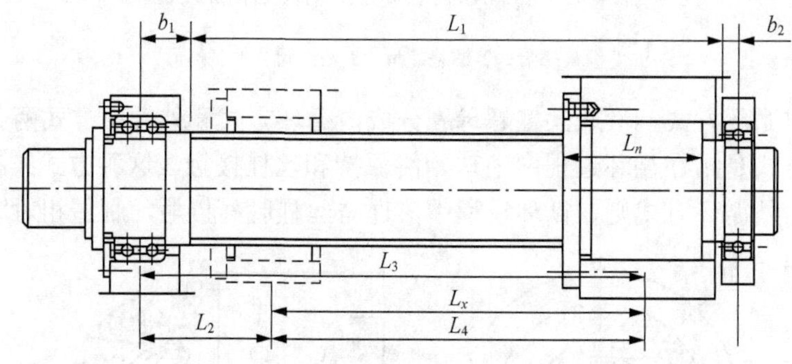

图 4-18　滚珠丝杠的支承方式示意图 2

(3) 两端装推力轴承。即两端支承方式，如图 4-19 所示。这种安装方式是在滚珠丝杠的两端装推力轴承，并进行轴向预紧，有助于提高传动刚度。但这种安装方式在丝杠热变形伸长时会使轴承去载，产生轴向间隙。

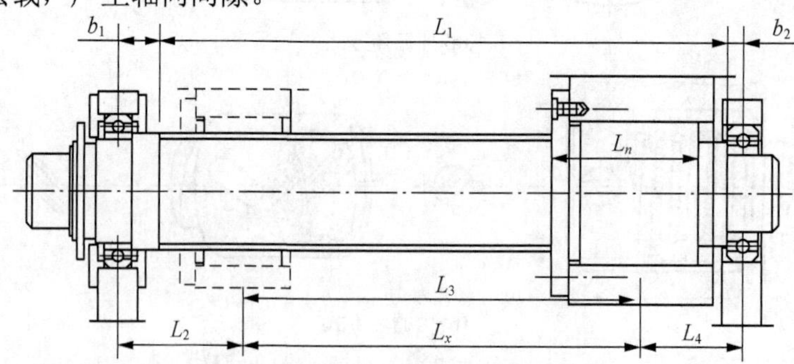

图 4-19　滚珠丝杠的支承方式示意图 3

(4) 两端装推力轴承及深沟球轴承。即两端固定的支承方式，如图 4-20 所示。这种安装方式在两端都装可以承受双向轴向载荷与径向载荷的推力角接触球轴承或推力圆柱滚子轴承，丝杠两端采用双重支承并进行预紧，提高了刚度。这种结构方式可使丝杠的热变形转化为轴承的预紧力，但设计时要注意提高轴承的承载能力和支承刚度。

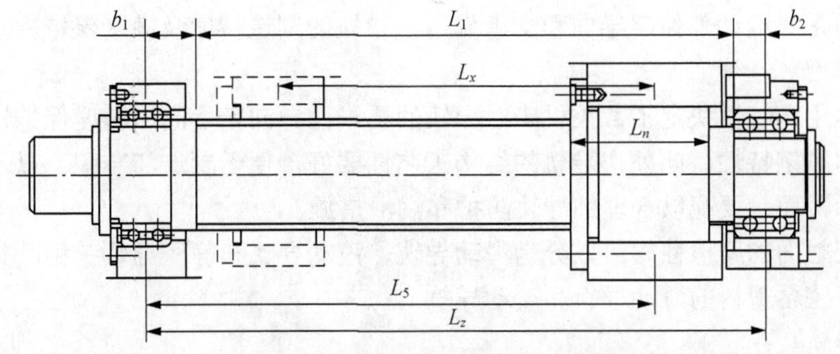

图 4-20　滚珠丝杠的支承方式示意图 4

从滚珠丝杠的支承方式可以看出，常用于滚珠丝杠支承的轴承主要是推力角接触球轴承和推力圆柱滚子轴承，如图 4-21 所示。当滚珠丝杠的轴向负载很小时，也可用深沟球轴承支承。双向推力角接触球轴承的轴向刚度高，可以承受很大的轴向力，是一种专门用于滚珠丝杠的轴承。它有一个整体的外圈和一个剖分式内圈，接触角为 60°，可以承受双向轴向载荷和径向载荷，装配后可以采用精密锁紧螺母预紧。

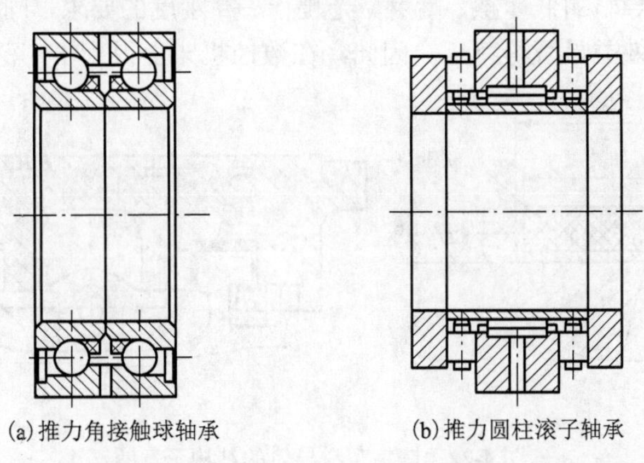

(a) 推力角接触球轴承　　(b) 推力圆柱滚子轴承

图 4-21　推力角接触球轴承和推力圆柱滚子轴承结构简图

推力圆柱滚子轴承可以承受很大的轴向力，也是一种专门用于滚珠丝杠的轴承。它是由一个外圈、两个轴圈、一个内圈、一个向心滚针、两个推力圆柱滚珠等组成的完整单元，可以承受双向轴向载荷和径向载荷，装配后可以采用精密锁紧螺母预紧。

滚珠丝杠副的精度等级代号分别为 1、2、3、4、5、7、10。其中 1 级为最高，依次逐级降低。其精度包括各元件的精度和装配后的综合精度，其中包括导程误差、丝杠大径对螺纹轴线的径向圆跳动、丝杠和螺母表面粗糙度、有预加载荷时螺母安装端面对丝杠螺纹轴线的圆跳动、有预加载荷时螺母安装直径对丝杠螺纹轴线的径向圆跳动以及滚珠丝杠名义直径尺寸变动量等。在开环数控机床和其他精密机床中，滚珠丝杠的精度直接影响定位精度和随动精度。对于闭环系统的数控机床，丝杠的制造误差使得它在工作时负载分布不均匀，从而降低承载能力和接触刚度，并使预紧力和驱动力矩不稳定。因此，传动精度始终是滚珠丝杠最重要的质量指标。

4. 数控机床的导轨

机床上的直线运动部件都是沿着它的床身、立柱、横梁等上的导轨进行运动的，导轨的作用概括地说是对运动部件起导向和支承作用，导轨的制造精度及精度保持性对机床加工精度有着重要作用。

导轨的作用和特性决定了数控机床对导轨的要求：导向精度高、精度保持性好、足够的刚度、良好的摩擦特性。此外，导轨的结构工艺性要好，便于制造和装配，以及检验、调整和维修的进行，而且要配以合理的导轨防护和润滑措施。

导轨按接触面的摩擦性质可以分为滑动导轨、滚动导轨和静压导轨三种，其中，数控机床最常用的是镶粘塑料的滑动导轨和滚动导轨。

1) 滑动导轨

滑动导轨具有结构简单、制造方便、刚度好、抗振性高等优点，是机床上使用最广泛的导轨形式。但普通的铸铁—铸铁、铸铁—淬火钢导轨存在的缺点是静摩擦系数大，而且动摩擦系数随速度变化而变化，摩擦损失大，低速(1～60mm/min)时易出现爬行现象，降低了运动部件的定位精度。

镶粘塑料导轨是通过在滑动导轨面上镶粘一层由多种成分复合的塑料导轨软带，来达到改善导轨性能的目的，多与铸铁导轨或淬硬钢导轨相配使用，如图 4-22 所示。镶粘塑料导轨不仅可以满足机床对导轨的低摩擦、耐磨、无爬行、高刚度的要求，同时又具有生产成本低、应用工艺简单、经济效益显著等特点。因此，在数控机床上得到了广泛的应用。

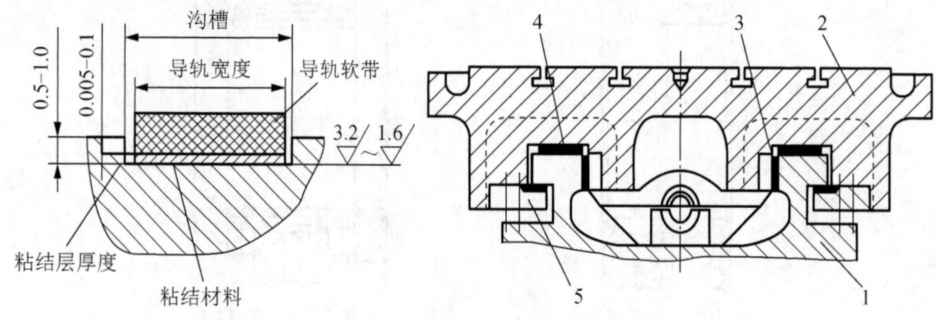

图 4-22　镶粘塑料导轨的结构示意图

1-床身；2-滑板；3-镶条；4-软塑料带；5-压板

2) 滚动导轨

滚动导轨是在导轨面之间放置滚珠、滚柱、滚针等滚动体，使导轨面之间的滑动摩擦变为滚动摩擦。滚动导轨与滑动导轨相比，其优点是：

(1) 灵敏度高，其动摩擦与静摩擦系数相差甚微，因而运动平稳，低速移动时不易出现爬行现象。

(2) 定位精度高，重复定位精度可达 0.2μm。

(3) 摩擦阻力小，移动轻便，磨损小，精度保持性好，寿命长。但滚动导轨的抗振性较差，对防护要求较高。

滚动导轨特别适用于机床的工作部件要求移动均匀，运动灵敏及定位精度高的场合。这是滚动导轨在数控机床上得到广泛应用的原因。根据滚动体的类型，滚动导轨有下列三种结构形式：

(1)滚珠导轨。这种导轨以滚珠作为滚动体，运动灵敏度好，定位精度高；但其承载能力和刚度较小，一般都需要通过预紧提高承载能力和刚度。为了避免在导轨面上压出凹坑而丧失精度，一般采用淬火钢制造导轨面。滚珠导轨适用于运动部件质量不大、切削力较小的数控机床。

(2) 滚柱导轨。这种导轨的承载能力及刚度都比滚珠导轨大，但对于安装的要求也高。安装不良会引起偏移和侧向滑动，使导轨磨损加快、降低精度。目前数控机床，特别是载荷较大的机床，通常都采用滚柱导轨。

(3) 滚针导轨。这种导轨的滚针比同直径的滚柱长度更长。滚针导轨的特点是尺寸小，结构紧凑。为了提高工作台的移动精度，滚针的尺寸应按直径分组。滚针导轨适用于导轨尺寸受限制的机床上。

根据滚动导轨是否预加负载，滚动导轨还可以分为预加载和无预加载两类。

滚动导轨由导轨、滑块、钢球、反向器、密封端盖及挡板等部分组成，当导轨与滑块做相对运动时，钢球就沿着导轨上经过淬硬并精密磨削加工而成的四条滚道滚动；在滑块端部，钢球通过反向器反向，进入回珠孔后再返回到滚道，钢球就这样周而复始地进行滚动运动。反向器两端装有防尘密封端盖，可有效地防止灰尘、屑末进入滑块内部。

3) 静压导轨

静压导轨的工作原理如图 4-23 所示。静压导轨的滑动面之间开有油腔，将有一定压力的油通过节流输入油腔，形成压力油膜，浮起运动部件，使导轨工作表面处于纯液体摩擦，不产生磨损，精度保持性好。同时，摩擦系数也极低，使驱动功率大大降低；低速无爬行，承载能力大，刚度好；此外，油液有吸振作用，抗振性好。其缺点是结构复杂，要有供油系统，油的清洁度要求高。

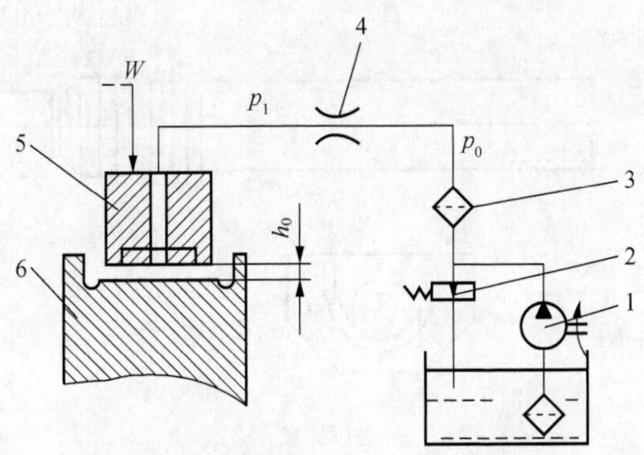

图 4-23　开式静压导轨工作原理图

1-液压泵；2-溢流阀；3-过滤器；4-节流阀；5-运动导轨；6-床身导轨

静压导轨横截面的几何形状一般包括 V 形和矩形两种。采用 V 形便于导向和回油，采用矩形便于做成闭式静压导轨。另外，油腔的结构，对静压导轨性能影响很大，静压导轨在数控机床上应用较少。

5. 数控机床的其他装置

1) 液压和气动装置

液压装置的工作介质为高压力油，其特点是机械结构更紧凑、动作平稳可靠、易于调节和噪声较小，但要配置油泵和油箱。另外，还要注意防止油液渗漏。

气动装置的特点是气源容易获得，机床可以不必再单独配置动力源，装置结构简单，工作介质不污染环境，工作速度快和动作频率高，适合于完成频繁启动的辅助工作。过载时比较安全，不易发生过载损坏机件等事故。

2)排屑装置

常用的数控机床排屑装置有平板式、刮板式、螺旋式三种，如图 4-24 所示。

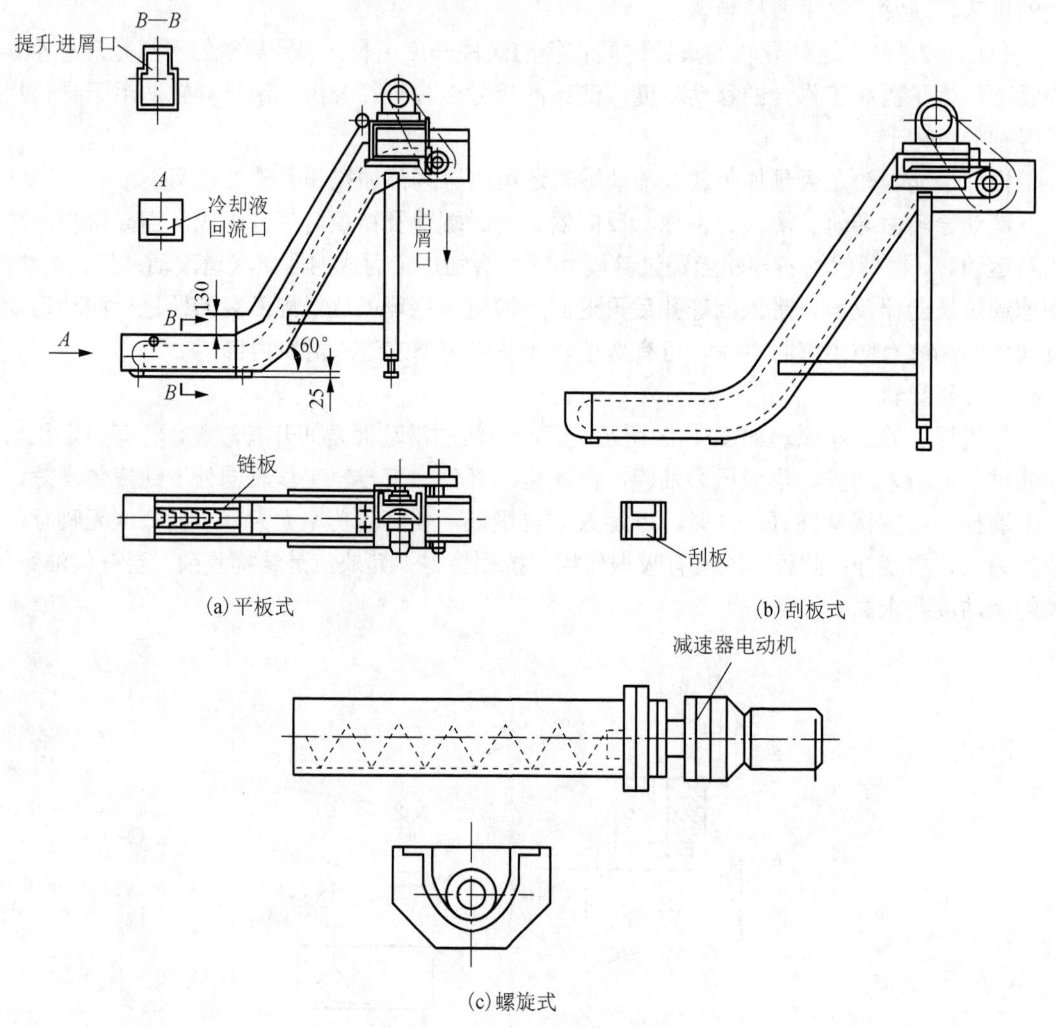

(a)平板式

(b)刮板式

(c)螺旋式

图 4-24　常见排屑装置结构示意图

4.1.3　主要部件安装与平台搭建

在机床的总体设计和各部件具体选用产品型号确定后，就可以考虑进行机床的装配了。但是在装配之前应该先做好装配单元的规划，制定合理的机床装配工艺规程，确定装配工序、装配方法、装配过程中所需要的工具和设备以及注意事项，并为装配过程制定时间定额，明确装配完成后的精度和验收标准，以提高装配工作效率和质量。装配工作的主要内容和注意事项有以下几点。

(1)清洗。

为了保证产品的装配质量和延长产品的使用寿命，特别是对于像轴承、密封件、精密偶件以及有特殊清洗要求的零件，装配前要进行清洗。其目的是去除零件表面的油污及机械杂质。清洗的方法有浸洗、擦洗、喷洗和超声波清洗等。清洗液主要有煤油、汽油等石油溶剂、碱液和各种化学清洗液。零部件适用的各种清洗方法，必须配用相适应的清洗液，才能充分发挥效用。

(2) 连接。

装配工作的完成要依靠大量的连接，连接方式一般有以下两种：①可拆卸连接。可拆卸连接是指相互连接的零件拆卸时不受任何损坏，而且拆卸后还能重新装在一起，如螺纹连接、键连接和销钉连接等，其中以螺纹连接的应用最为广泛。②不可拆卸连接。不可拆卸连接是指相互连接的零件在使用过程中不拆卸，若拆卸将损坏某些零件，如焊接、铆接及过盈连接等。过盈连接大多应用于轴、孔的配合，可使用压入配合法、热胀配合法和冷缩配合法实现过盈连接。

(3) 校正、调整与配作。

为了保证部装和总装的精度，在批量不大的情况下，常需进行校正、调整与配作工作。

(4) 平衡。

为了防止运转平稳性要求较高的机器在使用中出现振动，在其装配过程中需对有关旋转零部件(有时包括整机)进行平衡作业。部件和整机的平衡均以旋转体零件的平衡为基础。

(5) 验收试验。

机械产品装配完成后，应根据有关技术标准的规定，对产品进行较全面的验收和试验工作，合格后才能出厂。各类产品检验和试验工作的内容、项目是不相同的，其验收试验工作的方法也不相同。此外，装配工作的基本内容还包括涂装、包装等工作。

1. 主传动系统主要部件的安装和调整

主轴部件作为数控机床的一个关键部件，它包括主轴、主轴的支承、安装在主轴上的传动件和密封件等。为实现刀具的快速或自动装卸等功能，主轴部件还应具有刀具自动装卸装置、主轴准停装置和吹屑装置等。

滚动轴承在较大间隙下工作时，会使载荷集中作用在处于加载方向的一、二个滚动体上，使该滚动体和内、外圈滚道接触处产生很大的集中应力，从而使轴承磨损加快，寿命缩短、刚度降低。因此，在主传动系统的安装和调整中，需要着重进行轴承预紧处理。所谓轴承预紧，就是使轴承滚道预先承受一定的载荷，不仅能消除间隙而且还使滚动体与滚道之间发生一定的变形，从而使接触面积增大，在轴承受力时变形减少，抵抗变形的能力增大。

轴承预紧主要有以下几种方法：

(1) 轴承内圈移动。

轴承内圈移动适用于锥孔双列圆柱滚子轴承，如图 4-25 所示。图(a)的结构简单，但预紧量不易控制，常用于轻载机床主轴部件。图(b)用右端螺母限制内圈的移动量，易于控制预紧量。图(c)在主轴凸缘上均布数个螺钉以调整内圈的移动量，调整方便，但是用几个螺钉调整，易使垫圈歪斜。图(d)将紧靠轴承右端的垫圈做成两个半环，可以径向取出，修磨其厚度可控制预紧量的大小，调整精度较高，调整螺母一般采用细牙螺纹，便于微量调整，而且在调好后要能锁紧防松。

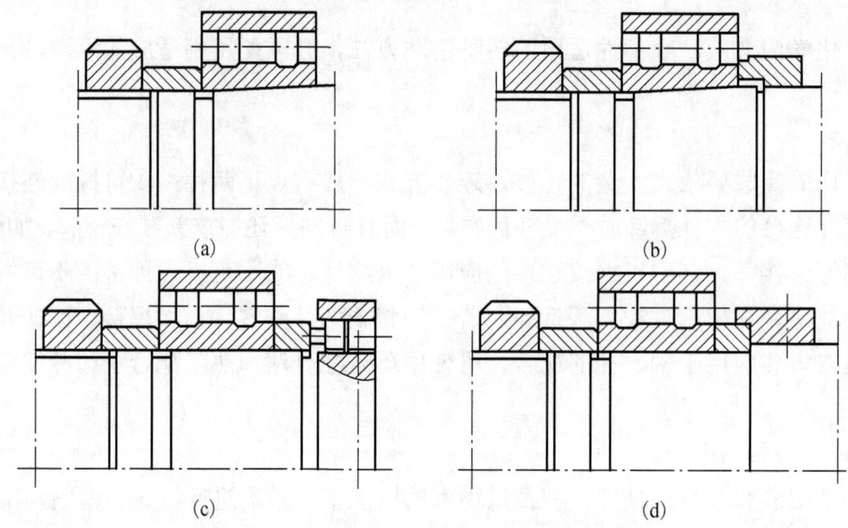

图 4-25　轴承内圈移动

(2) 修磨座圈或隔套。

轴承外圈宽边相对(背对背)安装，这时修磨轴承内圈的内侧；外圈窄边相对(面对面)安装，这时修磨轴承外圈的窄边。在安装时按相对关系装配，并用螺母或法兰盖将两个轴承轴向压拢，使两个修磨过的端面贴紧，这样在两个轴承的滚道之间产生预紧。另一种方法是将两个厚度不同的隔套放在两轴承内、外圈之间，同样将两个轴承轴向相对压紧，使滚道之间产生预紧，如图 4-26 所示。

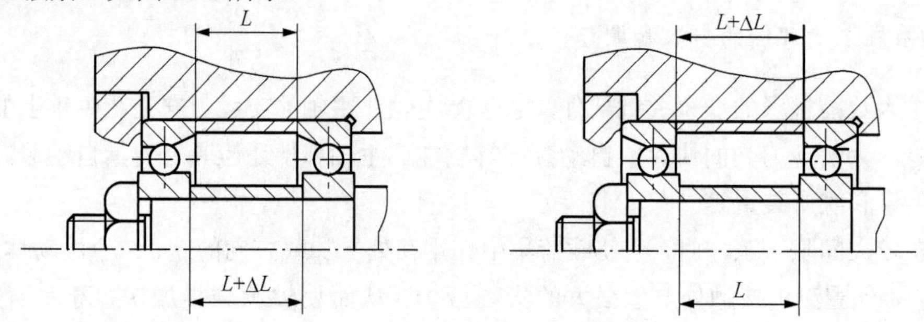

图 4-26　隔套的应用

2. 进给传动系统主要部件的安装和调整

1) 滚珠丝杠副的安装

安装方式对滚珠丝杠副承载能力、刚性及最高转速有很大影响。滚珠丝杠螺母副在安装时应满足以下要求：

(1) 滚珠丝杠螺母副相对工作台不能有轴向窜动。

(2) 螺母座孔中心应与丝杠安装轴线同心。

(3) 滚珠丝杠螺母副中心线应平行于相应的导轨。

(4) 能方便地进行间隙调整、预紧和预拉伸。

目前，滚珠丝杠支承采用最多的是 60°接触角的单列推力角接触球轴承，与一般角接触球轴承相比轴向刚度提高两倍以上，而且产品在出厂时已选配好内外环的厚度，装配调试时只要用螺母和端盖将内外环压紧，就能获得出厂时已调整好的预紧力，使用方便。购买时，滚珠丝杠副的端部需按设计要求向厂家预定，可以加工出轴肩或螺纹。

滚珠丝杠螺母副与驱动电动机的连接形式主要有联轴器直接连接(见图 4-27)、通过齿轮连接、通过同步齿形带连接三种。

图 4-27　弹性联轴器连接

2)滚珠丝杠螺母副的预紧

通过预紧可以消除丝杠与螺母之间的间隙、施加预紧力，从而保证换向精度和轴向刚度。在数控机床进给系统中使用的滚珠丝杠螺母副的预紧方法有：修磨垫片厚度、齿差式调整方法、锁紧双螺母消隙等。广泛采用的是双螺母结构消隙。

(1)垫片调隙式。

如图 4-28 所示，调整垫片 4 的厚度，可通过改变左、右两个螺母间位移消除传动副的轴向间隙。它的结构简单、可靠性好、刚度高、装卸方便，但调整比较困难。

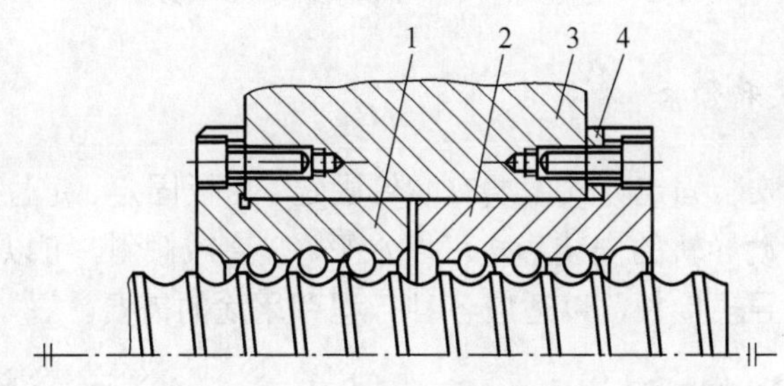

图 4-28　垫片调整间隙法

1、2-单螺母；3-螺母座；4-调整垫片

(2)齿差调隙式。

如图 4-29 所示，在两个螺母 1、2 的端面法兰上分别加工出外齿 z_1 和 z_2，并各自装入对应的内齿圈 3、4 中。内齿圈通过螺钉固定在螺母座(套筒)5 端面。通常两个外齿轮相差 1 齿(如 z_1=100，z_2=99)。

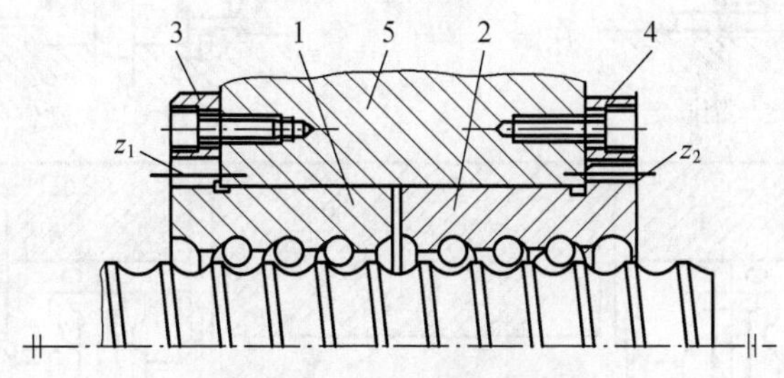

图 4-29　齿差调整间隙法

1、2-单螺母；3、4-内齿圈；5-螺母座

当调整间隙时，将两个外齿轮从内齿圈中抽出并相对内齿圈分别同向转动一个齿，然后插回原内齿圈中。此时，两个螺母间产生的相对位移为

$$S=\left(\frac{1}{z_1}-\frac{1}{z_2}\right)\times P=\frac{P}{z_1 z_2}$$

式中，P 为丝杠的螺距。当 P=10mm 时，间隙的调整量约为 0.001mm。由此可见，此方法可实现精密微调，预紧可靠，不会发生松动。虽然结构复杂，但仍然得到广泛应用。

(3) 螺纹调隙式。

如图 4-30 所示，通过转动双螺母 4、5（螺母 5 止动用）改变两个螺母 4 和 1 之间的相对位移来消除传动副的轴向间隙。它的优点是调整方便，在出现磨损后还可以随时进行补充调整。缺点是轴向尺寸较长，会增加丝杠螺纹部分的长度。

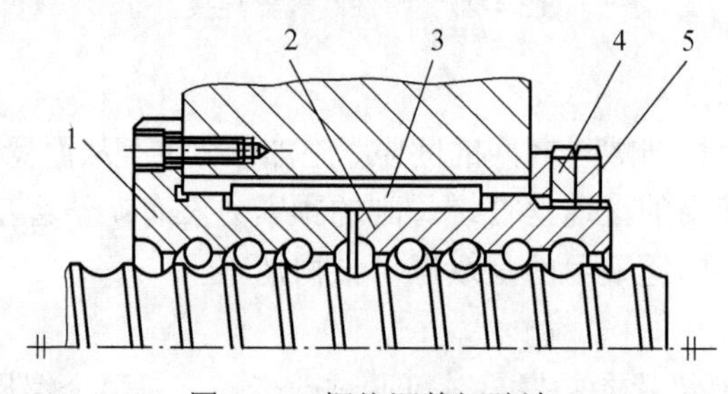

图 4-30　螺纹调整间隙法

1、2-单螺母；3-平键；4-调整螺母；5-锁紧螺母

3. 滚动导轨的安装和预紧

直线滚动导轨副的安装固定方式主要有螺钉固定、压板固定、定位销固定和斜楔块固定，如图 4-31 所示。直线滚动导轨的安装形式可以水平、竖直或倾斜，可以两根或多根平行安装，也可以把两根或多根短导轨接长，以适应各种行程和用途的需要。

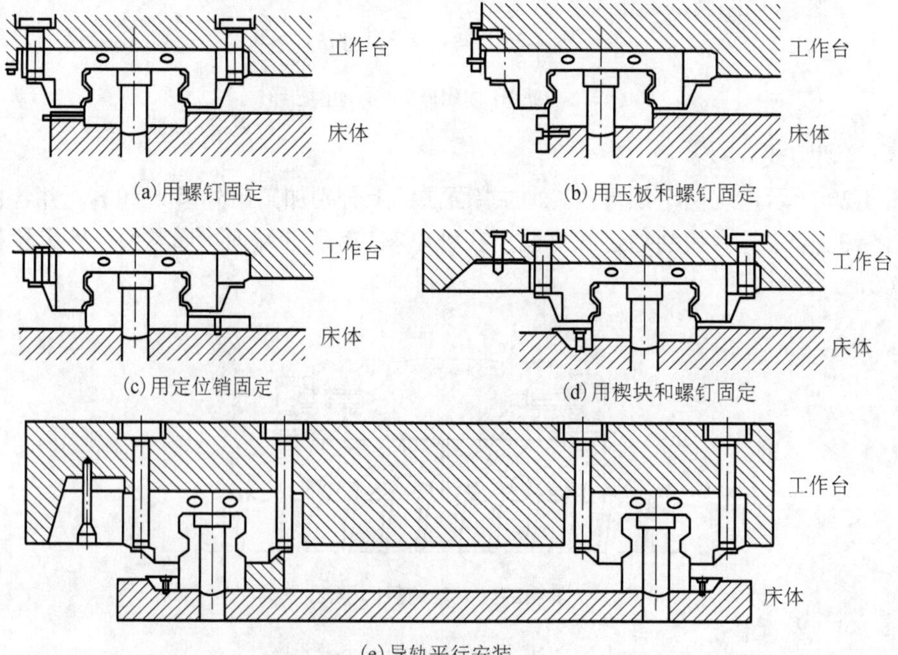

图 4-31　滚动直线导轨副的安装固定方式

图 4-31(a)为用紧定螺钉顶紧，然后再用螺钉固定；图 4-31(b)为用压板顶紧，也可在压板上再加紧固螺钉；图 4-31(c)中导轨的侧基面是装配式，工艺性较好；图 4-31(d)为用楔块顶紧；图 4-31(e)为在同一平面内平行安装两副导轨，该方法适用于有冲击和振动，精度要求较高的场合，数控机床滚动导轨的安装，多数采用此办法。

导轨的安装步骤包括：①将导轨基准面紧靠机床装配表面的侧基面，对准螺孔，将导轨轻轻地用螺栓予以固定。②上紧导轨侧面的顶紧装置，使导轨基准侧面紧靠贴床身的侧面。③按表 4-3 的参考值，用力矩扳手拧紧导轨的安装螺钉，从中间开始按交叉顺序向两端拧紧。

表 4-3　推荐的拧紧力矩

螺钉规格	M3	M4	M5	M6	M8	M10	M12	M14
拧紧力矩/（N·m）	1.6	3.8	7.8	11.7	28	60	100	150

滑块座的安装步骤包括：①将工作台置于滑块座的平面上，并对准安装螺钉孔，轻轻地压紧。②拧紧基准侧、滑块座侧面的压紧装置，使滑块座基准侧面紧贴工作台的侧基面。③按对角线顺序拧紧基准侧和非基准侧滑块座上各个螺钉。

安装完毕后，检查其全行程内运行是否轻便、灵活，有无阻滞现象；摩擦阻力在全行程内不应有明显的变化。达到上述要求后，检查工作台的运行直线度、平行度是否符合要求。

导轨预紧是为了提高滚动导轨的刚度。预紧可提高接触刚度和消除间隙；在立式导轨上，预紧可防止滚动体脱落和歪斜。常见的预紧方式有采用过盈配合和调整法两种。

(1)采用过盈配合：预加载荷大于外加载荷，预紧力产生过盈量 2～3μm，过大会使牵引力增加。若运动部件较重，其重力可起预加载荷的作用。若刚度满足要求，可不施加预加载荷。

(2)调整法：利用螺钉、楔块或偏心轮调整来进行预紧。

4.2　电气控制系统与 PLC 设计

电气控制系统是数控机床的重要组成部分，在机械设备中起着神经中枢的作用。它通过对电动机的控制，能驱动生产机械实现各种运行状态，达到加工生产的目的。电气控制系统的要求如下：

(1)电气控制系统应能最大限度地满足生产制造和工艺的要求；

(2)控制线路应力求简单、经济，保证控制电路工作的可靠和安全。

4.2.1　数控机床电气控制系统的组成

按照电气设备和电器的工作顺序，采用国家统一规定的电气图形符号和文字符号，详细表示电路、设备或成套装置的全部基本组成和连接关系的图形称为电气控制系统图。它清晰地表达了设备电气控制系统的组成结构、设计意图、工作原理，及安装、调试和检修控制系统等技术要求。分析电气控制系统图是掌握电气控制系统组成结构和工作方式的先决条件。

电气控制系统图一般有三种：电器原理图、电器元件布置图、电气安装接线图，分别如图 4-32～图 4-34 所示。电气原理图是表示电流从电源到负载的传送情况和各电气元件的动作原理及相互关系的示意图，因而不考虑各电器元件实际安装的位置和实际连线情况。应根据结构简单、层次分明清晰的原则，采用电器元件展开形式绘制，以便于阅读和分析控制线路。

电器元件布置图详细绘制出电气设备、零件的实际安装位置。为电器控制设备的制造、安装、维修提供必要的资料。各电气元件的安装位置是由机床的结构和工作要求决定的，比如，电动机要和被拖动的机械部件在一起，行程开关应放在要取得信号的地方，操作元件要放在操纵台及悬挂操纵箱等操作方便的地方，一般电气元件应放在控制柜内，图中各电器代号应与有关电路和电器清单上所有元器件代号相同。

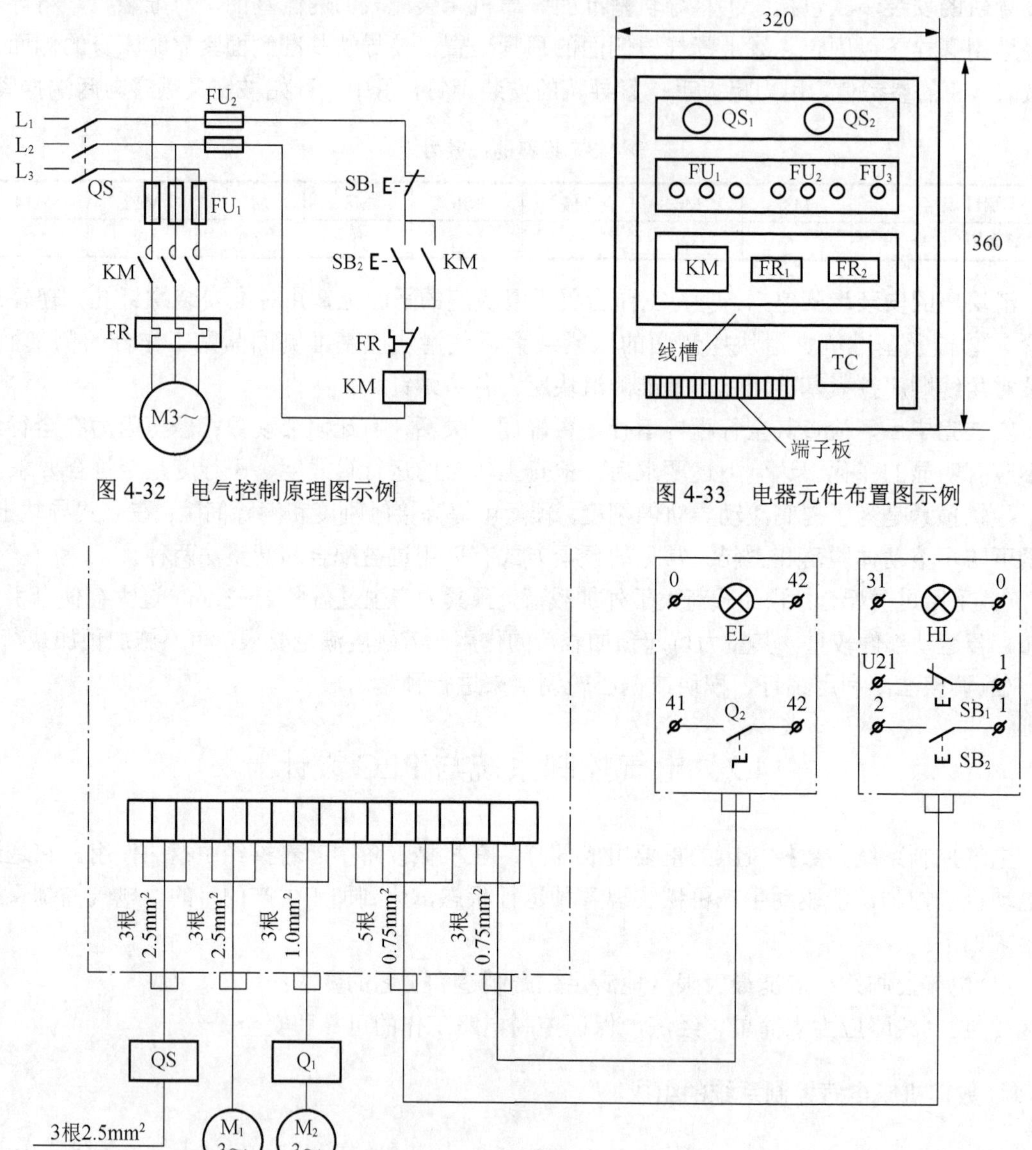

图 4-32　电气控制原理图示例

图 4-33　电器元件布置图示例

图 4-34　电气安装接线图示例

在电器元件布置时，对体积大和较重的电器元件应安装在电器安装板的下方，而发热元件应安装在电器板的上方。强电弱电应分开，弱电应屏蔽，防止外界干扰。需要经常维护、维修、调整的电器元件安装位置不宜过高或过低。电器元件布置不宜过密，要留一定间距、以利布线和维护。

安装接线图是用来表明电气设备各单元之间的接线关系。安装接线图主要用于电器的安装接线、线路检查、线路维修和故障处理。示例中表明了电气设备外部元件的相对位置及它们之间的电气连接，是实际安装接线的依据。

电气控制图中的识图一般指分析电气原理图。为了便于阅读和理解，电路图按功能划分成若干个图区，通常是一条回路或一条支路划为一个图区，并从左向右依次用阿拉伯数字编号，标注在电路图下部的图区栏中。完整的电气控制原理图可分为主回路、控制回路和照明回路三个图区，其框架结构如图 4-35 所示。

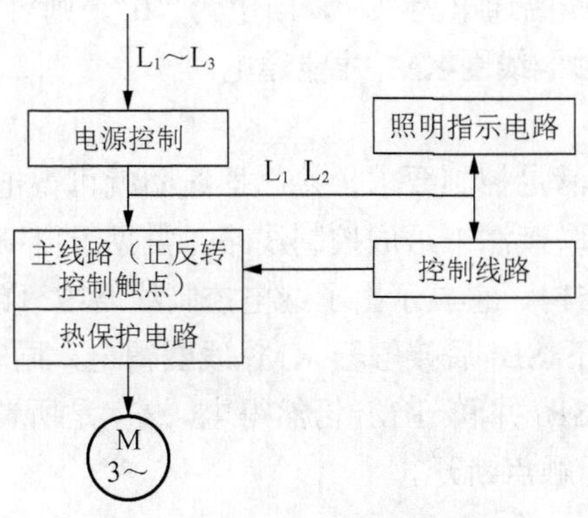

图 4-35　电气原理图框架结构

(1) 主回路——强电流：由开关、熔断器、接触器主触点、热继电器电动机等组成，完成机床各电动机的启动、正反转、制动、调速等，通常是 380V 交流电。

(2) 控制回路——弱电流：由继电器和接触器线圈、主令电器、控制触点及控制变压器等组成，实现机床电动机的启动、正反转、制动、调速基本逻辑控制，控制回路通常是 220V、110V 交流电压，或 24V 等直流电压。一般按照从左至右、从上至下的排列来表示操作顺序。

(3) 照明和指示回路——工作状态指示和工作照明：由电源变压器、指示灯、照明灯、照明开关等组成，照明回路通常是 36V 交流电压。

1. 电气原理图的基本分析方法

1) 结合电路实际功能识图

了解生产过程和工艺对电路提出的要求；了解各种用电设备和控制电器的位置及用途；了解图中的图形符号及文字符号的意义。

在掌握电工学基础知识的基础上，对生产机械的基本结构、运动型式、工艺要求及操作过程等进行全面的了解，基于此，明确对其控制线路的要求，并分析控制线路。明确电路实际能实现的功能，从功能出发，理解为了实现功能而进行的动作。如对电动机的正反转控制电路，改变电动机电源相序，即可实现对旋转方向的控制。

2) 结合典型电路识图

典型电路就是常见的基本电路，如电动机的启动、制动、顺序控制等。不管多复杂的电路，几乎都是由若干基本电路组成的。因此，熟悉各种典型电路，是看懂较复杂电气图的基础。

另外，理解基本逻辑关系的电路表示对理解电气图也有帮助。实际的电气控制线路虽然复杂，但很大一部分都是常开与常闭触头的组合。掌握了这些触头的组合规律，就可以为分析电路提供一定的方便，这些触头的组合规律实际上反映继电器或接触器线圈与这些触头之间的某种逻辑关系，实现这种关系的控制环节就是一种基本控制环节。

(1)逻辑“与”关系。

只有几个条件都具备时，接触器线圈才得电。可采用常开按钮(或触头)串联接法来组成控制线路。这种逻辑关系可以在顺序控制电路中看到，顺序控制电路就是按一定的顺序，有规律地先后启动所需的电动机。

图 4-36 中显示出了继电控制线路中“与”运算的实例，它表示触点的串联。若规定触点接通为“1”，断开为“0”，线圈通电为“1”，断电为“0”，则可以写出 $KM_1=SB_1\times SB_2$，只有触点 SB_1、SB_2 均接通，接触器线圈 KM_1 才能通电。

(2)逻辑“或”关系。

几个条件中有一个条件满足控制要求，接触器线圈就可得电。逻辑或的电路实现可以采用几个常开按钮(或触头)并联接法来组成控制线路，常见于自锁和多地启动电路。

图 4-37 是典型的自锁结构，它显示出了继电控制线路中“或”运算的实例。SB_2 是停止按钮，SB_1 是启动按钮，按下 SB_1 后接触器 KM_1 线圈得电，同时常开触点 KM_1 闭合；松开 SB_1 后，由于触点 KM_1 是与 SB_1 并联，KM_1 仍然得电，这就是所谓的自锁。按下停止按钮 SB_2，接触器 KM_1 线圈失电，常开触点断开。

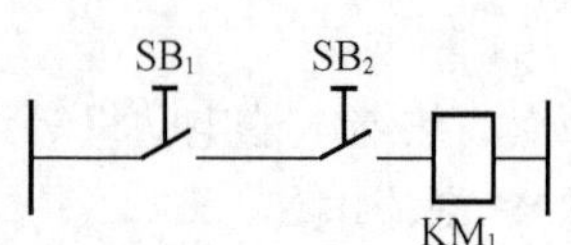

图 4-36　基本控制规律——逻辑与

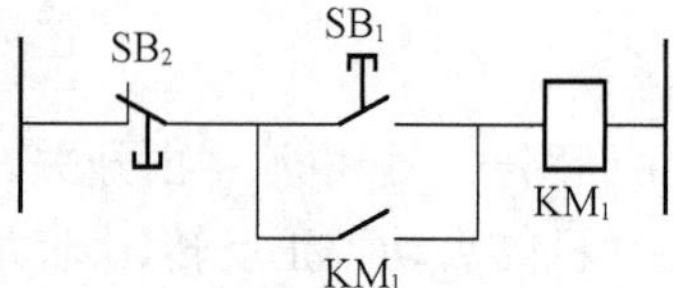

图 4-37　基本控制规律——逻辑或

(3)逻辑“非”关系。

若当某个条件满足时，接触器线圈不得电(失电)，则可采用常闭按钮(或触头)串联接入该线圈电路中的接法来组成控制线路。这种逻辑关系常见于互锁电路。

图 4-38 中表示出了继电控制线路中“非”运算的实例，通常称 KA 为原变量，KM 为反变量，它们是一个变量的两种形式，如同一个继电器的一对常开、常闭触点，在向各自相补的状态切换时同步动作。触点 KA 闭合时，接触器 KM 线圈得电，其常闭触点 KM 断开，因而线圈 KM_1 失电，完成了逻辑非运算。

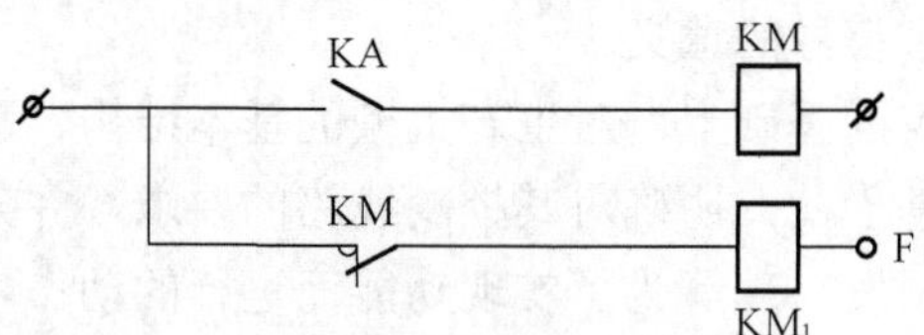

图 4-38　基本控制规律——逻辑非

3)结合制图要求识图

在绘制电气图时，为了加强图纸的规范性、通用性和示意性，必须遵循一些规则和要求，利用这些制图的知识能够准确地识图。

(1)分开表示法和集中表示法。

分开表示法是控制线路中常见的绘制方法，即同一电气元件的各部件可以不画在一起，可以根据其在电路中所起的作用分别画在不同的线路中，但它们的动作是相同的，采用相同的文字符号标注。例如，经常将继电器或接触器的线圈画在控制电路中，而将它们对应的触点画在主电路中，分析时依据“线圈得失电、对应触点发生动作”。注意，用这种表示法绘制的继电器(接触器)，其线圈和触点的文字符号是相同的。

和分开表示法相反，集中表示法是将一个元件的所有部件绘在一起，并且用点画线框起来，在电气接线图中通常采用集中表示法。

(2)触点动作控制。

对于有电磁线圈元件，触点的动作是靠电磁线圈中电流的接通和断开来实现的。遵循的是“常开触点得电闭合，常闭触点得电断开”，电气原理图中绘制出的触点状态都是未上电的原始状态。无电磁线圈元件的触点是靠外力或其他因素来实现动作的。

(3)电器原理图分区的方法。

为了清晰明了的表示整个电气控制系统的控制原理，并方便分析，电气原理图一般将电源线路、主回路、控制回路、照明线路及信号线路分开绘制。

如图 4-39 所示，在图的边框外，从标题栏相对的左上角开始，竖边方向用大写拉丁字母、横边方向用阿拉伯数字，依次编号，这样就将图幅分成了若干个图区。用分区代号(例如 B5、E2)可以很快地将其相交点的电器元件的位置表示出来。

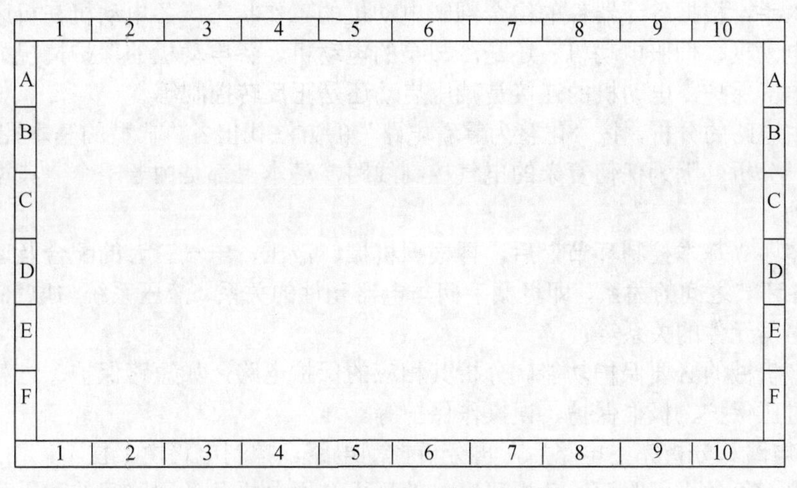

图 4-39　电气控制图的图区划分

(4)主电路各接点标记。

三相交流电源引入线采用 L_1、L_2、L_3 标记，电源开关之后的分别按 U、V、W 顺序标记，分级三相交流电源主电路可采用 1U、1V、1W，2U、2V、2W 等。电动机分支电路各接点可采用三相文字代号后面加数字来表示，如 U11、U21 等，数字中的十位数字表示电动机代号，个位数字表示该支路的接点代号。如 U21 表示 2 号电动机 U 相第 1 个接点代号，以此类推。

控制电路采用阿拉伯数字编号，一般由三位或三位以下的数字组成。按“等电位”原则，由上而下编号，凡是被线圈、绕组、触点或电阻、电容等元件所间隔的线段，都应标以不同的电路标号。

(5)符号位置的索引。

由于电气原理图中多把同一电气元件分开绘制，为了便于查找和分析，元件的相关触点位置的索引用图号、页次和区号组合表示。表示形式为图号/页次/图区号(行号、列号)，如图 4-40 所示。

当某图号仅有一页图样时，只写图号和图区的行、列号，在只有一个图号多页图样时，则图号可省略，而元件的相关触头只出现在一张图样上时，只标出图区号。接触器和继电器的触点位置可采用附图的方式表示。

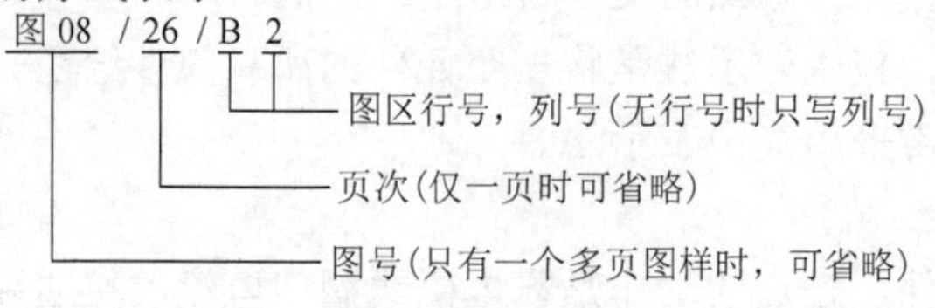

图 4-40　电器元件的符号位置索引

在电路图中每个接触器线圈的文字符号 KM 的下面画两条竖线，分成左、中、右三栏，把受其控制而动作的触点所处的图区号规定填入相应栏内。在电路图中每个继电器线圈的文字符号的下面画一条竖线，分成左、右两栏，把受其控制而动作的触点所处的图区号规定填入相应栏内。对备而未用的触点，在相应的栏中用“×”标出或不标任何符号。

2. 分析电气原理图的步骤

(1)主电路。首先要仔细看一遍电气图，弄清电路的性质，是交流电路还是直流电路。然后从主电路入手，根据各元器件的组合判断电动机的工作状态：各电动机在机床中的作用如何，是主轴电动机、伺服电动机、还是冷却泵的电动机。各电动机的保护情况如何，有无熔断器或热继电器保护，电动机的连接是减压启动还是正反转控制等。

根据对主电路的分析，按“化整为零看电路”的方法找出各“典型的基本控制环节”，然后再进行逐一分析。因为任何复杂的电气控制线路，基本上都是由若干个“典型的基本控制环节”组成的。

分析清楚各“基本控制环节”后，再根据机械、液压、电气三者的配合及运动顺序的要求，分析其各环节之间的关系，即机械手柄与电器元件的关系、液压系统与电气控制的关系、运动机构与电器元件的关系等。

根据生产机械的必要保护功能，分析其相应的保护电路，如短路保护、过载保护、过流保护、失压过压保护、极限保护、误操作保护等。

(2)控制电路。分析完主电路后，再分析控制电路。控制电路由上往下，由左往右阅读。要按动作顺序对每条小回路逐一分析研究，然后再全面分析各条回路间的联系和制约关系：若按按钮，谁动作？若控制其他元件动作，被控对象如何动作？跟踪动作，分析信号检测元件状态变化和执行元件动作变化。

(3)最后阅读保护、照明、信号指示、检测等部分的电路。

这里以本节开始的电气原理图示例为例，简要说明电气图的分析过程，如图 4-41 所示。

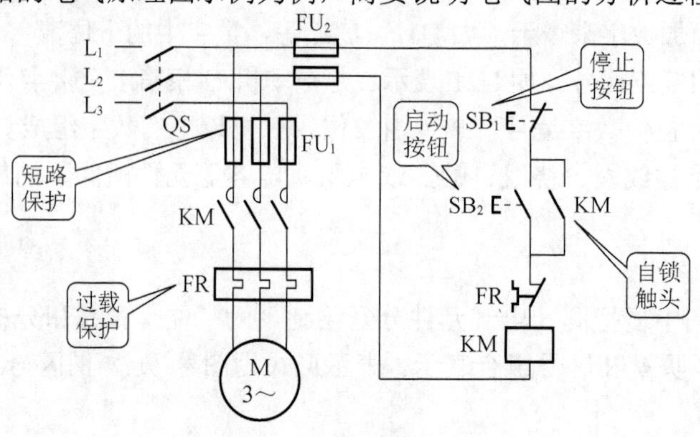

图 4-41　示例电气图

图 4-41 中，熔断器 FU_1、FU_2 分别布置在主电路和控制电路的前端，用作短路保护；热继电器 FR 置于电动机前，用作过载保护，这是一种常见的电路保护装置的布置。

工作过程：接通电源开关 QS，整个电路通电，按下启动按钮 SB_2，接触器 KM 线圈得电→KM 主触点闭合→电动机运转，同时 KM 辅助触点闭合自锁；按下停止按钮 SB_1→KM 线圈断电→电动机停止，同时接触器的所有触点恢复到初始状态。

4.2.2 电气控制电路的设计

电气控制系统设计的基本任务是根据生产机械的控制，设计和完成电控装置在制造、使用和维护过程中所需的图样和资料。具体需要完成的内容包括撰写电气设计技术任务书，拟定电气控制方案，进行系统参数计算，绘制电气原理图、电器元件布置图和电气安装接线图等。这里主要介绍绘制电气控制系统图的原则和方法。

1. 电气控制系统图的绘制方法

应根据简明易懂的原则，用规定的方法和符号进行绘制。这样才能清楚地表达生产机械电气控制系统的结构、原理等设计意图，也便于电器元件的安装、调试、使用和维护。

1) 电气控制线路的绘制形式

(1) 安装图——按电器的实际位置和实际接线，用规定的符号画出。

特点：属于同一电器的不同的部件(如交流接触器的主触头、辅助触头、线圈)全部按实际位置画在一起。

作用：表示各电气设备之间实际接线情况，用于安装、调试与检修。

(2) 原理图——根据工作原理绘制。

特点：属于同一电器的不同的部件，依据原理分别画在相应的电路中(如交流接触器的主触头画在主电路上，辅助触头及线圈画在控制电路上)。

作用：能够清楚地表明电路的功能，便于分析工作原理。在电气控制线路的设计、安装、调试、维护、检修中都要用到原理图。

2) 电气控制图中的符号

(1) 文字符号。文字符号用来表示电气设备、装置、元器件的名称、功能、状态和特征的字符代码。例如，KM 表示接触器，FR 表示热继电器。

(2) 图形符号。图形符号用来表示一台设备或概念的图形、标记或字符。例如，“～”表示交流。

运用图形符号绘制电气系统图时应注意，符号尺寸大小、线条粗细可缩放，但同图同尺寸，各符号间及符号本身比例保持不变；符号方位可旋转或镜像，但文字和指示方向不得倒置；大多数符号都可以加上补充说明标记；有些具体器件的符号可由设计者根据国家标准的符号要素、一般符号和限定符号组合而成。

绘制电气系统控制图时应遵循国家标准，国家电气图用符号标准 GB/T4728 规定了电气简图中图形符号的画法。国家标准未规定的图形符号可根据实际需要，按突出特征、结构简单、便于识别的原则自行设计。当采用其他来源的符号或代号时，必须在图解和文件上说明其含义。

2. 电气原理图的绘制原则

(1) 电路图应按主电路、控制电路、照明电路、信号电路分开绘制。直流和单相电源电路用水平线画出，一般画在图样上方，相序自上而下排列。中性线(N)和保护接地线(PE)放在相线之下。主电路与电源电路垂直画出。控制电路与信号电路垂直画在两条水平电源线之间。耗电元件(如电器的线圈、电磁铁、信号灯等)直接与下方水平线连接。控制触点连接在上方水平线与耗电元件之间。

(2)表示导线、信号通路、连接线等的图线可水平或垂直布置，也可以用斜的交叉线，但应是交叉和折弯最少的线段。

(3)电路或元件应按功能布置，并尽可能地按工作顺序排列，对于次序清楚的简图，尤其是电路图和逻辑图，其布局顺序原则上按动作顺序和信号流自上而下、自左至右的原则绘制。

(4)为了突出或区分某些电路、功能等，导线符号、信号通路、连接线等可采用粗细不同的线条来表示。

(5)元件、器件和设备的可动部分通常应表示在非激励或不工作的状态或位置，即按没有外力作用和没有通电时的原始状态画出。

(6)所用图形符号应符合 GB/T4728.7—2008《电气简图用图形符号》的规定。当采用非国标规定的图形符号时，必须加以说明。当图形垂直放置时，各元器件触点图形符号以“左开右闭”绘制。当图形为水平放置时，以“上闭下开”绘制。

(7)同一电器元件的各部件可不画在一起，但文字符号要相同。若有多个同一种类的电器元件，可在文字符号后加上数字符号的下标，如 KM_1、KM_2 等。

另外，在表达清楚的前提下，尽量减少线条，尽量避免交叉线的出现。两线交叉连接时需用黑色实心圆点表示，两线交叉不连接时需用空心圆圈表示。原理图上应标注出各个电气电路的电压值、极性或频率及相数；某些元器件的特性；常用电气的操作方式和功能。

3. 电气安装接线图的绘制原则

GB/T 6988.1—2008《电气技术用文件的编制》中详细规定了电气安装接线图的编制规则。主要包括以下几点：

(1)在接线图中，一般都应标出项目的相对位置、项目代号、端子间的电气连接关系、端子号、线号、线缆类型、线缆截面积等。

(2)同一控制盘上的电气元件可直接连接，而控制盘内元器件与外部元件连接时必须通过接线端子板。

(3)接线图中各电器元件的图形符号与文字符号均应以原理图为准，并符合国家标准。

(4)互连接线图中的互连关系可用连续线、中断线或线束表示，连接导线应注明导线根数、导线截面积等。一般不表示导线实际走线路径，施工时根据实际情况选择最佳走线方式。

(5)各电气元件均按其在安装底板中的实际安装位置绘出。

(6)一个元件的所有部件绘在一起，并且用点画线框起来，即采用集中表示法。

(7)安装底板内外的电气元件之间的连线端子板进行连接，安装底板上有几个接至外电路的引线，端子板上就应绘出几个线的接点。

4.2.3　运动控制系统的接线

数控机床在生产厂家生产出来后，已经对机床进行了各项必要的检验，检验合格后才能出厂。对于中、大型数控机床，由于机床的体积较大，不方便运输，必须解体后分别运输到用户后再重新组装和调试，方可使用。而对于小型机床，在运输的过程中无需对机床进行解体，故机床的安装、调试和验收工作相对来讲比较简单。但是，大多数情况下，还是需要用户自己或在技术人员帮助下完成一定的接线工作。数控系统的整体接线大致遵循以下几个步骤：

(1)数控系统的开箱检查。

数控系统，无论是单体购入还是随机床配套购入，均应在到货后进行开箱检查，检查包括系统本体和与之配套的进给速度控制单元、伺服电动机、主轴控制单元和主轴电动机。检查它们的包装是否完整无损，实物和订单是否相符。此外，还应检查数控柜内各插件有无松动，接触是否良好。

(2)数控系统电源线的连接。

首先，需要进行输入电源电压和频率的确认。目前我国电压的供电为：三相交流 380V；单相 220V。国产机床一般采用三相 380V，频率 50Hz 供电，而部分进口机床不是采用三相交流 380V、频率 50Hz 供电，但这些机床都自身已配有电源变压器，用户可根据要求进行相应的选择。还需要检查电源信号的上下波动是否符合机床的要求、机床附近有无能影响电源电的大型波动设备等，若电压波动过大或有大型设备应加装稳压器。如果因为电源供电波动大，产生电气干扰，会影响机床的稳定性。

其次，需要完成电源相序的确认，当相序接错时，有可能使控制单元的熔断器熔断。检查相序的方法比较简单，应先切断数控柜电源开关，连接数控柜电源变压器输入电缆，检查电源变压器与伺服变压器的绕组抽头连接是否正确。各相序按图 4-42 所示接入相序表，当相序表顺时针旋转，相序相正确，反之相序错误，这时只要将 U/V/W 三相中任二根电源线对调即可。

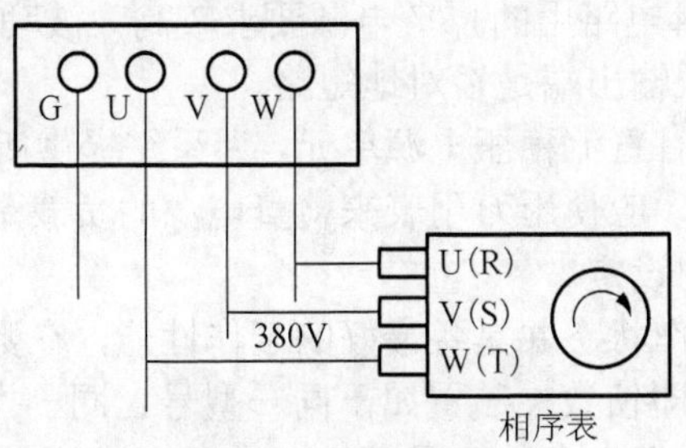

图 4-42　相序测量示意图

另外，还需要检查确认变压器的容量是否能满足控制单元与伺服系统的电耗。对采用晶体管控制元件的速度控制单元与主轴控制单元的供电电流，一定要严格检查相序，否则会使熔丝熔断。

(3)外部电缆的连接。

外部电缆连接是指数控装置与外部 MDI/CRT 单元、强电柜、机床操作面板以及进给伺服电动机动力线与反馈线、主轴电动机动力线与反馈信号线的连接，手摇脉冲发生器等的连接。应使连接符合随机提供的连接手册的规定。最后还应进行地线连接，地线要采用一点接地型，即辐射式接地法，如图 4-43 所示。

这种接地方法要求将数控机床中的信号地、框架地、系统地和机床地等，连接到一个公共接地点上，而且数控柜与强电柜之间应该保证有足够粗的保护接地电缆。例如，采用截面面积为 5～14mm^2 的接地电缆，其公共接地点必须与大地接触良好，一般要求接地电阻小于 4～7Ω。

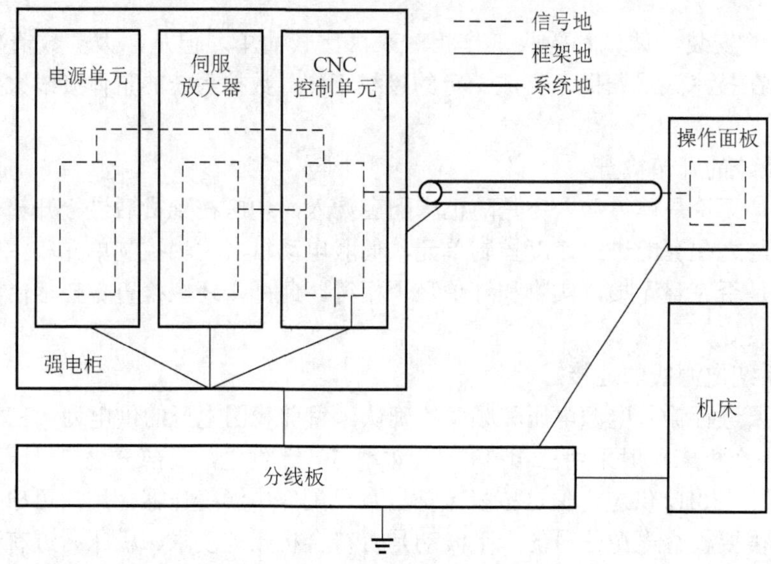

图 4-43　一点接地法示意图

(4) 数控柜通电，检查各输出电压。

在接通电源之前，为了确保安全，可先将电动机动力线断开，这样在系统工作时就不会引起机床运动。但必须根据维修说明书的介绍对速度控制单元做一些必要的设定，才不至于因为断开电动机动力线而造成报警。接通电源后，首先检查数控柜中各个风扇是否转动，风扇的转动也可以确认电源是否已接通。检查各印制电路板上的电压是否正常，各种直流电压是否在允许的波动范围之内，一般来说，±15V 电压允许波动±5%左右；±24V 电压允许波动±10%左右，供给逻辑电路用的+5V 电源要求较高，波动范围在±5%以内。

(5) 确认直流电源的电压输出端是否对地短路。

各种数控系统的内部都有直流稳压电源单元，为系统提供所需的+5V、±15V、±24V 等直流电压，因此在系统通电前，应使用万用表来检查电源的负载是否有对地短路的现象。

(6) 数控系统各种参数的设定。

为了使机床处于最佳工作状态并具备最好的工作性能，在数控装置与机床连接时，必须设定系统(包括 PLC) 参数。即使数控装置属于同一型号、同一类型，其参数设置也因机床而异。显示参数的方法有多种，但大多数可通过 MDI/CRT 单元上的 PARAM 键来显示已存入系统存储器中的参数。机床安装调试完毕时，其参数显示应与随机附带的参数明细表一致。如果所用的进给和主轴控制单元是数字式的，那么它的设定也都是用数字设定参数，此时，需根据随机所带的说明书一一加以确认。

(7) 确认数控系统与机床侧的接口。

现代数控机床的数控系统都具有自诊断功能，在显示屏 CRT 画面上可以显示数控系统与机床可编程序控制器 PLC 的信息，反映从 CNC→PLC、从 PLC→机床(MT 侧) 以及从 MT 侧→PLC 侧、从 PLC 侧→CNC 侧的各种信号状态。至于各信号的含义及相互逻辑关系，随每个 PLC 的梯形图而异，用户可根据机床厂家提供的程序顺序单(即梯形图) 说明书(内含诊断地址表)，通过自诊断画面确认数控机床与数控系统之间接口信号是否正确。

这里分别以采用华中世纪星 HNC-210 数控装置和雷赛 DMC5600 型运动控制卡搭建的数控机床为例，说明数控机床的具体接线操作。

1. 华中世纪星 HNC-210 数控系统

华中世纪星 HNC-210 系列数控装置(HNC-210A、HNC-210B、HNC-210C) 采用先进的开

放式体系结构，内置嵌入式工业 PC，配置彩色液晶显示屏和通用工程面板，集成进给轴接口、主轴接口、手持单元接口、内嵌式 PLC 接口，支持电子盘程序存储方式以及 USB 盘、DNC、以太网等程序交换功能。可自由选配各种类型的脉冲接口、模拟接口交流伺服单元或步进电机驱动器。主要用于车、铣床及加工中心的控制。

1) 数控系统综合接线图

图 4-44 所示为 HNC-210 数控装置与其他装置单元连接的总体结构框图。HNC-210 数控装置通过 XS30～XS37 控制进给驱动装置，最多可以连接八个进给轴；PLC 输入/输出信号通过 XS10～XS12、XS20～XS22 接口连接。

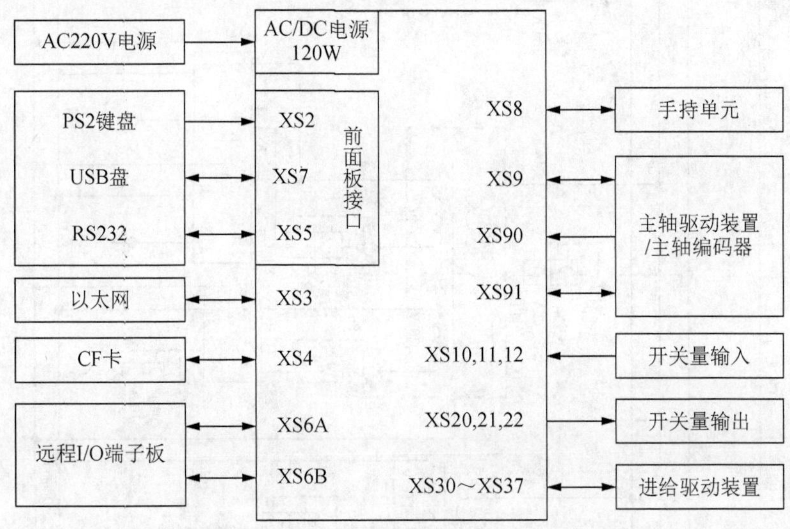

图 4-44　HNC-210 数控系统总体结构框图

整个数控机床由数控装置、变频调速主轴及三相异步电动机、交流伺服单元及交流伺服电动机、步进电动机驱动器及步进电动机、测量装置、十字工作台等组成，图 4-45 所示是华中数控综合实验台组成的框图，图中除电源接口外，其他接口均可选用。

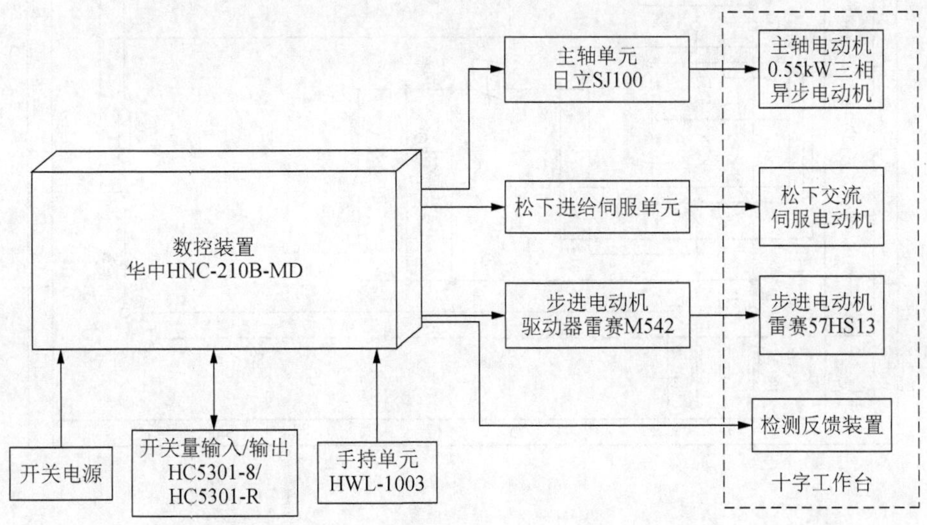

图 4-45　华中数控综合试验台组成框图

2) 数控系统电源

搭建的数控系统综合实验台电源部分工作原理如图 4-46 所示。

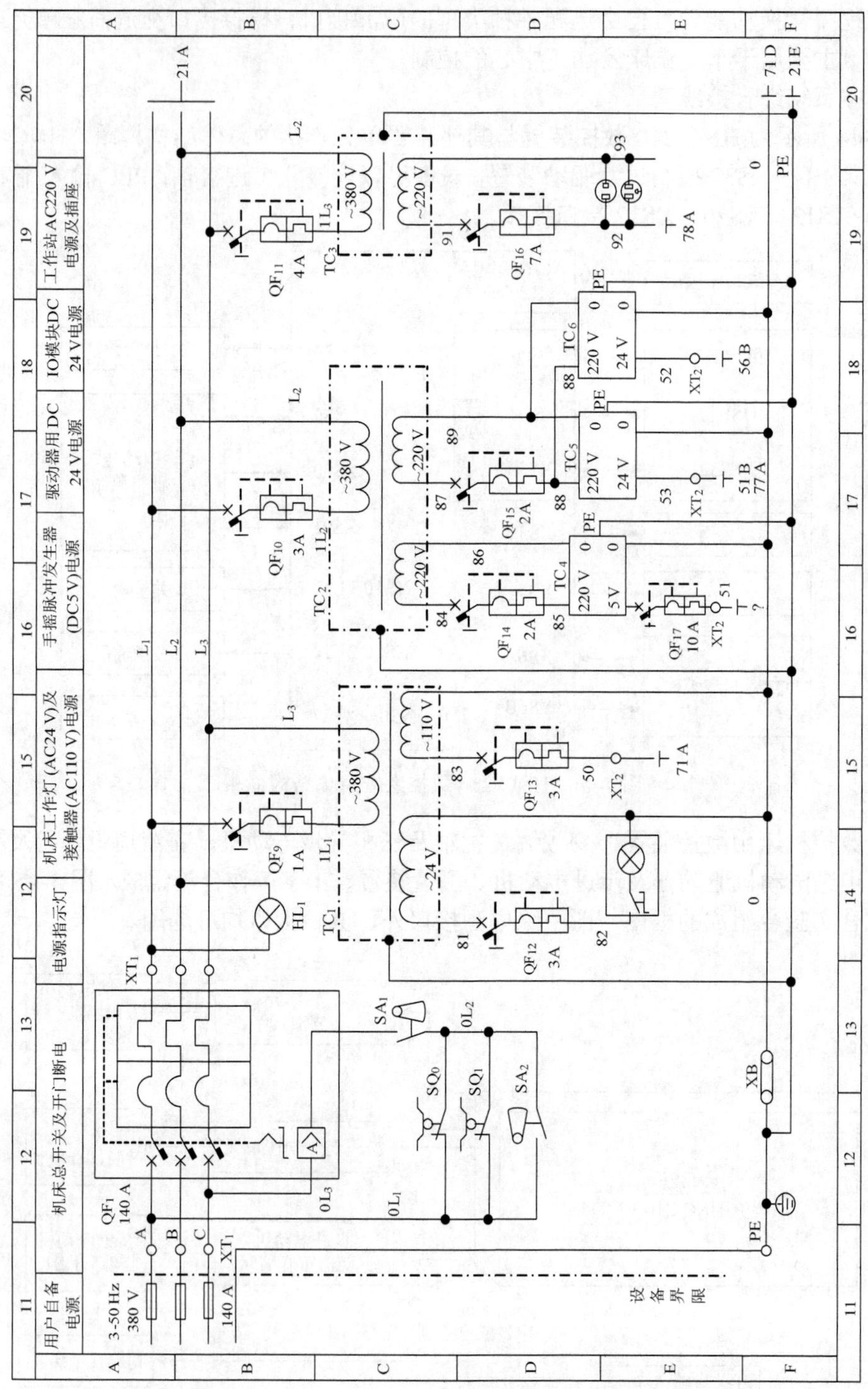

图 4-46　数控综合实验台主电路的部分电气图

从图 4-46 中可以看出：

(1) AC380V 电源经过总空气开关 QF_1，取其中两相，经空气开关 QF_{10}、控制变压器 TC_2，分别经空气开关 QF_{14}、QF_{15} 和变压器 TC_4、TC_5、TC_6 给手摇脉冲发生器、伺服驱动和 IO 模块供电。

(2) 取 AC380V 中的两相通过空气开关 QF_9、控制变压器 TC_1，分别通过空气开关 QF_{12}、QF_{13}，一路用作交流 24V 控制柜照明和空调电源，另一路给控制回路接触器线圈提供交流 110V 电源。

(3) 取 AC380V 中的两相通过 QF_{11}、控制变压器 TC_3、空气开关 QF_{16} 为工作站及其他设备提供电源。

3) 数控装置与主轴单元的连接

变频主轴单元采用的变频器采用正弦波脉宽调制(PWM)控制，数控装置与主轴单元变频器的接线如图 4-47 所示。L_1、L_2、L_3 为三相动力电源输入端；U_1、V_1、W_1 接三相异步电动机；DAS+、DAS0 为主轴转速模拟量控制指令，由数控装置通过 XS_9 主轴接口接入，该转速控制指令的输出范围为 0V～+10V，主轴的正、反转由 PLC 输出的控制信号控制；AL_0、AL_1 为故障输出信号。

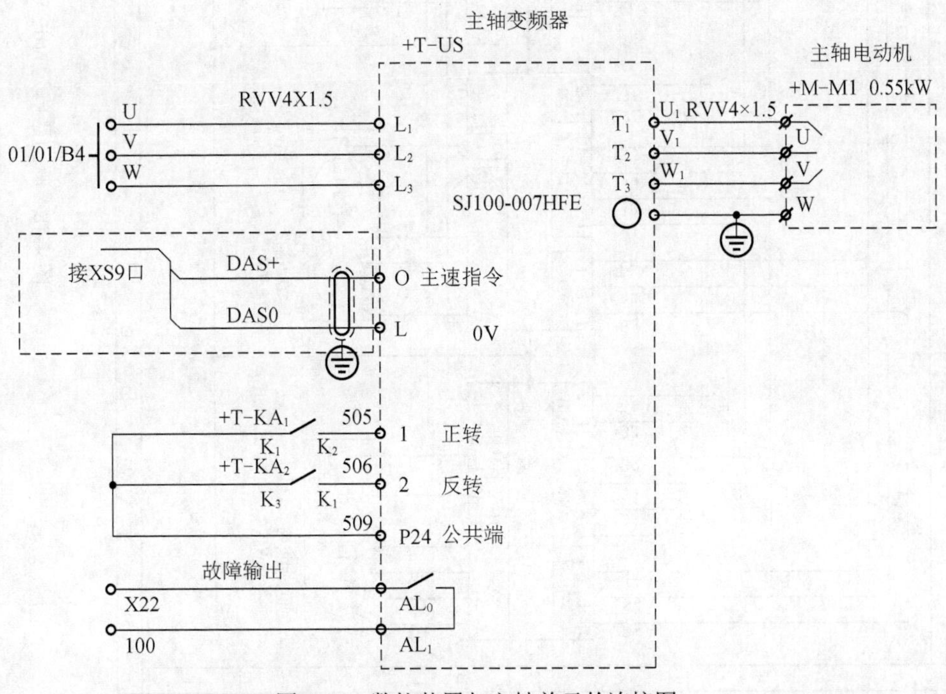

图 4-47　数控装置与主轴单元的连接图

4) 数控装置与进给单元的连接

图 4-48 是驱动装置与数控装置电动机的电气图。

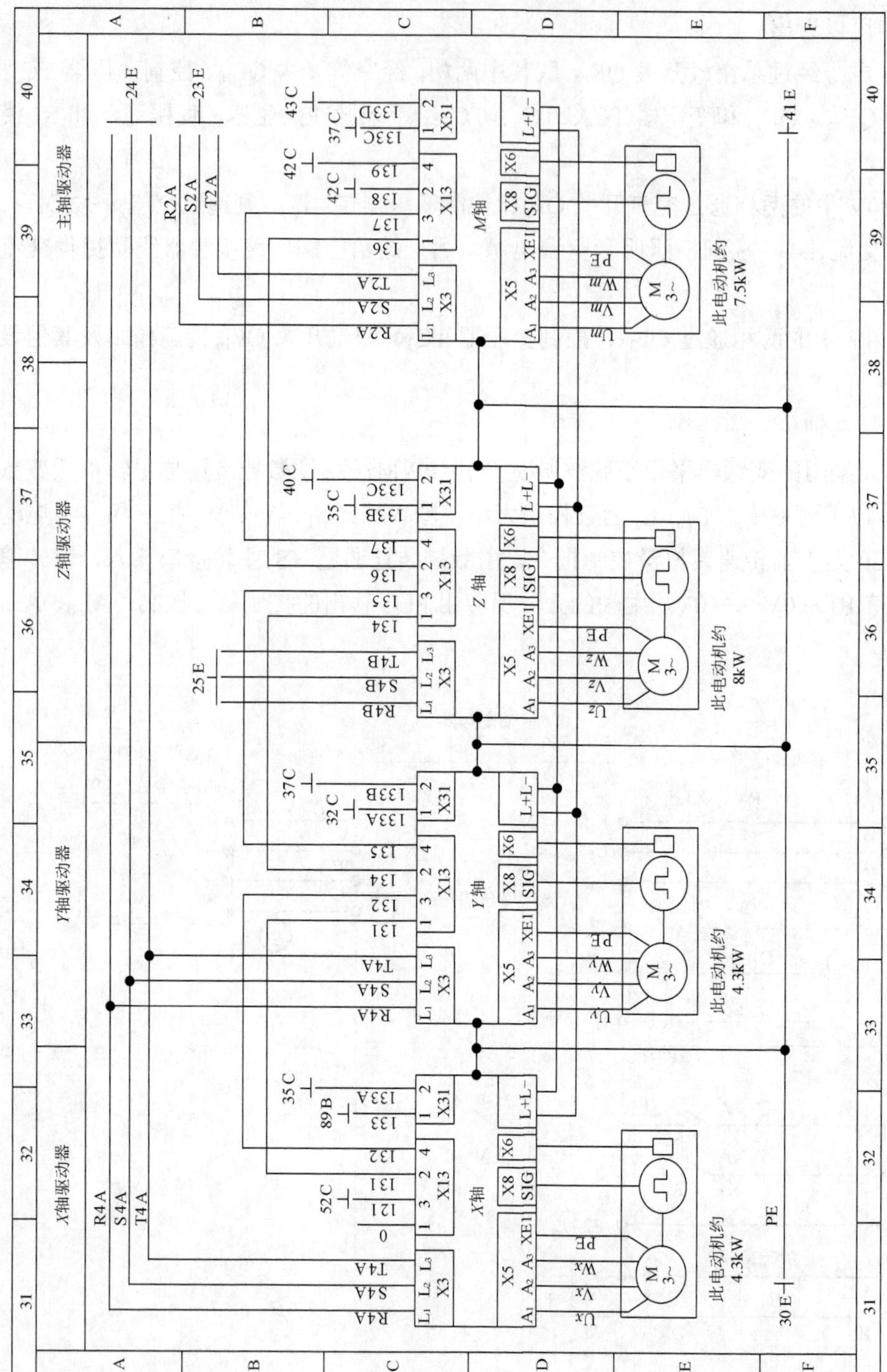

图 4-48　驱动器单元的电气图

5) 开关量输入/输出装置

开关量输入装置采用的是 HC5301-8 输入接线端子板，作为 HNC-21 数控装置 XS10～XS12 接口的转接单元使用，以方便连接及提高可靠性。输入接线端子板提供了 NPN 和 PNP 两种类型开关量信号输入接线端子，每块输入接线端子板有 20 个 NPN(或 PNP) 开关量信号输入接线端子，最多可接受 20 路 NPN(或 PNP) 开关量信号的输入。

开关量输出装置采用的是 HC5301-9 输出接线端子板，作为 HNC-21 数控装置 XS20～XS22 接口的转接单元使用。继电器板集成了 8 个单刀单开继电器和 2 个双刀双开继电器，最多可接 16 路 NPN 开关量信号的输出及急停(两位)与超程(两位)信号，其中 8 路 NPN 开关量信号的输出用于控制 8 个单刀单开继电器，剩下的 8 路 NPN 开关量信号的输出可通过接线端子引出，用来控制其他电器，2 个双刀双开继电器可从外部单独控制。

2. 雷赛 PCI 型运动控制卡数控系统

该试验台的电气控制系统可分为如下三大部分。

1) 脉冲控制与驱动部分

脉冲控制与驱动部分由工控机、运动控制卡、交流伺服电动机驱动器、变频电动机驱动器和负责提供行程限位信号的六个限位开关及接线板构成。其中运动控制卡采用雷赛 DMC5600 六轴轨迹卡，交流伺服电动机驱动器采用松下 MINASA 系列驱动器，变频电动机驱动器采用欧瑞 E1000-0007S2 通用型变频器，限位开关为普通小型限位开关。

工作原理：工控机与运动控制卡间采用 PCI 总线通信，将控制软件获取的运动控制信息(如位置、速度、轨迹类型)送至运动控制卡，同时读回实际位移量(脉冲数)。运动控制卡将这些运动控制信息经算法处理转化为不同频率和不同控制电压的脉冲送出至交流伺服电动机驱动器。驱动器与伺服电动机组成了一个复杂的半闭环控制系统，通过位置环与速度环的反馈实现电动机位置、速度的精确控制。驱动器产生的驱动脉冲通过四芯电缆供给伺服电动机，驱动其工作；同时反馈脉冲信号通过连接在驱动器间的编码器电缆回馈到驱动器内部编码器实现闭环控制。

三个伺服电动机的行程限位信号，由六个限位开关提供。分别是 X 正、负方向限位开关，Y 正、负方向限位开关，Z 正、负方向限位开关。它们的一端共同接 12V 直流电源负极，另一端分别接端子板相应的限位信号接口。端子板工作电源为 12V 直流电源。

因编码器工作需要外接 5V 直流，特设 5V 直流稳压电源。电动机减速或制动时产生的再生能量由驱动器所接的再生放电电阻释放。由于再生能量可能较大，再生放电电阻采用 100Ω/100W 瓷质管式线绕电阻。

2) 运动执行部分

运动执行部分由三台松下 MINASA 系列伺服驱动器和松下交流伺服电动机组成。三台伺服电动机在 X、Y、Z 方向各设一台，以实现平面内任意曲线运动。电动机与驱动器之间通过驱动电缆和编码器电缆相连，其中驱动电缆将伺服驱动器产生的驱动电流提供给交流伺服电动机驱动其工作；交流伺服电动机实际转过的角位移通过编码器换算为脉冲个数后由编码器电缆送回伺服驱动器实现反馈控制。

3) 电源部分

电源部分由 220V/1500W 交流稳压电源，12V/12W、5V/5W 直流稳压电源组成。其中 220V/1500W 交流稳压电源负责向伺服驱动器供电，5V 直流稳压电源向编码器供电，12V 直流稳压电源向端子板供电。

电源部分向整个电气控制系统供电，是整个系统的能量来源，它的电气性能对系统有直接影响。因此驱动器电源需具有输出电压波动小、电压稳定、功率大、保护措施齐全(有过压、过流、漏电保护)等功能，能有效保护系统和操作者的安全，并对电网干扰以及浪涌有良好的抑制作用。5V 直流稳压电源向编码器供电，应能提供 500mA 电流，当供电线路较长时应采用双绞线以避免电压跌落造成编码错误。向端子板供电的 12V 直流稳压电源，能提供 500mA 电流。

4.2.4 PLC 编程

应用运动控制卡的数控系统利用 Visual C++和控制卡生产厂商提供的动态链接库文件编程，可以方便地开发用户自己的数控系统，能更好地满足复杂多样的加工需求，具有开放性、可移植性、可扩展性等优点。但是，这种系统在功能的实现上很大程度依赖于控制卡厂商提供的动态链接库文件，可以说整个数控系统能够实现的功能在控制卡选用时就已经决定了。虽然如今的控制卡生产厂家提供了相当完备的函数库，一台数控机床的绝大部分功能已经可以只靠运动控制卡实现，但对于用户的某些特殊需求仍不能很好地满足。

在这种情况下，需要用户自行对运动控制卡进行二次开发，利用 VC 编程实现在动态链接库中没有包含的功能实现函数及程序。运动控制卡本身集中于机床的各种运动本身，如插补功能和位置、速度控制。因此，需要用户自行开发的功能多为机床的辅助功能，如主轴启停、正反转、换刀等。

这些机床的辅助功能在传统的数控机床中是由 PLC 完成的。为了能够在应用运动控制卡的数控机床上实现这些功能，同时满足数控系统的开放性，软 PLC(SoftPLC)是兼顾这两点需求的合理解决方案。

软 PLC 技术是随着计算机技术的迅猛发展以及 PLC 国际标准的制定发展起来的一项打破传统 PLC 局限性的新兴技术。其特征是在保留 PLC 功能的前提下，采用现场总线网络的体系结构和开放的通信接口，全部用软件来实现传统 PLC 的功能。近年来，软 PLC 技术随着工业控制领域 IEC61131-3 标准的制定和实施，得到迅速发展。软 PLC，是以通用操作系统和 IPC 为软硬件平台，用软件实现传统硬件 PLC 的控制功能。或者说，将 PLC 的控制功能封装在软件内，运行于 PC 环境中。这样的控制系统提供了 PLC 的相同功能，却具备了 PC 机的各种优点。软件 PLC 系统由开发系统和运行系统两部分组成，标准的软 PLC 系统框图如图 4-49 所示。

软 PLC 在运行过程中，在开发系统中进行梯形图、指令表等符合可编程控制器国际标准 IEC 61131-3 要求的编程语言的编辑和编译，通过通信接口将编译后的指令传递到运行系统；PLC 运行系统通过 I/O 接口板采集现场信号，并从 CNC 处获得部分开关量控制信息，随后根据传递的用户 PLC 程序和现场相关开关量状态信息进行处理，运行结果经 I/O 接口驱动输出到 I/O 端子板，并将处理后的部分开关量控制信息输出到 CNC，最终实现对外部硬件的控制。

1. 软 PLC 开发系统

软 PLC 可采用 C++语言与 MFC 技术进行开发，整个开发过程可以按照软件工程的思想进行概括，即主要包括开发过程、运作过程、维护过程。它们覆盖了需求、设计、实现、确认以及维护等活动。需求活动包括问题分析和需求分析。问题分析获取需求定义，又称软件需求规约。需求分析生成功能规约。设计活动一般包括概要设计和详细设计。概要设计建立整个软件系统结构，包括子系统、模块以及相关层次的说明、每一模块的接口定义。详细设计产生程序员可用的模块说明，包括每一模块中数据结构说明及加工描述。实现活动把设计结果转换为可执行的程序代码。确认活动贯穿于整个开发过程，实现完成后的确认，保证最终产品满足用户的要求。维护活动包括使用过程中的扩充、修改与完善。

图 4-50 所示为软 PLC 开发系统的工作过程和需求功能的分析示例，根据面向对象的思想，在 PLC 程序编辑模块开发时首先应进行实现功能的类的划分和编写，下面给出三个类的示例代码，分别定义为梯形图元素类(CSoftPLCEIe)、梯形图文档类(CSoftPLCDoc)、梯形图类(CSoftPLC)。

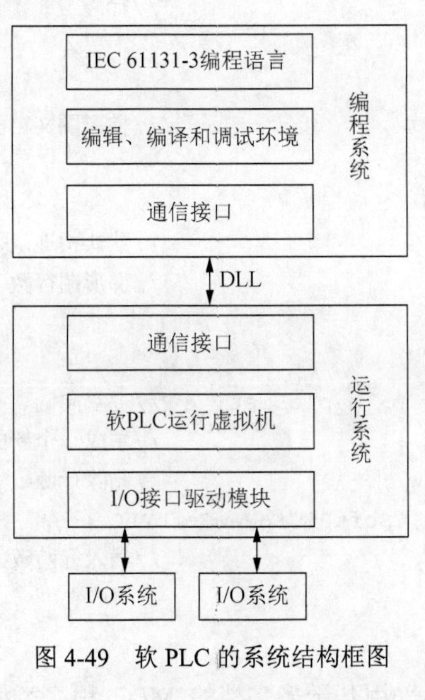

图 4-49　软 PLC 的系统结构框图

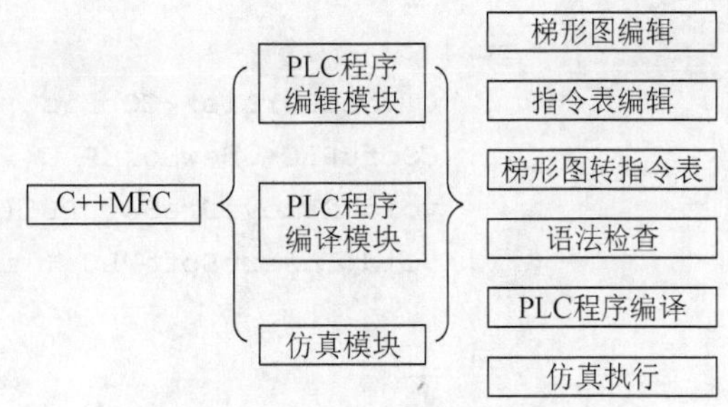

图 4-50　软 PLC 开发系统分析示例

```
class CSoftPLCEle:public CObjcct                        //梯形图元素类
  {
     public:
          CSoftPLCEIe(int nRow,int nCol,
          int nIDbitmap,CString sLabcl);                 //构造函数
     void DrawBitmap(CDC* pDC);                          //绘制函数
          ......
     protected:
          int m_nIDbitmap;                               //梯形图位图 ID
          CString strLabcl;                              //梯形图的标号
          int m_nRwv;                                    //元素所在行
          int m_ nCol;                                   //元素所在列
          ......
  };
class CSoftPLC:public CObject                            //梯形图类
  {
```

```
public:
    CSoftPLC(int nRowNum);                                    //构造函数
    CTypcdPtrList<CObList,CSoftPLCEIe*>m_plcEleList;  //元素链表
    void DrawRowBitmap(CDC* pDC);                             //绘制函数
    void RemovePreSoftPLCEIe( int nCol ) ;                    //删除函数
    void InsertSoftPLCEIe(int nCol,CSoftPLCEIe*pNewSoftPLCEIe);
                                                              //插入函数
CSoftPLCEIe* FindSoftPLCEIe(int nCol);                        //查找函数
        ……
    protected:
        CSoftPLC();                                           //默认构造函数
        int m_nRowNum;                                        //行号
        ……
  };
class CSoftPLCDoc:public CDocumcnt                            //梯形图文档类
  {
    protected:
        CSoftPLCDoc();                                        //默认构造函数
        int m_nRowNum;                                        //梯形图行数
        ……
    public:
        CTypedPtrList<CObList,CSoftPLC*> m_plcList;           //行双向链表
        CSoftPLC* NewSoftPLC(int nRow);                       //生成一个新的行
        void RemovePreSoftPLC(int nRow);                      //删除行函数
        void InsertSoftPLC ( int nRow,CSoftPLC*pNewSoftPLC ) ;
                                                              //插入行函数
        ……
  };
```

随后，需要进行功能实现部分的代码编写，可以采用基于多文档的 MFC 程序类型，选用支持屏幕滚动和多窗口操作的 CScrollView 类作为梯形图编辑器视窗的基类。通过对梯形图符号的分析，将其归纳为几种符号的基本图库，在屏幕上方做一个工具栏供用户选择。每一种梯形图元素图的大小与方形输入区的大小相等。编辑梯形图程序时，可以用鼠标直接选用工具栏中所需图素，将其放入视图中的某个位置。另外，在设计指令表编辑模块时，可以选用微软基本类库中的 CEditView 类作为基类。CEditView 是一个具有文字编辑功能的类，它所使用的窗口是 Windows 的标准控件之一 Edit，这个类本身具有许多实现文字编辑功能的成员函数；另一方面，由于该类是从 CView 类派生而来，支持多窗口操作并有文件预览功能。因此，指令表文件可以非常方便地在编辑视窗中进行编辑。设计的软 PLC 的界面示例如图 4-51 所示。

对于梯形图编译模块，可以以梯形图的梯级为单位，进行深度优先的扫描方法，按照从上到下、从左到右的顺序进行，即在扫描过程中，遇到并联结点就转入下一行进行扫描，行与行之间的切换由指针的变换来实现，原先位置的指针被预先存储起来，待并联模块扫描完后，再从原来的位置开始往下扫描。编译过程中，构造两个变量，一个用于存储分支块的逻辑值，另一个用于存储分支块前面语句的逻辑值，解释完一个分支块，将两个逻辑值做一次

运算，按这样循环，直至解释完一个梯级，最后将运算后的逻辑值输出。一般采用双向链表结构来保存目标代码，链表是一种动态数据结构，可以用来表示顺序访问的线性主体，它由系列节点组成，且结点可以在运行时动态生成。

2. 软 PLC 运行系统

这一部分是软 PLC 的核心，完成输入处理、程序执行、输出处理等工作。通常由 I/O 接口、通信接口，系统管理器、错误管理器、调试内核和编译器组成。

(1) I/O 接口。可与任何 I/O 系统通信，包括本地 I/O 系统和远程 I/O 系统，远程 I/O 主要通过现场总线 InterBus、ProfiBus、CAN 等实现。

(2) 通信接口。通过此接口使运行系统可以和开发系统或人机界面按照各种协议进行通信，如下载 PLC 程序或进行数据交换。

(3) 系统管理器。处理不同任务和协调程序的执行，而且从 I/O 映像读写变量。

(4) 错误管理器。检测和处理程序执行期间发生的各种错误。

(5) 调试内核。提供多个调试函数，如重写、强制变量、设置断点、设置变量和地址状态。

(6) 编译器。通常开发系统将编写的 PLC 源程序编译为中间代码，然后运行系统的编译器将中间代码翻译为与硬件平台相关的机器可执行代码(即目标码)。

软 PLC 运行系统的输入/输出控制可以采取以下实现方案：采用数据采集卡来进行外部开关量的控制。数据采集卡是一种实现数据采集(DAQ)功能的计算机扩展卡，可以通过 USB、PCI、RS485、以太网等总线接入工控机。数据采集卡可以从传感器和其他待测设备等模拟和数字被测单元中自动采集非电量或者电量信号，送到上位机中进行分析、处理。

PCI 总线数据采集卡的安装和开发方法与运动控制卡类似，可直接插在工控机内的任一 PCI 插槽中，并通过相应接口线缆与接线端子板相连，再由接线端子板与外部开关量连接。其硬件接线如图 4-52 所示。

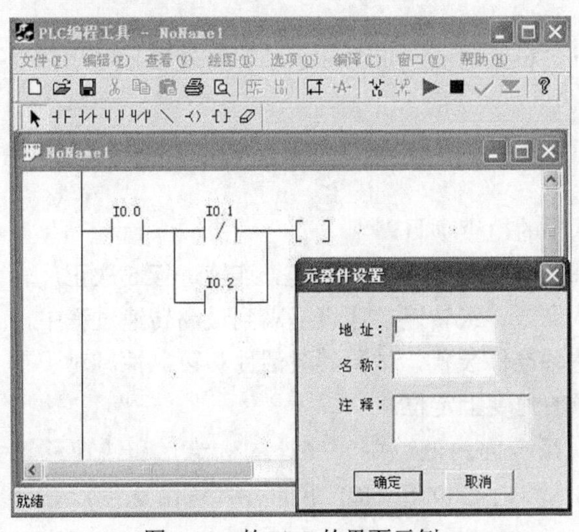

图 4-51　软 PLC 的界面示例

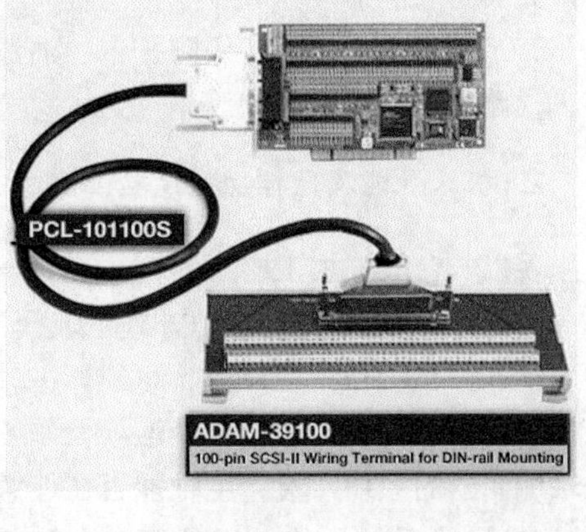

图 4-52　数据采集卡硬件接线示例

另外，数据采集卡也提供丰富的属性和方法，用户可以调用这些成熟的方法函数快速的开发出自己的程序，具体开发过程与运动控制卡类似。运动控制卡的使用开发可参见本书后面章节的相关内容。

4.3　数控机床的验收

数控机床的验收大致分为两类，一类为对于新型数控机床样机的验收，由国家指定的机床检测中心进行。另一类是一般机床用户验收其购置的数控设备(本书重点介绍该种类型)。

在机床调试人员完成对机床的安装调试后，数控机床用户的验收工作就是，根据机床出厂检验合格证上规定的验收条件，并根据机床种类和实际情况，结合GB/T 17421.3—2009《机床检验通则》、GB/T 16462.7—2009《数控车床和车削中心检验条件》、GB/T 18400.6—2001《加工中心检验条件》、GB/T 20957.7—2007《精密加工中心检验条件》等国家标准的各部分要求，通过实际能提供的检测手段来部分或全部地测定机床合格证上的各项技术指标。合格后验收结果将作为日后维修时的技术指标依据。

数控机床的主要验收工作包括：机床外观检查、机床性能和数控功能试验、机床几何精度检查、机床定位精度检查、机床切削精度检查。

1. 机床外观检查

在对数控机床做详细检查验收以前，对数控柜的外观进行检查验收，应包括以下几个方面。

(1)外表检查。用肉眼检查数控柜中的各单元是否有破损、污染，连接电缆捆绑是否有破损，屏蔽层是否有剥落等现象。

(2)数控柜内的部件紧固情况检查。包括螺钉紧固检查、连接器紧固检查、印制电路板的紧固检查。

(3)伺服电动机的外表检查。特别是对带有脉冲编码器的伺服电动机的外壳应做认真检查，尤其是它的后端。

其余检查还包括：各级防护罩、油漆质量、机床照明、说明标示、切屑处理、电线和气路、油路的走线固定防护等。

2. 机床性能及数控功能试验

现以一台立式加工中心为例，说明一些主要的检查项目。

(1)主轴系统性能。手动方式下选择主轴高、中、低三个主轴转速，连续进行5次正反转的启动和停止动作，应灵活、可靠。主轴在从最低一级转速，逐级提高到最高转速过程中，应检查机床振动和温升情况。连续操作5次主轴准停装置，试验其灵活性和可靠性。对于带主轴编码器的系统，检查主轴能否在任意选择的角度上定位。

(2)进给系统性能。手动试验各坐标正、反方向的低、中、高速的进给，和快速移动的启动、停止，点动等动作的平稳和可靠性。测定G00和G01下的各种进给速度，在允差±5%内。

(3)自动换刀系统。检查自动换刀的灵活性和可靠性，包括刀库满负载情况下的运动平稳性，机械手抓取最大允许重量刀柄的可靠性，刀库内刀号选择的准确性等。测定刀具自动交换的时间；检查换刀过程中出现停电、紧急停止等意外停机后，能恢复继续执行换刀或复位后重新执行的能力。

(4) 机床噪声。机床空运转时的总噪声不得超过标准规定的 80dB，主要噪声源来自主轴电动机的冷却风扇和液压系统油泵。

(5) 电气装置。运转试验后作一次绝缘检查，检查接地线质量。

(6) 数字控制装置。检查数控柜的各种指示灯、操作面板等动作和功能。

(7) 安全装置。检查对操作者的安全性、对机床自身保护功能的可靠性。

(8) 润滑装置。检查定量、定时润滑装置的可靠性。

(9) 气、液装置。检查液压油和压缩空气的密封、调压功能。

(10) 附属装置。检查附属装置工作的可靠性。

(11) 数控机能。按照机床配备的说明书，用手动或自动编程方式，检查数控系统主要使用性能的准确性和可靠性。检查数控系统提供的自诊断功能和报警功能。

(12) 连续无载荷运转。一般数控机床在出厂前已进行过 96h 的自动连续运行，用户需要进行一次 8～16h 的自动连续运行。

3. 机床几何精度检查

数控机床的几何精度检查，又称静态精度检查。数控机床的几何精度综合反映了该设备的关键机械零部件和组装后的几何形状误差。机床几何精度的检测必须在机床精调后依次完成，不允许调整一项检测一项，因为几何精度有些项目是相互关联相互影响的。数控机床几何精度的检查在几何精度检测中必须对机床地基有严格要求，应当在地基及地脚螺栓的固定混凝土完全固化后再进行。新灌注的水泥地基要经过半年左右的时间才能达到稳定状态，因此机床的几何精度在机床使用半年后要复校一次。机床几何精度检查应在机床稍有预热的条件下进行，所以机床通电后各移动坐标应往复运动几次，主轴也应按中速回转几分钟后才能进行检测。

目前，检测机床几何精度的常用检测工具有精密水平仪、精密方箱、直角尺、平尺、平行光管、千分表、测微仪、高精度检验棒及刚性好的千分表杆等。检测工具的精度必须比所测的几何精度高一个等级，否则测量的结果将是不可信的。

以下列出一台普通立式加工中心的几何精度检验内容。

(1) 工作台面的平面度检验，如图 4-53 所示。

(2) Y 轴轴线运动对 X 轴轴线运动间的垂直度检验，如图 4-54 所示。

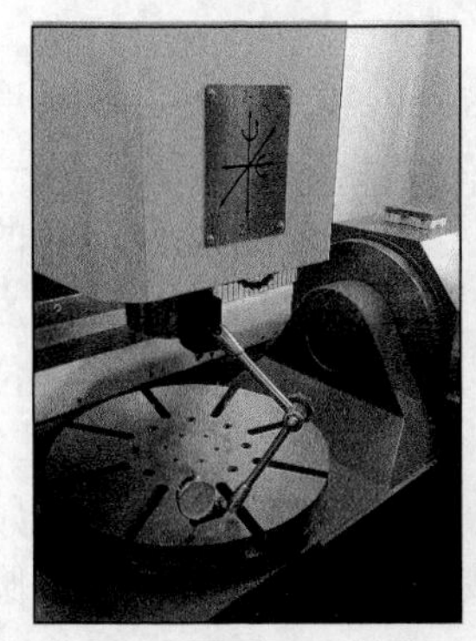

图 4-53　检验工作台面平面度

图 4-54　检验 X 轴与 Y 轴运动垂直度现场图

(3) 工作台面对 X 轴轴线运动的平行度检验，如图 4-55 所示。

(4)工作台面对 Y 轴轴线运动的平行度检验，如图 4-56 所示。

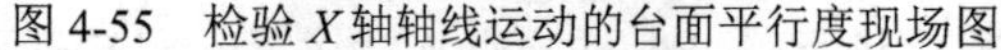

图 4-55　检验 X 轴轴线运动的台面平行度现场图

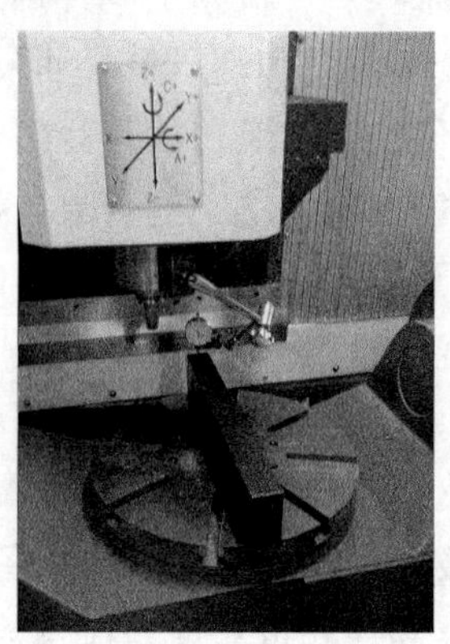

图 4-56　检验 Y 轴轴线运动的台面平行度现场图

(5)工作台面 T 形槽侧面对 Z 轴轴线运动的平行度检验。

(6)主轴的轴向窜动检验。

(7)主轴孔的径向圆跳动检验，如图 4-57 所示。

(8)主轴箱沿 Z 坐标方向移动时主轴轴线的平行度检验。

(9)主轴回转轴心线对工作台面的垂直度检验，如图 4-58 所示。

(10) Z 轴轴线运动的直线度检验，如图 4-59 所示。

图 4-57　检验主轴孔的径向圆跳动现场图

图 4-58　检验轴心线对工作台面的垂直度现场图

图 4-59　检验 Z 轴轴线运动的直线度现场图

4. 机床定位精度检查

它表明所测量的机床各运动部件在数控装置控制下运动所能达到的精度，故定位精度决定于数控系统和机械传动误差。具体可以参考GB/T 17421.2—2000、GB/T 16462.4—2007、GB/T 18400.4—2010、GB/T 20957.4—2007 等国标要求，进行定位精度检测项目的安排。

机床重复定位精度是指机床主要部件在多次(五次以上)运动到同一终点所达到的实际位置之间的最大误差。

测量直线运动的检测工具有：测微仪和成组块规、标准刻度尺、光学读数显微镜和双频激光干涉仪等。回转运动检测工具有：360 齿精确分度的标准转台或角度多面体、高精度圆光栅及平行光管等。

定位精度主要检测内容如下：

(1) 直线运动定位精度（包括 X、Y、Z、U、V、W 轴）；

(2) 直线运动重复定位精度；

(3) 直线运动轴机械原点的返回精度；

(4) 直线运动失动量的测定（简称反向间隙）；

(5) 回转运动定位精度（转台 A、B、C 轴）；

(6) 回转运动的重复定位精度；

(7) 回转轴原点的返回精度；

(8) 回转运动失动量测定。

例如，利用激光干涉仪对某普通立式加工中心 X 轴的定位精度和重复精度（反映轴运动精度稳定性的最基本的指标）进行了测试，其过程如图 4-60 所示，测试结果如图 4-61 所示。

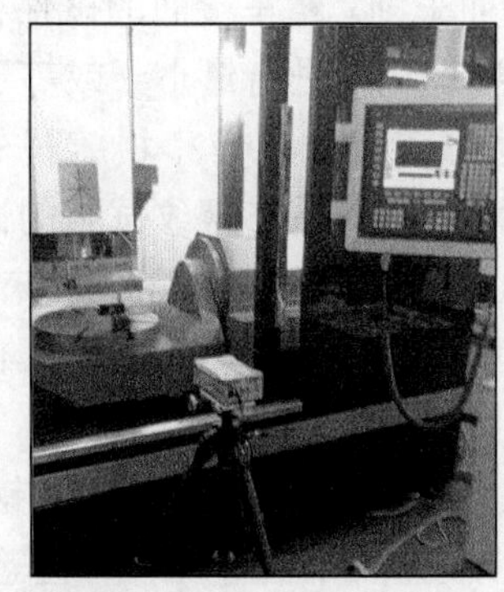

图 4-60　基于激光干涉仪的机床定位和重复精度测试

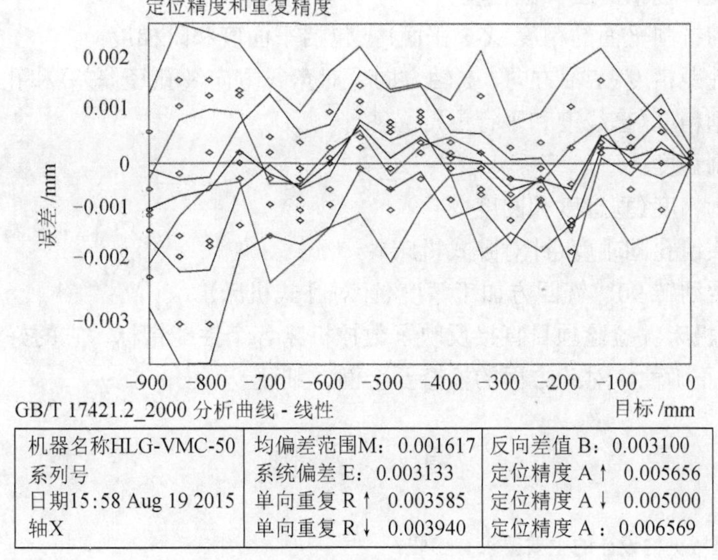

机器名称HLG-VMC-50	均偏差范围M：0.001617	反向差值 B：0.003100
系列号	系统偏差 E：0.003133	定位精度 A↑ 0.005656
日期15:58 Aug 19 2015	单向重复 R↑ 0.003585	定位精度 A↓ 0.005000
轴X	单向重复 R↓ 0.003940	定位精度 A：0.006569

图 4-61　机床 X 轴定位精度和重复精度测试结果

目前，多数的数控系统可根据定位精度的测试结果进行补偿，沿轴向对若干点的位置坐标值进行修正。

5. 机床切削精度检查

数控机床切削精度检查，又称为动态精度检查，是在切削加工条件下，对机床几何精度和定位精度的一项综合考核。同时还包括了试件的材料、环境温度、数控机床刀具性能以及切削条件等各种因素造成的误差和计量误差。切削精度检验可分单项加工精度检验和加工一个标准的综合性试件精度检验两种。被切削加工试件的材料除特殊要求外，一般都采用一级铸铁，使用硬质合金刀具按标准的切削用量切削。

对于数控卧式车床，单项加工精度有：外圆车削、端面车削和螺纹切削。

(1)外圆车削。外圆车削试件材料为45钢，切削速度为100～150m/min，数控机床背吃刀量为0.1～0.15mm，进给量小于或等于0.1mm/r，刀片材料为YW3涂层刀具。试件长度取床身上最大车削直径的1/2，或最大车削长度的1/3，最长为500mm，直径大于或等于长度的1/4。精车后圆度小于0.007mm，直径的一致性在200mm测量长度上小于0.03mm。

(2)端面车削。精车端面的试件材料为灰铸铁，切削速度为100m/min，背吃刀量为0.1～0.15mm，数控机床进给量小于或等于0.1mm/r，刀片材料为YW3涂层刀具。试件外圆直径最小为最大加工直径的1/2。机床精车后检验其平面度，300mm直径上为0.02mm，只允许凹。

(3)螺纹切削。精车螺纹试验的试件。螺纹长度要大于或等于2倍工件直径，数控机床不得小于75mm，一般取80mm。机床螺纹直径接近Z轴丝杠的直径，螺距不超过Z轴丝杠螺距之半，可以使用顶尖。精车60°螺纹后，在任意60mm测量长度上螺距累积误差的允差为0.02mm。

(4)综合试件切削。材料为45钢，有轴类和盘类零件，加工对象为阶台、机床圆锥、凸球、凹球、倒角及车槽等内容，检验项目有圆度、尺寸精度等。

对于加工中心的主要单项检验精度项目如下：

(1)镗孔精度，包括圆度和圆柱度；

(2)端面铣刀铣削平面的精度(X-Y平面)，包括平面度和阶梯度；

(3)镗孔的孔距精度(X轴方向、Y轴方向、对角线方向及孔径偏差)和孔径分散度；

(4)直线铣削精度(直线度和平行度)；

(5)斜线铣削精度；

(6)圆弧铣削精度(垂直度和圆度)；

(7)箱体掉头镗孔同轴度(针对卧式机床)；

(8)水平转台回转90° 铣四方加工精度(针对卧式机床)。

总之，数控机床各检验项目直接反映了数控机床各个性能指标，它的好坏将影响到机床运行的可靠性和正确性，对此方面的检查要全面、细致。

复 习 题

1. 数控机床机械机构设计的主要要求有哪些？
2. 简述数控机床总体方案设计过程。
3. 简述数控车床、数控铣床的常见布局形式。
4. 数控机床主轴的传动类型和支承的配置方式有哪些？
5. 数控机床滚珠丝杠的支承方式有哪些？
6. 数控机床导轨的主要类型有哪些？
7. 如何进行主传动系统的轴承预紧？
8. 电气控制系统图的主要分类有哪些？
9. 画出简单的自锁结构的电气图，并解释其工作过程。
10. 简述数控机床验收的主要工作内容。

第 5 章　经济型数控系统控制功能的开发与调试

“基于 IPC+运动控制卡”的开放式数控系统可以应用到各种不含数控系统的光机当中(如铣床、车床、磨床、钻床以及雕刻机等)，工控机负责上层控制，伺服电动机是执行部件，运动控制卡是工控机与伺服电动机的连接桥梁，将 IPC 的指令转化为伺服电动机的运动，从而实现机床的基本功能。

5.1　运动控制卡的安装及驱动

5.1.1　运动控制卡的安装

1. 硬件的设置

1) 电动机脉冲信号的输出方式

电动机的脉冲输出信号有两种：单端输出方式和差分输出方式。一般的运动控制卡有一个或多个跳线开关来设置脉冲信号。比如雷赛公司 DMC5410 运动控制卡就是通过跳线开关的不同位置来设置脉冲信号。

但是并非所有的运动控制卡都有跳线开关(比如雷赛的 DMC5600/5800 系列)，这就需要用到控制卡接线盒轴控制端口的+5V 电压，当使用 PUL+和 PUL−端口时，则指令脉冲信号输出方式为差分输出，如图 5-1 所示；当使用+5V 和 PUL−端口时，则指令脉冲信号输出方式为单端输出，如图 5-2 所示。

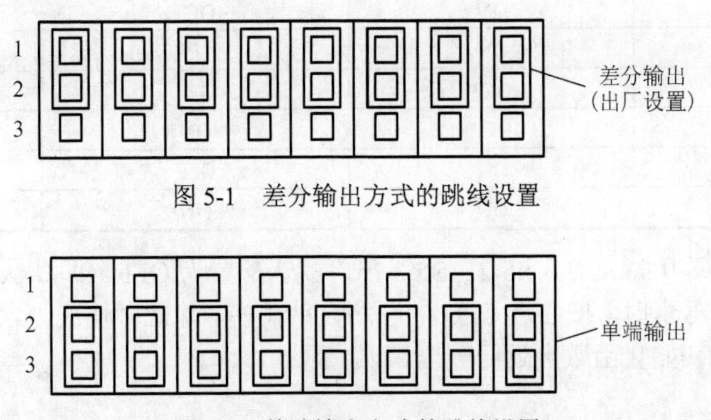

图 5-1　差分输出方式的跳线设置

图 5-2　单端输出方式的跳线设置

2) 初始电平的设置

运动控制卡上会有 2 个或者 3 个不同的拨码开关。如果有 3 个拨码开关，可能会有一个暂时保留无定义，其他的两个开关一个用于卡号设置，一个用于初始电平的设置。不同品牌不同型号的运动控制卡其设置方式也不尽相同，图 5-3 是雷赛公司 DMC5800 型运动控制卡的设置，图中 S4 为初始电平设置，S5 为卡号设置。

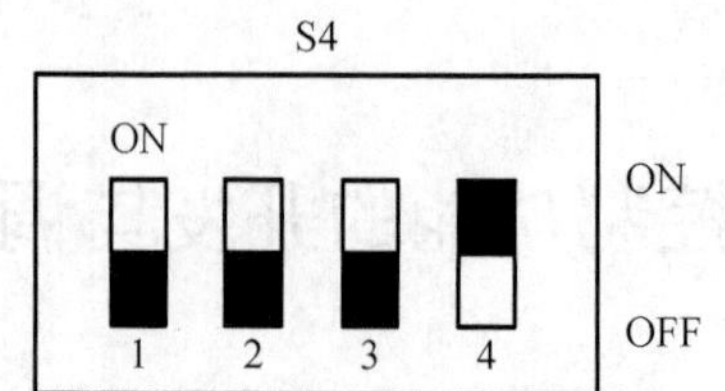

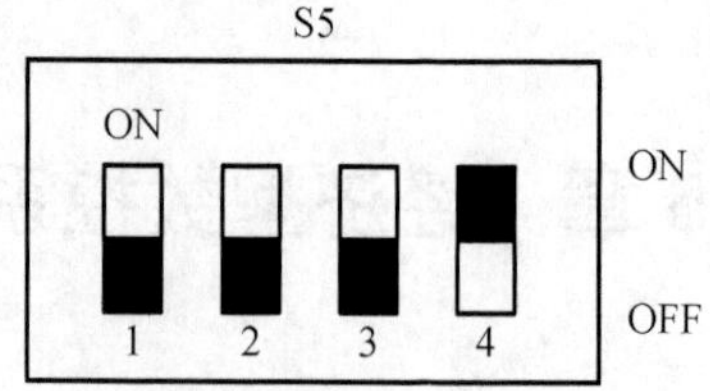

图 5-3　拨码开关示意图

图 5-3 所示的拨码开关的具体含义分别如表 5-1、表 5-2 所示。

表 5-1　初始电平设置表

拨码开关	对应的输出口	拨码开关位置	初始输出电平
S4-1	OUT0～3	ON	高电平
		OFF	低电平
S4-2	OUT4～7	ON	高电平
		OFF	低电平
S4-3	OUT8～11	ON	高电平
		OFF	低电平
S4-4	OUT12～15	ON	高电平
		OFF	低电平

表 5-1 中，拨码开关 S4 出厂默认值全部为 ON，即 OUT0～15 初始电平为高电平。拨码开关 S4 的设置只是设置输出口的初始电平，不影响输出口高低电平与逻辑值的关系。

表 5-2　运动控制卡号设置表

S5-3	S5-2	S5-1	控制卡号
OFF	OFF	OFF	0
OFF	OFF	ON	1
OFF	ON	OFF	2
OFF	ON	ON	3
ON	OFF	OFF	4
ON	OFF	ON	5
ON	ON	OFF	6
ON	ON	ON	7

表 5-2 中，拨码开关 S5-1、S5-2、S5-3 出厂默认配置为 OFF，即默认设置为 0 号卡。当每张卡都设置为 0 号卡时，按靠近 CPU 的顺序自动排序。除此种情况外，如有两张卡以上设置为相同卡号，则初始化函数会返回一个错误代码。

2. 硬件的安装

虽然运动控制卡的品牌型号甚至功能都不尽相同，但目前都是基于 PCI 总线的，所以和工控机的连接只需要插在 PCI 插槽当中即可。例如，雷赛公司 DMC 系列运动控制卡的安装方法如下：

(1) 打开控制卡的包装，参考硬件设置的说明，按照实际需求，完成跳线开关、拨码开关的设置；

(2) 操作员要带好防静电手套，并触摸一下地线，完全释放身上静电；

(3) 关闭工控机以及一切与 IPC 相连的设备；

(4) 打开 IPC 机的机箱；

(5) 选择一个靠近处理器的 32bit PCI 插槽，将控制卡垂直插入插槽中；

(6) 将控制卡用螺钉固定在 IPC 机机箱上，确保紧固可靠；

(7) 将接线板用电缆线与控制卡对应的插座连接，确保连接牢固可靠。

5.1.2　运动控制卡的驱动

运动控制卡的驱动程序遵从 32bit PCI 卡驱动标准，其安装方法与其他 PCI 卡，如声卡、网卡等相似。由于目前的操作系统主流为 Windows XP 和 Windows 7，下面就以深圳众为兴公司的 ADT 系列 ADT-8940A1 运动控制卡为例，分别介绍其在 Windows XP 和 Windows 7 下的安装过程。

1. Windows XP 操作系统中的安装步骤

在将 ADT-8940A1 卡按照要求安装到工控机上的 PCI 插槽后，开机时应以管理员身份登录，开机后应发现新硬件，按图 5-4 所示的画面选择后，再单击“下一步”按钮，出现图 5-5 所示的画面。

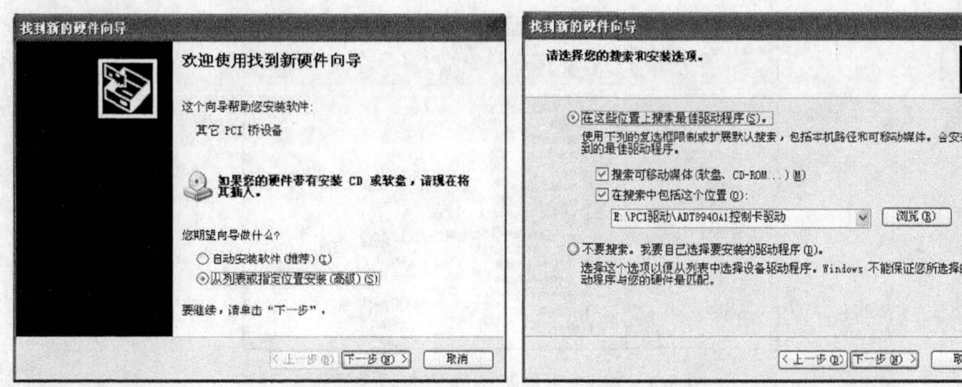

图 5-4　Windows XP 系统下控制卡硬件安装向导 1　　图 5-5　Windows XP 系统下控制卡硬件安装向导 2

单击“浏览”按钮，选择光盘“开发包\驱动\控制卡驱动程序”，即可找到 8940A1.INF 文件的路径，单击“下一步”按钮，出现图 5-6 所示的界面。

单击图 5-7 所示的“完成”按钮后，即完成 ADT-8940A1 卡驱动的安装。

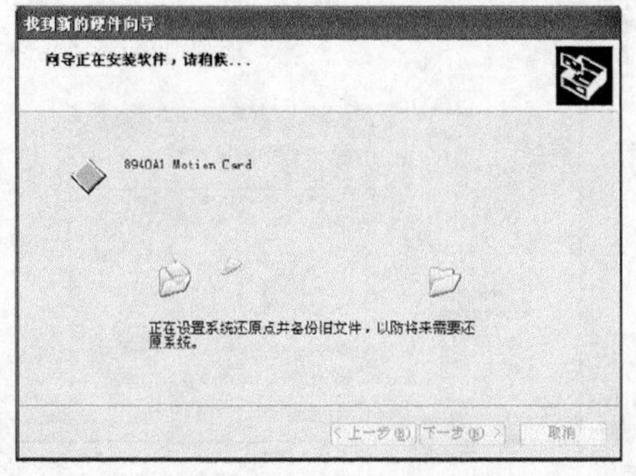

图 5-6　Windows XP 系统下控制卡硬件安装向导 3

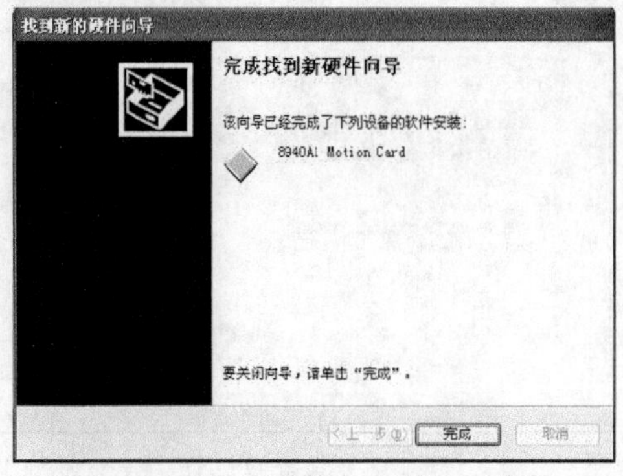

图 5-7　Windows XP 系统下控制卡硬件安装向导 4

2. Win 7 操作系统中的安装步骤

32 位或 64 位 Win7 系统下的安装步骤如下：

(1) 将控制卡插入 PCI 插槽后，右击“我的电脑”菜单，选择“属性”子菜单，进入设备管理器，如图 5-8 所示。

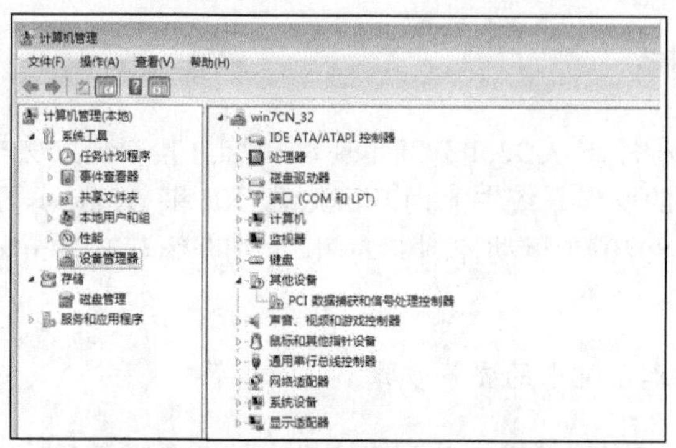

图 5-8　Win7 下控制卡硬件安装向导 1

展开“其他设备”，选中“PCI 数据捕获和信号处理器”，单击鼠标右键，如图 5-9 所示。

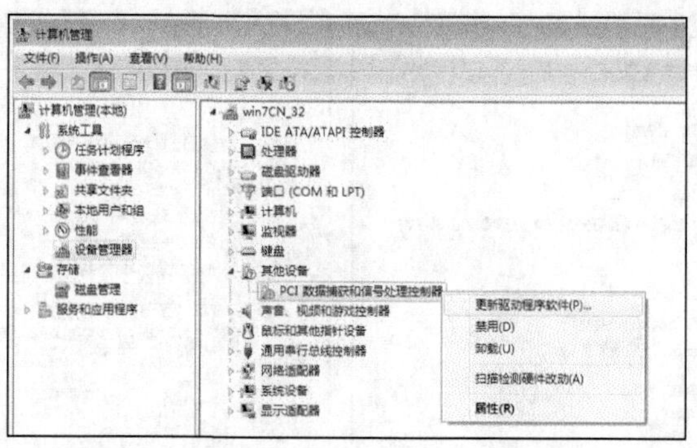

图 5-9　Win7 下控制卡硬件安装向导 2

(2) 在弹出的对话框中，单击“更新驱动程序软件(P)”，出现图 5-10 所示的对话框。选择“浏览计算机以查找驱动程序软件(R)”选项，然后单击“浏览(R)”按钮，指定搜索的驱动所在的路径，如图 5-11 所示。

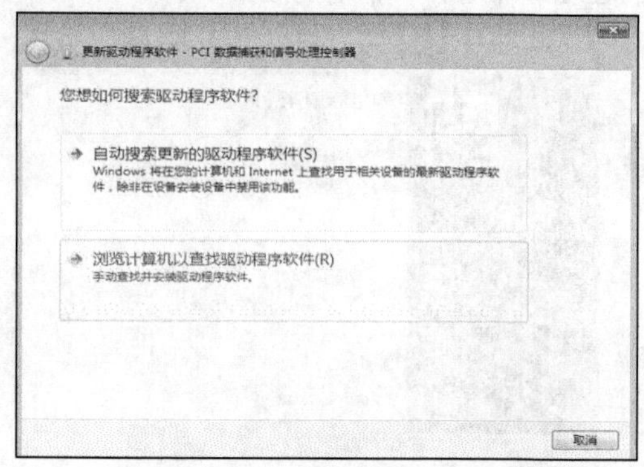

图 5-10　Win7 下控制卡硬件安装向导 3

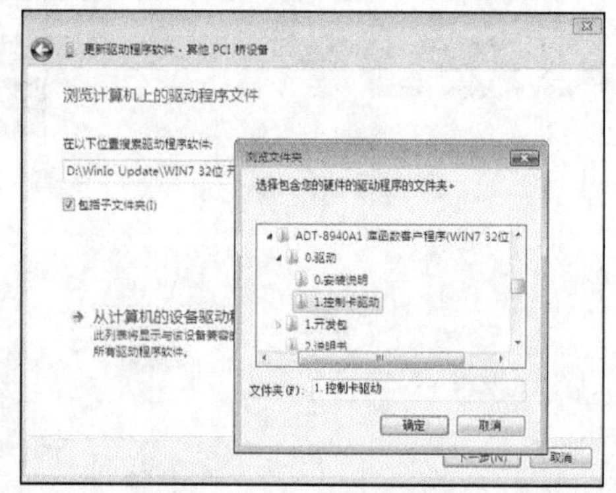

图 5-11　Win7 下控制卡硬件安装向导 4

(3) 单击“确定”按钮后，出现图 5-12 所示的对话框。

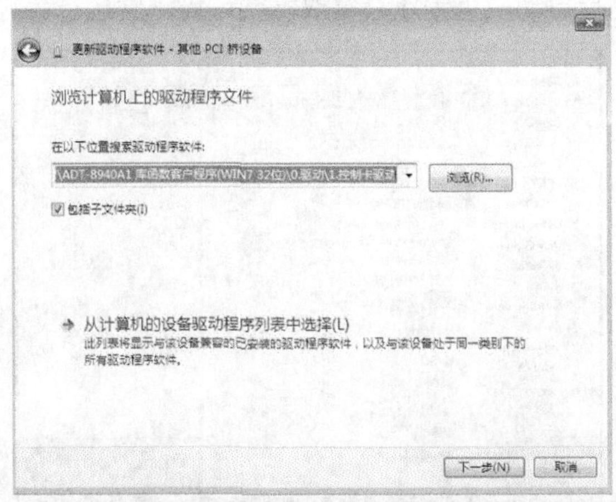

图 5-12　Win7 下控制卡硬件安装向导 5

(4) 单击“下一步”按钮开始安装驱动程序后，出现图 5-13 所示的界面。

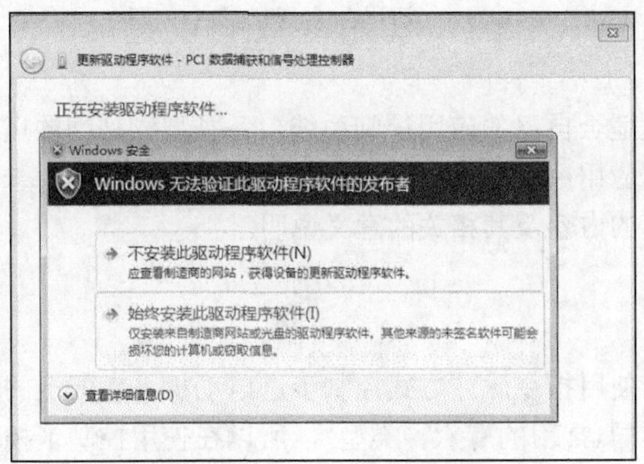

图 5-13　Win7 下控制卡硬件安装向导 6

(5) 选择“始终安装此驱动程序软件(I)”后，出现图 5-14 所示的界面。等待完成，出现图 5-15 所示的对话框，即完成 ADT-8940A1 卡的安装。

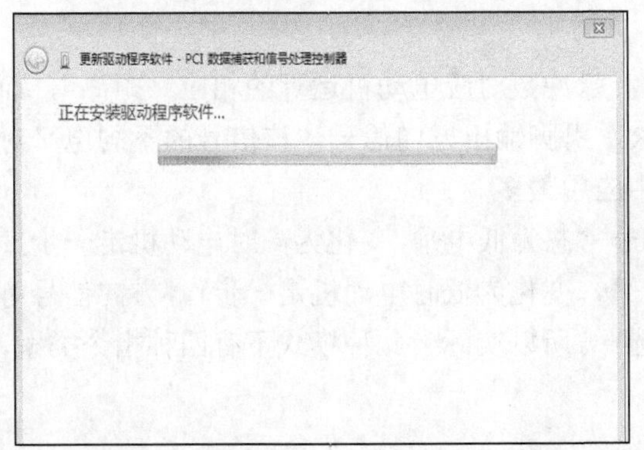

图 5-14　Win7 下控制卡硬件安装向导 7

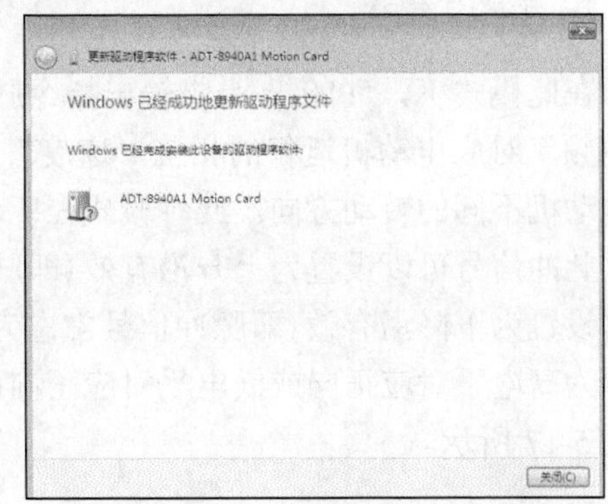

图 5-15　Win7 下控制卡硬件安装向导 8

需要注意的是：Win7 系统需要管理员权限对 PCI 驱动进行加载，如果第一次运行控制卡应用程序直接双击，会导致控制卡初始化失败，所以在第一次安装完成后，必须对控制卡应用程序(比如 VC 示范程序“DEMO.EXE”)按鼠标右键，选择“以管理员身份运行(A)”程序，如图 5-16 所示，之后启动应用程序只需双击就可以正常运行。

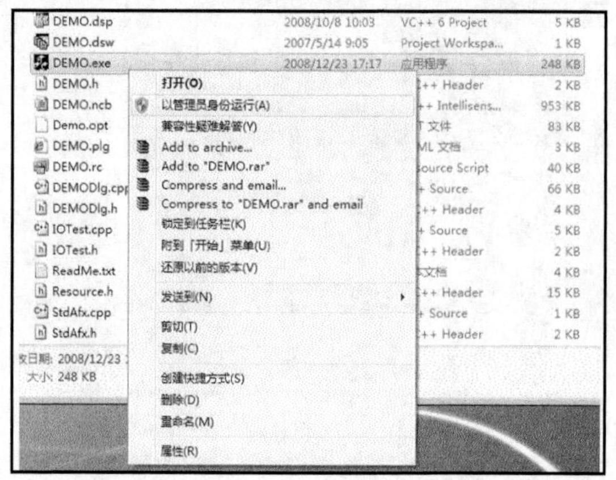

图 5-16　Win7 下第一次运行控制卡

5.2　初始参数的设置

为使用户能够开发适合自己的应用控制系统，各类型、品牌的运动控制卡提供了丰富的函数库，用户可以根据应用系统的需要灵活调用不同的功能函数。一般在运动控制卡的说明书中会具体介绍函数库的内容及其相关的意义说明。

5.2.1　脉冲设置

一般的运动控制卡使用指令脉冲方式控制步进电动机。市面上的众多电动机驱动器厂家的信号接口要求各有不同(常用的有六种类型)，所以在使用控制卡控制具体的电动机驱动器时，必须对脉冲输出方式进行正确的设定才能保证电动机正常工作。

电动机运转距离转化成指令脉冲，包括两项基本信息：脉冲数和电动机转动方向；有两种基本指令模式：脉冲/方向(也叫单脉冲)模式和双脉冲模式。

1. 单脉冲模式

在此模式下，“PUL”引脚输出指令脉冲串，脉冲数对应电动机运行的相应“距离”，而脉冲频率对应电动机运行的相应“速度”；“DIR”引脚输出方向信号，该信号的不同电平对应电动机不同的转动方向。此种模式在驱动器中应用最多。

脉冲信号可以设置为上升沿有效(即脉冲信号常态为低电平，变化为高时电动机走一步)；也可设置为下降沿有效(即脉冲信号常态为高电平，变化为低时电动机走一步)。方向信号可设置为高电平对应正向或低电平对应正向两种选择。所以实际上此种模式下有四种指令类型，如图 5-17 所示。

2. 双脉冲模式

在此模式下，“PUL”和“DIR”引脚分别表示正向(CW)和反向(CCW)脉冲输出。从“PUL”引脚输出的脉冲使电动机正转，从“DIR”引脚输出的脉冲使电动机反转。脉冲信号有上升

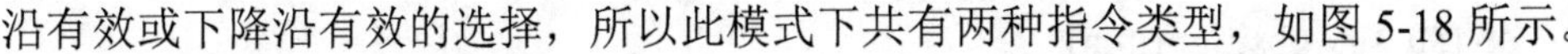

沿有效或下降沿有效的选择，所以此模式下共有两种指令类型，如图 5-18 所示。

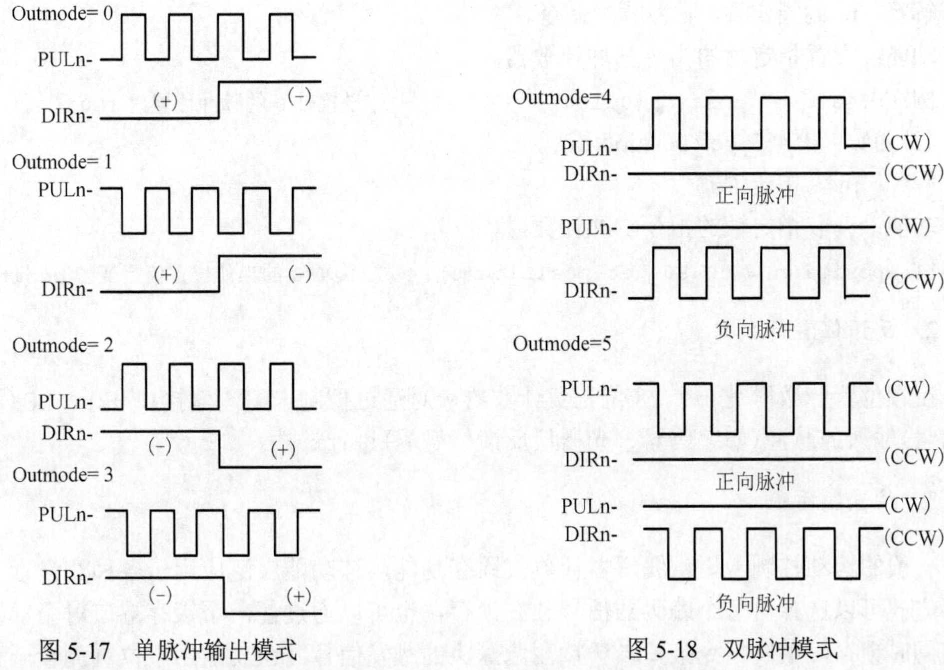

图 5-17　单脉冲输出模式　　　　图 5-18　双脉冲模式

虽然步进电动机和伺服电动机在使用性能和应用场合上存在着较大差异，但是两者在控制方式上相似(脉冲串和方向信号)。

具体脉冲设置是需要由封装在运动控制卡函数包中的函数来实现的，不同的运动控制卡使用的函数不尽相同，但是其函数原理大致相同。以雷赛的 DMC5480 运动控制卡为例，其设置指定轴的脉冲输出模式函数为

```
d5480_set_pulse_outmode  (m, n)
```

其中，m 表示具体哪个指定轴；n 表示是哪一种脉冲输出模式。

例：`d5480_set_pulse_outmode (0,0);` //设置第 0 轴脉冲输出模式为单脉冲模式

例：`d5480_set_pulse_outmode (1,4);` //设置第 1 轴脉冲输出模式为双脉冲模式,上升沿有效

5.2.2　计数设置

计数设置在运动控制卡中又称为位置计数器。一般的运动控制卡每个轴均有命令位置计数器和反馈位置计数器，命令位置计数器用于监测指令位置，反馈位置计数器用于监测机械位置，同时提供位置锁存和位置比较输出功能。

1. 命令位置计数器

运动控制卡的命令位置计数器是一个 32 位正负计数器，对控制卡输出的指令脉冲进行计数。当输出一个正向脉冲后，计数器加 1；当输出一个负向脉冲后，计数器减 1。

命令位置计数器函数也是封装好的，用户需要时调用即可，不同的运动控制卡其命令位置计数器函数不一样，但是原理一样。本文依然选取 DMC5480 来简述。

(1) 函数：d5480_set_position(m,n)

解释：m 为指定轴，n 为脉冲命令。

功能：设置指定轴的指令脉冲计数器。

例：`d5480_set_postion(0,100);`　　　　　//设置轴 0 的脉冲位置为 100

(2) 函数：d5480_get_position(m)

解释：m 为指定轴。

功能：读取指定轴的指令脉冲计数器。

例：`position = d5480_get_position(0);`　　//读轴 0 的当前位置值至变量 position

2. 反馈位置计数器

反馈位置计数器是一个 28 位正负计数器，对通过控制卡编码器接口 EA、EB(增量编码器信号)输入的脉冲(如编码器、光栅尺反馈信号等)进行计数。

3. 位置锁存

一般的运动控制卡提供编码器计数值锁存功能，该功能广泛应用于各种测量行业。位置锁存方式可以选择对每个编码器信号独立锁存，也可以通过任一个锁存端口对全部编码器计数值同时锁存，触发指令接口一般接测量探头的触发信号。该功能用于位置测量十分准确、方便。在复位触发标志位后，当锁存信号被触发，当前编码器计数值立即被捕获至位置锁存器中，并将触发标志位置位，保护当前锁存器内的数值，直到触发标志位被再次复位。

位置锁存的实现函数相对较多，不同运动控制卡其具体函数也不一样，但是其基本函数功能一样，都有设置锁存方式函数、读取被触发锁存到锁存器内的编码器计数值、读取指定控制卡的锁存器的标志位、复位指定控制卡的锁存器的标志位等函数。这里不进行具体论述。

4. 位置比较输出

该功能不是所有运动控制卡都具有，但是诸如雷赛的 DMC5480 系列都具有位置比较输出的功能，单卡可以一次设置 128 个比较点，同时可以配置比较条件和触发动作。

该功能的实现函数较多，有配置比较器、读取配置比较器、清除所有比较点、添加位置比较点、读取当前比较点、查询已经比较过的点、查询可以加入的比较点数量等。

5.2.3 限位及急停设置

在设备进行运动功能调试之前，必须确保安全机制的有效。

限位开关在运动平台出现超出行程的运动时，起到限制作用，使电动机减速或紧急停止，提高设备运行时的安全性能。在使用运动控制卡进行运动控制之前，必须保证限位开关的有效性。

在运动过程中出现意外的运动时，急停开关能起到紧急停止运动的功能，提高设备运行时的安全性能。在使用运动控制卡进行运动控制之前，必须保证急停开关的有效性。

1. 限位开关的设置

运动控制卡可使用限位开关或者软件限位控制轴的运动范围，负向限位开关或者负向软件限位触发后，只能朝正向运动，而不能再朝负向运动；正向限位开关或者正向软件限位触发后，只能朝负向运动，而不能再朝正向运动。限位原理如图 5-19 所示。

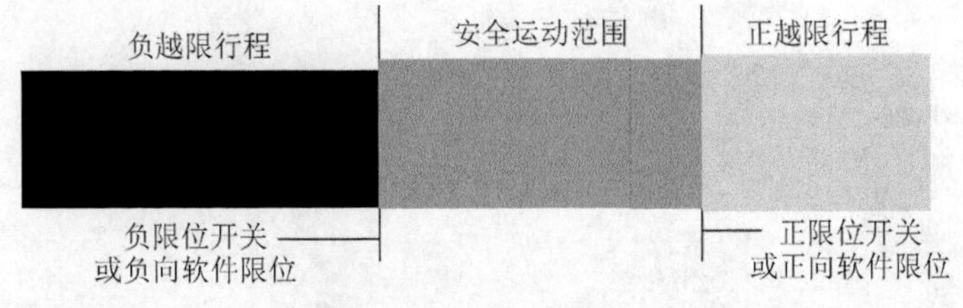

图 5-19　限位原理

假设设备正常运动时限位开关为高电平，运动平台碰到限位开关时为低电平，则此时应设置控制卡限位开关的有效电平为低电平。

不同运动控制卡其实现的限位函数不一样。但是一般都会有设置限位开关信号和读取限位开关信号设置两个函数。下面以 DMC5410 运动控制卡为例，对限位开关进行设置：

```
……
Dim MyCardNo,Myaxis,Myel_enable,Myel_logic,Myel_mode As Integer
MyCardNo = 0            ' 卡号
Myaxis = 0              ' 轴号
Myel_enable = 1         ' 正负限位使能
Myel_logic = 0          ' 正负限位低电平有效
Myel_mode = 0           ' 正负限位停止方式为立即停止
dmc_set_el_mode MyCardNo,Myaxis,Myel_enable,Myel_logic,Myel_mode   ' 设置 0 号轴限位信号
……
```

其中，dmc_set_el_mode 函数为设置限位开关信号。

2. 急停开关的设置

一般运动控制卡都有急停开关的设置，但是有的运动控制卡有专用于 EMG 急停开关的硬件接口(比如：雷赛的 DMC5410 等)，针对这一类运动控制卡，用户只需要根据自己的需求对对应的接口电路进行接线，然后调用急停开关设置函数进行设置即可。

假设设备正常运动时急停开关为高电平，当急停开关为低电平时紧急停止运动，则此时应设置控制卡急停开关的有效电平为低电平。

下面以 DMC5410 运动控制卡为例说明急停开关的设置：

```
Dim MyCardNo,Myaxis,Myenable,Mylogic As Integer
MyCardNo = 0            ' 卡号
Myaxis = 0              ' 轴号，保留参数，固定值为 0
Myenable = 1            ' 急停信号使能
Mylogic = 0             ' 急停信号低电平有效
dmc_set_emg_mode MyCardNo,Myaxis,Myenable,Mylogic      ' 设置所有轴急停信号
```

其中，dmc_set_emg_mode 函数为设置急停开关信号。

对于没有专用于 EMG 急停开关硬件接口的另一种运动控制卡，用户需要根据自己的需求对轴 IO 进行映射配置，对应接口电路进行接线，然后调用急停开关设置函数进行设置(比如：雷赛的 DMC5600/5800 等)。假设使用控制卡的通用输入口 0 作为所有轴的急停信号，设备正常运动时急停开关为高电平，当急停开关为低电平时紧急停止运动，则此时应设置控制卡急停开关的有效电平为低电平。

以 DMC5600(5800 亦可)为例说明，其程序设置如下：

```
Dim CardNo,Axis,IoType, MapIoType, MapIoIndex,Myenable,Mylogic As Integer
Dim Filter As Double
CardNo = 0          '卡号
For Axis = 0 To 7     '循环，依次对 0~7 号轴进行设置 (DMC5600 时为 0 To 5，因其只有 6 个轴)
    dmc_set_AxisIoMap CardNo, Axis, 3, 6, 0, 0.01
    '设置轴 IO 映射，将通用输入 0 作为各轴的急停信号，EMG 信号滤波时间为 0.01 秒
Next Axis
Myenable = 1         '急停信号使能
Mylogic = 0          '急停信号低电平有效
For Axis = 0 To 7     '循环，依次对 0~7 号轴进行设置 (DMC5600 时为 0 To 5，因其只有 6 个轴)
  dmc_set_emg_mode CardNo, Axis, Myenable,Mylogic    '设置 EMG 信号使能，低电平有效
Next Axis
```

5.2.4 回原点设置

1. 回原点步骤

在进行精确的运动控制之前，需要设定运动坐标系的原点。运动平台上都设有原点传感器(也称为原点开关)。寻找原点开关的位置并将该位置设为平台的坐标原点的过程即为回原点运动。回原点运动主要步骤如下：

(1) 使用函数设置原点开关的有效电平；

(2) 使用函数设置回原点方式；

(3) 设置回原点运动的速度曲线；

(4) 使用函数执行回原点运动；

(5) 回到原点后，指令脉冲计数器清零。

2. 回原点的方式

一般的运动控制卡共提供了 5 种回原点方式，常用的三种回原点的运动方式如下：

方式 1：一次回零。

该方式以设定速度回原点，适合于行程短、安全性要求高的场合。动作过程为：电动机从初始位置以恒定速度向原点方向运动，当到达原点开关位置，原点信号被触发，电动机立即停止(过程 0)。将停止位置设为原点位置，如图 5-20 所示。

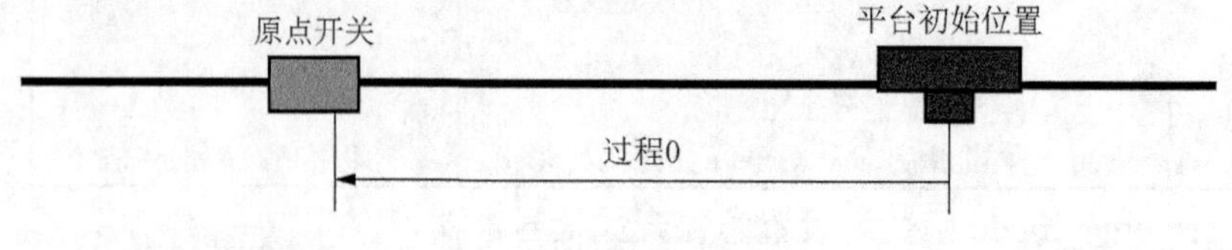

图 5-20　一次回零方式示意图

方式 2：一次回零加回找。

该方式先进行方式 1 运动，完成后再反向回找原点开关的边缘位置，当原点信号第一次无效的时候，电动机立即停止。将停止位置设为原点位置，如图 5-21 所示。

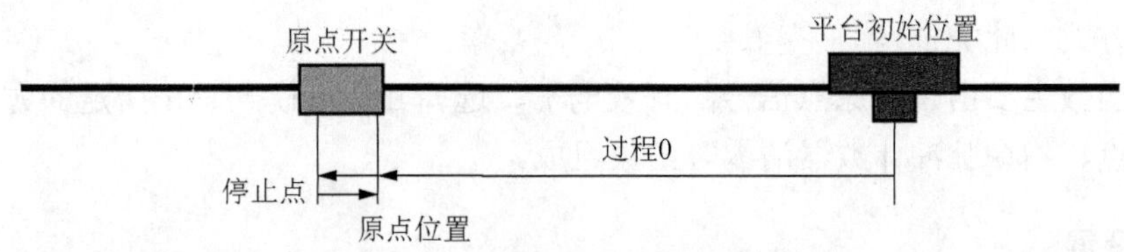

图 5-21　一次回零加回找方式示意图

方式 3：两次回零。

如图 5-22 所示，该方式为方式 1 和方式 2 的组合。先进行方式 2 的回零加反找，完成后再进行方式 1 的一次回零。

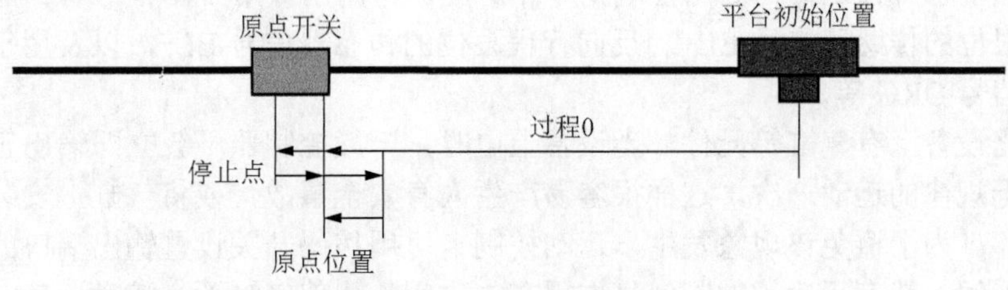

图 5-22　二次回零方式示意图

上述三种方式是最基本最常用的回零方式。由于新型运动控制卡不断出现，新的回零方式也不断涌现，下面两种是新型运动控制卡(比如：雷赛 DMC5800)所具有的回零方式。

方式 4：一次回零后再找 1 个 EZ 信号后回零。

该方式在回原点运动过程中，当找到原点信号后，还要等待该轴的 EZ(编码器零位)信号出现，此时电动机停止。回原点过程如图 5-23 所示。

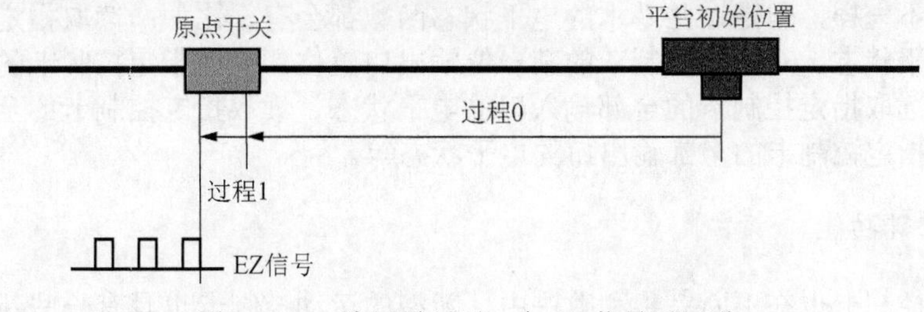

图 5-23　一次回零后再 1 个 EZ 信号后回零

方式 5：记 1 个 EZ 信号回零。

该方式在回原点运动过程中，当检测到该轴的 EZ 信号出现一次后，此时电动机停止。回原点过程如图 5-24 所示。

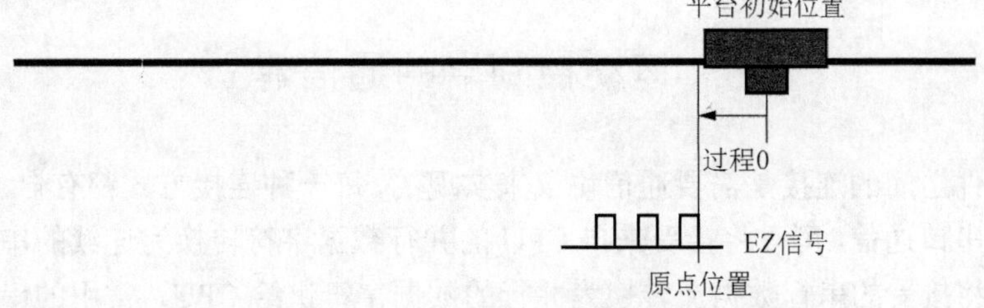

图 5-24　记 1 个 EZ 信号回零方式示意图

回原点的实现函数根据不同的运动控制卡而有所不同，但是具体函数功能一样，其回零的几种方式主要依靠参数 Mymode 来实现(比如：Mymode = 0 代表回零模式为方式 1，一次回零，其他方式以此类推）。

回原点函数主要由设置原点信号的有效电平、选择回原点模式、按指定的方向和速度方式开始回原点、指令脉冲计数器清零等函数组成。

5.2.5 I/O 设置

运动控制卡除了运动控制功能外，还提供了数字式输入信号(Input)和输出信号(Output)，即 I/O 信号的控制功能。

运动控制卡的 I/O 信号分为两种：专用 I/O 信号和通用 I/O 信号。专用 I/O 信号用于原点、限位、伺服电动机等控制，与专用控制指令相对应。常用的专用 I/O 信号有：运动平台上用于正向行程限位的传感器信号 EL+、反向行程限位的传感器信号 EL−，以及用于平台定位的原点传感器信号 ORG 等。

若自动化设备上有气缸等元件，当设备上电时，一般控制器不会立即输出正确的控制信号，气缸会无规律的运动一次，这样很容易产生人身安全事故，或将气缸上安装的刀具、测量元件等损坏。为了避免该现象发生，运动控制卡可用拨码开关设置输出端口的初始电平，确保在上电瞬间，就有正确的控制信号作用在电磁阀上，使气缸不会随意运动，这就用到了通用 I/O 信号。

这里主要介绍一下通用 I/O 信号的软件部分，即如何利用运动控制卡的封装函数实现 I/O 功能。

1. 普通功能

通用 I/O 信号的最普通功能就是用于检测开关信号、传感器信号等输入信号，或者控制继电器、电磁阀等输出设备的信号。这些信号由电平的状态决定，所以即使不同的运动控制卡的实现函数不一样，但是这些基本的电平状态函数都会有，比如：读取指定控制卡的某一位输入口的电平状态、对指定控制卡的某一位输出口置位、读取指定控制卡的某一位输出口的电平状态、读取指定控制卡的全部输入口的电平状态、读取指定控制卡的全部输出口的电平状态、设置指定控制卡的全部输出口的电平状态等。

2. 其他特殊功能

由于运动控制卡也在不断完善和改进中，新型的运动控制卡也具有一些新的功能，比如 I/O 延时翻转功能，该函数执行后，首先输出一个与当前电平相反的信号，延时设置时间后，再自动翻转一次电平，因此其需要 I/O 输出延时翻转函数。I/O 计数功能，该功能允许用户设置输入 I/O 作为计数器使用。而计数需要计数模式和计数值，因此该功能需要设置 I/O 计数模式、设置 I/O 计数值、读取 I/O 计数值等函数来实现。

5.3 运动控制卡的通信建立

硬件和硬件之间的连接是需要通信协议来实现的，每一种连接方式都有自己的通信协议。比如很常见的串口通信，可以将接受来自 CPU 的并行数据字符转换为连续的串行数据流发送出去，同时可将接受的串行数据流转换为并行的数据字符供给 CPU，常用的串口通信接口就是 RS232 线，可以将打印机、鼠标、硬件 PLC 等和 PC 机连接起来。而传统通信数据传输采用 ASCII 码的形式，由计算机发送指令，再由 PLC 对指令自动进行相应响应。比如用串口通信的 PLC，其指令格式为

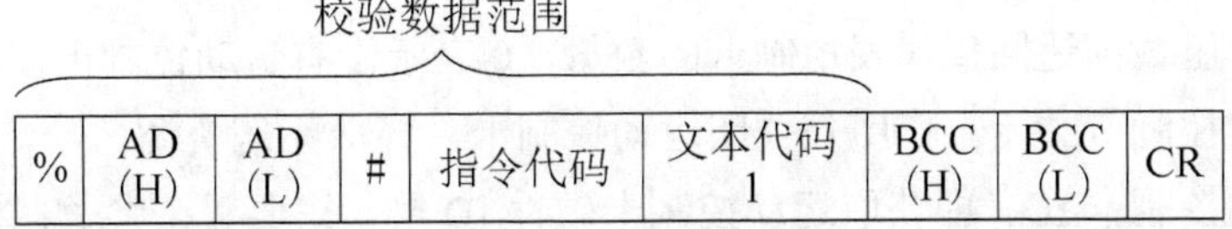

校验数据范围

%	AD (H)	AD (L)	#	指令代码	文本代码 1	BCC (H)	BCC (L)	CR

应答信息(正常时):

%	AD (H)	AD (L)	$	响应代码	文本代码 1	BCC (H)	BCC (L)	CR

应答信息(发生错误时):

%	AD (H)	AD (L)	!	错误代码 (H)	错误代码 (L)	BCC (H)	BCC (L)	CR

其中 AD 码为转换码，BCC 码属于串口通信的校验位。此外串口通信最重要的参数是波特率、数据位、停止位和奇偶校验。对于两个进行通信的端口，这些参数必须匹配。

而运动控制卡属于 PCI 总线，PCI 总线是一种局部总线，其结构如图 5-25 所示。

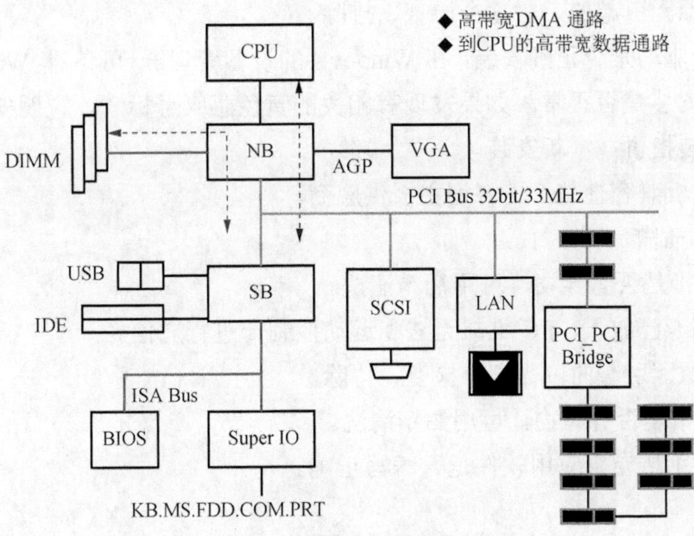

图 5-25 典型的 PCI 总线系统构成

PCI 是在 CPU 和原来的系统总线之间插入的一级总线，具体由一个桥接电路实现对这一层的管理，并实现上下之间的接口以协调数据的传送。管理器提供了信号缓冲，使之能支持 10 种外设，并能在高时钟频率下保持高性能，它为显卡、声卡、网卡、MODEM 等设备提供了连接接口。PCI 总线下的通信接口就是 PCI 接口，是目前个人电脑中使用最为广泛的接口，几乎所有的主板产品上都带有这种插槽。运动控制卡通过 PCI 插槽固定在 PC 机上实现其和 PC 机的相连，而通信部分则是通过运动函数实现功能的连接。

运动控制卡和 PC 机之间的通信协议是通过反馈函数实现的，该反馈函数也是封装在函数包中，用户需要时调用即可。运动控制卡的通信需要如下几个参数：运动控制卡初始化、运动控制卡关闭、运动控制卡 ID、运动控制卡硬件版本、运动控制卡固件版本，有的新型运动控制卡还需要知道运动控制卡动态库文件版本号等，这些参数都是通过运动控制卡的函数来实现的。

(1) 运动控制卡初始化。作用是分配系统的资源，查找是否存在运动控制卡(或者运动控制卡异常)，函数的返回值代表控制卡的数量，0 表示没有运动控制卡。

(2)运动控制卡关闭。作用是关闭运动控制卡，释放系统资源。

(3)运动控制卡 ID。即获取运动控制卡硬件 ID 号，需要 3 个参数：初始化成功的卡的数量、控制卡固件类型数组和控制卡硬件 ID 号数组(卡号按从小到大顺序排列)，参数类型为十六进制。

(4)运动控制卡硬件版本。即获取运动控制卡硬件版本号。

(5)运动控制卡固件版本。即获取运动控制卡固件版本号，需要两个参数：固件类型和固件版本号。

上述函数就是运动控制卡的设置函数，在函数中输入实际的参数值，根据函数返回值的意义，查阅相关手册并调试，运动控制卡的通讯协议即可建立，就可以在 PC 机上对运动控制卡进行调用和开发。

这里需要注意两个问题：

(1)板卡插上后，PC 机系统还不能识别运动控制卡。

可能是 4 个原因引起的，需逐个检查、排除。

① 检查板卡驱动是否正确安装，在 Windows 的设备管理器(可参看 Windows 帮助文件)中查看驱动程序安装是否正常。如果发现有相关的黄色感叹号标志，说明安装不正确，需要按照软件部分安装指引，重新安装。

② 计算机主板兼容性差，请咨询主板供应商。

③ 确认 PCI 插槽是否完好。

④ PCI 金手指是否有异物，可用酒精清洗。

(2)运动控制卡已放入，PC 机却无法和运动控制卡进行通信。

可能是 2 个原因引起的，需逐个检查、排除。

① PCI 金手指是否有异物，可用酒精清洗。

② 参考软件手册检查应用软件是否编写正确。

5.4　控制系统开发方法简介

运动控制卡的应用软件一般可以在 Visual Basic 和 Visual C++等高级语言环境下开发。

5.4.1　Windows 平台下控制系统功能结构

PC 机与运动控制卡构成上下位机的主从式结构，交流伺服系统作为平台基础，Windows 操作系统上搭载控制卡的设备驱动和控制软件。硬件系统框架如图 5-26 所示。

图 5-26 中，运动控制卡同时控制三个坐标系的运动轴和一个主轴以及接受或输出各种开关量，卡将这些开关量通过 PCI 插槽反馈给 PC 机，在上位机软件中完成对这些开关量的逻辑控制。所以，PC 机也要实现 PLC 的功能。

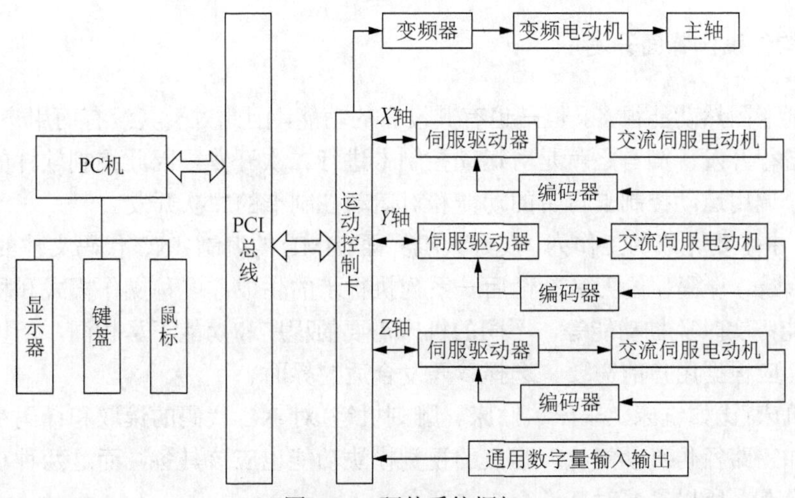

图 5-26　硬件系统框架

基于运动控制卡的机器控制系统架构(以雷赛运动控制卡为例)如图 5-27 所示。

从图 5-27 可以看出，控制系统的工作原理可以简单描述如下。

(1)操作员的操作信息通过操作接口(包括显示屏和键盘)传递给机器控制软件。

(2)机器控制软件将操作信息转化为运动参数，并根据这些参数调用 DLL 库中的运动函数。

(3)运动函数调用运动控制卡驱动程序，发出控制指令给控制卡。

(4)运动控制卡再根据控制指令发出相应的驱动信号(如脉冲、方向信号)给驱动器及电动机、读取编码器数据、读写通用输入/输出口。

用户在开发应用软件(即机器控制软件)的过程中所需要做的就是针对上面所说的第 1 步和第 2 步进行编程。运动控制卡的硬件驱动程序和 DLL 运动函数库，提供了所有与运动控制相关的功能，使用极为方便。用户不需要更多了解硬件电路以及运动和插补的细节，就能够使用 C++、Visual Basic 等程序语言调用这些函数来快速开发出自己的应用软件。

用户编写的设备应用软件的典型流程如图 5-28 所示。

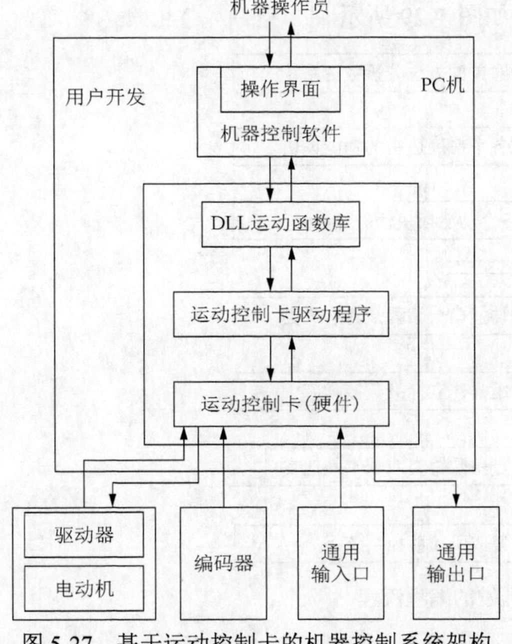

图 5-27　基于运动控制卡的机器控制系统架构

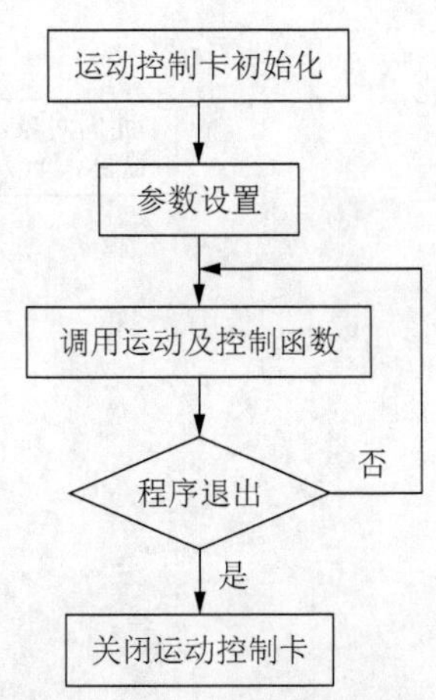

图 5-28　设备应用软件的典型流程

5.4.2　控制软件操作界面开发

运动控制卡固然功能很多，但是也有其没有的功能，因此对于其没有而用户需要的功能，就需要用户自行开发，简言之就是对运动控制卡进行二次开发。因此控制软件的操作功能应有两种形式：调用运动控制卡自带的功能和对运动控制卡的二次开发。

在 PC 机中主要完成的工作为：友好人机界面(HMI)的编制；NC 代码文件的输入、编辑；NC 代码的诊断、译码；经刀具补偿后一系列执行步的生成；多种操作模式和机床状态的管理；PLC 功能；实时监控功能等，不同的机床需要的程序和功能不尽相同，所以操作界面也不完全一样，应根据用户的需要，选择、开发合适的界面。

一般的机床(比如铣床、车床、钻床、雕刻机等)对 NC 代码的读取和译码是必须要有的功能，此外加工路径仿真功能这一强大的视觉模块功能也应该具备，而这两种功能一般的运动控制卡并没有，所以需要对其进行二次开发。

1. 编程开发方法与工具的确定

对于软件系统的设计开发来说，尤其是界面开发，首先要确定开发的工具和方法，然后再安排开发的流程。即拟定数控机床所要完成的所有功能，然后用面向对象的思想对这些功能进行模块化划分，再对这些模块分别进行建模使其具有相应功能。

对于开发平台，无论是市面上最新的 Windows 8 系统还是用户数量庞大的 Windows 7 和 Windows XP 系统，都是基于 Windows 操作系统下的，只是版本不一样，区别不大。而开发语言需要根据用户需要自己学习，运动控制卡支持的语言包括 C/C++、VB、C#、LabVIEW 等。其中最常用的就是 C/C++编程语言，推荐新用户学习，开发工具选用经典的 Visual C++ 6.0 或者比较新的 Visual Studio 2010/2012 都可以。

对于系统和界面的开发，首先对数控系统所完成的功能进行模块化划分，使模块粒度大小适中，然后针对具体模块实现的功能，利用类和对象的设计方法进行模块化编程。先完成局部功能，再完成整体功能。具体的编程流程如图 5-29 所示。

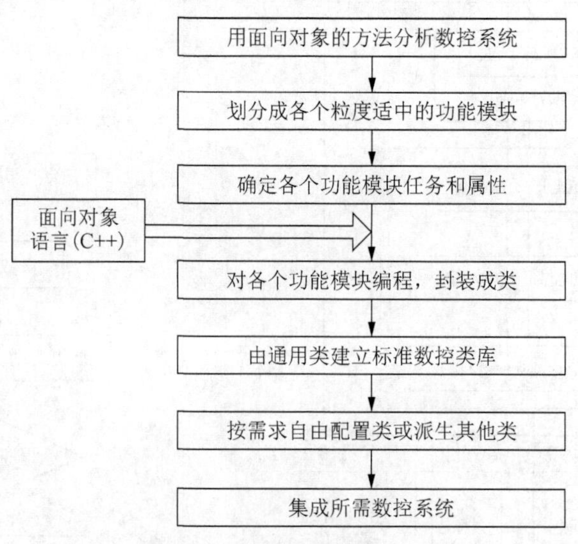

图 5-29　界面开发的编程流程

2. 数控机床界面功能拟定及模块化划分

一般机床拟定的系统参考功能如图 5-30 所示。

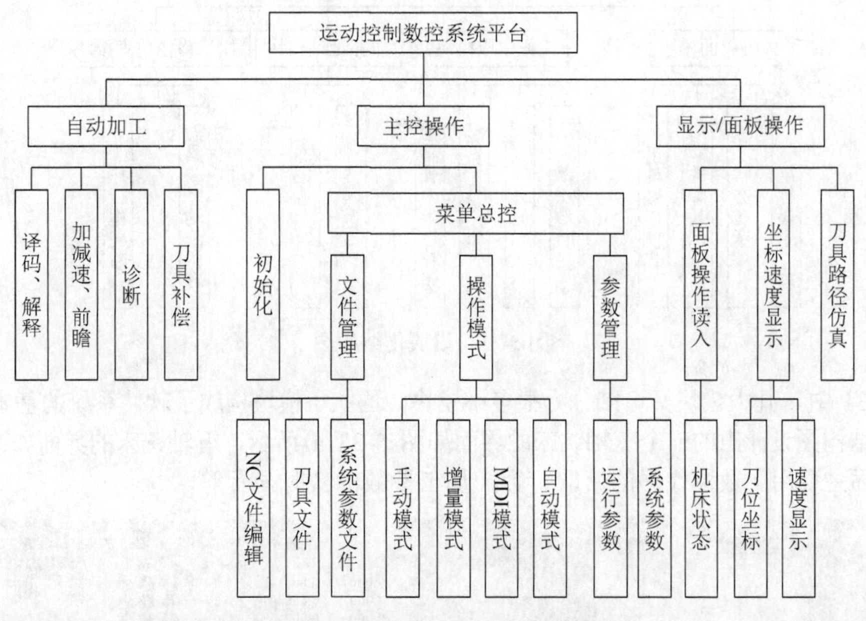

图 5-30　机床数控系统拟定功能

根据功能图进行模块划分时需要考虑到两个方面的问题，一个是尽可能地确保模块与模块之间的不相关性，模块功能明确，互相之间有通信接口。另一个是基本模块的大小要合适，过大时，会增加替换、修改原有模块的难度，而且不利于模块的再次使用，从而使开放性降低；过小时，会使模块间通信过于频繁，系统变得冗杂，执行效率降低。所以，在划分模块时必须考虑系统的复杂程度、模块的可重用性、独立性等因素。

通过功能图及以上分析，依据拟定的机床系统所要完成的功能，可以按以下主要模块进行划分：

(1) 人机界面模块。主要完成 NC 文件的接收和编辑、机床状态显示、机床多种操作模式选择及模式下的动作、机床运行参数的修改和错误显示等。

(2) 任务生成模块。接收 NC 文件并进行译码和诊断，综合系统参数、坐标系、刀具参数等信息生成 NC 文件对应的刀具补偿处理后的执行步系列，供其他模块调用执行。

(3) 插补运动模块。结合运动控制卡的库函数，对任务生成模块生成的执行步进行插补执行，将其转化成各坐标轴的定量运动。

(4) 加工路径仿真模块。在零件加工之前，对刀具补偿处理后刀具实际所走轨迹进行动画仿真，并实时显示刀具在绝对坐标系下的位置以及实时判断是否超出了机床的加工范围，使用户能够清晰地检验所编程序的加工路径是否正确、是否超出了机床的工作空间。

根据上述主要模块以及用户需要的功能，即可实现对界面的设计，其模块结构如图 5-31 所示。

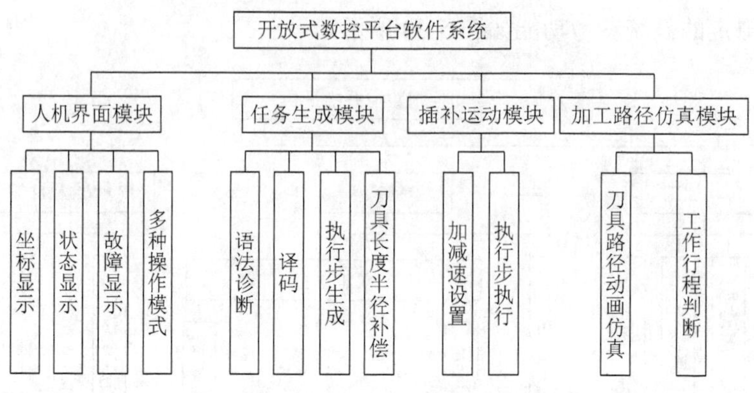

图 5-31　模块化结构图

图 5-31 中，几大模块又可细分为很多小模块，这些小模块构成了软件系统的基本单元。依据模块化结构图设计出的一个三轴铣床的界面如图 5-32(a)所示，五轴铣床的界面如图 5-32(b)所示。界面主要用于数控代码的读取、数控加工参数的实时显示等。

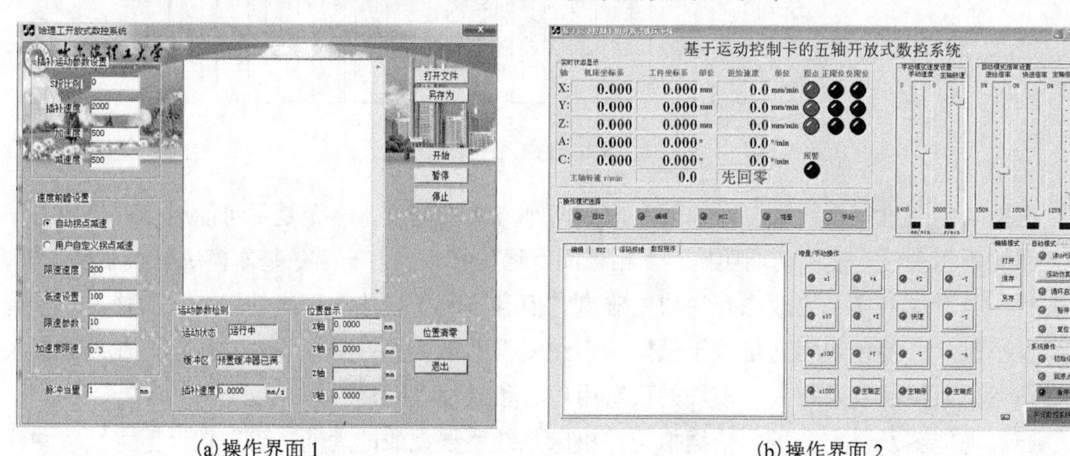

(a)操作界面 1　　(b)操作界面 2

图 5-32　基于控制卡的两个铣床的操作界面

5.4.3　控制卡初始化参数及接口函数调用

关于控制卡的初始化以及接口函数在 5.3 节运动控制卡通信建立中已经进行了介绍。这里需要强调说明的是，在操作运动控制卡之前，必须调用函数为运动控制卡分配资源，这就是控制卡的初始化，而控制卡的接口函数也是通过函数及其返回值来实现的(函数返回值代表接口函数的状态，详见 5.3 节)。

5.4.4　数控系统译码功能的开发

任何一个系统都需要对语言进行识别和运行，数控系统也不例外，其最常用最普遍的指令是 NC 代码，而 NC 代码中最基本的指令是 G、M 代码指令。我国制定了许多数控标准，如 GB 8870、JB/T 3051、GB/T 12177 等，与国际上使用的 ISO 数控标准基本一致，目前被机床厂家广泛采用的是 ISO 6983 国际标准。

基于运动控制卡的运动控制系统是在运动控制卡识别的计算机基本语言中运行的(比如 C/C++、VB 等)，因此需要对代码进行翻译，编译成运动控制卡识别的计算机语言，这就是基于运动控制卡的数控系统的译码功能，也叫编译器。编译器可以在 G 代码实际执行之前，检查和确认 NC 程序的正确性。NC 代码编译器分为两部分：NC 代码翻译和检错。NC 代码翻译部分又分为：词法分析、语法分析等。

1. 一般的编译过程

一般的数控编译过程包括四个部分：词法分析、语法分析、语义分析、生成目标代码，即一个 NC 程序经过这 4 步就可以生成运动控制卡识别的语言，然后运动控制卡再按照收到的指令值转化成电动机等的运动，如图 5-33 所示。

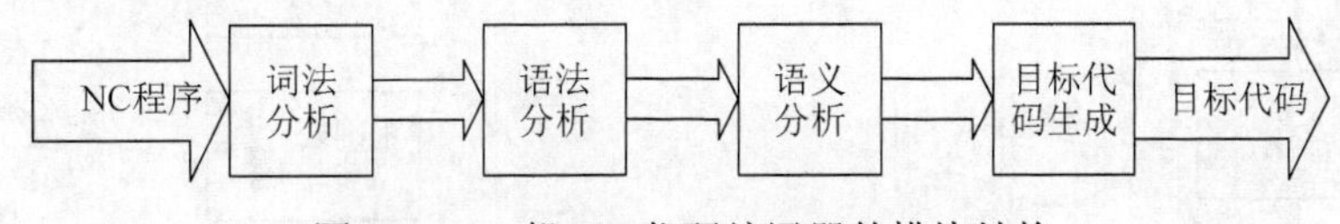

图 5-33　一般 NC 代码编译器的模块结构

1) 词法分析

词法分析即将源代码(NC 代码)按行从左到右逐一读入，按照源语言的词法规则，识别出具有独立意义的各个语法单位——单词(token)并保存。一个 NC 程序会以块为单位分析，先读入一行程序，去除该行 NC 程序中的空格和注释等，然后逐个扫描代码的各个字符，利用正则表达式对 NC 代码进行搜索匹配，根据建立的 NC 代码功能字和指令集判断是否符合 NC 代码的语句格式，如果出现错误则显示错误字符所在位置。经过词法分析后，一行 NC 代码将会变成“字符+数字”形式的指令单词序列。图 5-34 为词法分析流程。

2) 语法分析

语法分析就是将上述读入词法分析中识别出来的单词，根据语法规则，将它们组合成各个语法结构，是编译程序的核心部分。词法分析是第一次重组，将有序的字符串转换成单词序列，语法分析就是对输入文件的第二次重组。

目前常用的语法分析方法有自顶向下分析和自底向上分析两大类。自底向上分析又可以分为算符优先分析和 LR 分析。

(1) 自顶向下分析法。也叫面向目标的分析方法，即从文法的开始符号企图推导出与输入单词串完全匹配的句子，若输入串是给定文法的句子，则必能推出，反之则出错。

(2) 优先分析法。对文法按一定原则求出该文法所有符号，即终结符与非终结符的优先关系，按照这种关系确定归约过程中的句柄，其归约过程实际上是一种规范归约。这种方法的思想是只规定算法之间的优先关系，即只考虑终结符之间的优先关系，在归约过程中只要找到句柄就归约，并不考虑归约到的非终结符名，因而不是规范归约，这种方法虽然不规范，但是分析速度快，适用于正则表达式分析语法。

(3) LR 分析法。该方法根据当前栈中的符号串(通常以状态表示)和向右顺序查看输入串的 K 个符号就可以唯一确定分析器的动作是移进还是归约及利用哪个产生式产生归约，因而能够确定唯一句柄。目前真正实用的 LR 分析器都是基于美国 Bell 实验室 1974 年推出的 YACC 来实现的。YACC 是一款自动生成语法分析的编译器，其也是 UNIX 系统下的一款编译器，在 Windows 操作系统下的相应软件为 Bison。

这些方法各有优点，因此处理不同结构的程序时可以选择不同的方法，使得编译效率更高、速度更快。具体地说，在处理 NC 程序块时，采用自顶向下分析，逐行读入；在处理一行程序时，采用优先分析法，在规约过程中，尽管存在不规范归约的问题，但是分析速度快。图 5-35 为语法分析流程图。

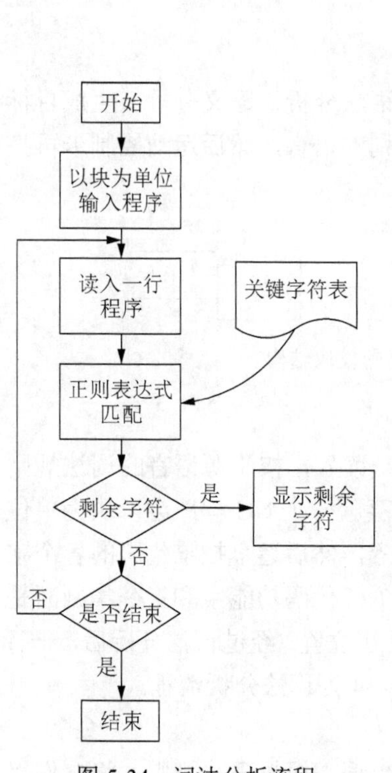

图 5-34　词法分析流程

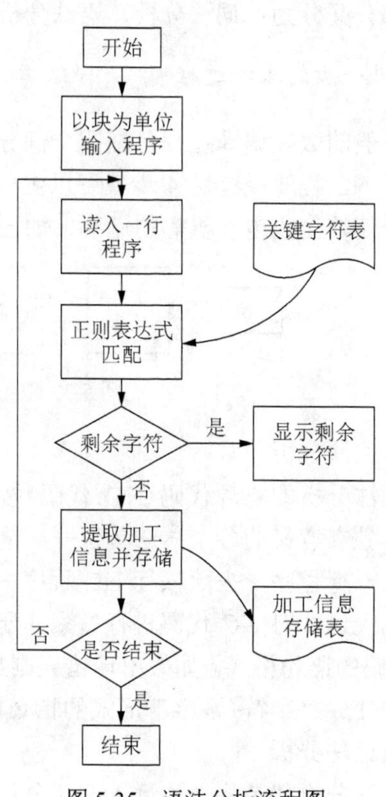

图 5-35　语法分析流程图

3) 词法分析、语法分析的实现形式

对词法分析、语法分析等过程进行编译时，有两种方法：手工编写和自动生成，两种方式各有其特点。Flex 和 Bison 是两款自动生成的软件，其中 Flex 用于词法分析，Bison 用于语法分析。利用 Flex 和 Bison 自动生成可以更加方便、快速，不需要掌握太多的编程知识和编译原理；但是这两款软件源程序的结构比较复杂(都需要有说明、规则、用户子程序三部分)，规则要求比较严格，而且后续编译过程较为繁琐(比如 Flex 文件后缀为.l，Bison 后缀为.y，Bison 运行.y 文件生成.c 和.h 文件，Flex 运行.l 文件生成.c 文件，将上述 3 个文件合起来编译才可生成目标代码)。Flex 和 Bison 源程序的结构为

```
说明部分
%%
规则部分
%%
用户子程序部分
```

其中，规则部分是必需的，说明部分和用户子程序部分可以按照需求选择编写。

图 5-36 表示了 Flex 和 Bison 结合的实现形式。

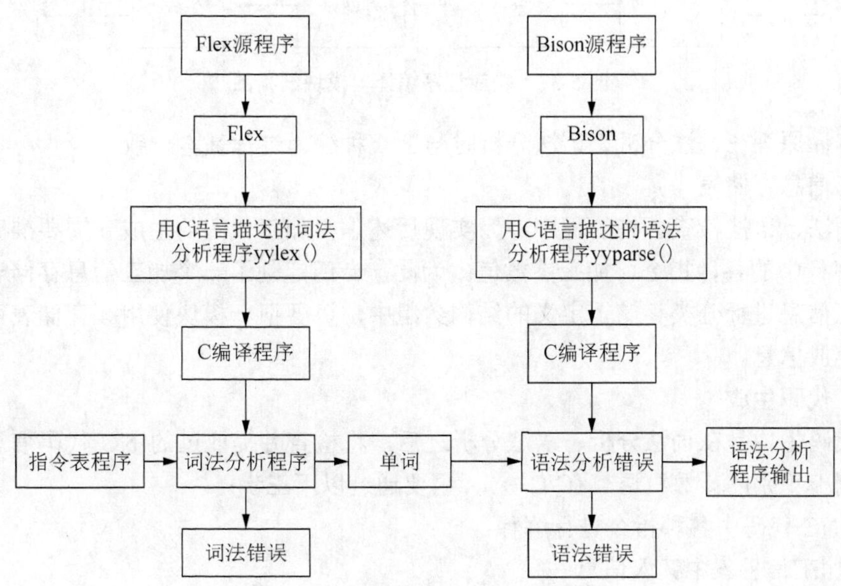

图 5-36　Flex 和 Bison 的结合使用

因此，可以根据手工和自动生成的优缺点，以及用户对于计算机编程的熟悉程度，选择相应的编译方法。

4) 语义分析

语义分析阶段主要检查源程序是否包含语义等的逻辑错误，并收集类型信息以供后面的代码生成阶段使用。语义分析需要保证每一行输出的正确性，即完全符合 NC 代码的规则。若是说明语句，则把变量的类型等属性填入符号表中；如是表达式，或其他可执行语句，则要把它们解释为同一格式的中间指令形式。只有语法、语义正确的源程序才能被翻译成正确的目标代码。在语义分析过程中，将存在的错误保存在字符串数组中，分析结束后将其保存在内部文件中，显示出来，传递给用户。

5) 目标代码生成

通过词法分析器识别单词书写错误，语法分析器判断语句格式错误和语义分析程序判断逻辑错误后，调试修改程序，直到指令表没有任何错误时，可以通过生成目标代码模块转换、生成最终的目标代码——C/C++指令。按照不同的 NC 代码对应的指令，将 NC 代码生成下位机指定的能够识别运行的 C/C++指令。

2. 响应程序编译过程

一般的编译器将 NC 代码翻译成运动控制卡识别的语言(C/C++)，再发出指令让运动控制卡驱动机床运动，如果不生成计算机语言(C/C++)，而是直接生成响应程序，直接让运动控制卡驱动机床运动，可以缩短硬件响应时间。

响应程序编译器模块结构如图 5-37 所示。这种编译器在词法分析、语法分析之后，建立一个加工信息存储表，通过读取加工信息并判断生成响应程序，最终通过响应程序直接生成控制函数，控制运动控制卡发出指令驱动电动机等运动，这种方案不仅不需要语义分析，同时缩短了硬件的响应时间。

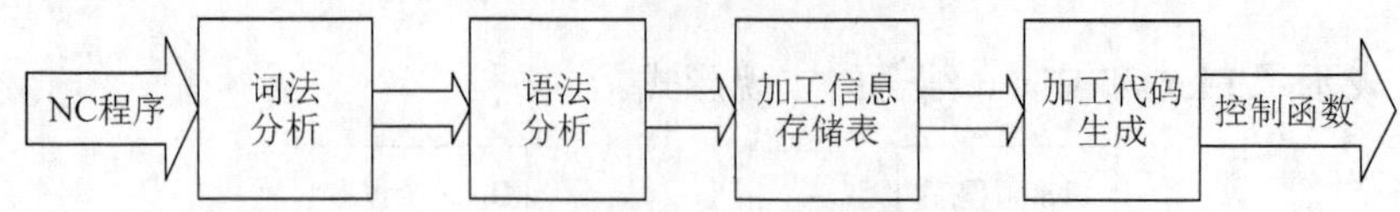

图 5-37　响应程序编译器模块结构图

这种编译原理在词法分析、语法分析时与上一种编译过程基本一致。

1) 加工信息存储表

经过词法、语法检查合格的程序，为实现后述虚拟加工代码的生成，需要准确方便地读取 NC 程序行中的各种指令、加工参数值。为此，专门定制了一个加工信息存储表，对各种类型的加工信息进行分类存储于定义的结构数组中，以备下一模块使用。存储表可以用一个结构体来存放信息。

2) 加工代码生成

加工代码生成是在词法分析、语法分析之后，将检查并提取过的 NC 代码信息生成能够让运动控制卡识别的计算机语言(C/C++)，主要通过以下三步：

(1) 对 NC 代码中各种指令进行解释；

(2) 从加工信息表中读入信息；

(3) 判断信息，生成响应函数。

对指令进行解释即让运动控制卡了解具体的 NC 代码的功能，从而发出控制指令执行相应功能。然后从上文中的加工信息表读入需要的信息，判断读入信息的类型并按照虚拟加工驱动代码生成流程图，生成响应的程序，最后根据上步生成的程序生成响应函数。

3. NC 代码编译器的检错

NC 代码错误也是 NC 代码编译器的一个重要环节，NC 代码错误可能出现在很多地方。可能出现在词法分析处，即词法错误(比如有不识别不能匹配的代码或者是非法字符)，即使通过了词法分析，也有可能存在语法错误(比如 G1000 就是语法错误)。只有通过了词法语法等检查后，才可以对 NC 程序中的相应加工信息进行分类提取，储存在加工信息存储表中，以便后续程序的运行。

对于一个 NC 程序，出错原因往往是多方面的，这给错误处理带来很大的困难。为了能够准确地找到出错位置和错误类型，方便修改错误，可以使用枚举类型的方法制定一个错误类型表格。

此外，除了 NC 代码类型错误之外，还有一些其他的错误，比如操作界面需要输入的地方没有输入，会出现“请输入数字”的提示；比如对运动控制卡初始化阶段，初始化失败无法读入，也会出现提示。这些错误通常称之为“警告”，也是编译器需要考虑的问题。

4. 编译中的问题

不管是手工编程还是自动编程生成的 NC 代码，都无法保证代码的完全正确，由于人为的疏忽或 CAM 软件智能化不够，NC 代码可能存在着各种漏洞。比如，代码中有不合法字符、功能字地址或地址值的丢失、地址值超出规定范围、回参考点时刀补未取消的逻辑错误等。

针对 NC 程序译码中的词法、语法、语义错误，需要进行必要的诊断并将错误以报告的形式供用户参考，主要错误类型如下：

(1) 出现非法字符。代码中出现未经定义的字符，如“U”、“V”等，或者字符在不正确位置出现或多次出现。

(2) 文件操作错误。如文件打开失败、文件为空、重复打开文件。

(3) 代码行中多次出现相同功能字。在一行代码中，除 G、M 指令外，其他指令最多只允许出现一次，多次出现将报错。

(4) 功能字地址值超出约定范围或不利于加工。比如行号范围为 0～99999，圆弧半径小于刀具半径等。

(5) 同组两个或多个 G 或 M 指令出现在同一行。

(6) 功能字地址符或地址值的丢失。

(7) 加工逻辑错误。如回参考点时刀补必须是关闭的状态。

(8) 其他错误。

在 NC 代码编译器中，NC 代码的匹配速度也是很重要的一个问题，即在 C/C++中如何搜索到“G”、“M”以及“X”、“Y”、“Z”等关键字，采用不同的算法，使用不同的函数，匹配速度就不一样，有的甚至相差很多。比如同一个程序，采用最基本的 KMP 算法的时间大概是 48ms，而采用“string.h”头文件下的函数可能只需要 10ms 多。这也是 NC 代码编译器设计者需要考虑和完善的地方。

5. 代码行信息提取的开发技术举例

通过对准备指令 G 代码和辅助指令 M 代码根据实现的功能、是否是模态指令，可分为表 5-3 所示的分组。其中大部分代码是模态指令，将非模态代码单独放入到第 0 组。

表 5-3　数控系统常用 G 代码和分组情况

G 代码	组	注释	G 代码	组	注释
G00	1	快速进给	G21	6	公制长度单位
G01	1	直线进给	G53	0	机床坐标系
G02	1	顺时针圆弧进给	G54	12	工件坐标系 1
G03	1	逆时针圆弧进给	G55	12	工件坐标系 2
G17	2	选择 *XY* 平面	G56	12	工件坐标系 3
G18	2	选择 *YZ* 平面	G57	12	工件坐标系 4
G19	2	选择 *XZ* 平面	G58	12	工件坐标系 5
G10	0	坐标系原点设定	G59	12	工件坐标系 6
G28	0	回原点	G90	3	绝对运动模式
G30	0	回参考点	G91	3	相对运动模式
G40	7	取消刀具半径补偿	G92	0	当前坐标设置
G41	7	左侧刀具半径补偿	G43	8	刀具长度补偿
G42	7	右侧刀具半径补偿	G49	8	取消刀具长度补偿

随着数控机床功能的不断完善，新指令新功能不断增加，且当前 G 指令中有很多不是整数，如 G92.1、G59.1、G06.2 等，为了方便管理和译码，在译码时，将所有 G 指令字地址均乘以 10 作为该指令的标记，如 G03 对应的标记为 30。

为实现读 G 代码指令时将一行代码不同组的 G 指令按其所在的分组存储到结构体中的相应数组中，定义了一个 G 指令模态数组 g_modes[ ]，定义了一个数组常量_gees[ ]：

```
static const int _gees[] SET_TO {
/*  0 */  1,-1,-1,-1,-1,-1,-1,-1,-1,-1,1,1,1,-1,-1,1,-1,-1,-1,-1,
/* 20 */  1,-1,-1,-1,-1,-1,-1,-1,-1,-1,1,-1,-1,-1,-1,-1,-1,-1,-1,-1,
/* 40 */  0,-1,-1,-1,-1,-1,-1,-1,-1,-1,-1,-1,-1,-1,-1,-1,-1,-1,-1,-1,
/* 60 */  -1,-1,1,-1,-1,-1,-1,-1,-1,-1,-1,-1,-1,-1,-1,-1,-1,-1,-1,-1,
/* 80 */  -1,-1,-1,-1,-1,-1,-1,-1,-1,-1,-1,-1,-1,-1,-1,-1,-1,-1,-1,-1,
/* 100 */  0,-1,-1,-1,-1,-1,-1,-1,-1,-1,-1,-1,-1,-1,-1,-1,-1,-1,-1,-1,
......
/* 980 */  10,-1,-1,-1,-1,-1,-1,-1,-1,-1,10,-1,-1,-1,-1,-1,-1,-1,-1,-1};
```

数组中，“-1”代表此准备功能字无效，即无此 G 指令，其他整数值代表该 G 指令所对应的组号，该整数值决定了存储在数组中的位置，范围为 0～14。

比如读代码行：

```
N0002 G01 G90 X0 Y0 Z0
```

_gees[10]=1，则表示 G01 为第一组，g_modes[1]将被赋值为 10。_gees[900]=3，g_modes[3]将被赋值为 900。如果添加新的准备功能字，对应位置的-1 改为新准备功能字所属的组号即可。M 辅助指令处理方法与 G 准备功能指令相似。

通过前述过程，可初步完成代码行信息的提取。

5.4.5　运动控制功能的实现

基于 PC+运动控制卡的开放式数控系统，其控制功能由运动控制卡提供，且以计算机语言的形式封装在开发包中，用户在使用相应功能时，只需查看手册找到相应的功能，然后调用即可(如果运动控制卡本身也不具备的功能，比如 G 代码的编译，就需要对运动控制卡进行二次开发)。因此运动控制功能的实现是通过编程，调用封装在运动控制卡中的函数来实现的。

运动控制功能是通过函数来实现的，通过计算机编程来实现，但是对于那些计算机初学者以及对编程不甚了解的用户来说，看懂这些程序有一定的难度，因此需要把这些计算机程序“变成”一个个按钮，用户通过点击相应的按钮，来实现相应的功能，这就得用 MFC 技术做成直观的界面。

对于新用户和初学者来说，各运动控制卡生产商都提供了“例程”，“例程”中包括很多已经编写好可以直接用的程序，用户只需要安装编程软件，然后打开“例程”中的例子即可实现运动控制卡的相应控制功能。由于运动控制卡可识别很多计算机语言，比如 C/C++、C#、VB 等，因此用户选择一个自己熟悉的语言，打开“例程”即可。

此外，有一些运动控制卡厂商除了提供编写好的“例程”之外，还会提供一款测试软件，比如雷赛运动控制卡的“Motion”程序，该程序是一款.exe 的执行程序，没有源代码，无需下载相应编程软件即可打开。用户在使用 VB、VC 或其他高级语言编写应用程序之前，就可以利用“Motion”系列软件快速熟悉运动控制卡的硬件、软件功能，还可以方便快捷地测试电动机、传感器、开关元件、平台等在执行各种动作时的性能特点。

Motion5480 软件提供了参数设置、I/O 检测、计数功能、运动测试这四个主要的操作界面。根据界面的信息，用户可以进行一些基本的控制操作：比如简单的点位运动、I/O 信号检测等。

Motion5480 脉冲参数设置如图 5-38 所示。

脉冲参数设置包括：脉冲输出类型设置、脉冲有效电平的设置和方向控制逻辑电平设置。

指令脉冲类型：也即脉冲输出类型，用户可以设置为正脉冲/负脉冲模式(CW/CCW 模式)或脉冲/方向模式(pulse/dir 模式)。该参数根据所用电动机驱动器接收脉冲的类型来决定。

脉冲输出有效电平：选择下降沿有效时，脉冲停止时脉冲信号为高电平；选择上升沿有效时，脉冲停止时脉冲信号为低电平。

方向控制逻辑电平：用户可以设置某一电平状态对应为电动机的正转方向或反转方向。设置该参数可不改变硬件接线就能改变电动机的运动方向。

Motion5480 计数设置如图 5-39 所示。

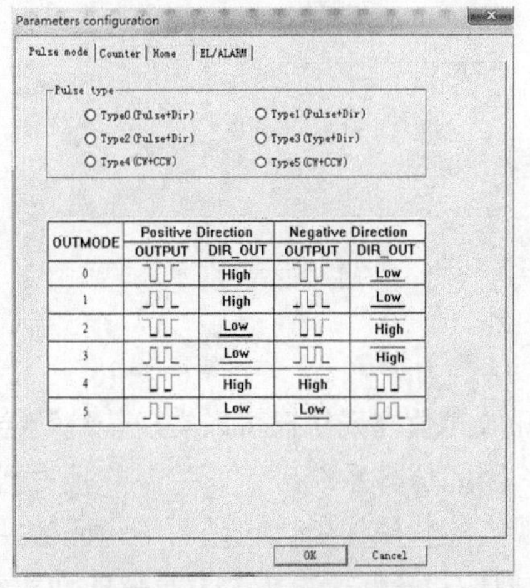

图 5-38　脉冲参数设置

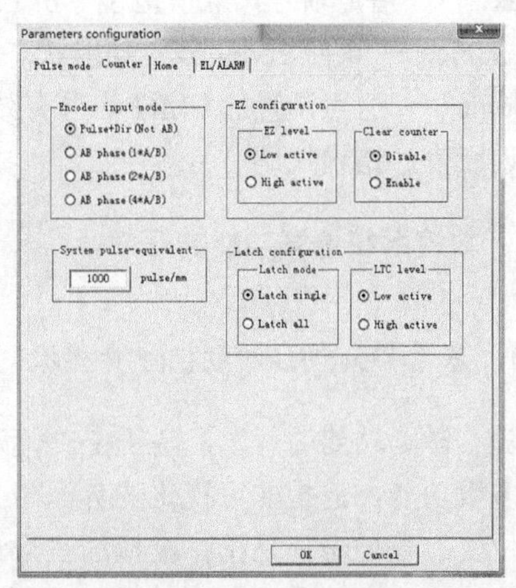

图 5-39　计数参数设置

计数参数设置包括：脉冲输入模式、EZ 信号设置、触发方式。

脉冲输入模式的设置：设置输入到编码器接口的信号类型，分为 AB 相或非 AB 相。

EZ 信号设置：分为 EZ 信号有效电平的设置、EZ 信号是否对编码器的计数器自动清零的设置。

LTC 信号设置：设置触发信号 LTC 的有效电平为高还是低、单独锁存一个轴的数据还是全部轴的数据。

I/O 检测如图 5-40 所示。其中每一个指示灯对应一个 I/O 信号的状态，绿色表示还可以通过按钮设置每一个通用输出口的电平。

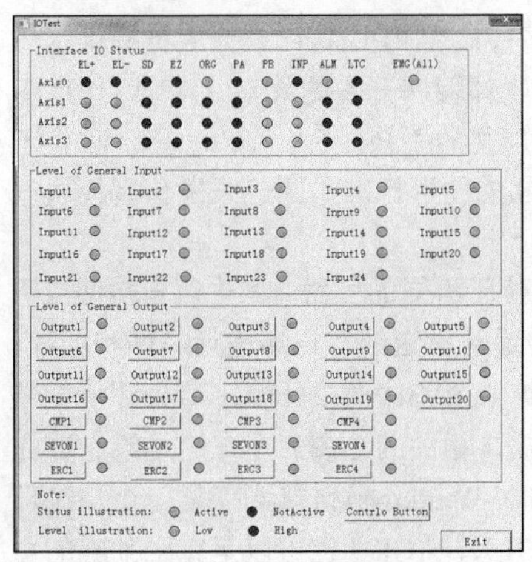

图 5-40　I/O 检测设置

5.4.6　特殊信号相关函数

无论是程序错误还是操作不当，当机床出现问题时需要停止甚至是紧急停止，因此异常信号处理就显得尤为重要。

这里以雷赛的 DMC5800 运动控制卡为例，针对急停的情况，可以对异常信号的接口函数进行如下设置：

```
short dmc_set_emg_mode (WORD CardNo, WORD axis, WORD enable, WORD emg_logic)
```

功能：设置 EMG 急停信号。

参数：CardNo——控制卡卡号；

axis——指定轴号，取值范围：0～7；

enable——允许/禁止信号功能，0：禁止，1：允许；

emg_logic EMG——信号有效电平，0：低电平有效，1：高电平有效。

返回值：错误代码。

```
short dmc_get_emg_mode (WORD CardNo, WORD axis, WORD *enbale, WORD * logic)
```

功能：读取 EMG 急停信号设置。

参数：CardNo——控制卡卡号；

axis——指定轴号，取值范围：0～7；

enable——返回 EMG 信号功能状态；

logic——返回设置的 EMG 信号有效电平。

返回值：错误代码。

5.4.7 数控系统仿真功能的开发

1. 基于 OpenGL 的数控仿真模块

随着译码功能的开发，基于 PC+运动控制卡的开放式数控系统已可以实现传统数控系统的大多数功能，但是非可视化的界面带来许多弊端，因此仿真系统应运而生，并且占据很重要的位置。数控仿真是指在虚拟的三维世界中再现现实的数控加工，它是用于验证数控加工程序正确性的有效手段之一，对缩短工业产品的研发周期和降低研发成本有重要的现实意义。数控仿真的意义在于用户能通过直观的观察产生的虚拟加工过程以检查 NC 代码的加工过程，从而检验数控代码的正确性和加工参数的合理性，由于数控仿真的过程不占用实际加工设备、没有耗材的需求，因此它可以降低生产研发成本、降低生产周期，提高产品的质量。

数控仿真包括几何仿真和物理仿真。几何仿真最初是简单的线框仿真和以曲面为单元的模型仿真，随着三维图形加速技术的出现和发展，基于实体模型的几何仿真开始出现并且成为数控仿真的重点。初期的数控系统的仿真主要是几何仿真，物理仿真是建立在几何仿真基础之上的，并且考虑力学仿真。

当前流行的计算机图形标准有 SGI 的 OpenGL、微软的 Direct X 和 Adobe 的 Postscript，而以 Direct X 和 OpenGL 最为广泛使用。

Direct X 是为了众多软件直接服务而出现的应用程序接口(API)，它给设计人员提供了一个共同的硬件驱动标准，提高了 Windows 平台游戏或多媒体程序开发的效率，增强了 3D 图形效果和音响质量。但 DirectX 只支持 Microsoft & Intel 形式的平台。

目前只有 OpenGL 是一个跨平台、硬件支持相对独立的图形标准，因此开发仿真模块一般采用 OpenGL 图形标准。

OpenGL 是一个透明的网络，客户端与服务器端可以位于不同的机器，其中客户端即应用程序所使用的 OpenGL 命令将通过相应的 OpenGL 管道传递给指定的客户端进行编译和处理，客户端处理和维护着 GL 渲染环境，一个服务器可以维护多个 GL 渲染环境。渲染环境封装了 OpenGL 的各种状态，它可以看成是 OpenGL 的绘图板，相关的绘图命令在这里绘制并在显示器(服务器)上显示。客户端通过窗口网络协议(比如 X-Windows)链接到任意一个渲染环境上，这些协议可以是 OpenGL 的已有的扩展协议，如 GLX、AGL，也可以是完全独立的协议。

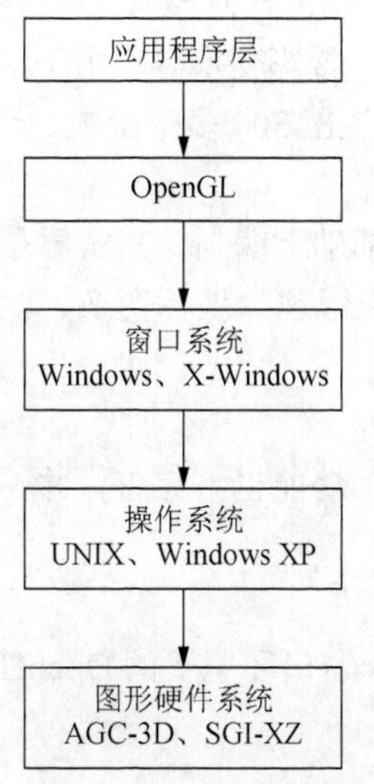

图 5-41　OpenGL 运行平台和结构

OpenGL 处理绘图命令产生的数据存储在帧缓冲区中，缓冲区用于存储 OpenGL 光栅化每个像素的各个片段的数据。当窗口系统为 OpenGL 分配一个绘图窗口时，OpenGL 完成初始化的过程。OpenGL 初始化过程中窗口系统为 OpenGL 分配帧缓冲区。在 OpenGL 中命令的处理有两种机制，一种称为立即执行机制，另一种为显示列表机制。立即执行机制及绘图命令通过一定的流程立即执行，而显示列表是把一系列指令打包组合，在用户指定的时间再次执行。这样一个图形处理系统，其结构基本上可以分为五层：最底层是图形硬件，第二层是操作系统，第三层是窗口系统，第四层是 OpenGL，最上层是应用软件。一个完整的图形处理系统如图 5-41 所示。

2. OpenGL 的工作流程

图 5-42 为 OpenGL 工作的基本流程。

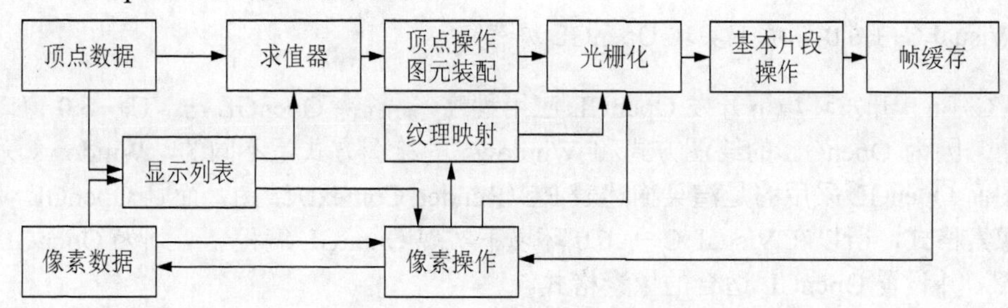

图 5-42　OpenGL 工作的基本流程

在 OpenGL 的基本工作流程中，OpenGL 首先将所有数据(包括几何顶点数据和图像像素数据)存储在一个显示列表中，稍后一次性进行处理。当然，也可以不把数据保存在显示列表中，而是立即对数据进行处理，这种模式称为立即模式。当一个显示列表被执行时，被保存的数据就从显示列表中取出，就像在立即模式下直接由应用程序所发送的那样。

3. OpenGL 的几何变换

OpenGL 几何变换包括：视图变换、模型变换、投影变换、裁剪变换和视口变换，三维图形的变换操作流程如图 5-43 所示。

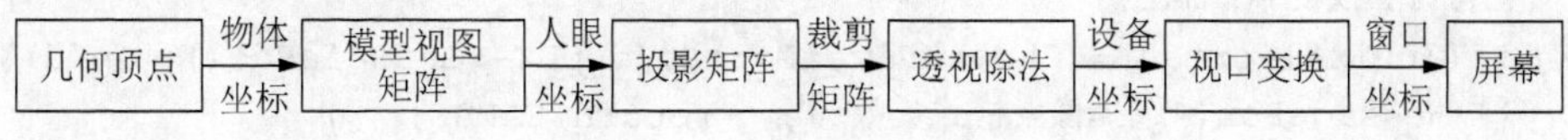

图 5-43　几何变换操作流程

4. OpenGL 的函数库

1) OpenGL 的核心函数

包括 115 个函数，这些函数均以 gl 开头。这些函数是最基本的，在任何 OpenGL 的工作平台上都能应用，为通用函数。该函数库用于设置视点、建立视见体、创建几何形体、设置颜色、法线、材质、产生光照效果、进行反走样及纹理映射、融合、雾化、投影变换等。由于这些核心函数有多种形式，并能够接受不同类型的参数，所以它们可以派生出 300 多个函数。

2) OpenGL 实用库函数

包括 43 个函数，这些函数以 glu 开头。该库在核心函数库的基础上编制，其实质是调用核心函数，这就简化了编程工作，兼具通用性。可以完成纹理影像管理、坐标变换、渲染简单曲面等工作。

3) OpenGL 辅助库函数

包括 31 个函数，每个函数以 aux 开头。这些函数通用性较差，功能也不完善，并不适合于编程人员使用。

4) Windows 专用库函数

包括 6 个函数，每个以 wgl 开头。该库中的函数是针对 Windows 窗口环境下的 OpenGL 函数调用，用来管理渲染描述表、显示列表、字体位图等。

5) Win32API 函数

包括 6 个函数，函数前面没有专门的前缀。主要用于处理像素存储格式、双缓存等函数调用。

5. Visual C++ 6.0 环境下实现 OpenGL 编程

在 VC++6.0 开发环境下开发 OpenGL 应用程序，需解决 OpenGL 与 VC++6.0 窗口系统的接口问题，因为 OpenGL 的绘图方式和 Windows 的绘图方式是不同的，Windows 采用的是 GDI 绘图而 OpenGL 采用的是渲染描述表 RC (Render Context) 绘图，而且 OpenGL 使用的是特殊的像素格式，所以在 Visual C++ 6.0 环境下实现 OpenGL 编程，必须为 OpenGL 创建渲染描述表，并设置 OpenGL 适合的像素格式。

为了设置 OpenGL 适合的像素格式，并且要能支持双缓存，在程序的视图类 CDraftView 中建立成员函数用于设置像素格式，程序片段如下：

```
CDraftView::SetPixelFormats( )
{   PIXELFORMATDESCRIPTOR pfd={
    sizeof(PIXELFORMATDESCRIPTOR), 1,
      PFD_SUPPORT_OPENGL                                //支持 OpenGL
      PFD_DRAW_TO_WINDOW                                //支持窗口绘图
      PFD_DOUBLEBUFFER,                                 //支持双缓存
      PFD_TYPE_RGBA, 24,
      0, 0, 0, 0, 0, 0, 0, 0, 0, 0, 0, 0, 0, 32, 0, 0,
      PFD_MAIN_PLANE, 0, 0, 0, 0};
   int nPixelFormat;
   if((nPixelFormat = ChoosePixelFormat(m_pDC->GetSafeHdc(), &pfd))= =0 )
   {  MessageBox("选择像素格式失败");   return FALSE;   }
   if(SetPixelFormat(m_pDC->GetSafeHdc(), nPixelFormat, &pfd)= =FALSE)
   {  MessageBox("设置像素格式失败");   return FALSE;
   }
   if(pfd.dwFlags & PFD_NEED_PALETTE)
   {  SetLogicalPalette();
      return TRUE;
   }
```

为了创建渲染描述表，在程序的视图类 CDraftView 中建立成员函数用于设置属于 OpenGL 的渲染描述表，程序片段如下：

```
BOOL CDraftView::InitializeOpenGL()
{  PIXELFORMATDESCRIPTOR pfd;
   int n;
   if(!SetPixelFormats())                               //像素设置
     return FALSE;
   n=::GetPixelFormat (m_pDC->GetSafeHdc());            //测试像素格式
   ::DescribePixelFormat (m_pDC->GetSafeHdc(), n, sizeof(pfd), &pfd);
   m_hRC=wglCreateContext(m_pDC->GetSafeHdc ()); //创建当前化渲染描
                                                 //述表
   wglMakeCurrent(m_pDC->GetSafeHdc (), m_hRC);
}
```

在程序的视图类 CDraftView 中建立成员函数 CDraftView:: RenderScene ()用于切换缓存，完成双缓存的设置。代码如下：

```
BOOL CDraftView::RenderScene()
{   ::SwapBuffers(m_pDC->GetSafeHdc());                 //交互缓冲区
    return TRUE;
}
```

数控加工仿真的相关程序：

```
void CSimDlg::OnButtonSimStart()                        //开始仿真
{   SetTimer(0,50,NULL);                                //设定定时器
    m_dDisplay->ONSimStart();
}
BOOL CSimWnd::ONSimStart()
{   m_isSimulation = TRUE;
    int nCount = m_obRoutePoint->GetSize();
    for (int i=0; i<nCount; i++)
    {  delete m_obRoutePoint->GetAt(i);
    }
    m_obRoutePoint->RemoveAll();
    GLPointGenerate();
    SetTimer(0,50,NULL);
    return TRUE;
}
BOOL CSimWnd::GLPointGenerate()                         //点的获取
{   int nCount = m_obSimPointArray->GetSize();
    for (int i=0; i<nCount; i++)
    {   double xCoord,yCoord,zCoord;
        CSimPosData* ptPoint=(CSimPosData*)m_obSimPointArray->GetAt(i);
        xCoord=ptPoint->posData.x;
        yCoord=ptPoint->posData.y;
```

```
            zCoord=ptPoint->posData.z;
            CSimPosData* pt = new CSimPosData(xCoord,yCoord,zCoord);
            m_obRoutePoint->Add(pt);
        }
        return TRUE;
    }
```

除此之外，还要在程序中包含进 OpenGL 的头文件和库函数文件。代码如下：

```
#include "gl.h"; #include "glu.h"; #include "glaux.h"
```

其中 gl.h 文件是 OpenGL 必不可少的，glu.h 文件表示要用到 OpenGL 实用库函数，glaux.h 文件表示要用到 OpenGL 辅助库函数。

6. 开发的仿真系统界面

图 5-44 是利用 OpenGL 技术开发的数控加工仿真界面。

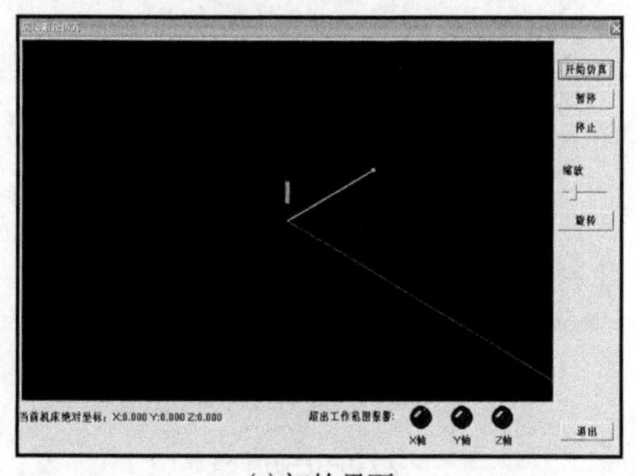

(a) 初始界面

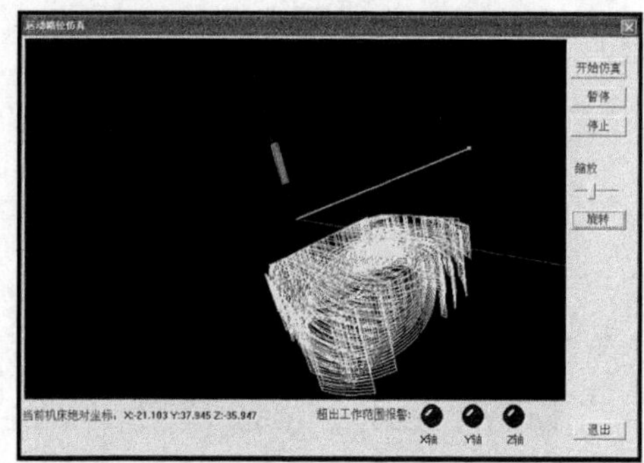

(b) 仿真界面

图 5-44　数控加工仿真界面

由于各仿真界面功能需求的不同，界面也各不相同，但是都应该包括图像的任意旋转和缩放功能。此外，由于该技术应用于开放式数控系统中，因此还应添加对超出机床加工空间的坐标轴对应的指示灯警报的功能。

5.5　其他控制功能简述

主流的运动控制卡都是以脉冲为单位进行控制，运动控制卡也会提供以脉冲为单位的基本功能、高级功能以及其他功能的实现方法。基本功能就是运动控制卡运动的最常用最简单的方法；高级功能就是各运动控制卡自己研发的高级运动指令，包括运动模式、补偿方法等；其他功能则是一些辅助功能。

5.5.1　扩展模块功能

扩展模块即 CAN-IO 是运动控制卡的配套产品，其目的是扩展运动控制卡的 I/O 口，通过菊花链的连接方式将多个 CAN-IO 扩展模块挂在同一块运动控制卡下面，一般运动控制卡最多支持 4～8 个 CAN-IO 扩展模块。

以雷赛 DMC5410 运动控制卡为例，其 CAN-IO 扩展模块测试界面如图 5-45 所示。

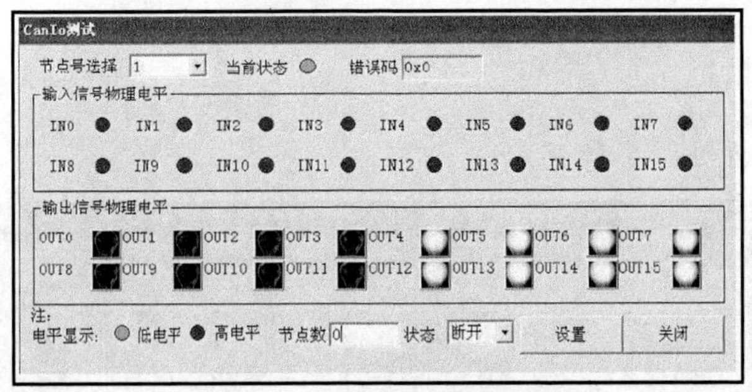

图 5-45　扩展模块测试界面

CAN-IO 扩展模块输入输出的一般步骤如下：

(1) CAN-IO 扩展模块通信的连接。

① 在“节点数”文本框中输入当前连接的 CAN-IO 扩展模块数量；

② 在“状态”下拉列表中选择“连接”选项；

③ 单击“设置”按钮，与 CAN-IO 扩展模块进行通信连接；

④ 查看当前状态指示灯是否为绿色，如果为绿色则表示通讯成功；如果不为绿色，则重新执行步骤①。

(2) 选择需要操作的 CAN-IO 扩展模块的节点号。

① 在“节点号选择”下拉列表中选择希望操作的 CAN-IO 扩展模块；

② 单击“设置”按钮。

(3) 通过界面读取该扩展模块的输入/输出信号，并且可以直接单击输出 LED 灯来控制输出端口的状态。

5.5.2　锁存功能

锁存器 (Latch) 是一种对脉冲电平敏感的存储单元电路，是数字电路中的一种具有记忆功能的逻辑元件。它们可以在特定输入脉冲电平作用下改变状态。

锁存是把信号暂存以维持某种电平状态。锁存器的主要作用是缓存，其次完成高速的控制器与慢速的外设的不同步问题，再次是解决驱动的问题，最后是解决一个 I/O 口既能输出也能输入的问题。锁存器是利用电平控制数据的输入，它包括不带使能控制的锁存器和带使能控制的锁存器。

以雷赛 DMC5410 运动控制卡的锁存功能为例说明该功能。

1. 高速锁存功能

图 5-46 为高速锁存界面。

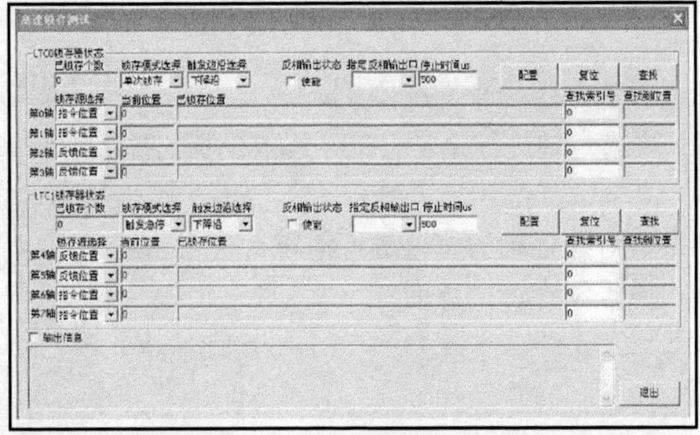

图 5-46　高速锁存测试界面

2. 原点锁存功能

原点锁存测试界面如图 5-47 所示。

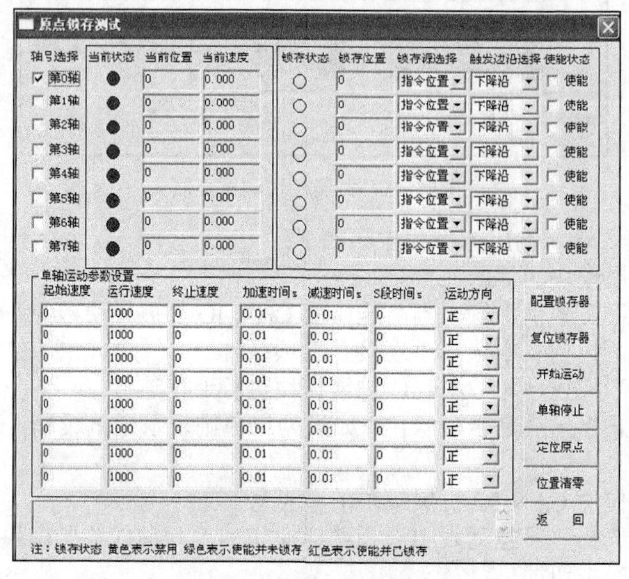

图 5-47　原点锁存测试界面

"轴号选择"：选择要测试的轴号(可多选)。

"当前状态"显示框：显示各轴当前运动状态、当前位置以及当前速度。

"锁存状态"文本框：显示锁存状态、锁存位置值；并且可以设置锁存源、触发方式及原点锁存使能状态。

"单轴运动参数设置"：设置控制卡单轴运动时的运动参数，包括起始速度、运行速度、停止速度、加速时间(s)、减速时间(s)、S 段时间(s)和运动方向。起始速度与停止速度不大于运行速度，速度值不大于 2Mpps(pulse per second)，加减速时间不小于 1ms，S 段时间不大于 0.5s。

"配置锁存器"按钮：按照设置的锁存源、触发方式，使能状态进行配置。要实现原点锁存功能，必须先使能原点锁存。

"复位锁存器"按钮：对锁存标志位进行复位。在执行原点锁存前，必须先对锁存器进行复位。

"开始运动"按钮：按照当前设置的轴号、运动参数等进行连续运动。

"单轴停止"按钮：对选定的轴号进行停止。

"定位原点"按钮：将选定轴进行定长运动，终点坐标为原点锁存值。

"位置清零"按钮：将对选定轴的位置进行清零。

"返回"按钮：退出原点锁存测试界面。

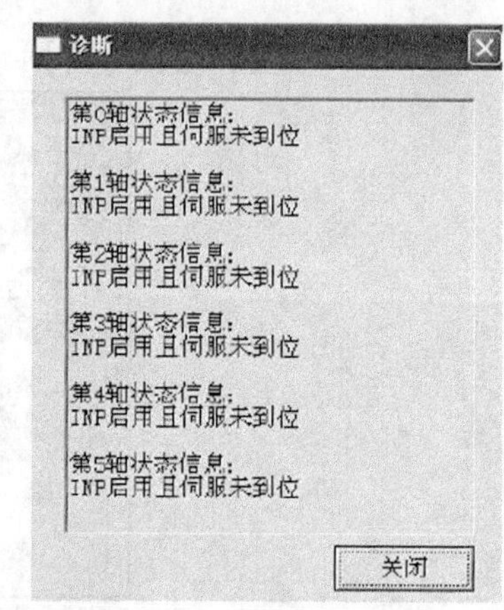

图 5-48　诊断信息界面

5.5.3　"帮助"功能

"帮助"选项的功能也非常强大，以雷赛 DMC5800 运动控制卡为例，该功能包括“关于”“路径配置”“诊断信息”“固件升级”“密码管理”“硬件复位”等子菜单。

例如，单击“诊断信息”选项菜单，显示控制卡各轴的诊断信息，如图 5-48 所示。

5.6　数控系统的调试

数控设备的调试是机床正式使用前极其重要的工作，也是过程较直观的最后一项准备工作。

5.6.1　驱动调试

驱动的调试是数控系统调试中的重要一环，主要指的是驱动器的调试。以欧瑞 E2000 变频器(针对主轴)以及松下 A5 伺服电动机驱动器(针对 *X*、*Y*、*Z* 三轴)进行介绍。

1. 驱动器概述

1) 欧瑞 E2000 变频器

欧瑞 E2000 系列变频器采用模块化设计，可内置 EMI 滤波器，强化电磁兼容设计，结构紧凑，生产上完全自动化贴片工艺，保证了产品的可靠性与稳定性。应用行业比较广泛，如胶印机、牵引设备、印刷、纺织、造纸、研磨试验设备等。

E2000 属于研制的新一代矢量控制型变频器，其参数如表 5-4 所示。

表 5-4　欧瑞 E2000 系列变频器参数

参数	项目	内　容
输入	额定电压范围	三相 380V±15%；单相 220V±15%
	额定频率	50/60Hz
输出	额定电压范围	三相 0～380V；三相 0～220V
	频率范围	0.50～650.0Hz(矢量控制模式下最高频率不允许超过 150 Hz)
控制方式	载波频率	2000～10000Hz；固定载波和随机载波可选择
	输入频率分辨率	数字设定：0.01Hz，模拟设定：上限频率×0.1%
	控制方式	SVC(开环矢量)控制、V/F 控制
	起动转矩	0.5 Hz/150% (SVC)
	调速范围	1∶100(SVC)
	稳速精度	±0.5%(SVC)
	转矩控制/精度	±5%(SVC)
	过载能力	150%额定电流 60s
	转矩提升	手动转矩提升曲线 1～16，自动转矩提升
	V/F 曲线	三种方式：直线型、平方型、自定义 V/F 曲线型
	启动方式	直接启动、转速追踪启动(V/F 控制方式下)
	直流制动	直流制动频率：0.20～5.00 Hz，制动时间：0.00～10.00s
	点动控制	点动频率范围：下限频率～上限频率；点动加减速时间：0.1～3000s
	自动循环、多段速	通过自动循环或控制端子实现最多 15 段速运行
	内置 PID	可方便实现过程闭环控制系统
	自动电压调整	当电网电压变化时，能自动保持输出电压恒定

2) 松下 A5 系列伺服驱动器

松下 A5 系列伺服驱动器是目前市场上主流产品，其特点是速度响应高，适合各种高速定位的工业场合，且形状小、超轻(行业最轻)。其参数如表 5-5 所示。

表 5-5　松下 A5 系列伺服驱动器参数

使用环境条件	温度	环境温度 0～55℃ 储存温度-20～65℃
	湿度	使用时、储存时均为 20%～85%RH(无结露)
	海拔	海拔 1000m 以下
	振动	5.88m/s 以下 10～60Hz(不可在共振点连接使用)
控制方式		1GBT PWM 方式正弦波驱动
编码器反馈		17 位，7 线串行，绝对式编码器 20 位，5 线串行，增量式编码器
反馈光栅尺反馈		A/B 相 · 原点信号差动输入
控制信号	输入	通用 10 输入 通用输入功能通过参数进行选择
	输出	通用 6 输出 通用输出功能通过参数进行选择
模拟/数字信号	输入	3 输入
	输出	3 输出
脉冲信号	输入	2 输入(光电耦合器输入、长线接收器输入) 通过光电耦合器，可应对长线驱动器 1/F、集电极开路 1/F 通过长线接收器，可应对长线驱动器 1/F
	输出	4 输出(长线驱动器输出 3、集电极开路输出 1) 通过长线驱动器输出编码器脉冲(A、B、Z 相)或外部光栅尺脉冲(E×A、E×B、E×Z 相)。Z 相或者 E×Z 相脉冲也有集电极开路输出方式
通信功能	USB	与电脑等连接
	RS232	1:1 通信
	RS485	可进行最大 31 轴的 1:*n* 通信

2. 调试前的准备工作

1) 驱动器的操作菜单

(1) 欧瑞 E2000。

欧瑞 E2000 的控制面板如图 5-49 所示。

控制面板操作说明如表 5-6 所示。变频器内有很多的功能参数，用户在停机状态下更改这些运行参数，可以实现不同的控制运行方式。

表 5-6　按键说明

按键名称	说　明
方式	调用功能码，显示方式切换
设置	调用和存储数据
上升	数据递增(调速或设置参数)
下降	数据递减(调速或设置参数)
运行	运行变频器
停机或复位	变频器停机； 故障状态下复位； 功能码区间和区内转换

(2) 松下 A5 系列伺服驱动器。

松下 A5 系列驱动器整体构成如图 5-50 所示。

松下控制面板及其说明如图 5-51 所示。

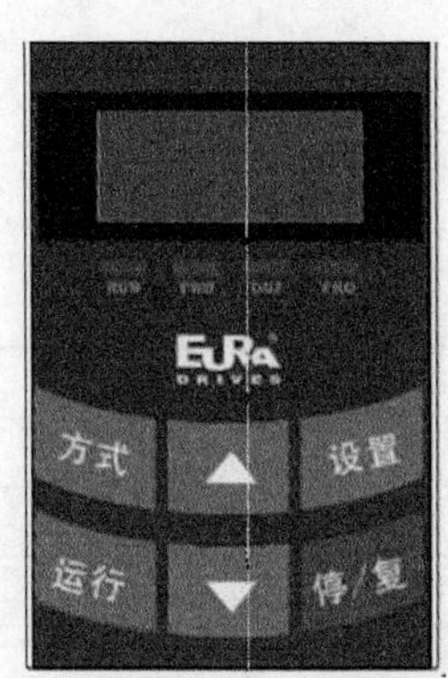

图 5-49　欧瑞 E2000 控制面板

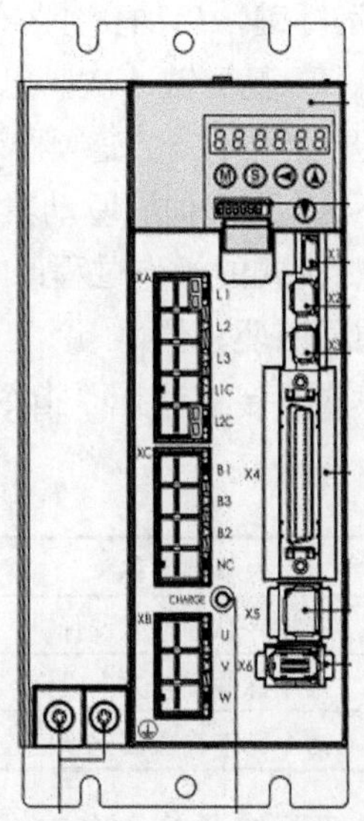

图 5-50　松下 A5 系列驱动器

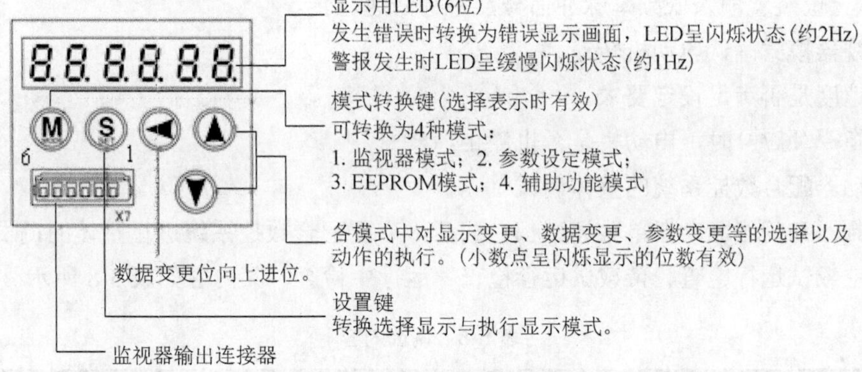

图 5-51　松下控制面板及其说明

2) 通电检查

通电前，无论是变频器还是伺服驱动器都应该进行线路接线检查，包括电源端、电动机端、控制端的接线正确，外部各种开关全部预置正确。确认无误后通电，按如下步骤检查：

① 变频器和驱动器是否有异常声响、冒烟、异味等情况。

② 控制面板显示应正常，无故障报警信息。

③ 如有异常现象，立即断开电源。

3. 驱动器的调试

1) 驱动器的单独调试

(1) 欧瑞 E2000 变频器。

用控制面板进行频率设定、启动、正转、停止的操作过程如下：

① 检查接线正确后，合上空气开关，变频器上电。

② 按方式键，进入编程菜单。

③ 进行电动机参数测量。

- 按运行键，启动变频器运行；
- 按“停/复”键一次，电动机减速，直到停止运行；
- 断开空气开关，变频器断电。

(2)松下 A5 系列伺服驱动器。

位置控制模式的操作过程：

① 接通伺服驱动器。

② “模式设定”选择“指令脉冲输出模式设定”，设定值如表 5-7 所示。

表 5-7 参数设置

参数号码	参数名称	设定范围	功　能
Pr0.05	指令脉冲输入选择	0～1	选择使用光电耦合器还是使用长线驱动器专用输入
Pr0.06	指令脉冲旋转方向设定	0～1	设定针对指令脉冲输入的计数方向
Pr0.07	指令脉冲输入模式设定	0～3	设定针对指令脉冲输入的计数方法

③ 连接伺服接通输入(SRV-ON)和 COM－(连接器 X4 41 引线)，转为伺服接通状态，使电动机进入励磁状态。

④ 从上位装置输入低频率脉冲信号，进行低速运转。

用监视器模式确认电动机转速。

旋转速度是否满足设定要求。

停止指令(脉冲)时，电动机是否也停止。

2)驱动器配合数控系统的整体调试

当变频器和伺服驱动器单独调试都完成后，需要配合数控系统进行整体的调试。主要内容包括：空载试运行检查、带载试运行检查、运行中检查，其内容如表 5-8 所示。

表 5-8　调试内容

名称	调试内容
空载试运行检查	电动机：运行平稳，旋转正常，转向正确，加减速过程正常，无异常振动，无异常噪声，无异常异味。 驱动器：操作面板显示数据正常，风扇运转正常，继电器的动作顺序正常，无振动噪声等异常情况。如有异常情况，应立即停机检查
带载试运行检查	在空载试运行正常后，连接好驱动系统负载，启动驱动器，逐渐增加负载，在负载增加到 50%、100%时，分别运行一段时间，以检查系统运行是否正常。如有异常情况，应立即停机检查
运行中检查	电动机是否平稳转动，电动机转向是否正确，电动机转动时是否有异常振动或噪声，电动机加减速过程是否平稳，驱动器输出状态和面板显示是否正确，风机运转是否正常，有无异常振动或噪音。如有异常，应立刻停机，断开电源检查

(1)变频器和数控系统的整体调试。

变频器连接的是对应数控机床的主轴部分，目的是控制主轴的转动和停止。

把变频器和运动控制卡的接线盒的对应端子以及经济型三轴铣床的主轴部分连接好之后，即可进行调试(以雷赛公司的 DMC5600 运动控制卡为例)。

① 用运动控制卡自带的“Motion”软件进行测试。

对于主轴部分，“Motion”提供了 I/O 信号测试，如图 5-52 所示。

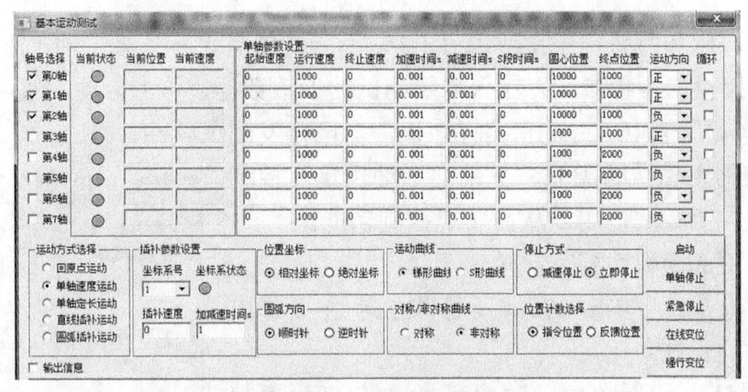

图 5-52　基本运动测试

专用信号状态中，每一个指示灯对应一个 I/O 信号的状态，绿色表示无效，红色表示有效。

通用输入/输出信号中，每一个指示灯对应一个 I/O 信号的状态，绿色表示低电平，红色表示高电平，还可以通过按钮设置每一个通用输出口的电平。

正常来说，主轴接收低电平代表停止，接收高电平代表转动。根据变频器和运动控制卡的接线盒和主轴电动机对应的连线，选择输出信号口。比如主轴的输出信号口为 OUT0，那么在“Motion”中单击 OUT0 右侧的绿色按钮，绿色变为红色，主轴即可旋转；相反，在红色状态下单击变成绿色按钮，主轴即可停止。

② 利用计算机语言(C/C++)和编程知识开发测试软件。

因为运动控制卡把其控制函数都已经封装在.dll 文件中，所以选择开发某一个功能只需查阅相应控制卡的手册，找到对应的函数，调用即可。如果有 MFC 的知识基础，可以做一个类似于“主轴开启”和“主轴关闭”的控件，单击控件即可实现功能。

DMC5600 运动控制卡控制主轴开启和关闭的函数是 short dmc_write_outbit。

```
short dmc_write_outbit(WORD CardNo, WORD bitno,WORD on_off)
```

功能：设置指定控制卡的某个输出端口的电平。

参数：CardNo——控制卡卡号；

bitno——输出端口号，取值范围：0～15；

on_off——输出电平，0：低电平，1：高电平。

所以在编程中调用 short dmc_write_outbit 函数，在高低电平选择中选择“0”和“1”，即可实现主轴停止和转动功能。

(2) 伺服驱动器和数控系统的整体调试。

伺服驱动器连接的是对应数控机床 X、Y、Z 的三个运动轴，目的是控制运动轴的转动和停止以及加减速等运动控制。

把伺服驱动器和运动控制卡接线盒的对应端子以及经济型三轴铣床的 X、Y、Z 三部分连接好之后，即可进行调试(以雷赛公司的 DMC5600 运动控制卡为例)。

① 用运动控制卡自带的“Motion”软件进行测试。

“Motion”提供了一套完整的、功能性强的运动轴控制测试程序，但在使用前，需要把 I/O 测试功能中“专用信号状态”栏下，第 0、1、2 三个轴对应的最后一个“SEVON”按钮打开，使其达到有效状态。“SEVON”为“使能”按钮，打开即可使 X、Y、Z 三轴的使能通电，方可进行后述的运动测试。

图 5-52 为“Motion”提供的基本运动测试功能。

根据接线的原则和习惯，一般第 0、1、2 轴对应的就是 *X*、*Y*、*Z* 三轴，选择三轴或者某一轴，再根据图中提供的各种参数，输入需要测试的参数数据，单击启动，即可进行运动测试。

② 利用计算机语言(C/C++)和编程知识，自己开发测试软件。

与变频器控制主轴转动类似，三轴的运动也是在控制卡手册中找到相应函数并调用，从而实现控制功能。

控制三轴速度的函数主要有：

dmc_check_done：设置脉冲模式及逻辑方向(主要作用为规定三轴运动的正方向)；

dmc_set_profile：设置单轴运动速度曲线(包括设置起始速度、最高速度以及加减速时间)；

dmc_pmove：指定轴点位运动(主要设置点动的距离行程)；

dmc_vmove：指定轴连续运动(主要设置连续运动的方向)。

根据上述函数以及 MFC 知识，开发的一个单轴运动界面如图 5-53 所示。

根据需要，选择需要的参数输入，单击“执行”按钮，即可实现运动轴的运动功能测试。

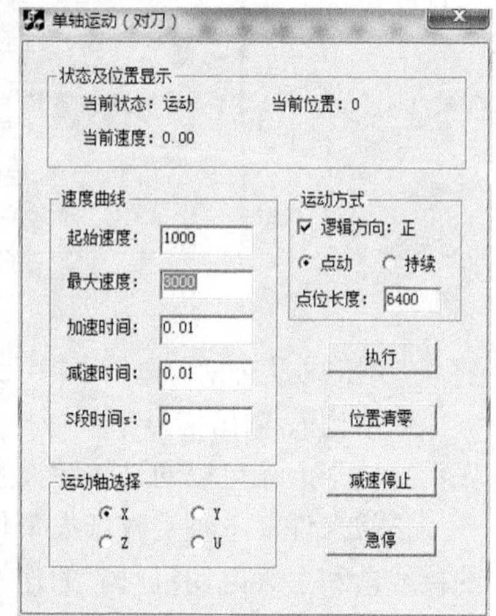

图 5-53　单轴运动

5.6.2　机床调试

在机床调试前，一定要保证接线信号没有问题，具体是指能保证 *X*、*Y*、*Z* 三轴以及主轴和机床、工控机已经连接上。信号调试是前提，只有信号调试没有问题，机床才可以进行运转调试。

1. 信号调试

信号调试可以用图 5-52 中的“Motion”软件来调试。在“IO 测试”图中，查看“专用信号状态”一栏，检查第 0、1、2 轴对应的“SEVON”选项按钮的颜色，如果是红色，单击该按钮，查看是否变为绿色，同时查看连接 *X*、*Y*、*Z* 三个运动轴的连线对应到运动控制卡接线盒的线旁的信号灯是否点亮，如果“SEVON”选项按钮为绿色，接线盒的信号灯也点亮，即视为工控机和驱动器与三个运动轴已经连接；主轴的测试查看“IO 测试”中“通用输出信号及电平”一栏，查看 OUT0 右侧按钮，如果是红色，单击该按钮，查看是否变为绿色，如果是绿色，主轴即可转动，工控机和变频器和主轴已经连接。

对于一个基于运动控制卡的开放式数控机床来说，其核心功能是加工，对于 *X*、*Y*、*Z* 三轴来说是运动，对主轴来说是旋转。所以在机床调试前，一定要确定驱动没有问题，*X*、*Y*、*Z* 三轴才可以顺利按需要运动，主轴可以正确的旋转。

2. 机床调试

1) 单轴调试

经过信号调试之后，运动轴可以进行运动。单轴调试是查看运动轴是否可以按需要的方式进行运动。

单轴测试还是利用图 5-52 中的“Motion”软件中的基本运动测试功能测试。

选择一个轴，在需要输入的选项栏中输入需要的参数，单击“启动”按钮，查看运动轴是否按要求运动。查看运动轴加减速的状态，正反向运动是否正确，定长运动时是否运动到输入的距离就减速停止等。

2) 多轴调试

多轴调试的目的是查看机床是否联动，查看机床是 2.5 轴还是 3 轴联动。

在“基本运动测试”中，选中 3 个轴，输入需要的参数，单击“启动”按钮，查看三个运动轴是否都在不停地运动，以此证明机床为三轴联动。

3) 机床坐标系调试

机床的坐标系是根据右手笛卡尔坐标系建立的，但是基于运动控制卡的开放式数控机床根据厂家和要求的不同，其 X、Y、Z 轴的方向也不一样，根据笛卡尔坐标系可以建立坐标系，如果三个轴中某一轴方向不对，需要调试。

“Motion”软件可以对坐标轴正方向进行调试。在“参数设置”栏中的“脉冲设置”中进行调试。

运动控制卡根据不同型号，其脉冲类型也有所不同。例如，DMC5600 提供 5 种脉冲类型，用户根据需要自行选择。

4) 回零调试

机床“回零”也是一个重要功能。运动控制卡自身包括了该功能及其函数，不同的运动控制卡有不同回零方式。用户根据需要选择相应的方式，查看机床回零的状态。

5) 限位调试

一般的运动控制卡不提供限位功能，所以机床需要有一个硬件的限位开关，防止运动轴超出其运动量程，对机床造成损坏。可以让运动轴向一个方向一直运动，查看极限位置时是否停止，如果停止，反向运动一次以确定两个方向的限位都没有问题。

复　习　题

1. 如何安装实现运动控制卡的驱动？
2. 基于控制卡的三轴铣床包括哪些初始的参数设置？
3. 如何建立运动控制卡的通信？
4. 运动控制卡自带的“Motion”功能有哪些？
5. 开放式数控中如何实现数控程序的译码，其实用技术有哪些？
6. 机床调试包含的内容有哪些？

第 6 章　三轴铣床典型运动方式应用实例

本章采用雷赛 DMC5600 运动控制卡，对搭建的经济型三轴铣床进行运动控制，并对铣床典型的运动方式以及运动控制卡基本的功能进行测试。

6.1　功 能 分 析

6.1.1　商用数控系统界面功能分析

数控系统的发展超过了 40 年，国内外数控系统的品牌很多，其中最著名的是日本的 FANUC 系统和德国西门子系统。

1. 日本 FANUC 系统

1976 年 FANUC 公司研制成功数控系统 5，随后又与 SIEMENS 公司联合研制了具有先进水平的数控系统 7，从这时起，FANUC 公司逐步发展成为世界上最大的专业数控系统生产厂家。图 6-1 为 FANUC 最新系统 oi-MF 工作界面。

FANUC 新型系统一大特点就是酷炫的外表。其加工主界面主要包含如下几部分：坐标位置、进给速度、主轴转速等数值实时显示区；NC 代码显示区，以及所有有效 NC 代码和关键字的显示区。界面显示的四周是各按钮，方便用户单击不同按钮选择不同功能。

2. 德国西门子系统

在 1960～1964 年，第一代西门子的工业数控系统在市场上出现，在 1964 年西门子为其数控系统注册品牌 SINUMERIK。此后数十年，西门子一直改进、完善自身系统。在 1996～2000 年西门子推出 SINUMERIK 840D 系统、SINUMERIK 810D 系统、SINUMERIK 802D 系统。目前西门子市场上主流数控系统有 808D、820D、840D。

图 6-2 为西门子 840D 数控系统工作界面。

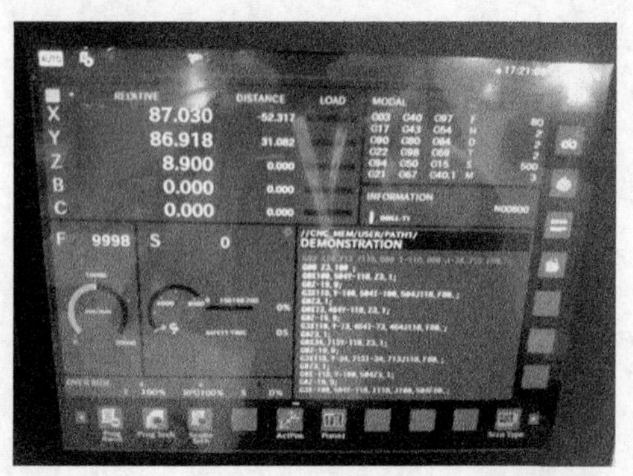

图 6-1　FANUC 数控系统工作界面

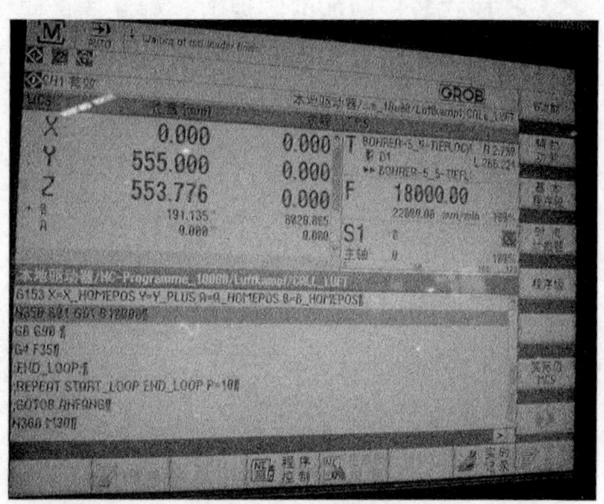

图 6-2　西门子 840D 数控系统工作界面

西门子的主界面加工图分为如下部分：NC 代码显示区、坐标显示区、辅助参数显示区等，主界面四周是按钮，方便用户进行操作。

西门子系统最大的特点，是可以根据客户需求进行单独定制。在西门子选项面板上有一个“Custom”按键，单击该按钮，进入一个空白面板，用户可以根据自己的需要自行设计界面和功能按钮，当然各按钮是西门子系统已经开发好的，用户无法自行开发。

除此之外，常用的数控系统还有美国哈斯系统、德国海德汉、日本马扎克、西班牙法格等。

6.1.2　数控系统开发的功能分析

根据常用的数控系统的特点和结构功能，自行开发的数控系统应该有如下基本功能。

(1) NC 代码显示区。

这是数控系统必备功能，用来读取 G、M 等代码，从而进行译码和加工。

(2) X、Y、Z 等坐标显示区。

数控系统的运动轴决定着加工情况，因此运动轴的坐标需要显示，而且应该实时显示出来。

(3) 辅助功能参数显示区。

F、S 等辅助功能也非常重要，因此这些功能参数也应该显示出来。

(4) 按钮区。

任何数控系统不可能只有主加工界面，因此按钮区必不可少，单击按钮区，用户根据需要进行功能选择。

6.2　系统功能实现基础

6.2.1　机床的限位与急停

限位是对位置的限定，规定了其位置或只能在某个区域，也可以规定其位置不能在某个区域。主要执行元器件是限位开关和限位器。限位开关的作用是在运动平台出现超出行程的运动时，起到限制作用，使电动机减速或紧急停止，提高设备运行时的安全性能。在使用运动控制卡进行运动控制之前，必须保证限位开关的有效性。限位包括硬限位和软限位。

(1) 硬限位：是真实的电气信号，通过观察机床的结构，在导轨的两端可以发现相应的限位开关，通过 I/O 接入控制系统，硬限位可以用于保护硬件设备。

(2) 软限位：是数控系统中设置的行程限制，可以用于判断 NC 程序中的位置是否超程。

急停即紧急停止，主要通过急停按钮来实现(红色的醒目按钮，也有称之为急停开关)。急停按钮的作用是在运动过程中出现意外的运动时，能起到紧急停止运动的功能，提高设备运行时的安全性能。在使用运动控制卡进行运动控制之前，必须保证急停开关的有效性。

在 DMC5600 运动控制卡的“Motion”测试软件中，提供了限位和急停的功能，方便用户在不了解编程语言，不能对运动控制卡进行编程和调用的时候使用。图 6-3 为限位/急停功能测试界面(该界面还提供了报警功能)。

限位/报警设置界面包括硬件限位、软件限位、EMG 的设置。

(1) “硬件限位”：设置外部限位开关信号 EL+、EL-的使能状态、有效电平及停止方式。

(2)“软件限位”：设置软件限位的使能状态、停止方式以及正负方向软限位的位置。

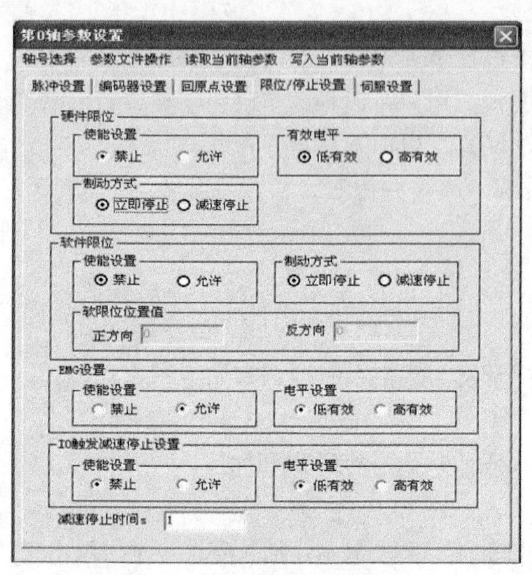

图 6-3　限位/急停/报警子界面

(3)“EMG 设置”：设置急停信号 EMG 的使能状态以及有效电平。

(4)“IO 触发减速停止设置”：设置 DSTP 信号触发时是否进行减速停止，以及其有效电平。

(5)“减速停止时间”：设置异常停止时的减速时间。

用户根据需要，按照该界面每个子功能的介绍，选择或者输入自己需要的数据即可。

“Motion”功能很强大，但是其只是一个测试功能，用户可以通过“Motion”软件检测硬件系统，确保硬件接线正确，而在使用时只能按照“Motion”的功能进行操作，无法对其进行修改‘和完善，因此真正利用运动控制卡开发数控系统需要利用控制卡提供的函数实现相应功能。

1. 限位开关的设置

DMC5600 运动控制卡提供了限位开关设置函数 dmc_set_el_mode 来设置限位功能。函数具体规范和功能如下。

(1) `short dmc_set_el_mode(WORD CardNo, WORD axis, WORD el_enable, WORD el_logic, WORD el_mode)`

功能：设置 EL 限位信号。

参数：CardNo——控制卡卡号；

axis——指定轴号，取值范围：0～5；

el_enable EL——信号的使能状态，0：正负限位禁止，1：正负限位允许，2：正限位禁止、负限位允许，3：正限位允许、负限位禁止；

el_logic EL——信号的有效电平，0：正负限位低电平有效，1：正负限位高电平有效，2：正限位低有效，负限位高有效，3：正限位高有效，负限位低有效；

el_mode EL——制动方式，0：正负限位立即停止，1：正负限位减速停止，2：正限位立即停止，负限位减速停止，3：正限位减速停止，负限位立即停止。

返回值：错误代码。

(2) `short dmc_get_el_mode(WORD CardNo, WORD axis,WORD *el_enable, WORD *el_logic, WORD*el_mode)`

功能：读取 EL 限位信号设置。

参数：CardNo——控制卡卡号；

axis——指定轴号，取值范围：0～5；

el_enable——返回设置的 EL 信号使能状态；

el_logic——返回设置的 EL 信号有效电平；

el_mode——返回 EL 制动方式。

返回值：错误代码。

(3) `short dmc_set_softlimit(WORD CardNo, WORD axis, WORD enable, WORD source_sel, WORD SL_action, long N_limit, long P_limit)`

功能：设置软限位。

参数：CardNo——控制卡卡号；

axis——指定轴号，取值范围：0～5；

enable——使能状态，0：禁止，1：允许；

source_sel——计数器选择，0：指令位置计数器，1：编码器计数器；

SL_action——限位停止方式，0：减速停止，1：立即停止；

N_limit——负限位位置，单位：pulse；

P_limit——正限位位置，单位：pulse。

返回值：错误代码。

注意：正、负限位位置可为正数也可为负数，但正限位位置应大于负限位位置。

(4) `short dmc_get_softlimit(WORD CardNo, WORD axis, WORD * enable, WORD * source_sel, WORD *SL_action, long* N_limit, long* P_limit)`

功能：读取软限位设置。

参数：CardNo——控制卡卡号；

axis——指定轴号，取值范围：0～5；

enable——返回使能状态；

source_sel——返回计数器选择；

SL_action——返回限位停止方式；

N_limit——返回负限位脉冲数；

P_limit——返回正限位脉冲数。

返回值：错误代码。

2. 急停开关的设置

DMC5600 运动控制卡提供了急停开关设置函数 dmc_set_emg_mode 来设置急停功能。用户必须根据设备的急停开关硬件接线，来设置急停开关工作的有效电平。相关函数的具体规范和功能如下。

(1) `short dmc_set_emg_mode(WORD CardNo, WORD axis, WORD enable, WORD emg_logic)`

功能：设置 EMG 急停信号。

参数：CardNo——控制卡卡号；

axis——指定轴号，取值范围：0～5；

enable——允许/禁止信号功能，0：禁止，1：允许；

emg_logic——EMG 信号有效电平，0：低有效，1：高有效。

返回值：错误代码。

(2) `short dmc_get_emg_mode (WORD CardNo, WORD axis, WORD *enable, WORD * logic)`

功能：读取 EMG 急停信号设置。

参数：CardNo——控制卡卡号；

axis——指定轴号，取值范围：0～5；

enable——返回 EMG 信号功能状态；
logic——返回设置的 EMG 信号有效电平。
返回值：错误代码。
(3) `short dmc_set_io_dstp_mode(WORD CardNo, WORD axis, WORD enable, WORD logic)`
功能：设置减速停止信号。
参数：CardNo——控制卡卡号；
axis——指定轴号，取值范围：0～5；
enable——允许/禁止硬件信号功能，0：禁止，1：允许；
logic——外部减速停止信号有效电平，0：低有效，1：高有效。
返回值：错误代码。
注意：减速停止信号(DSTP)的减速时间由函数 dmc_set_dec_stop_time 设置。
(4) `short dmc_get_io_dstp_mode(WORD CardNo,WORD axis,WORD *enable,WORD *logic)`
功能：读取减速停止信号设置。
参数：CardNo——控制卡卡号；
axis——指定轴号，取值范围：0～5；
enable——返回 DSTP 硬件信号功能状态；
logic——返回设置的外部减速停止信号有效电平。
返回值：错误代码。
(5) `short dmc_set_dec_stop_time(WORD CardNo,WORD axis,double stop_time)`
功能：设置减速停止时间。
参数：CardNo——控制卡卡号；
axis——指定轴号，取值范围：0～5；
stop_time——减速时间，单位：s。
返回值：错误代码。
注意：当发生异常停止时，如：调用 dmc_stop 函数、限位信号(软硬件)被触发、减速停止信号(DSTP)被触发等进行减速停止时，减速停止时间都为 dmc_set_dec_stop_time 函数里设置的减速时间。
(6) `short dmc_get_dec_stop_time(WORD cardno,WORD axis,double *stop_time)`
功能：读取减速停止时间设置。
参数：CardNo——控制卡卡号；
axis——指定轴号，取值范围：0～5；
stop_time——返回设置的减速时间，单位：s。
返回值：错误代码。

由于 DMC5600 卡没有专用于 EMG 急停开关的硬件接口，用户需要根据自己的需求对轴 I/O 进行映射配置，对应接口电路进行接线，然后调用急停开关设置函数进行设置。轴 I/O 映射功能详见 6.3 节。

6.2.2　回原点运动

在进行精确的运动控制之前，需要设定运动坐标系的原点。运动平台上设有原点传感器

(也称为原点开关)。寻找原点开关的位置并将该位置设为平台的坐标原点的过程即为回原点运动。

DMC5600 运动控制卡共提供了 5 种回原点方式。回原点运动的主要步骤如下：

(1) 使用 dmc_set_home_pin_logic 函数设置原点开关的有效电平；

(2) 使用 dmc_set_homemode 函数设置回原点方式；

(3) 设置回原点运动的速度曲线；

(4) 使用 dmc_home_move 函数执行回原点运动；

(5) 回到原点后，指令脉冲计数器清零。

“Motion”中依然提供了回原点功能，选择需要回原点的轴对应的轴号，即可实现回原点功能，如图 6-4 所示。

回原点设置界面包含回原点有效电平、回原点速度设置、回原点方式。

“回原点有效电平”：设置原点信号的有效电平。

“回原点速度设置”：可以设置为低速回原点或是高速回原点。

“回原点方式”：可以设置成 5 种回原点方式，用户可以根据功能需要进行选择。

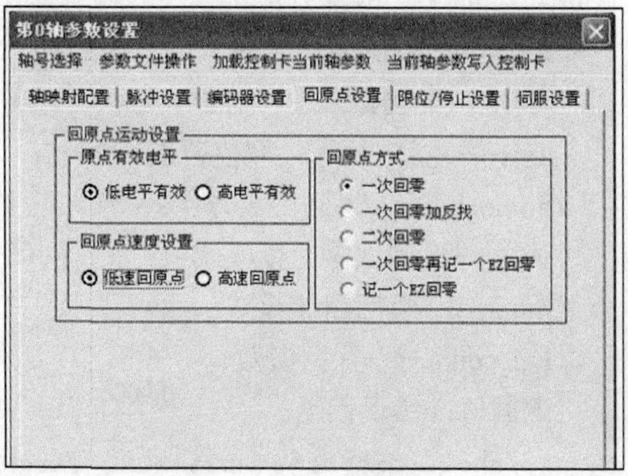

图 6-4　回原点功能

回原点运动相关函数及其规则如下：

(1) `short dmc_set_home_pin_logic(WORD CardNo,WORD axis,WORD org_logic,double filter)`

功能：设置 ORG 原点信号。

参数：CardNo——控制卡卡号；

axis——指定轴号，取值范围：0～5；

org_logic ORG——信号有效电平，0：低有效，1：高有效；

filter——保留参数，固定值为 0。

返回值：错误代码。

(2) `short dmc_get_home_pin_logic(WORD CardNo,WORD axis,WORD *org_logic,double *filter)`

功能：读取 ORG 原点信号设置。

参数：CardNo——控制卡卡号；

axis——指定轴号，取值范围：0～5；

org_logic——返回设置的 ORG 信号有效电平；

filter——保留参数。

返回值：错误代码。

(3) `short dmc_set_homemode(WORD CardNo,WORD axis,WORD home_dir,double vel_mode,WORD mode,WORD EZ_count)`

功能：设置回原点模式。

参数：CardNo——控制卡卡号；

axis——指定轴号，取值范围：0～5；

home_dir——回零方向，0：负向，1：正向；

vel_mode——回零速度模式，0：低速回零，即以本指令前面的 dmc_set_profile 函数设置的起始速度运行；1：高速回零，即以本指令前面的 dmc_set_profile 函数设置的最大速度运行；

mode——回零模式，0：一次回零，1：一次回零加回找，2：二次回零，3：一次回零后再记一个 EZ 脉冲进行回零，4：记一个 EZ 脉冲进行回零；

EZ_count——保留参数，固定值为 0。

返回值：错误代码。

注意：当回零模式 mode=4 时，回零速度模式将固定为低速回零。

(4) `short dmc_get_homemode(WORD CardNo,WORD axis,WORD* home_dir,double* vel,WORD* mode,WORD* EZ_count)`

功能：读取回原点模式。

参数：CardNo——控制卡卡号；

axis——指定轴号，取值范围：0～5；

home_dir——返回回零方向；

vel——返回回零速度模式；

mode——返回回零模式；

EZ_count——保留参数。

返回值：错误代码。

(5) `short dmc_home_move(WORD CardNo,WORD axis)`

功能：回原点运动。

参数：CardNo——控制卡卡号；

axis——指定轴号，取值范围：0～5。

返回值：错误代码。

计数器清零函数及其规则如下：

(1) `short dmc_set_position(WORD CardNo,WORD axis,long current_position)`

功能：设置指令脉冲位置。

参数：CardNo——控制卡卡号；

axis——指定轴号，取值范围：0～5；

current_position——指令脉冲位置，单位：pulse(如果要清零，这里的位置应该为 0)。

返回值：错误代码。

注意：执行完 dmc_home_move 函数后，指令脉冲计数器不会自动清零；如需清零可以在回零运动完成后，调用 dmc_set_position 函数软件清零。

(2) `long dmc_get_position(WORD CardNo,WORD axis)`

功能：读取指令脉冲位置。

参数：CardNo——控制卡卡号；

axis——指定轴号，取值范围：0～5。

返回值：指令脉冲位置，单位：pulse。

6.2.3　轴 I/O 的映射

在急停开关的设置中需要用到轴 I/O 的映射。DMC5600 卡提供了轴 I/O 映射功能，该功能允许用户对专用 I/O 信号的硬件输入接口进行任意配置。

DMC5600 卡的“Motion”软件提供了轴 I/O 映射的测试功能，该功能界面如图 6-5 所示。轴映射配置界面主要是允许用户对控制卡专用 I/O 信号的硬件输入口进行任意配置。窗口名称表示此时正在对几号轴进行设置。

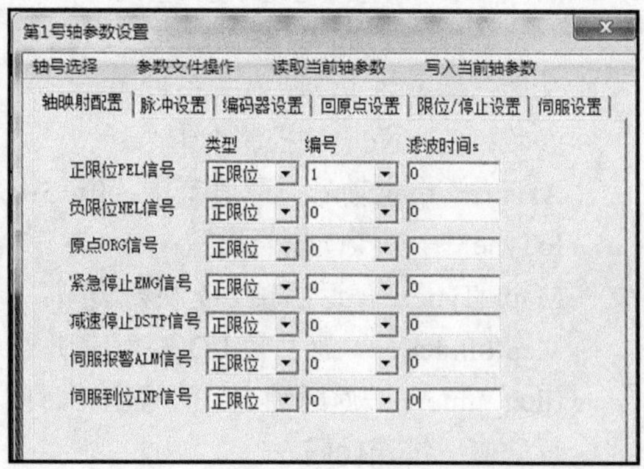

图 6-5　轴 I/O 映射配置子界面

类型：选择对应左侧专用 I/O 信号的硬件端口来源类型。

编号：如果选择的“类型”为“通用输入”，则“编号”对应的是输入端口号；如果选择的“类型”为除了“通用输入”的其他类型，则“编号”对应的是轴号。

滤波时间 s：设置此信号的滤波时间参数。

图 6-5 所示的配置为：1 号轴的正限位 PEL 信号，其硬件端口是通用输入 I/O 端口 1。

轴 I/O 映射功能的函数具体规范和功能如下。

(1) `short dmc_set_axis_io_map(WORD CardNo,WORD Axis,WORD IoType,WORD MapIoType,WORDMapIoIndex,double filter_time)`

功能：设置轴 I/O 映射关系。

参数：CardNo——控制卡卡号。

Axis——指定轴号，取值范围：0～5。

IoType——指定轴的 I/O 信号类型：

0：正限位信号，AxisIoInMsg_PEL；

1：负限位信号，AxisIoInMsg_NEL；

2：原点信号，AxisIoInMsg_ORG；

3：急停信号，AxisIoInMsg_EMG；

4：减速停止信号，AxisIoInMsg_DSTP；

5：伺服报警信号，AxisIoInMsg_ALM；

6：伺服准备信号，AxisIoInMsg_RDY（保留）；

7：伺服到位信号，AxisIoInMsg_INP。

MapIoType——轴 I/O 映射类型：

0：正限位输入端口，AxisIoInPort_PEL；

1：负限位输入端口，AxisIoInPort_NEL；

2：原点输入端口，AxisIoInPort_ORG；

3：伺服报警输入端口，AxisIoInPort_ALM；

4：伺服准备输入端口，AxisIoInPort_RDY；

5：伺服到位输入端口，AxisIoInPort_INP；

6：通用输入端口，AxisIoInPort_IO。

MapIoIndex——轴 I/O 映射索引号，①当轴 IO 映射类型设置为 6 时，此参数可设置为 0～15 整数，表示该映射对应的具体通用输入端口号；②当轴 IO 映射类型设置为 0～5 时，此参数可设置 0～7 整数，表示该映射所对应的具体轴号。

filter_time——轴 I/O 信号滤波时间，单位：s。

返回值：错误代码。

注意：该函数可以实现对专用 I/O 信号的硬件输入接口进行任意配置。

(2) `short dmc_get_axis_io_map(WORD CardNo,WORD Axis,WORD IoType,WORD* MapIoType,WORD*MapIoIndex,double* filter_time)`

功能：读取轴 I/O 映射关系设置。

参数：CardNo——控制卡卡号；

Axis——指定轴号，取值范围：0～5；

IoType——轴 I/O 信号类型；

MapIoType——返回轴 I/O 映射类型；

MapIoIndex——返回轴 I/O 映射索引号；

filter_time——返回轴 I/O 信号滤波时间，单位：s。

返回值：错误代码。

(3) `short dmc_set_special_input_filter(WORD CardNo,double filter_time)`

功能：统一设置所有专用 I/O 的滤波时间。

参数：CardNo——控制卡卡号；

filter_time——轴 I/O 信号滤波时间，单位：s。

返回值：错误代码。

6.2.4　单轴运动与速度控制

单轴的运动分为单轴点位运动和连续运动。DMC5600 运动控制卡的“Motion”软件提供了单轴运动的功能，界面如图 6-6 所示。

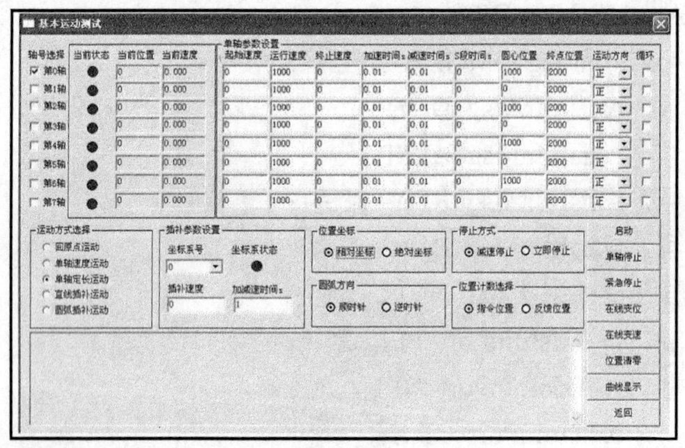

图 6-6　基本运动测试界面

基本运动测试界面功能如下。

“轴号选择”：选择要测试的轴号(可多选)。

“运动方式选择”：选择要执行的运动方式，包括回原点运动、单轴速度控制、单轴定长运动、直线插补运动以及圆弧插补运动(单选)。

“当前状态”显示框：显示各轴当前运动状态、当前位置以及当前速度。

“单轴参数设置”：设置控制卡单轴运动时的运动参数，包括起始速度、运行速度、停止速度、加速时间(s)、减速时间(s)、S 段时间(s)、终点位置、运动方向和圆心位置(当执行圆弧插补时设置圆心位置)。起始速度与停止速度不大于运行速度，速度值不大于 2Mpps，加减速时间不小于 0.001s，S 段时间不大于 0.5s。

“插补参数设置”：设置控制卡插补运动时的运动参数，包括坐标系号、插补速度、加减速时间(s)。

“位置坐标”：选择运动时是采用相对坐标模式运动还是绝对坐标模式运动。

“停止方式”：确定运动轴在遇到停止指令时采用减速停止还是立即停止。

“圆弧方向”：选择在圆弧插补运动时，是采用顺时针还是逆时针插补。

“位置计数选择”：选择位置反馈源是指令位置还是编码器反馈位置。

“启动”按钮：按照当前设置的轴号、运动方式、运动参数等进行运动。

“单轴停止”按钮：按照当前设置的停止方式对选定的轴号进行停止。

“紧急停止”按钮：紧急停止运动。

“在线变位”按钮：单击后运动轴会以绝对模式运动到最新位置(位置值来源于“单轴参数设置”中的“终点位置”)。

“在线变速”按钮：单击后运动轴会调整到最新的速度运行(速度值来源于“单轴参数设置”中的“运行速度”)。

“位置清零”按钮：将选定轴的位置清零。

“返回”按钮：退出基本运动测试界面。

“错误信息提示框”：位于界面下方的文本框，用于显示调用过程当中报错的函数及其参数和返回值。

“曲线显示”按钮：显示曲线显示界面，如图 6-7 所示。

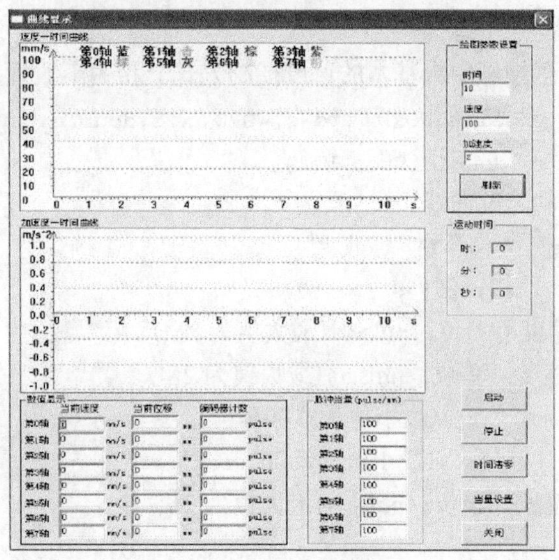

图 6-7　曲线显示界面

曲线显示功能如下。

“绘图参数设置”文本框：可以设置图形显示的各坐标范围，设置完成后按“刷新”按钮生效。

“脉冲当量”文本框：可以设置 1mm 对应的脉冲数，设置完成后按“当量设置”按钮生效。

“启动”按钮：按照“基本运动测试界面”中设置的参数进行运动。通过此界面可以实时地观测运动状态。

1. 点位运动

DMC5600 运动控制卡在描述运动轨迹时可以用绝对坐标也可以用相对坐标，如图 6-8 所示。

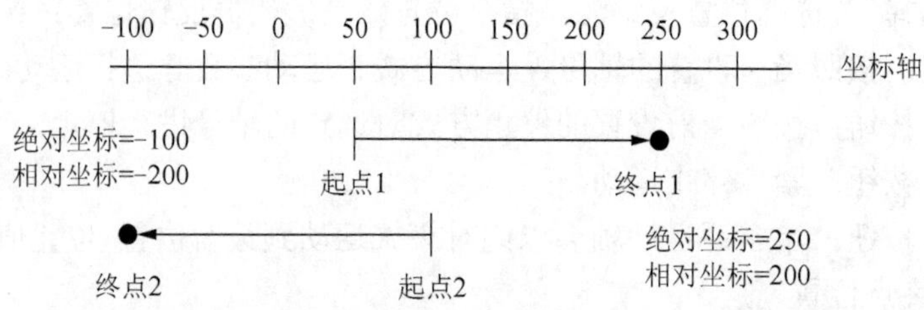

图 6-8　绝对坐标与相对坐标中轨迹终点的不同表达方式

两种模式各有优点，如在绝对坐标模式中用一系列坐标点定义一条曲线，如果要修改中间某点坐标时，不会影响后续点的坐标；在相对坐标模式中，用一系列坐标点定义一条曲线，用循环命令可以重复这条曲线轨迹多次。

在 DMC5600 函数库中距离或位置的单位为 pulse，速度单位为 pulse/s。

DMC5600 卡在执行点位运动控制指令时，可使电动机按照梯形速度曲线或 S 形速度曲线进行点位运动。

1) 梯形速度曲线下的点位运动

梯形速度曲线是位置控制中最基本的速度控制方式。相关函数规范和功能如下。

(1) `short dmc_set_profile(WORD CardNo,WORD axis,double Min_Vel,double Max_Vel, doubleTacc,double Tdec,double Stop_Vel)`

功能：设置单轴运动速度曲线。

参数：CardNo——控制卡卡号。

axis——指定轴号，取值范围：0～5。

Min_Vel——起始速度，单位：pulse/s(最大值为 2M)。

Max_Vel——最大速度，单位：pulse/s(最大值为 2M)。

Tacc——加速时间，单位：s(最小值为 0.001s)。

Tdec——减速时间，单位：s(最小值为 0.001s)。

Stop_Vel——停止速度，单位：pulse/s(最大值为 2M)。

返回值：错误代码。

(2) `short dmc_get_profile(WORD CardNo,WORD axis,double *Min_Vel,double *Max_Vel, double*Tacc,double *Tdec,double * Stop_Vel )`

功能：读取单轴速度曲线参数。

参数：CardNo——控制卡卡号。

axis——指定轴号，取值范围：0～5。

Min_Vel——返回起始速度，单位：pulse/s。

Max_Vel——返回最大速度，单位：pulse/s。

Tacc——返回加速时间，单位：s。

Tdec——返回减速时间，单位：s。

Stop_Vel——返回停止速度，单位：pulse/s。

返回值：错误代码。

(3) `short dmc_pmove(WORD CardNo,WORD axis,long Dist,WORD posi_mode)`

功能：指定轴点位运动。

参数：CardNo——控制卡卡号。

axis——指定轴号，取值范围：0～5。

Dist——目标位置，单位：pulse。

posi_mode——运动模式，0：相对坐标模式，1：绝对坐标模式。

返回值：错误代码。

注意：当运动模式为相对坐标模式时，目标位置大于 0 时正向运动，小于 0 时反向运动。

(4) `short dmc_check_done(WORD CardNo,WORD axis)`

功能：检测指定轴的运动状态。

参数：CardNo——控制卡卡号。

axis——指定轴号，取值范围：0～5。

返回值：0：指定轴正在运行，1：指定轴已停止。

注意：此函数适用于单轴、PVT(位移 P、速度 V、时间 T)运动。

在点位运行过程中，最大速度 Max_Vel 和目标位置 Dist 均可以实时改变，如图 6-9 所示。若在减速时改变目标位置，电动机的速度将如图 6-10 所示发生变化。

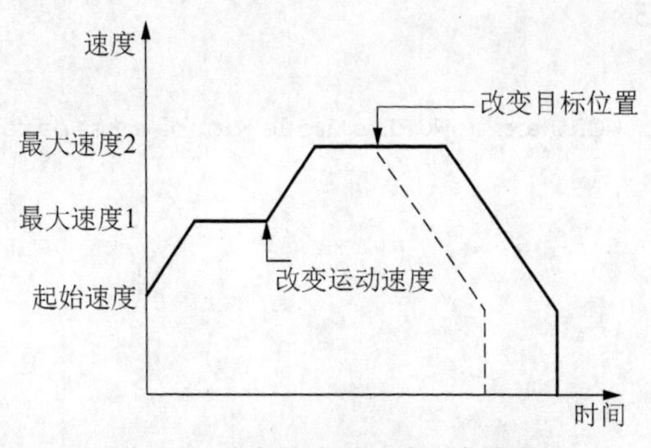

图 6-9　改变速度及改变目标位置

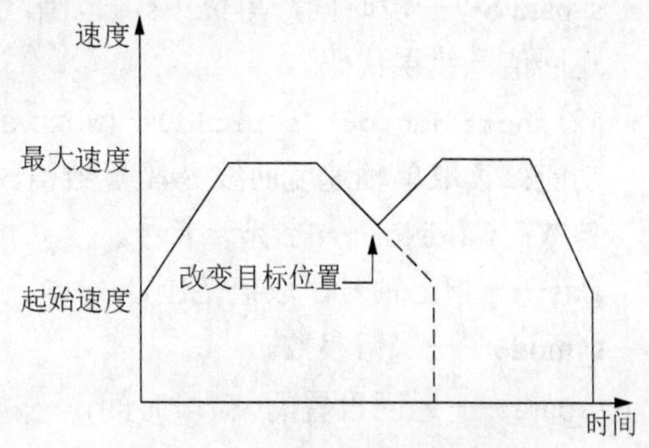

图 6-10　减速时改变目标位置

实现上述两个功能的函数具体规范和功能如下。

(1) `short dmc_change_speed(WORD CardNo,WORD axis,double Curr_Vel,double Taccdec)`

功能：在线改变指定轴的当前运动速度。

参数：CardNo——控制卡卡号。

axis——指定轴号，取值范围：0～5。

Curr_Vel——改变后的运动速度，单位：pulse/s。

Taccdec——保留参数，固定值为 0。

返回值：错误代码。

注意：①该函数适用于单轴运动中的变速。

②变速一旦成立，该轴的默认运行速度将会被改写为 Curr_Vel，也即当调用 dmc_get_profile 回读速度参数时会发生与 dmc_set_profile 所设置的不一致的现象。

③在连续运动中 Curr_Vel 负值表示往负向变速，正值表示往正向变速。在点位运动中 Curr_Vel 只允许正值。

(2) `short dmc_reset_target_position(WORD CardNo,WORD axis,long dist,WORD posi_mode)`

功能：在线改变指定轴的当前目标位置。

参数：CardNo——控制卡卡号。

axis——指定轴号，取值范围：0～5。

dist——目标位置，单位：pulse。

posi_mode——保留参数，固定值为 0。

返回值：错误代码。

注意：①该函数只适用于点位运动中的变位。

②参数 dist 为绝对坐标位置值，无论当前的运动模式为绝对坐标还是相对坐标模式。

2) S 形速度曲线运动模式

梯形速度曲线较简单；而 S 型速度曲线运动更平稳。相关函数说明如下。

(1) `short dmc_set_s_profile (WORD CardNo,WORD axis,WORD s_mode,double s_para)`

功能：设置单轴速度曲线 S 段参数值。

参数：CardNo——控制卡卡号。

axis——指定轴号，取值范围：0～5。

s_mode——保留参数，固定值为 0。

s_para S——段时间，单位：s，范围：0～0.5 s。

返回值：错误代码。

(2) `short dmc_get_s_profile (WORD CardNo,WORD axis,WORD s_mode,double *s_para)`

功能：读取单轴速度曲线 S 段参数值。

参数：CardNo——控制卡卡号。

axis——指定轴号，取值范围：0～5。

s_mode——保留参数。

s_para——返回设置的 S 段时间。

返回值：错误代码。

如果因为距离太短或加速太慢原因导致电动机速度在加速段不能升至设定的最大值 Max_Vel 时，理论上加速段将突然切换至减速段，从而引起该轴出现较大振动。为了避免出现这种问题，DMC5600 运动控制卡内置有自动调整功能，使得加减速段的过渡保持平滑，如图 6-11 所示。

在 S 形速度曲线下的点位运动过程中，也可以调用 dmc_change_speed 和 dmc_reset_target_ position 函数实时改变运行速度和目标位置。但多轴插补运行情况下不能实时改变运行速度和目标位置。

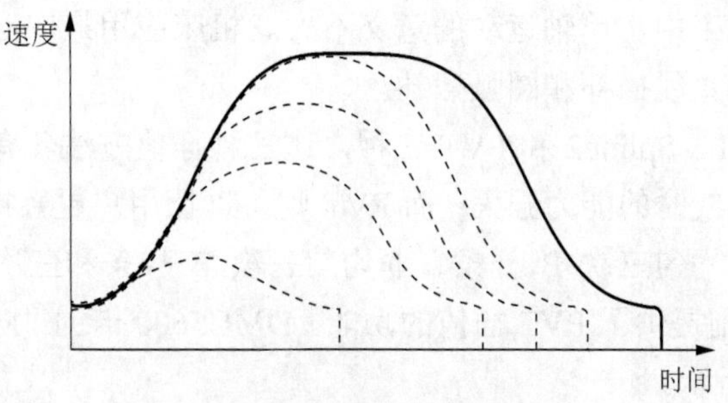

图 6-11　自动降速避免尖三角形

2. 连续运动

连续运动中，DMC5600 卡可以控制电动机以梯形或 S 形速度曲线在指定的加速时间内从起始速度加速至最大速度，然后以该速度一直运行，直至调用停止指令或者该轴遇到限位信号才会按启动时的速度曲线减速停止。相关函数如下。

(1) `short dmc_vmove (WORD CardNo,WORD axis,WORD dir)`

功能：指定轴连续运动。

参数：CardNo——控制卡卡号。

axis——指定轴号，取值范围：0～5。

dir——运动方向，0：负方向，1：正方向。

返回值：错误代码。

(2) `short dmc_stop (WORD CardNo,WORD axis,WORD stop_mode)`

功能：指定轴停止运动。

参数：CardNo——控制卡卡号。

axis——指定轴号，取值范围：0～5。

stop_mode——制动方式，0：减速停止，1：紧急停止。

返回值：错误代码。

在执行连续运动过程中，可以调用 dmc_change_speed 实时改变速度。

注意：在以 S 形速度曲线连续运动时，改变最大速度最好在加速过程已经完成的恒速段进行。图 6-12 为梯形和 S 形速度曲线下连续运动中变速和减速停止过程的速度曲线。

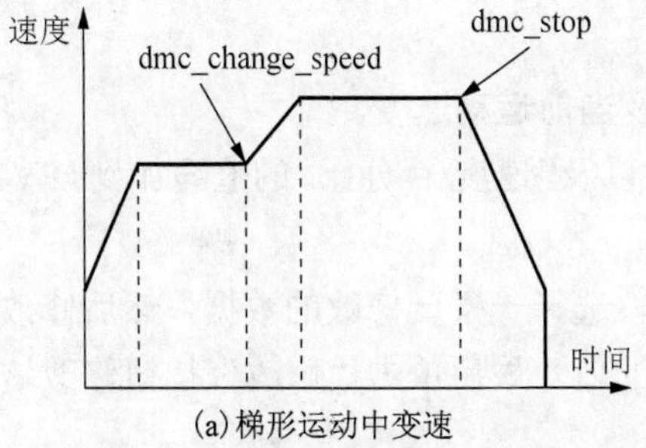

(a) 梯形运动中变速

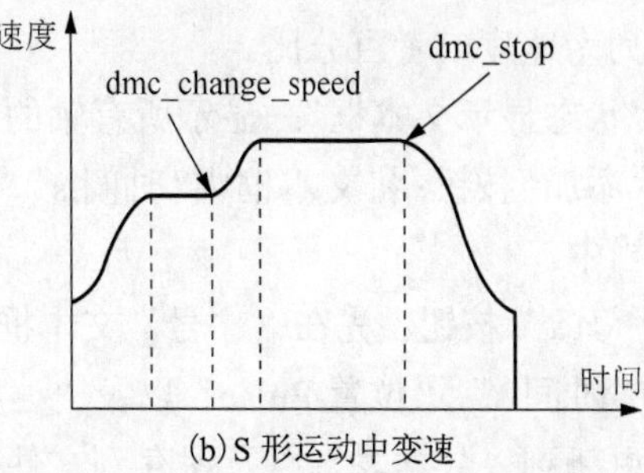

(b) S 形运动中变速

图 6-12　连续运动中变速和减速停止过程的速度曲线

6.2.5　多轴运动控制

在机床的运动和加工中，单轴运动的意义不大。机床应用最广泛的就是多轴的运动，多轴运动包括多轴联动、直线插补和圆弧插补。

插值模式有 Spline1、Spline2 和 PVT 三种，这三种插值方法各有其特点与优势。比如前两种模式在表示自由曲线时的能力强大；而 PVT 则可以让用户更直接的控制轨迹曲线。它们的数学实质分别对应于均匀三次 B 样条、非均匀三次 B 样条和三次 Hermite 样条插值。而 DMC5600 运动控制卡则提供了 PVT 插值的功能。DMC5600 卡的“Motion”软件提供了 PVT 测试功能，如图 6-13 所示。

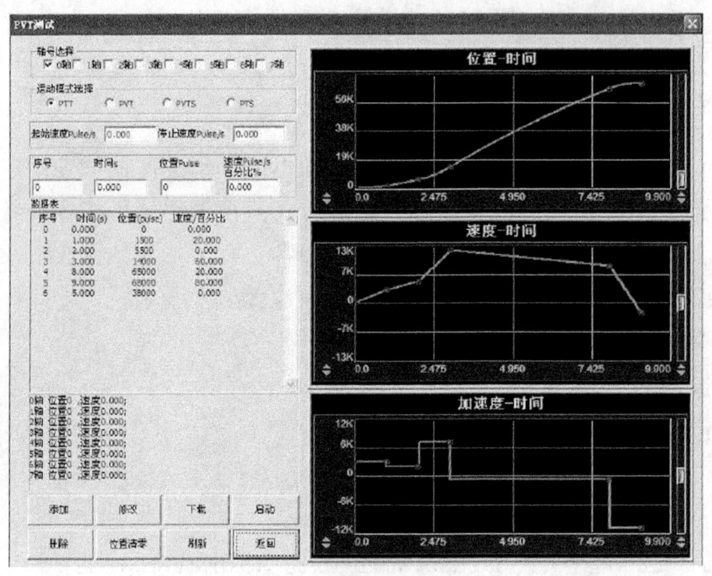

图 6-13　PVT 测试界面

通过该界面可以设置 PVT 运动模式、PVT 数组数据，并通过曲线显示可以查看 PVT 运动的情况。

“轴号选择”：选择执行 PVT 运动的轴号(可多选)。

“运动模式选择”：选择 PVT 运动模式。

“序号”文本框：修改序号值之后会自动选择该序号数据并显示在“时间 s”、“位置 Pulse”以及“速度/百分比”文本框中。

“数据表”文本框：显示 PVT 数组数据，第一列为序号，第二列为时间，第三列为位置，第四列为速度或者百分比。

“状态显示文本框”：显示所有轴的当前位置以及当前运动速度。

“添加”按钮：将文本框中“时间 s”、“位置 Pulse”以及“速度/百分比”的值添加到“PVT.ini”文件当中。

“修改”按钮：先在“序号”文本框中输入序号，选择一条要修改的数据，然后修改文本框中“时间 s”、“位置 Pulse”以及“速度/百分比”的值，最后单击“修改”按钮修改这条数据并更新到“数据表”以及保存到文件中。

“删除”按钮：先在“序号”文本框中输入序号，选择一条要删除的数据，然后单击“删除”按钮删除这条数据并更新“数据表”以及文件。

“位置清零”按钮：将所有轴的位置清零。

“刷新”按钮：当用户手动修改了“PVT.ini”文件并且界面未重新启动时，单击之后会更新“数据表”。

“下载”按钮：将设置的 PVT 数组数据下载到控制卡中。

“启动”按钮：按照下载的 PVT 数组数据，选择的轴号及 PVT 运动模式进行 PVT 运动。启动 PVT 运动前必须先下载 PVT 数据。

“返回”按钮：退出 PT/PVT 测试界面。

用户根据各按钮功能提示来进行操作，选择相应的参数后单击“启动”按钮即可。

此外，DMC5600 卡“Motion”软件还提供连续插补功能，将直线插补和圆弧插补融合在一起，界面如图 6-14 所示。

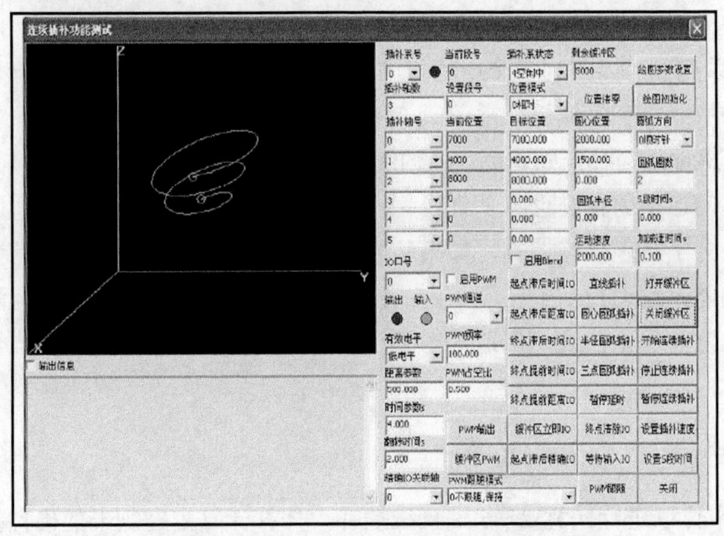

图 6-14　连续插补功能测试界面

在该界面中，可以进行直线插补、两轴圆弧插补、螺旋线插补、空间圆弧插补等运动，并且可以在连续插补运动中插补 I/O 控制。

利用此界面进行连续插补运动的一般步骤如下。

(1) 单击“打开缓冲区”按钮。

(2) 插入运动指令、I/O 控制指令或其他控制指令。

① 插入运动指令步骤：

在“运动速度”、“加减速时间”、“S 段时间”文本框中输入本段轨迹的速度曲线参数；然后单击“设置插补速度”、“设置 S 段时间”按钮。

在“目标位置”、“圆心位置”、“圆弧方向”、“圆弧圈数”等文本框中输入运动参数；然后单击相关运动按钮。

② 插入 I/O 控制指令步骤：

在“IO 口号”多选框中选择要操作的 I/O 端口。

在“距离参数”、“时间参数”、“翻转时间”等文本框中输入 I/O 控制条件及方式等；然后单击相关 I/O 控制按钮。

③ 插入暂停延时指令步骤：

在“时间参数”文本框中输入延时时间。

然后单击“暂停延时”按钮。

(3) 继续添加其他功能操作。

(4) 添加运动及 I/O 操作完成后，单击“启动连续插补”按钮。

(5) 单击“关闭缓冲区”关闭连续插补缓冲区，释放资源。

1. 多轴联动

所谓多轴联动是指在计算机数控系统的控制下，一台机床上的多个坐标轴(包括直线轴和旋转轴)同时协调运动进行加工。多轴联动加工可以提高空间自由曲面的加工精度、质量和效率。

DMC5000 系列卡可以控制多个电动机同时执行 dmc_pmove 这类单轴运动函数。所谓同时执行，是在程序中顺序调用 dmc_pmove 等函数，因为程序执行速度很快，在几微秒内电动机都开始运动，感觉是同时开始运动。多轴联动在各轴速度设置不当时，各轴停止时间不同，在起点与终点之间运动的轨迹也不是直线。

插补运动是为了实现轨迹控制，如果从起点到终点都需要按照规定的路径运动，就必须采用插补运动功能。运动控制卡按照一定的控制策略控制多轴联动，使运动平台用微小直线段精确地逼近轨迹的理论曲线，保证运动平台从起点到终点上的所有轨迹点都控制在允许误差范围内。

2. 直线插补

DMC5600 卡可以进行任意 2～6 轴直线插补，插补计算由控制卡的硬件执行，用户只需将插补运动的速度、加速度、终点位置等参数写入相关函数即可。

1) 两轴直线插补

如图 6-15 所示，两轴直线插补从 P_0 点运动至 P_1 点，X、Y 轴同时启动，并同时到达终点；X、Y 轴的运动速度之比为 $\Delta X:\Delta Y$，两轴合成的矢量速度为

$$\frac{\Delta P}{\Delta t}=\sqrt{\left(\frac{\Delta X}{\Delta t}\right)^2+\left(\frac{\Delta Y}{\Delta t}\right)^2}$$

2) 三轴直线插补

如图 6-16 所示，在 X、Y、Z 三轴内直线插补，从 P_0 点运动至 P_1 点。插补过程中三轴的速度比为 $\Delta X:\Delta Y:\Delta Z$，三轴合成的矢量速度为

$$\frac{\Delta P}{\Delta t}=\sqrt{\left(\frac{\Delta X}{\Delta t}\right)^2+\left(\frac{\Delta Y}{\Delta t}\right)^2+\left(\frac{\Delta Z}{\Delta t}\right)^2}$$

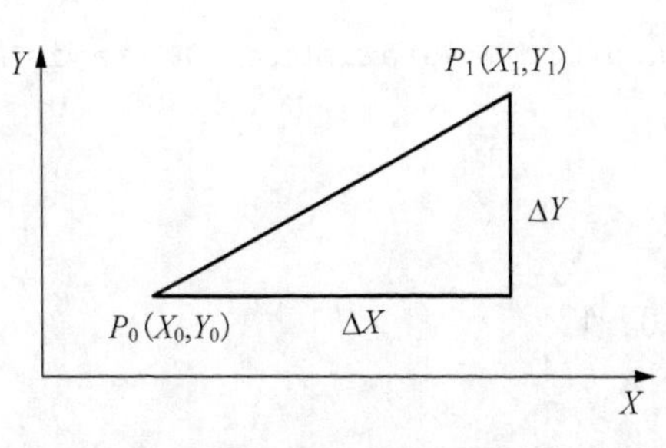

图 6-15　两轴直线插补

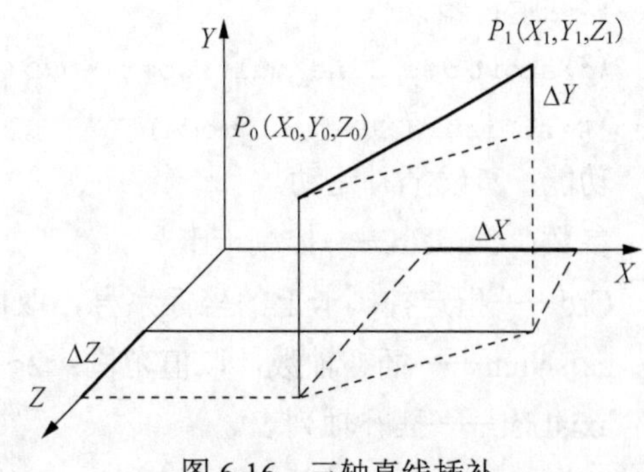

图 6-16　三轴直线插补

3) 四轴直线插补

四轴插补可以理解为在四维空间里的直线插补。一般情况是三个轴进行直线插补，另一个旋转轴也按照一定的比例关系和这条空间直线一起运动。其合成矢量速度为

$$\frac{\Delta P}{\Delta t}=\sqrt{\left(\frac{\Delta X}{\Delta t}\right)^2+\left(\frac{\Delta Y}{\Delta t}\right)^2+\left(\frac{\Delta Z}{\Delta t}\right)^2+\left(\frac{\Delta U}{\Delta t}\right)^2}$$

调用直线插补函数时，调用者需提供矢量速度，包括其最大矢量速度 Max_Vel 和加减速时间参数。相关函数的具体规范和功能如下。

(1) `short dmc_set_vector_profile_multicoor(WORD CardNo,WORD Crd,double Min_Vel, double Max_Vel,double Tacc,double Tdec,double Stop_Vel)`

功能：设置插补运动速度曲线。

参数：CardNo——控制卡卡号。

Crd——指定控制卡上的坐标系号(取值范围：0～1)。

Min_Vel——保留参数，固定值为 0。

Max_Vel——合成最大速度，单位：pulse/s。

Tacc——加减速时间，单位：s(最小值为 0.001s)。

Tdec——保留参数，固定值为 0。

Stop_Vel——保留参数，固定值为 0。

返回值：错误代码。

说明：DMC5600 运动控制卡支持两个插补系(参数 Crd)。两个插补系的速度可独立设置，执行插补运动时两个插补系可独立进行插补运动(即可同时进行两组插补运动)。

(2) `short dmc_get_vector_profile_multicoor(WORD CardNo,WORD Crd,double *Min_Vel, double *Max_Vel,double *Tacc,double *Tdec,double *Stop_Vel)`

功能：读取插补运动速度曲线。

参数：CardNo——控制卡卡号。

Crd——指定控制卡上的坐标系号；取值范围：0～1。

Min_Vel——保留参数。

Max_Vel——返回合成最大速度，单位：pulse/s。

Tacc——返回加减速时间，单位：s。

Tdec——保留参数。

Stop_Vel——保留参数。

返回值：错误代码。

(3) `short dmc_line_multicoor(WORD CardNo,WORD Crd,WORD axisNum,WORD *axisList, long*DistList,WORD posi_mode)`

功能：直线插补运动。

参数：CardNo——控制卡卡号。

Crd——指定控制卡上的坐标系号，取值范围：0～1。

axisNum——插补轴数，取值范围：2～6。

axisList——插补轴列表。

DistList——插补轴目标位置列表，单位：pulse。

posi_mode——运动模式，0：相对坐标模式，1：绝对坐标模式。

返回值：错误代码。

注意：检测直线插补状态应使用坐标系状态检测函数 dmc_check_done_multicoor；停止正在执行的直线插补运动应使用坐标系停止函数 dmc_stop_multicoor。

3. 圆弧插补

DMC5600 运动控制卡的任意两轴之间可以进行圆弧插补，圆弧插补分为相对位置圆弧插补和绝对位置圆弧插补，运动的方向分为顺时针(CW)和逆时针(CCW)，相关函数具体规范和功能如下。

```
short dmc_arc_move_multicoor (WORD CardNo,WORD Crd,WORD *AxisList,long *Target_Pos,long *Cen_Pos,WORD Arc_Dir,WORD posi_mode)
```

功能：两轴圆弧插补运动，圆心位置+终点位置。

参数：CardNo——控制卡卡号。

Crd——指定控制卡上的坐标系号，取值范围：0～1。

AxisList——轴列表数组。

Target_Pos——终点坐标，单位：pulse。

Cen_Pos——圆心坐标，单位：pulse。

Arc_Dir——圆弧方向，0：顺时针，1：逆时针。

posi_mode——运动模式，0：相对坐标模式，1：绝对坐标模式。

返回值：错误代码。

注意：①检测圆弧插补状态应使用坐标系状态检测函数 dmc_check_done_multicoor；停止正在执行的圆弧插补运动应使用坐标系停止函数 dmc_stop_multicoor。

②圆弧插补设置的终点位置与理论终点位置的允许误差在+/-100 个脉冲以内。以相对坐标模式为例，当圆心位置为(0,1000)、终点理论位置为(0,2000)时，而终点位置被设置为(0,2100)，该圆弧插补仍可正常运行。

6.2.6 手轮运动

DMC5600 运动控制卡的“Motion”软件提供了手轮运动测试功能，如图 6-17 所示。

手轮(即：手摇脉冲发生器)测试界面主要包括手轮参数的输入、状态显示以及操作按钮。

“轴号选择”：设置手轮控制的轴号。

“运动状态”：显示当前手轮的运动状态。

“指令位置”：显示当前手轮运动的位置。

“手轮倍率”：设置手轮脉冲的倍率，倍率范围：-100～100。

“手轮位置”：显示当前手轮寄存器中的数值。

“输入模式”：选择手轮信号的输入模式。

“输入通道”：选择手轮信号的输入通道，通道 0 为高速通道，通道 1 为低速通道。

“关联轴数”：选择手轮的控制模式为单轴手轮模式，还是多轴手轮模式。

“启动”按钮：按照设置的手轮参数，启动手轮运动。

“停止”按钮：停止手轮运动。

“清零”按钮：清除选定轴的指令位置。

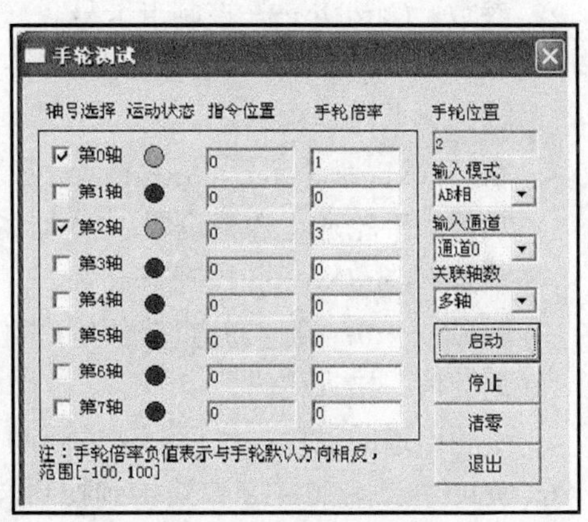

图 6-17　手轮测试界面

“退出”按钮：退出手轮测试界面。注意在退出前一定要先按“停止”按钮停止手轮运动。

1. 单轴手轮运动功能

单轴手轮运动功能允许用户设置一个手轮通道，对应一个运动轴进行运动。相关函数具体规范和功能如下。

(1) `short dmc_set_handwheel_inmode (WORD CardNo,WORD axis,WORD inmode,long multi,doublevh)`

功能：设置单轴手轮运动控制输入方式。

参数：CardNo——控制卡卡号。

axis——指定轴号，取值范围：0～5。

inmode——手轮输入方式，0：A、B 相位正交信号，1：脉冲+方向信号。

multi——手轮倍率，正数表示默认方向，负数表示与默认方向反向。

vh——保留参数，固定值为 0。

返回值：错误代码。

(2) `short dmc_get_handwheel_inmode (WORD CardNo,WORD axis,WORD* inmode,long * multi,double* vh)`

功能：读取单轴手轮运动控制输入方式。

参数：CardNo——控制卡卡号。

axis——指定轴号，取值范围：0～5。

inmode——返回手轮输入方式。

multi——返回手轮倍率。

vh——保留参数。

返回值：错误代码。

(3) `short dmc_handwheel_move (WORD CardNo,WORD axis)`

功能：启动手轮运动。

参数：CardNo——控制卡卡号。

axis——指定轴号，取值范围：0～5。

返回值：错误代码。

(4) `short dmc_set_handwheel_channel (WORD CardNo,WORD index)`

功能：手轮通道选择设置；DMC5800/5600 卡专用。

参数：CardNo——控制卡卡号。

index——0：高速通道(默认值)，1：低速通道。

返回值：错误代码。

手轮通道的说明：使用高速通道与低速通道的效果是一样的，其区别在于高速通道通过 ACC3600 接线盒 CN18 口连接到控制卡，低速通道通过 ACC3600 接线盒 CN17 口连接到控制卡。

(5) `short dmc_get_handwheel_channel (WORD CardNo,WORD* index)`

功能：读取手轮通道选择设置；DMC5800/5600 卡专用。

参数：CardNo——控制卡卡号。

index——返回设置的手轮通道。

返回值：错误代码。

2. 多轴手轮运动功能

多轴手轮运动功能允许用户设置一个手轮通道对应多个运动轴进行运动。相关函数具体规范和功能如下。

(1) `short dmc_set_handwheel_inmode_extern (WORD CardNo,WORD inmode,WORD AxisNum,WORD*AxisList,long* multi)`

功能：设置多轴手轮运动控制输入方式；DMC5800/5600 卡专用。

参数：CardNo——控制卡卡号。

inmode——手轮输入方式：0 为 A、B 相位正交信号，1 为脉冲+方向信号。

AxisNum——参与手轮运动的轴数。

AxisList——参与手轮运动的轴号数组。

multi——手轮倍率数组：正数表示默认方向，负数表示与默认方向反向。

返回值：错误代码。

(2) `short dmc_get_handwheel_inmode_extern (WORD CardNo,WORD *inmode,WORD *AxisNum,WORD*AxisList,long* multi)`

功能：读取多轴手轮运动控制输入方式；DMC5800/5600 卡专用。

参数：CardNo——控制卡卡号。

inmode——返回手轮输入方式。

AxisNum——返回参与手轮运动的轴数。

AxisList——返回参与手轮运动的轴号数组。

multi——返回手轮倍率数组。

返回值：错误代码。

6.3　功能实现的实践

根据 6.1 可知，常用的数控系统需要具备如下功能：NC 代码显示区，*X*、*Y*、*Z* 等运动轴坐标显示区，辅助功能参数显示区，按钮区等。

6.3.1　经济型数控铣床操作界面

NC 代码显示区主要是显示加工程序所对应的 G、M 等代码，方便加工者实时观察和追踪。界面主要包括两个部分：用户输入部分和界面显示部分。用户输入即根据加工需要输入相应的参数(比如加工一个孔，需要输入孔深、孔径等参数)，界面显示区及显示加工中的一些参数，比如 *X*、*Y*、*Z* 三个坐标轴的位置显示、主轴转速和进给速度的显示等；按钮控制区即按下相应按钮实现相应功能，比如“开始”键、“停止”键等。

根据上述分析，开发的经济型三轴铣床的操作界面如图 6-18 所示。

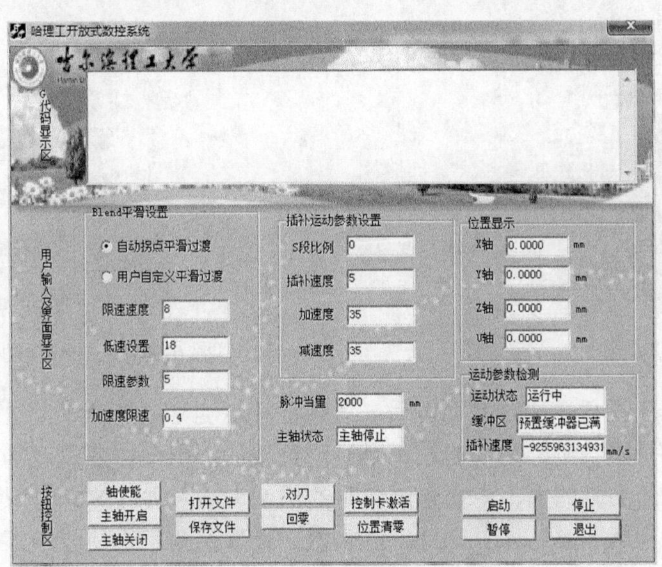

图 6-18　一个经济型铣床操作界面

6.3.2　操作界面的功能分析

如图 6-18 所示，该界面主要分为三个部分：NC 代码显示区，用户输入及界面显示区，以及按钮区。

1. NC 代码显示区

NC 代码显示区是数控系统的必备功能，主要负责把导入的 NC 加工文件显示在数控系统界面上，方便用户直观查看。NC 代码显示区还应有实时功能，即加工到哪一位置，相应位置应该标记出来，方便用户查看过程。

NC 代码显示区实际上是一个 Edit Control 编辑框控件，该控件对应一个变量(m_GString)。把 NC 代码显示在编辑框中的关键程序如下：

```
lpGCodeBuffer [iFileLength] = '\0';      //获取文件长度
m_GString = lpGCodeBuffer;               //lpGCodeBuffer为G代码数据存储区
delete lpGCodeBuffer;
UpdateData (FALSE);                      //将成员变量的值赋值给控件
openfile.Close();                        //释放文件资源,清空缓冲区
```

2. 用户输入及界面显示区

该部分主要包括两部分：用户输入部分和界面显示部分。由于用户输入的是数字，界面显示的也是数字，因此两个功能可以归为一类。

1)用户输入部分

用户输入部分主要包括两方面：Blend 拐角平滑功能以及插补运动参数设置，分别如图 6-19、图 6-20 所示。

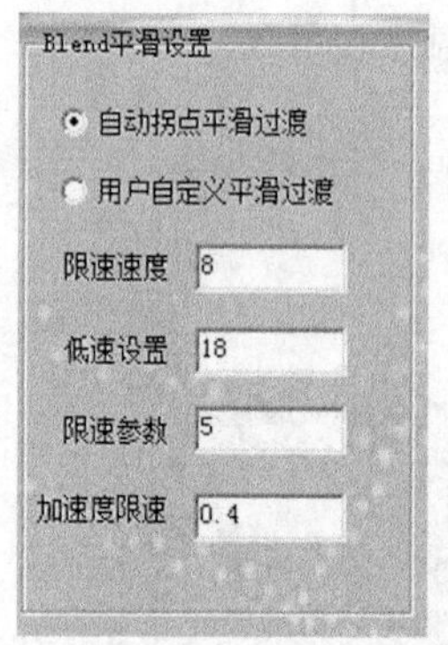

图 6-19　“平滑设置”模块图

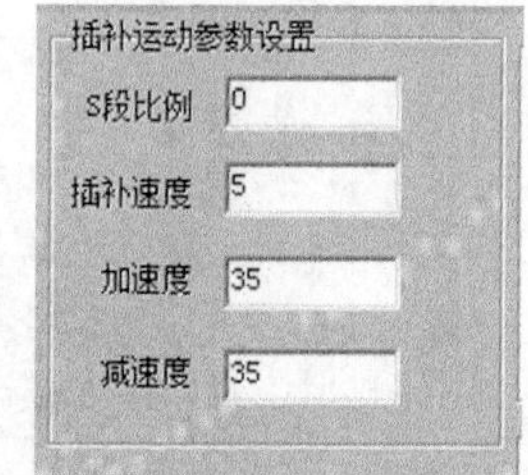

图 6-20　“插补运动”参数设置

当设置了 Blend 拐角平滑过渡功能后，连续插补运动则以速度平滑过渡为主要原则，即连续插补运动中的每段轨迹的速度曲线都是平滑过渡的，但此时各段运动轨迹之间的拐角也是平滑过渡的，拐角弧度的大小由拐角过渡时的速度大小及加减速时间所决定。

拐角平滑功能利用 dmc_conti_set_blend 函数，设置拐角平滑使能时，需要设置如图 6-19 所示的参数，包括限速速度、低速设置、限速参数、加速度限速等，所有参数的设置如下：

```
m_nCard=0;                  //卡号设置
m_nAcc = 35;                //加速度设置
m_nDec =35;                 //减速度设置
m_nLimitSpeed = 8;          //限速速度设置
m_maxSpeed = 5;             //插补速度设置
m_SPara = 0.0;              //S段比例设置
m_nLimitAcc = 0.4;          //加速度限速设置
m_nLimitPara = 5;           //限速参数设置
m_nLowSpeed = 18;           //低速设置
m_GString = _T ("");        //文本输出
m_dSetEquiv = 2000;         //脉冲当量设置
```

插补运动参数设置主要包括：S 段比例、插补速度以及加减速参数等。该部分主要包括如下函数：

(1) 插补速度曲线设置函数：dmc_set_vector_profile_unit

```
short dmc_set_vector_profile_unit(WORD CardNo,WORD Crd,Double Min_Vel,
double Max_Vel,double Tacc,double Tdec,double Stop_Vel)
```

功能：设置插补运动速度曲线。

参数：CardNo——控制卡卡号。

Crd——指定控制卡上的坐标系号(取值范围：0～1)。

Min_Vel——保留参数，固定值为 0。

Max_Vel——合成最大速度，单位：pulse/s。

Tacc——加减速时间，单位：s(最小值为 0.001s)。

Tdec——保留参数，固定值为 0。

Stop_Vel——保留参数，固定值为 0。

返回值：错误代码。

(2) 设置单轴速度曲线 S 段参数值 dmc_set_vector_s_profile

```
short dmc_set_s_profile(WORD CardNo,WORD axis,WORD s_mode,double s_para)
```

功能：设置单轴速度曲线 S 段参数值。

参数：CardNo——控制卡卡号。

axis——指定轴号，取值范围：DMC541 为 0～3，DMC5800 为 0～7，DMC5600 为 0～5。

s_mode——保留参数，固定值为 0。

s_para S——段时间，单位：s，范围：0～0.5 s。

返回值：错误代码。

根据上两个函数，插补运动参数设置的具体实现如下：

```
//设置插补最大速度
ret=dmc_set_vector_profile_unit( m_nCard,m_nCrd,0,m_maxSpeed*m_dSetEquiv,0.2,0,0);
//插补运动加减速时间 0.2s
//int MySpara = 0.05; //平滑时间为 0.05s
ret=dmc_set_vector_s_profile (m_nCard,m_nCrd,0,0.05 );//设置插补速度曲线的平滑时间
//
```

其中，m_dsetEquiv 表示脉冲当量的变量。

2) 界面显示区

界面显示区主要是系统功能参数的显示。主要包括：位置显示、运动参数状态显示等。

X、*Y*、*Z* 运动轴的位置显示是数控系统中必备功能，本文采用 ONTIMER 定时器开发，具体方式如下：

```
nXpos=dmc_get_position(m_nCard,0);
nYpos=dmc_get_position(m_nCard,1);
nZpos=dmc_get_position(m_nCard,2);
nUpos=dmc_get_position(m_nCard,3);        //获取当前位置

dmc_read_current_speed_unit(m_nCard, 0, &currentSpeed);

dXpos = (float)nXpos/m_dSetEquiv;
dYpos = (float)nYpos/m_dSetEquiv;
dZpos = (float)nZpos/m_dSetEquiv;
dUpos = (float)nUpos/m_dSetEquiv;
```

最后把输出的位置显示在编辑框中，具体如下。

```
Xpos.Format("%.4lf",dXpos);
Ypos.Format("%.4lf",dYpos);
Zpos.Format("%.4lf",dZpos);
Upos.Format("%.4lf",dUpos);

speed.Format("%.4lf",currentSpeed);

GetDlgItem( IDC_EDIT_XPosition )->SetWindowText( Xpos );
GetDlgItem( IDC_EDIT_YPosition )->SetWindowText( Ypos );
GetDlgItem( IDC_EDIT_ZPosition )->SetWindowText( Zpos );
GetDlgItem( IDC_EDIT_UPosition )->SetWindowText( Upos );
```

运动状态等状态显示功能，主要通过 GetDlgItem 函数，显示在编辑框中，以提示用户，此时机床状态是“运行中”还是“停止”。实现过程如下。

```
if (nXState==0 || nYState==0 )//|| nZState==0 )
{
    GetDlgItem( IDC_EDIT_AxisState )->SetWindowText("运行中");
}
else
{
    GetDlgItem( IDC_EDIT_AxisState )->SetWindowText("停止");
}
```

这里的 Nx(Y、Z)state 用到了运动控制卡中的检测连续插补运行状态函数：short dmc_conti_check_done：

```
short dmc_conti_check_done (WORD CardNo,WORD Crd)
```

功能：检测连续插补运行状态。

参数：CardNo——卡号；Crd——坐标系号，取值范围：0～1。

返回值：运动状态，0 为运行中，1 为停止。

所以上位机检测到此时机床的插补运行状态，就返回“运行中”，表示此时机床在运行，否则即为停止。具体实现方式如下：

```
nXState =dmc_conti_check_done(m_nCard, 0);
nYState =dmc_conti_check_done(m_nCard, 1);
nZState =dmc_conti_check_done(m_nCard, 2);
nUState =dmc_conti_check_done(m_nCard, 3);
//返回值：运动状态，0：运行中，1：停止
```

“缓冲区”的值为固定值 5000，雷赛 DMC5000 系列运动控制卡连续插补缓冲区可装 5000 条指令。

3) 按钮区

任何一个数控系统都需要有按钮区，方便用户点击选择需要的界面和功能。一般的数控系统(比如：FANUC 和西门子)按钮都在主界面四周。本界面根据设计需求和美观，选择在界面下方单独开辟一个按钮区。

按钮区主要包括如下几部分：

① 打开、读取文件部分：包括“打开文件”和“保存文件”两部分。

② 主轴开关部分：包括“主轴开启”和“主轴关闭”两部分。

③ 运动轴上电部分：包括“轴使能”按钮。

④ 运动功能部分：包括“对刀”(快速移动)和“回零”两个运动功能部分。

⑤ 运动控制部分：包括“启动”、“停止”、“暂停”三部分。

⑥ 辅助功能：包括“位置清零”和“控制卡激活”两部分。

(1)打开、读取文件部分。

该部分采用 CFileDialog，CFileDialog 类封装了 Windows 常用的文件对话框。常用的文件对话框提供了一种简单的与 Windows 标准相一致的文件打开和文件存盘对话框功能。

打开、读取文件是学习 MFC 的一个重要内容，一般介绍 MFC 的书籍都有该方面代码，本系统采用的“打开文件”程序的主代码如下。

```
CFile    openfile;
int      iFileLength;
char     * lpGCodeBuffer;          //G代码数据的存储区

UpdateData(TRUE);

CFileDialog fileopen(true, ".nc", NULL, OFN_HIDEREADONLY | OFN_OVERWRITEPROMPT,
                "NC Files (*.NC)|*.NC|All Files (*.*)|*.*||", NULL);
if(fileopen.DoModal()==IDOK)
{
    m_strOpenFileName = fileopen.GetPathName();
    if(!openfile.Open(fileopen.GetPathName(), openfile.
        modeReadWrite|openfile.modeNoInherit, NULL))
    {
        this->MessageBox("文件打开失败!");
        return ;
    }
    iFileLength =    openfile.GetLength();
```

采用的“保存文件”程序的主代码如下。

```
CFile savefile;
char     * lpGCodeBuffer;          //G代码数据的存储区
int      iFileLength;

CFileDialog fileopen(false, ".nc", NULL, OFN_HIDEREADONLY | OFN_OVERWRITEPROMPT,
               "NC Files (*.NC)|*.NC|All Files (*.*)|*.*||", NULL);
if(fileopen.DoModal()==IDOK)
{

    UpdateData(true);
    m_strOpenFileName = fileopen.GetPathName();
    if(!savefile.Open(fileopen.GetPathName(),
        savefile.modeWrite|savefile.modeCreate, NULL))
    {
        this->MessageBox("文件保存失败!");
    }
```

(2)主轴开关部分。

主轴开关部分主要包括：“主轴开启”和“主轴关闭”两部分。

主轴的启动与停止与输出端口的高低电平有关。高电平有效为转动，低电平无效为停止。运动控制卡中输出端口的电平用 dmc_write_outbit 函数表示：

```
short dmc_write_outbit(WORD CardNo,WORD bitno,WORD on_off)
```

功能：设置指定控制卡的某个输出端口的电平。

参数：CardNo——控制卡卡号。

bitno——输出端口号，取值范围：0～15。

on_off——输出电平，0：低电平，1：高电平。

返回值：错误代码。

所以“主轴开启”应该选择输出低电平“0”，“主轴关闭”应该选择高电平“1”。本系统中具体实现方式如下。

```
void CDmc5480demoDlg::OnBnClickedOk3()
{
    // TODO: 在此添加控件通知处理程序代码
    dmc_write_outbit (m_nCard, 0, 0); //对通用输出口0 置低电平
}
```

“主轴关闭”实现方式如下。

```
void CDmc5480demoDlg::OnBnClickedOk4()
{
    // TODO: 在此添加控件通知处理程序代码

    dmc_write_outbit (m_nCard, 0, 1); //对通用输出口0 置高电平
}
```

(3)“轴使能”按钮。

根据接线规则，已经正确把运动控制卡、上位机和机床连接好，但是运动轴和运动控制卡的连接默认是关闭的，需要上电使能。运动控制卡中使能端口的输出用 dmc_write_sevon_pin 函数表示：

```
short dmc_write_sevon_pin(WORD CardNo,WORD axis,WORD on_off)
```

功能：控制指定轴的伺服使能端口的输出。

参数：CardNo——控制卡卡号。

axis——指定轴号，取值范围：0～5。

on_off——设置伺服使能端口电平，0：低电平，1：高电平。

返回值：错误代码。

所以，在轴号选择中，X、Y、Z 三轴分别对应 0、1、2 三轴，使能选择“0”低电平。具体实现方式如下。

```
void CDmc5480demoDlg::OnBnClickedOk2()
{
    // TODO: 在此添加控件通知处理程序代码
      dmc_write_sevon_pin(m_nCard,0,0);
      dmc_write_sevon_pin(m_nCard,1,0);
      dmc_write_sevon_pin(m_nCard,2,0);
}
```

(4)运动功能部分。

运动功能部分是本系统的重点功能之一，为主界面加工之前做辅助调整工作。主要包括“对刀”(单轴移动)和“回原点”(回零)。

① “对刀”按钮。

在主界面下，单击“对刀”按钮，即可显示“对刀”功能的分界面，如图 6-21 所示。

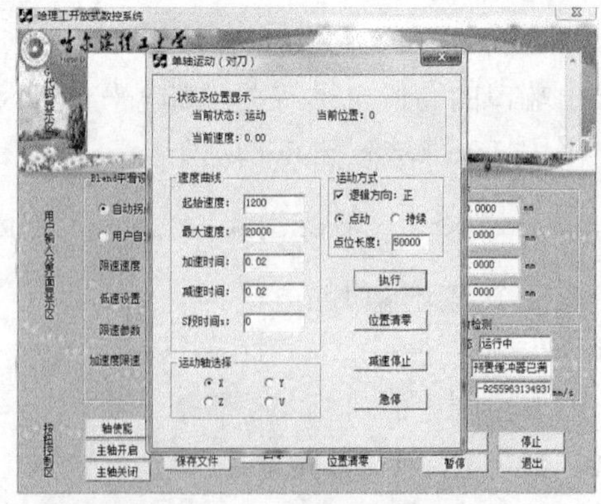

图 6-21 “对刀”功能界面

该界面主要包括如下功能区域。

- 显示区：主要用于显示当前的状态以及位置、速度的显示。

- 速度曲线设置区：主要包括单轴运动的起始速度、最大速度、加减速时间、S 段时间等设置。
- 运动轴选择区：主要用于选择具体某一个运动轴的运动。
- 运动方式选择区：主要用于设置运动轴是点动还是连续运动以及方向的选择。
- 按钮执行区：包括“执行”、“减速停止”、“急停”和“位置清零”。

“对刀”界面主要用到运动控制卡中的如下函数：

```
short dmc_set_pulse_outmode(WORD CardNo,WORD axis,WORD outmode)
```

功能：设置指定轴的脉冲输出模式。

参数：CardNo——控制卡卡号。

axis——指定轴号，取值范围：0～5。

outmode——脉冲输出方式选择。

返回值：错误代码。

该函数主要用于设定运动轴的运动方向，由于本系统用到的 DMC5600 运动控制卡提供了 5 种脉冲输出模式，故取值范围为 0～5。

dmc_set_profile、dmc_set_s_profile(前已介绍)两个函数主要用于设置单轴运动的速度曲线以及速度曲线中 S 段的参数值。

dmc_pmove、dmc_vmove(前已介绍)两个函数决定单轴运动是连续运动还是点动。

“对刀”功能的具体函数实现如下。

```
UpdateData(true);//刷新参数
//////////////////////////
if (dmc_check_done( m_nCard,m_nAxis ) == 0) //已经在运动中
    return;
//设定脉冲模式及逻辑方向（此处脉冲模式固定为P+D方向：脉冲+方向）
dmc_set_pulse_outmode(m_nCard, m_nAxis, 0);

dmc_set_profile(m_nCard,m_nAxis,m_nSpeedMin,m_nSpeed,m_nAcc,m_nDec,0);
//设定S段时间
dmc_set_s_profile(m_nCard,m_nAxis,0,m_nSPara);
if( m_nActionst == 0 )
{//点动(位置模式)
    dmc_pmove(m_nCard, m_nAxis, m_nPulse*(m_bLogic?1:-1), 0);
}
else
{//持续驱动(速度模式)
    dmc_vmove(m_nCard, m_nAxis, m_bLogic?1:0);
}
UpdateData(false);
```

② “回零”按钮。

在主界面下，单击“回零”按钮，即可显示“回零”功能的分界面，如图 6-22 所示。

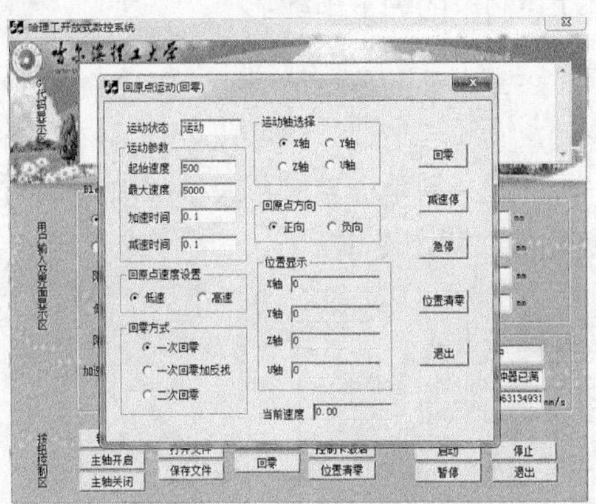

图 6-22　“回零”运动界面

该界面的设计构思类似于“对刀”功能。主要用到上文提到的 dmc_set_homemode、

dmc_home_move 运动函数。“回零”功能的具体函数实现如下。

```
UpdateData(true);//刷新参数
dmc_set_pulse_outmode(m_Card,m_nXaixs,0);  //设置脉冲输出模式
dmc_set_profile(m_Card,m_nXaixs,m_nSpeedmin,m_nSpeedmax,m_nAcc,m_nDec,500);
//设置速度曲线
dmc_set_homemode(m_Card,m_nXaixs,m_nPositive,m_nLowspeed,m_nHome,1);
//设置回零方式
dmc_home_move(m_Card,m_nXaixs);//回零动作
while (dmc_check_done(m_Card,m_nXaixs)==0)       //判断当前轴状态
{
    AfxGetApp()->PumpMessage();
    GetDlgItem(IDC_BUTTON1)->EnableWindow(false);
}
GetDlgItem(IDC_BUTTON1)->EnableWindow(true);
UpdateData(false);
```

(5) 运动控制部分。

运动控制部分主要包括“启动”、“暂停”、“停止”等按钮。

“启动”按钮，即执行按钮，单击“启动”按钮，机床即可以按照之前给定的参数进行运动。“启动”按钮用到运动控制卡的 dmc_set_vector_profile_unit、dmc_set_vector_s_profile(前已介绍)两个函数，主要用于插补运动中速度曲线的设置以及速度曲线 S 段平滑时间的设置。

“启动”按钮具体实现函数如下。

```
ret=dmc_set_vector_profile_unit( m_nCard,m_nCrd,0,m_maxSpeed*m_dSetEquiv,0.2,0,0);
//插补运动加减速时间 0.2s
ret=dmc_set_vector_s_profile (m_nCard,m_nCrd,0,0.05 );//设置插补速度曲线的平滑时间
```

“暂停”按钮用到了运动控制卡的如下函数：

```
short dmc_conti_pause_list (WORD CardNo,WORD Crd)
```

功能：暂停连续插补。

参数：CardNo——卡号；Crd——坐标系号，取值范围为 0～1。

返回值：错误代码。

“暂停”按钮具体实现函数如下。

```
int ret=dmc_conti_pause_list(m_nCard,0); //连续插补暂停
//ycy
g_motionCardState = MOTION_CARD_PAUSE;
```

“停止”按钮，即为当正在执行连续插补运动时，通过此指令可以中止连续插补运动，并使参与连续插补的运动轴退出连续插补模式。

“停止按钮”用到了运动控制卡的如下函数：

```
short dmc_conti_stop_list(WORD CardNo,WORD Crd,WORD stop_mode)
```

功能：停止连续插补。

参数：CardNo——卡号；Crd——坐标系号，取值范围为 0～1。

stop_mode——停止模式，0：减速停止，1：立即停止。

返回值：错误代码。

“停止”按钮具体实现函数如下。

```
ret=dmc_conti_stop_list (m_nCard,m_nCrd,0);
//停止模式，0: 减速停止，1: 立即停止
isG01Run = false;
g_motionCardState = MOTION_CARD_STOP;
```

(6) “位置清零”按钮。

“位置清零”按钮即为把当前位置置“0”，用到运动控制卡的 dmc_set_position 函数(前已介绍)。

所以位置清零只需要在“指令脉冲位置”对应的数据中输入“0”即可。

“位置清零”按钮实现函数如下。

```
//d5600_set_position(i,0);
//ycy
int ret=dmc_set_position(m_nCard,i,0);
```

6.3.3 实际操作过程中可能遇到的问题

1. NC 代码的编译

第 5 章已经介绍了 NC 代码的编译原理，即词法分析、语法分析、加工信息存储表、加工代码生成等，其具体函数实现如下。

(1)编译 G 代码文件。

```
Gcode_SeparateGFile(g_pGfile,m_dSetEquiv)  //按行分离G代码文件,调用Gcode_
                                              CompileGCode编译函数
```

(2)编译 G 代码。

```
Gcode_CompileGCode(char* strline)          //按字母调用Gcode_GetParaValue
                                              函数获取参数,并调用相应插补函数
nGType[g_nGTypeSuffix] = GCODE_TYPE_G00    //记录G代码的类型
```

(3)读取一段(行)参数。

```
Gcode_GetParaValue(char* p_strline);
GFile[g_nWirteSuffix].nAxis[i]              //保存参数类型:0=X轴、1=Y轴'''
GFile[g_nWirteSuffix].dNumber[i]            //保存参数值的大小
GFile[g_nWirteSuffix].nParaNumber++;        //参数个数:表示有几个轴参与运动
```

其中循环函数可以执行的命令有：

```
Gcode_RunGfile                               //G代码运行
    tempGType = nGType[g_linePosition - 1];
    switch (tempGType)
    {   case GCODE_TYPE_G00:                 //位置设定
            ret = Gcode_RunG00();
            break;
        case GCODE_TYPE_LINE:                //直线插补
            ret = Gcode_RunG01();
            break;
        case GCODE_TYPE_M02:                 //M02
        ret = Gcode_RunM02();
            break;
        case  GCODE_TYPE_G90:                //G90
            Gcode_RunG90();
            break;
        case GCODE_TYPE_G91:                 //G91
            Gcode_RunG91();
            break;
```

```
 ........
        default:    return GCODE_TYPE_UNKNOWN;      }
```

2. 机床坐标系的方向

机床坐标系的方向根据右手笛卡尔来判断，但是根据机床设计的不同，(比如有的机床主轴可以进行 *X*、*Y* 等方向的运动，有的机床主轴不动，运动轴 *X*、*Y* 运动)，实际加工中可能出现加工反向的问题。解决此类问题的方法为：调用指定轴脉冲输出函数：dmc_set_pulse_outmode。

本机床出现过此类问题(*Y* 轴反向)，解决方式为在 MFC 初始化函数中添加如下程序：

```
int ret=dmc_set_pulse_outmode(m_nCard, 1, 2);          //单独设置Y轴的脉冲方式=1;
```

1) 同时打开两个界面

在本系统的按钮区中“对刀”和“回零”都是独立的分界面，如果单击这两个按钮中的一个，就会形成主界面和分界面共存的两个界面。由于部分运动控制卡(例如雷赛品牌)不支持同时运行两个界面，同一时刻只能有一个软件控制资源，即运动控制卡只能初始化一次，因此再次初始化前必须关闭前面的软件释放资源。因此，打开第二个窗口开卡之前，应先把第一个窗口关闭。所以本控制系统设置了一个“控制卡激活”按钮，该按钮用到了 dmc_board_init 控制卡初始化函数；同时，在“对刀”和“回零”两个分界面的关闭界面程序中，添加 dmc_board_close 控制卡关闭函数。

2) 实时加亮响应

一个已经完成的 NC 代码编译器，可以根据 NC 代码指令，调用运动控制卡函数来实现机床的加工。但是 NC 代码指令运行到哪一行，加工到了什么部分也需要加亮显示出来，这就是加工中的实时响应。

NC 代码编译器的实时响应，采用 CListBox 类的 Setsel 函数：

```
int SetSel( int nIndex, BOOL bSelect );
```

参数：nIndex 包含设置的字符串的基于零的索引。如果为-1，选择从所有字符串添加或删除，取决于 bSelect 值。bSelect 指定如何设置选择。如果 bSelect 为 TRUE，字符串被选择并高亮显示；如果为 FALSE，高亮显示被去掉且字符串不再被选择。缺省时，指定的字符串被选择并高亮显示。

实时响应需要用到运动控制卡的 dmc_conti_read_current_mark 函数，以及 G 代码运行的位置变量 g_showNum。

函数：long dmc_conti_read_current_mark (WORD CardNo，WORD Crd)

功能：读取连续插补缓冲区当前插补段号。

加亮实现的具体方法如下：

```
(1) GetDlgItem(IDC_GFILESHOW)->SetFocus();
                    //获取控件的焦点,该函数放到启动按钮中
(2) long g_showNum=dmc_conti_read_current_mark(m_nCard,m_nCrd);
(3) int ret1=((CEdit*) GetDlgItem (IDC_GFILESHOW))-> LineIndex (g_showNum);
                                 //获取到指定行数,前面拥有的字符数目
    Int ret2=((CEdit*)GetDlgItem(IDC_GFILESHOW))-> LineIndex (g_showNum+1);
```

```
((CEdit*)GetDlgItem(IDC_GFILESHOW))->SetSel(ret1,ret2) ;
                                   //显示第 g_showNum 行的为蓝色
```

上述步骤中，第(2)、(3)部分代码放在定时器函数中。

6.4　数控系统功能验证

任何一套数控机床都是由硬件平台和软件程序组成的，基于前述知识开发的数控机床的硬件如图 6-23 所示。

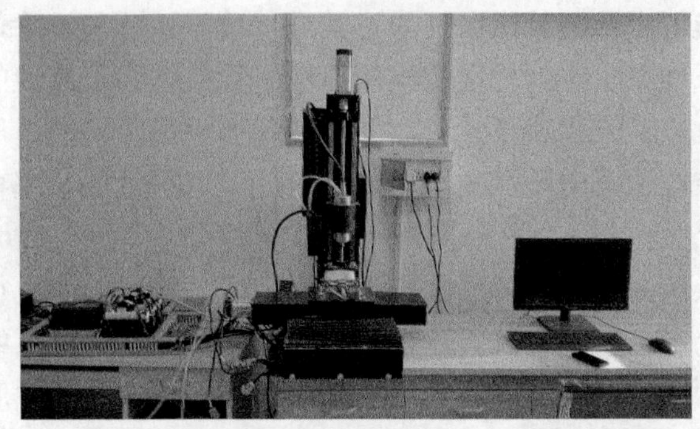

图 6-23　搭建完成的三轴数控铣床系统图

通过实验加工对开发的设备进行功能性验证，为此进行了端面铣削和凹模加工来验证开发的三轴铣床的正确性，如图 6-24～图 6-27 所示。

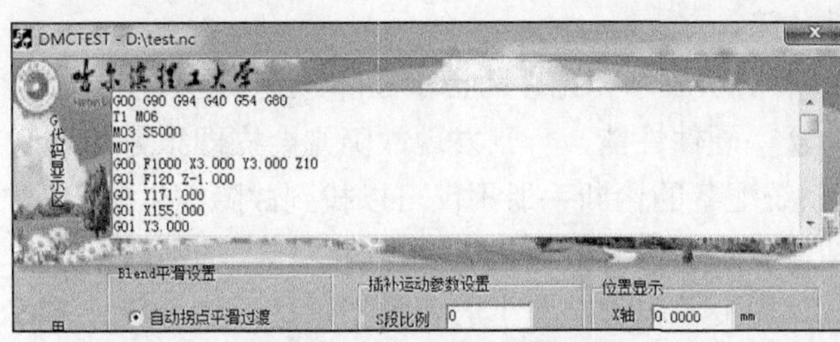

图 6-24　铣端面 G 代码

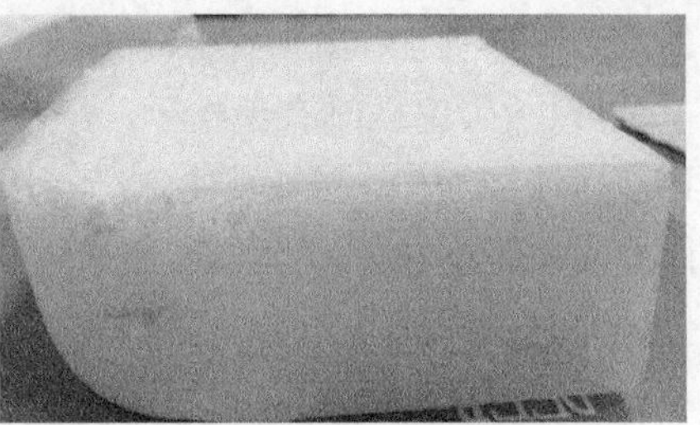

图 6-25　铣出的端面

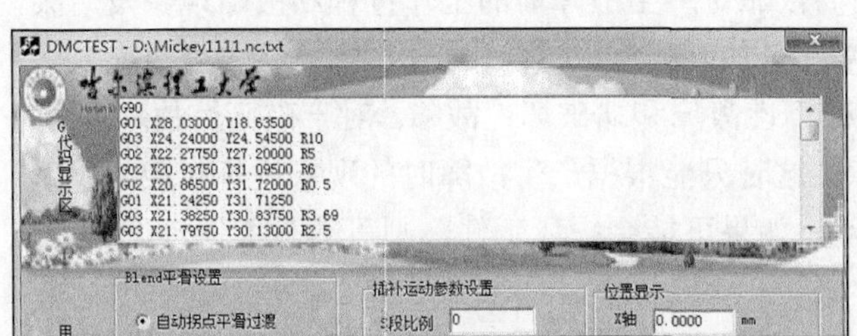

图 6-26　加工凹模——米奇老鼠 G 代码

图 6-27　加工出的米奇老鼠造型

复　习　题

1. 如何实现机床的限位和急停功能？
2. 机床运动速度的控制包含哪些内容？
3. 如何实现加工代码的加亮显示？

第 7 章　数控机床故障排除与维护

数控机床是将电力电子技术、自动控制技术、计算机控制技术、电机控制技术、自动检测与转换技术、液压与气动技术、机械制造与工艺技术等集中于一体的典型机电一体化产品。利用维修普通机床的方法及相应手段来解决现代数控机床的故障很显然是行不通的，必须结合现代数控机床的构造特点及其工作原理来对其进行故障诊断和排除。要发挥数控机床的高效率，就应保证它的开动率，这就对数控机床提出了稳定性和可靠性的要求。数控机床的正确使用和维护维修对数控机床实现稳定可靠的表现起着举足轻重的作用。另外，数控维护维修技术不仅是保障数控机床正常运行的前提，对数控技术的发展和完善也起到了很大的推动作用。

故障是指设备或系统由于自身的原因丧失了规定的功能，不能进行正常工作的现象。从数控机床的组成部分上看，故障的种类包括机械部分的故障、数控系统的故障、伺服与主轴驱动系统的故障及辅助装置的故障等。数控机床的故障可按故障的性质、表象、原因或后果等进行分类。

(1) 以故障发生的部位，分为硬件故障和软件故障。硬件故障是指电子、电器件、印刷电路板、电线电缆、接插件等的不正常状态甚至损坏，这是需要修理甚至更换才可排除的故障。而软件故障一般是指控制程序中产生的故障，需要输入或修改某些数据甚至修改程序方可排除的故障。零件加工程序故障也属于软件故障。

(2) 以故障出现时有无指示，分为有诊断指示故障和无诊断指示故障。当今的数控系统都设计有自诊断程序，实时监控整个系统的软、硬件性能，一旦发现故障则会立即报警或者还有简要文字说明在屏幕上显示出来，结合系统配备的诊断手册不仅可以找到故障发生的原因、部位，而且还有排除的方法提示。机床制造者也会针对具体机床设计提供相关的故障指示及诊断说明书。上述两部分有诊断指示的故障加上各电气装置上的各类指示灯，使得绝大多数电气故障的排除较为容易。无诊断指示的故障一部分是上述两种诊断程序的不完整性所致(如接插松动、开关不闭合等)。这类故障则要依靠对产生故障前的工作过程和故障现象及后果，并依靠维修人员对机床的熟悉程度和技术水平加以分析、排除。

(3) 以故障出现时有无破坏性，分为破坏性故障和非破坏性故障。对于破坏性故障，损坏工件甚至机床的故障，维修时不允许重演，这时只能根据产生故障时的现象进行相应的检查、分析来排除，技术难度较高且有一定风险。如果可能会损坏工件，则可卸下工件，试着重现故障过程，但应十分小心。

(4) 以故障出现的或然性，分为系统性故障和随机性故障。系统性故障是指只要满足一定的条件则一定会产生的确定的故障；而随机性故障是指在相同的条件下偶尔发生的故障，这类故障的分析较为困难，通常多与机床机械结构的局部松动错位、部分电气工件特性漂移或可靠性降低、电气装置内部温度过高有关。此类故障的分析需经反复试验、综合判断才可能排除。

(5) 以机床的运动品质特性来衡量，则是机床运动特性下降的故障。在这种情况下，机床虽能正常运转，但加工不出合格的工件。例如机床定位精度超差、反向死区过大、坐标运行不平稳等。这类故障必须使用检测仪器确诊产生误差的机、电环节，然后通过对机械传动系统、数控系统和伺服系统的最佳化调整来排除。

7.1　电气控制系统故障

电气控制系统中的各种控制电器经长期使用或动作过于频繁，都会产生故障。电器元件损坏后的修理是必要的，但更为重要的是坚持日常的维护，将故障消灭在萌芽状态。

常见的电气故障多出现在电磁机构、触点系统。

1. 故障检测的原则

(1) 先外部后内部。

外部的行程开关、按钮开关、液压气动元件、印刷电路板间的连接部位发生接触不良，是产生数控机床故障的重要因素。在进行故障排除时尽量避免随意地启封、拆卸，以避免扩大故障，降低机床性能。

(2) 先机械后电气。

机械故障相对容易察觉，而系统故障诊断难度要大一些，且数控机床的大部分故障是机械部件失灵造成的。

(3) 先静后动。

对待出现的故障不盲目动手，了解故障发生的过程及状态，查阅说明书、系统资料。先在机床断电的静止状态，观察、分析，确认无恶性故障或破坏性故障，方可给机床通电，进行动态观察、检验和测试。恶性故障或破坏性故障先排除故障才通电诊断。

(4) 先公用后专用。

公用性问题影响全局，专用性问题只影响局部。公用部分如 CNC、PLC、电源、液压等。

(5) 先简单后复杂。

出现多种故障交织掩盖，应先解决简单的，后解决难度大的。

(6) 先一般后特殊。

出现故障，应先考虑最常见的可能原因，后分析很少发生故障的特殊原因。

(7) 先软件后硬件。

2. 故障诊断的一般步骤

(1) 调查现场，充分掌握信息。

首先应尽量保持现场故障状态，不做任何处理，这样有利于迅速精确地分析故障原因。同时仔细观察故障指示情况、故障表象及故障产生的背景情况。

① 故障发生时的报警号和报警提示是什么?那些指示灯和发光管指示了什么报警?

② 如无报警，系统处于何种工作状态?系统的工作方式诊断结果是什么？

③ 故障发生在哪个程序段？执行何种指令？故障发生前进行了何种操作？

④ 故障发生在何种速度下？轴处于什么位置？与指令值的误差量有多大？

⑤ 以前是否发生过类似故障？现场有无异常现象？故障是否重复发生？

依照这些信息做出初步判断，以便确定排除故障所需要的工具、仪表、图纸资料、备件等，减少工具筹备时间。

(2) 故障分析。

根据已知的故障状况按前面所述故障分类办法分析故障类型，从而确定排故原则。由于大多数故障是有指示的，所以一般情况下，对照机床配套的数控系统诊断手册和使用说明书，可以列出产生该故障的多种可能的原因。要充分考虑到故障表象背后的多种影响因素，无论是数控系统、强电部分，还是机、液、气等，都要将有可能引起故障的原因以及每一种可能解决的方法全部列出来，进行综合、判断和筛选。

(3) 确定原因和排障准备。

对多种可能的原因进行排查，从中找出本次故障的真正原因，这是对维修人员的知识水平、实践经验、分析判断能力以及该机床熟悉程度的综合考验。在对故障进行深入分析的基础上，预测故障原因并拟订检查内容、步骤和方法。有的故障的排除方法可能很简单，有些故障则往往较复杂，需要做一系列的准备工作，例如工具仪表的准备、局部的拆卸、零部件的修理、元器件的采购等。

3. 故障诊断方法

(1) 直观检查法。这是故障分析之初必用的方法，实际上就是利用感官进行检查，包括询问、目视、触摸、敲击、通电等。

① 询问。向故障现场人员仔细询问故障产生的过程、故障表象及故障后果，并且在整个分析判断过程中可能要多次询问。

② 目视。总体查看机床各部分工作状态是否处于正常状态(例如各坐标轴位置、主轴状态、刀库、机械手位置等)，各电控装置(如数控系统、温控装置、润滑装置等)有无报警指示，局部查看有无保险烧断，元器件烧焦、开裂、电线电缆脱落，各操作元件位置正确与否等。

③ 触摸。在整机断电条件下可以通过触摸各主要电路板的安装状况、各插头座的插接状况、各功率及信号导线(如伺服与电动机接触器接线)的连接状况等来发现可能出现故障的原因。

④ 通电。这是指为了检查有无冒烟、打火，有无异常声音、气味以及触摸有无过热电动机和元件存在而通电，一旦发现立即断电分析。

(2) 仪器检查法。使用各种常规仪器仪表，对机床各故障部位等进行测量，从中找寻故障的原因。例如用万用表检查各电源情况，及对某些电路板上设置的相关信号状态测量点的测量，用示波器观察相关的脉动信号的幅值、相位。

(3) 数控系统报警号故障诊断法。数控系统内部一般都配置自诊断程序，使数控系统具有很强的自诊断功能。当机床发生故障时，可对整个机床包括数控系统自身进行全面的检查和诊断，并将诊断到的故障或错误以报警号或错误代码的形式显示在 CRT 上。利用报警号进行故障诊断是数控系统故障诊断的主要方法之一。

(4) 数控系统发光二极管(LED)或数码管指示故障诊断法。一般在机床各个控制板上都配备发光二极管或数码管。

(5) 可编程序控制器状态或梯形图故障诊断法。维修人员要熟悉各测量反馈元件的位置、作用及发生故障时的现象和后果，对可编程序控制器本身也要有所了解，特别是梯形图或逻辑图要尽量弄明白。这样，一旦发生故障，可帮助维修人员从更深的层次认识故障的实质。一般数控机床都能够从 CRT 或 LED 指示灯上非常方便地确定其输入/输出状态。

(6) 数控系统参数故障诊断法。数控系统参数也称为机床常数，是通用的数控系统与具体的机床相匹配时所确定的一组数据，它实际上是数控系统程序中设定的数据或可选择的方式。由于某种原因，存于 RAM 中的数控机床参数可能发生改变甚至全部丢失而引起数控机床故障。在维修过程中，有时也要利用某些数控机床参数对数控机床进行调整，还有的参数必须根据数控机床的运行情况及状态进行必要的修正。

(7) 备板置换和试探交换法。当经过努力仍不能确定故障源在哪块线路板时，采用交换电路板的方案是行之有效的。具体来说，就是将怀疑有故障的电路板用备件电路板进行更换，或用数控机床上相同的电路板进行互换。

(8) 功能程序测试法。该方法是指将所维修数控系统 G、M、S、T、F 功能全部编制成机床测试程序并备份保存。在故障诊断时，运行这一程序，用以判断哪个功能不良或丧失。

(9) 隔离法。就是将机电部分、数控部分、伺服系统部分分离，或将速度环、位置环分离做开环处理，从而达到逐步缩小故障范围，并且准确查找故障点的目的。

(10) 原理分析法。当用其他方法很难奏效时，可以从整个数控机床的原理出发，使用一些测量仪表或仪器，从前向后或从后向前检查相关信号及运动部位，并与正常情况比较，分析判断故障原因，再缩小故障范围，直至最终查找出故障原因。

4. 维修排障后的总结提高工作

对数控机床电气故障维修和分析排除后的总结与提高工作，是排除故障后必要的步骤，也是十分重要的阶段，应引起足够重视。通过对之前发生过的故障的总结，明确故障发生的规律和采取的维修手段，对机械设备的理解和后续的维护都是十分有帮助的。

总结提高工作的主要内容包括：

详细记录从故障的发生、分析判断到排除全过程中出现的各种问题，采取的各种措施，涉及的相关电路图、相关参数和相关软件，其间错误分析和排障方法也应记录，并记录其无效的原因。除填入维修档案外，内容较多者还要另文详细书写。

有条件的维修人员应该从较典型的故障排除实践中找出有普遍意义的内容作为研究课题进行理论性探讨，写出论文，从而达到提高的目的。特别是在有些故障的排除中并未经过认真系统的分析判断，而是带有一定的偶然性排除了故障，这种情况下的事后总结研究就更加必要。

总结故障排除过程中所需要的各类图样、文字资料，若有不足应事后想办法补齐，而且在其后研读，以备将来之需。

从排障过程中发现自己欠缺的知识，制订学习计划，力争尽快补课。找出工具、仪表、备件之不足，条件允许时补齐。

总结提高工作的好处是迅速提高维修者的理论水平和维修能力，提高重复性故障的维修速度，利于分析设备的故障率及可维修性，改进操作规程，提高机床寿命和利用率，可改进机床电气原设计之不足。总结出的资料可作为其他维修人员的参考资料、学习培训教材。

7.1.1 电磁式电器共性故障判别与维修

前面介绍过，电磁式电器是利用电磁感应原理工作的低压电器，工作原理和结构上的相似性使得电磁式电器具有某些共性的常见故障。

1. 触点的故障和维修

触点系统是接触器、继电器、主令电器等电器设备的主要部件。由于它担负着接通与分断电流的任务，所以是电器中比较容易损坏的部件。触点的故障一般有触点过热、磨损与熔焊等情况。

(1) 触点过热。

触点通过电流会发热，其发热程度与触点的接触电阻有关。动、静触点间的接触电阻越大，触点发热越厉害，有时会将动、静触点熔焊在一起。

造成触点发热的原因主要有以下几个方面。

① 触点压力不足。接触器长期使用，使触点压力弹簧变形、变软而失去弹性，造成触点压力不足，当触点长期磨损后变薄，也可造成压力不足。这就造成接触不良，接触电阻过大，引起触点过热。应首先调整触点上的弹簧压力，以增大触点间的接触压力，若调整后仍达不到要求．则应更换弹簧或触点。

② 触点表面氧化或积垢，也会使触点接触电阻增大，造成触点过热。特别是铜触点，其氧化物不导电，使接触电阻大为增加，需用小刀轻轻将氧化层刮去。触点上若有积垢，可用汽油清洗。

③ 触点表面被电弧灼伤烧毛，也可使触点接触电阻增大，使触点过热。此时，可用小刀或小锉刀整修毛面，不宜修得过光或过多。绝不允许用砂布或砂纸修整。

此外，由于用电设备或线路产生过电流故障，也会引起触点过热。此时，应找出过流的原因并排除故障，以免触点过热。

(2) 触点磨损。

触点的磨损有两种：一种是电磨损，由触点间电弧或电火花的高温使触点金属气化和蒸发造成；另一种是机械磨损，由于触点闭合时的撞击，触点接触面的相对滑动摩擦等造成。触点在使用中厚度变薄，这是触点磨损造成的，将引起触点过热等情况。一般触点磨损到只剩厚度 2/3～1/2 时就应更换触点。触点磨损较快，应查明原因，排除故障。

(3) 触点熔焊。

动、静触点被熔化后焊在一起断不开，称为触点熔焊。当触点闭合时，由于撞击和产生振动，在动、静触点间的小间隙中产生电弧，电弧温度很高，可使触点表面被灼伤或烧熔，熔化的金属使动、静触点焊在一起。若不及时排除，会造成人身和设备事故。触点熔焊后只能更换触点。

产生触点熔焊的原因大都是触点弹簧损坏所致，也可能因触点容量过小或因线路过载、触点电流太大导致触点熔焊。

2. 电磁系统的故障和维修

(1) 衔铁噪声大

电磁系统在正常工作时发出轻微的嗡嗡声，这是正常的。若声音过大，就说明电磁系统有故障。产生衔铁噪声大的原因有以下几方面。

②　极大的可能性是短路环损坏，此时应照原样、原规格更换。

② 衔铁与铁芯的接触面接触不良或衔铁歪斜，产生振动并发出噪声。若铁芯接触处有杂质，可拆下清洗，磁极端面变形或磨损，可进行修整。

③ 机械方面原因。如触点弹簧压力过大，或活动部分被卡，都会产生较强的振动和噪声。

(2)线圈的故障及维修

线圈的主要故障是由于电流过大以致过热甚至烧毁，发生线圈电流过大的原因有以下几方面。

① 线圈匝间短路。由于线圈绝缘损坏，或机械碰撞损伤，形成匝间短路，在这部分线圈中会产生很大的短路电流，温度剧增，使故障扩大，以致使线圈烧毁。

② 衔铁、铁芯间闭合时有间隙。当衔铁在打开位置时，线圈阻抗最小，通过电流最大，当衔铁在吸合过程中，使衔铁与铁芯间的间隙在减小，使线圈阻抗逐渐增大；当衔铁完全吸合时，使线圈阻抗最大，线圈电流最小；如果衔铁与铁芯间接触不紧或不能完全闭合时，线圈电流比衔铁完全吸合时线圈电流要大，将使线圈过热以致烧毁。

另外，当电源电压低于额定电压时，也会使衔铁吸合不紧，严重时不能吸合，也将造成线圈过热而烧毁。

其次，因衔铁每闭合一次，线圈就要受到一次大电流的冲击，若线圈通电次数过于频繁，也将使线圈过热。

线圈烧毁，可以更换同样规格的线圈。也可按线圈外的标志规格重绕。

③ 衔铁吸不上。当线圈接通电源后，衔铁不能被铁芯吸合时，应立即切断电源，以免烧毁线圈。

衔铁吸不上，可从下面几个方面去检查：线圈引出线是否脱落，线圈是否烧毁，活动部分有无卡住，有无电源电压或电源电压是否太低等。衔铁无振动和噪声，则是引出线脱落、线圈烧毁、无电压。若衔铁有振动及噪声，则是活动部分卡住、电压低等原因产生的故障，应区分情况，及时处理。

7.1.2　低压电器故障检测与维修

电气自动控制系统中使用的电器很多，它们除了可能产生触点系统和电磁系统的共性故障外，还有本身特有的故障。下面仅以常用控制电器所出现的故障进行分析。

1. 交流接触器的故障排除

交流接触器的触点、电磁系统的故障及维护与前述情况相同。此外，常见故障还有：

(1)触点断相。由于某相触点接触不好，造成电动机缺相工作。电动机有时虽能转动，但发出嗡嗡声，此时应立即切断电动机电源，进行检修。当熔断器熔断也可能造成以上情况，检修时应注意。

(2)相间短路。由于电弧短路(或称弧光短路)、绝缘击穿或线路误动作引起接触器相间短路。

因此，应定期检查接触器各部件工作情况，接线处是否松动，触点处绝缘是否良好，胶木是否有异色和异味，灭弧罩是否完好，控制电路是否正确等。

2. 热继电器的故障及维修

热继电器的故障主要有热元件损坏、误动作和不动作三种情况。

(1)热元件烧断。当热继电器动作频率太高或负载侧发生短路，使电流过大而烧断热元件。

这时，应先切断电源。排除短路故障，更换合适的热元件或合适的热继电器。更换热元件或热继电器后，需重新调整整定值。

(2)热继电器误动作。这种故障的原因可能是热继电器整定值偏小，电动机启动时间过长、操作频率太高、使用场合有强烈冲击及振动等原因使热继电器误动作。

因此，应调换适合于上述工作性质的热继电器，并合理调整整定值，调整时只能调整旋钮及螺钉，绝不允许弯折双金属片。

(3)热继电器不动作。由于热元件烧断、脱焊或短接，电流整定值偏大，热电器触点短接或触点接触不良等原因使热继电器不起作用。

因此，应对热继电器进行针对性修理。对于使用时间较长的热继电器，应定期检查，检查其动作是否正确可靠。热继电器动作脱扣后，不要立即手动复位，应等待双金属片冷却复原后再按复位按钮，否则按手动按钮不能复位。按手动按钮复位时，不要用力过猛，以免损坏操作机构。

7.1.3　供电设备和线缆故障判别与维修

数控机床一般都配有强电和弱电电源，供电设备是数控机床的原动力，数控机床的许多故障虽然表现上千差外别，但在原理上与供电设备的不正常工作或完全损坏有直接原因。另外，数控机床上的电能输送、数据和信号传送等都要依靠各个设备间的连接线缆实现，大型数控机床的连接线缆使用量巨大，发生故障的可能性也更高。

因此，在数控机床发生故障时，供电设备和线缆的检查是不可缺少的一环。这里仅从现象出发，简要说明与上述零件相关的故障。当然，数控机床的精密程度较高，故障表现千差万别，产生这些故障表现的可能性很多，供电设备和连接线缆并不一定是实际故障原因。

1. 伺服电动机过载报警

故障原因：当伺服电动机的过热开关和伺服放大器的过热开关动作时发出此报警。

系统检查原理：如图 7-1 所示，伺服放大器有过载检查信号，该信号为常闭触点信号。当放大器的温度升高引起该开关打开，产生报警，一般情况下这个开关和变压器的过热开关以及外置放电单元的过热开关串联在一起。

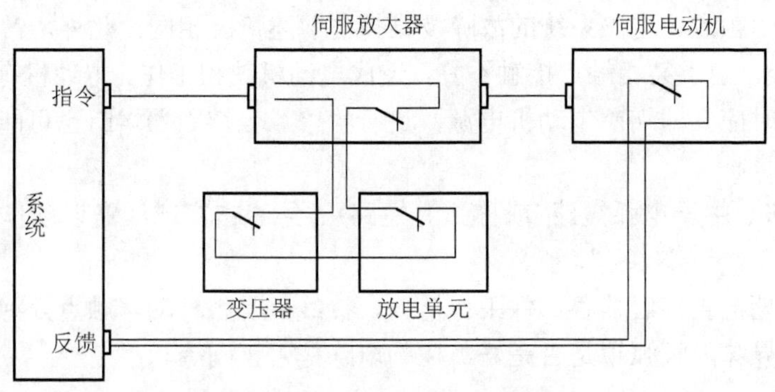

图 7-1　过载信号示意图

伺服电动机过载开关检测电动机是否过热，该信号也为常闭触点，当电动机过热时，该开关打开产生报警，该信号发出报警通过电动机反馈线通知系统。

处理方法：当发生报警时，要首先确认是伺服放大器或是电动机过热。另外，因为该信号是常闭信号，当电缆断线和插头接触不良也会发生报警，需确认电缆和插头的状态。

如果确认是伺服/变压器/放电单元，伺服电动机有过热报警，那么需要对以上相关部件进行检查，主要故障原因有以下几个方面。

(1) 过热引起。

测量负载电流，确认是否超过额定电流；检查是否由于机械负载过大、加减速的频率过高、切削条件变化引起的过载。

(2) 连接引起。

检查引起过热信号的连接。

(3) 有关硬件故障。

检查各过热开关是否正常，各信号的接口是否正常。

2. 伺服电动机不转

数控系统至进给单元除了速度控制信号外，还有使能控制信号，使能信号是进给动作的前提。

处理方法：检查电动机使能是否打开，通信线缆、插头、接线端子是否故障。

3. 位置显示(相对，绝对，机械坐标)全都不动

检查伺服电动机状态和通信线缆；检查急停信号、复位信号；检查操作方式状态，到位检测，互锁状态信号等。

4. 伺服准备完成信号断开报警

伺服准备信号示意图如图 7-2 所示。

系统检查原理：以某型 FANUC 数控系统为例，当轴控制电路的条件满足后，轴控制电路就向伺服放大器发出位置控制器准备好信号(PRDY 信号)。当放大器接收到该信号，如果放大器工作正常，则 MCC 就会吸合。随后向控制回路发回速度控制器准备好信号(VRDY 信号)。如果 MCC 不能正常吸合，就不能回答 VRDY 信号，系统就会发出报警。

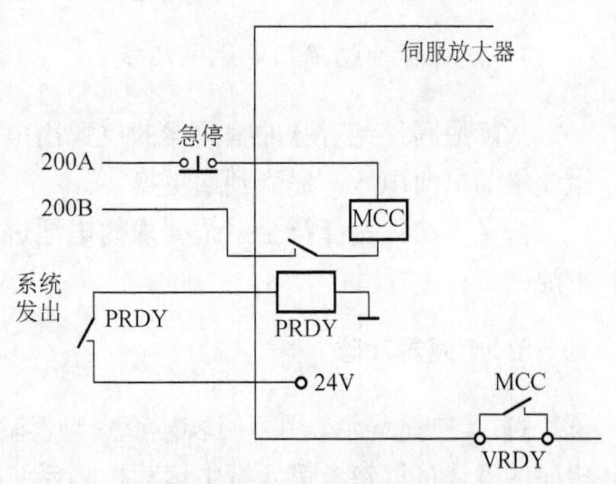

图 7-2　伺服准备信号示意图

处理方法：当发生报警时首先确认急停按钮是否处于释放状态。

(1) 伺服放大器无吸合动作 (MCC) 时，检查：伺服放大器侧或电源模块的急停按钮或急停电路故障；伺服放大器的电缆连接问题；伺服放大器或轴控制回路故障(可采用置换法对怀疑部件进行置换分析)。

(2) 伺服放大器有吸合动作，但之后发生报警：伺服放大器本身有报警，可以参考放大器报警提示；伺服参数设定不正确，对照参数清单进行检查。

另外，这里给出交流电动机的故障判断方法：

电阻测量：测量电枢的电阻，测量绝缘是否良好。

电动机检查：脱开电动机与机械装置，转动电动机转子，正常时感觉有一定的均匀阻力，如果旋转过程中，出现周期性的不均匀的阻力，应该更换电动机进行确认。

5. 反馈断线报警

不管是使用 A/B 向的通用反馈信号还是使用串行编码信号，当反馈信号发生断线时，发出此报警。

检查原理：α系列伺服电动机在使用半闭环、串行编码器时，由于电缆断开或由于编码器损坏引起数据中断，则发生报警。普通的脉冲编码器，该信号用硬件检查电路直接检查反馈信号，当反馈信号异常时，则发生报警。

软件断线报警，当使用全闭环反馈时，利用分离型编码器的反馈信号和伺服电动机的反馈信号、软件进行判别检查，当出现较大偏差时，则发生报警。

原因和处理方法：通过以上确认报警位、内装式编码器串行通信错误，检查反馈电缆，电动机反馈插头及编码器；外置编码器的连接电缆，连接插头以及编码器。软件断线报警说明系统的连接基本正常，但是由于机械传动机构的反向间隙过大，引起伺服电动机侧的反馈与外置编码器的反馈信号的偏差较大引起报警，一般为了克服报警必须检修机械结构，减少机械的反向间隙，但是在精度要求不高的场合，也可以调整参数解决。

6. 绝对编码器故障

故障原因：编码器与伺服模块之间通信错误，数据不能正常传送。

恢复方法：在该报警中牵涉三个环节——编码器、电缆、伺服模块。先检测电缆接口，再轻轻晃动电缆，注意看是否有报警，如果有，修理或更换电缆。在排除电缆原因后，可采用置换法，对编码器和伺服模块进行进一步确认。

7. 绝对脉冲编码器电池电压低

故障原因：绝对脉冲编码器的位置由电池保存，当电池电压低时有可能丢失数据，所以系统检测电池电压，提醒到期更换。

恢复方法：选择符合系统要求的电池进行更换，必须保证在机床通电情况下，执行更换电池的工作。

8. 变频器故障

(1) 上电无显示。用万用表检查变频器输入电源是否和变频器额定电压相一致。关于电源相序的确认可以参考第 4 章中运动控制系统接线部分相关内容；检查三相整流桥是否完好。

(2) 上电后电源空气开关跳开。检查输入电源之间是否有接地或短路情况，排除存在问题；检查整流桥是否已经击穿。

(3) 变频器运行后电动机不转动。检查 U、V、W 之间是否有均衡的三相输出。若有，再检查电动机是否损坏或被堵转。如无该问题，则确认电动机参数是否设置正确。

(4) 上电后变频器显示正常，运行后电源空气开关跳开。检查输出模块之间相间是否存在短路情况；检查电动机引线之间是否存在短路或接地情况。若跳闸是偶尔现象而且电动机和变频器之间距离比较远，则考虑加输出交流电抗器。

除了以上常见的与电源有关的变频器故障，在表 7-1 中也列出了其他常见的变频器故障，供学习和维修时参考。另外，交流主轴驱动器和伺服驱动器与变频器的常见故障类似，包括缺相、过流、过压、欠压、过热、过载、接地、参数错误等，可一并参考表 7-1 所列项目。

表 7-1　变频器常见故障与排除方法

故障代码	故障类型	故障原因	对应处理办法	备注
OC1	加速运行过电流	1．加速太快 2．电网电压偏低 3．变频器功率偏小	1．增大加速时间 2．检查输入电源 3．选用功率大一挡的变频器	故障代码 OC 表示的含义是变频器过电流故障，是变频器最常见的故障之一。发生这种故障时，首先应排除故障发生的参数原因，例如电流限制、加速时间过短、变频器功率小等，一般需要对供电电源、变频器三相传感器和负载工作情况进行检查
OC2	减速运行过电流	1．减速太快 2．负载惯性转矩大 3．变频器功率偏小	1．增大减速时间 2．外加合适的能耗制动组件 3．选用功率大一挡的变频器	
OC3	恒速运行过电流	1．负载发生突变或异常 2．电网电压偏低 3．变频器功率偏小	1．检查负载或减小负载的突变 2．检查输入电源 3．选用功率大一挡的变频器	
OV1	加速运行过电压	1．输入电压异常 2．瞬间停电后，对旋转中电动机实施再启动	1．检查输入电源 2．避免停机再启动	故障代码 OV 表示的含义是变频器过电压故障，也是变频器常见的故障之一。这种故障和 OC_1 故障类似，在故障排除上，除了需要检查上述部件，还应检查降压电阻和光耦等部分
OV2	减速运行过电压	1．减速太快 2．负载惯量大 3．输入电压异常	1．增大减速时间 2．增大能耗制动组件 3．检查输入电源	
OV3	恒速运行过电压	1．输入电压发生异常变动 2．负载惯量大	1．安装输入电抗器 2．外加合适的能耗制动组件	
UV	母线欠压	电网电压偏低	检查电网输入电源	故障判断和过压相同。检查输入侧电压是否有问题，然后检查电压检测电路
OH1	整流模块过热	1．变频器瞬间过流 2．输出三相有相间或接地短路 3．风道堵塞或风扇损坏 4．环境温度过高 5．控制板连线或插件松动 6．辅助电源损坏，驱动电压欠压 7．功率模块桥臂直通 8．控制板异常	1．参见过流处理办法 2．重新配线 3．疏通风道或更换风扇 4．降低环境温度 5．检查并重新连接 6．寻求厂家服务	故障代码 OH 代表变频器过热故障，通常需要检查输入电源短接、工作环境温度等引起过热的原因，并检查变频器内部散热，疏通变频器风道、更换风扇
OH2	逆变模块过热	1．变频器散热风道堵塞 2．变频器散热风扇坏、不运行或散热风扇控制部分故障 3．过热保护的温度传感器及相应的保护电路故障 4．变频器所处的环境温度过高	1．排除异物或更换冷却风扇 2．检查散热板 3．调整环境温度低于 40℃	
OL1	电动机过载	1．电网电压过低 2．电动机额定电流设置不正确 3．电动机堵转或负载突变过大 4．大马拉小车	1．检查电网电压 2．重新设置电动机额定电流 3．检查负载，调节转矩提升量 4．选择合适的电动机	故障代码 OL 属于过载故障，需要注意检查所选变频器参数与电机是否匹配，并检查输入电源，规范使用方法
OL2	变频器过载	1．加速太快 2．对旋转中的电动机实施再启动 3．电网电压过低 4．负载过大	1．增大加速时间 2．避免停机再启动 3．检查电网电压 4．选择功率更大的变频器	

需要注意的是，不同品牌、同品牌不同系列的变频器拥有对应本型号的故障代码，具体故障代码命名大体相近，会因变频器的品牌和型号不同稍有差异，但具体故障原因和排除方法是相通的。

电源是整个数控机床正常工作的能量来源，它的失效或者故障轻者会丢失数据、造成停机，重者会毁坏系统局部甚至全部。在设计和使用数控机床的供电系统时应尽量做到：

① 提供独立的配电箱而不与其他设备串用。

② 电网供电质量较差的地区应配备三相交流稳压装置。

③ 电源始端有良好的接地。

④ 进入数控机床的三相电源应采用三相五线制，中线(N)与接地(PE)严格分开。

⑤ 电柜内电器件的布局和交、直流电线的敷设要相互隔离。

7.2 软件系统故障

数控机床停机故障多数是由软件错误、参数丢失或操作不当引发的，检查软件可以避免拆卸机床而引发的许多麻烦。软件故障只要把相应的软件内容恢复正常之后就可排除，所以说软件故障也称为可恢复性故障。

数控机床软件故障发生的原因如下。

(1) 误操作。在调试用户程序或修改机床参数时，操作者删除或更改了软件内容或参数，从而造成软件故障。

(2) 供电电池电压不足。为 RAM 供电的电池电压经过长时间的使用后，电池电压降低到监测电压以下，或在停电情况下拔下为 RAM 供电的电池、电池电路断路或短路、电池电路接触不良等都会造成 RAM 得不到维持电压，从而使系统丢失软件和参数。这里要特别注意以下几点。

① 应对长期闲置不用的数控机床定期开机，以防电池长期得不到充电，造成机床软件丢失，实际上机床开机也是对电池充电的过程。

② 当为 RAM 供电电池出现电量不足报警时，应及时更换新电池。

③ 干扰信号引起软件故障，有时电源的波动及干扰脉冲会窜入数控系统总线，引起时序错误或造成数控装置停止运行等。

④ 软件死循环，运行复杂程序或进行大量计算时，有时会造成系统死循环，引起系统中断，造成软件故障。

⑤ 操作不规范，这里指操作者违反了机床操作的规程，从而造成机床报警或停机现象。

⑥ 用户程序出错，由于用户程序中出现语法错误、非法数据，运行或输入中出现故障报警等现象。

数控机床软件故障的排除方法如下。

(1) 对于软件丢失或参数变化造成的运行异常、程序中断、停机故障，可采取对数据程序更改或清除重新再输入来恢复系统的正常工作。

(2) 对于程序运行或数据处理中发生中断而造成的停机故障，可采用硬件复位、关掉数控机床总电源开关，复位软件运行环境，然后再重新开机的方法排除故障。

(3) 开关系统电源是清除软件故障的常用方法，但在出现故障报警或开关机之前一定要将报警的内容记录下来，以便排除故障。

7.2.1　运动控制系统通信故障

在排除控制卡的通信故障时，主要需要检查以下几点。

(1) 控制卡和其驱动程序是否正确安装，清洗 PCI 金手指。

(2) 检查驱动器与电动机之间的连接是否正常，驱动器屏幕上是否有报警提示。

(3) 用户程序是否正确初始化控制卡，可以使用厂家提供的测试程序排查。

(4) 脉冲方式是否匹配，检查默认参数设置。

(5) 控制卡与接线板的连接线是否正常。

(6) 外部电源工作是否正常。

7.2.2　应用软件运行异常

用户开发的应用程序一般是运行在 Windows 操作系统上的，存在由于操作系统本身不稳定或缺失文件的可能性。另外，用户开发的应用程序也不尽相同，可能因为编程不规范造成程序内存泄漏或其他编程上的问题。因此，导致应用软件运行异常的原因很多。这里介绍一般的故障排除步骤。

(1) 检查控制卡是否正确插入计算机 PCI 插槽。

(2) 在系统设备管理器中查看控制卡驱动是否正常安装。

(3) 控制卡厂家一般会提供测试程序，按提示步骤安装测试程序进行测试，若测试程序依然运行不正常，则检查接线板与卡的连接线是否插好，接线是否正确。另外，要注意各轴的使能是否打开，可以测量接线板上的输出信号查找原因。

(4) 重新启动计算机后直接用测试程序测试，因为若用户在调试自己的程序时因意外导致程序非正常退出(如非法操作或有某些线程没有正常终止而退出了程序主界面)，则再次运行程序时可能导致卡无法正常工作。

(5) 控制卡一般需要进行初始化，检查应用程序是否调用了初始化函数，通过初始化函数返回值判断初始化是否成功。另外，有些控制卡只能允许一个对话框运行(如雷赛的 DMC5800)，即程序的主界面占有控制卡的全部资源，若用户程序有多个对话框，则后开启的对话框不能获得控制卡的资源，无法正常工作。

(6) 若问题仍然存在，去掉计算机中其他板卡或换一台其他配置的计算机再试，若这样能正常工作，则可能是与其他设备产生了冲突，特别是原装品牌机因多采用集成主板，且主板集成设备驱动程序不规范，更容易产生冲突。因此，从稳定性考虑，应优先选用知名厂家生产的非集成主板。

7.2.3　运动控制卡驱动失败

PCI 型运动控制卡基于 PCI 总线，配合 Windows 操作系统支持即插即用，所有资源(I/O 地址)由系统自动配置，因而使用非常方便，且一般不容易出现资源冲突。但在一些极个别的特殊情况下，也可能出现设备资源冲突，导致控制卡无法正常工作，如出现驱动程序无法正常加载，运动指令出现比较明显的延迟现象或根本无法发出等，这种情况一般是由于 I/O 空间分配失败导致的，为避免潜在的资源冲突以及稳定性需要，在配置 PC 机时尽量不要选用集成设备比较多的集成主板。

这里以雷赛 DMC5800 卡为例，说明控制卡驱动安装过程中的常见问题及解决办法。出现运动控制卡驱动程序未成功安装的情况时，应按以下几个方面检查。

(1)检查卡与 PC 机的 PCI 插槽是否接触良好，安装运动控制卡时，用手轻按运动控制卡两侧，确保运动控制卡稳固插入槽中，与计算机底板接触良好、可靠，而且不存在摇晃的情况，然后旋紧板卡的紧固螺钉，最后盖好机箱盖。若控制卡安装可靠仍出现问题，可以更换其他 PCI 插槽再试一下。

(2)右键单击“我的电脑—属性—硬件—设备管理器”，查看系统设备管理器，若安装过运动控制卡的驱动程序，则应该出现 Leisai Controller(Windows XP 环境下)或 Jungo(Windows 7 环境下)一栏，展开该栏后应分别出现 DMCx/NMCx 和 WinDriver 或 DMCx/NMCx 和 LeiSaiDriver 两项，表示 DMC5800 运动控制卡设备，如图 7-3 所示。

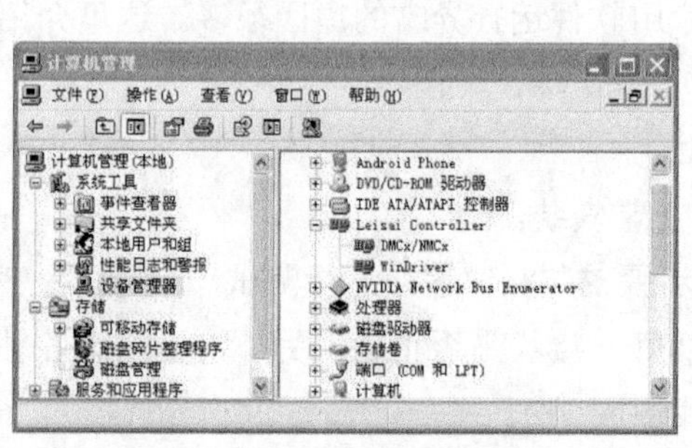

(a) Windows XP 系统下的设备信息

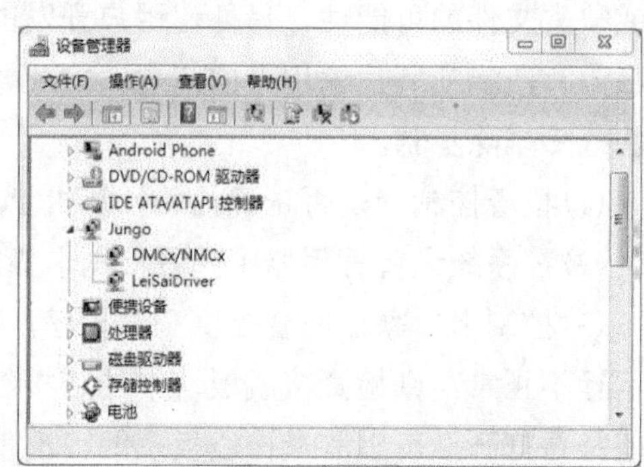

(b) Windows 7 系统下的设备信息

图 7-3　正确安装驱动程序后的设备信息

若在 Leisai Controller 或 Jungo 栏下只有一项，且在“其他设备”下有 PCI 设备一项，该项图标上出现一个黄色的感叹号，则表示该设备驱动程序未正确安装。应该按照说明书重新安装设备驱动，具体内容可以参考本书第五章相关内容。

另外，某些控制卡产品带有自动安装驱动的安装程序，发生上述情况时，可以从设备管理器中删除该项，并且卸载运动控制卡安装程序，然后重新安装驱动程序，并重启计算机，让计算机重新检测并加载驱动程序。

(3)取下其他板卡，如声卡、网卡等，只保留显卡和运动控制卡后，再启动计算机试一下，以避免因与其他卡产生冲突导致无法正确识别。

插入 DMC5800 卡并启动计算机后，系统提示发现新硬件信息，但在“更新驱动程序软件”对话框时，提示在操作系统上搜索不到驱动程序。出现此种情况，请按照如下步骤进行检查。

(1)在选择驱动程序所在文件夹时，要注意选择正确的文件夹，如图 7-4 所示，注意不要一直选择最下层的子文件夹。如果不确定驱动程序位置，可以选择上一级文件夹，一般可以正常安装程序。

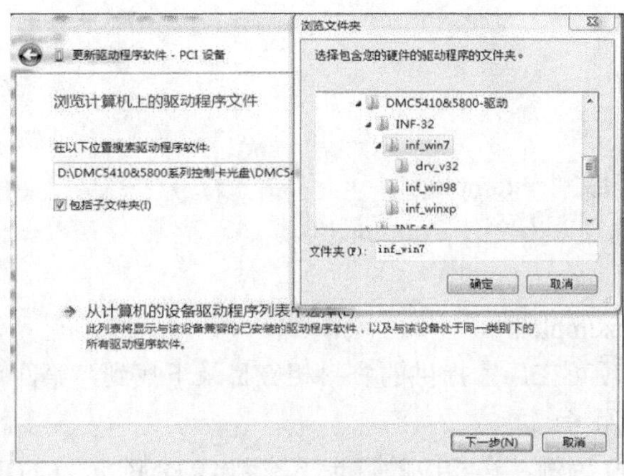

图 7-4　手动选择驱动程序所在位置

(2) 计算机上有其他基于 PCI 总线的设备，在第一次将新设备插入系统后都会出现该提示，不同的设备需要安装不同的驱动程序，可能系统此时找到的新设备并非运动控制卡而是其他设备，因此会出现找不到驱动程序的提示。解决办法是先关闭计算机并取下控制卡，启动计算机后按提示先将其他设备的驱动程序安装完成，特别是集成主板上集成的设备比较多，应使用主板驱动光盘依次进行安装，直到每次启动计算机后完成所有设备的安装。然后，关闭计算机，插入控制卡后启动计算机，按提示完成驱动程序安装。

(3) 若按照前一步骤处理后仍出现问题，请检查卡是否插好，特别是金手指部分是否有氧化现象或比较脏，可用无水酒精进行擦拭，待干燥后再插入计算机。因为此种情况会导致系统无法正确读取卡上的配置信息，也就无法正确匹配并加载驱动程序。

(4) 若前几个步骤仍然无法解决该问题，则可能是与其他设备冲突，此时请去掉其他卡或换一台计算机再试。也可能是运动控制卡自身硬件故障。

另外，某些成型的运动控制系统有开发完成的安装程序，这里以 NCStudio 系统为例介绍其驱动安装过程。NCStudio 也称为维宏控制系统，是上海维宏科技有限公司自主开发、自有版权的雕刻机运动控制系统。该系统包括软件和运动控制卡两部分。所以，系统的安装也分为两个阶段：软件安装和运动控制卡的安装。总体上，推荐在安装完软件之后再安装运动控制卡，这样运动控制卡的驱动程序就不需要单独安装。安装步骤为：

① 安装 NCStudio 软件，待安装程序提示关闭计算机后，关闭计算机。

② 关闭计算机后，安装运动控制卡。

③ 重新启动计算机，进入 Windows 操作系统后，略微等待一会儿，待 Windows 自动完成配置，整个安装工作就算完成了。

④ 最后，关闭主机电源，打开计算机的机箱盖，将运动控制卡插入插口形式匹配的扩展槽内。

7.2.4　运动控制函数库失效

用户开发的应用程序需要调用动态链接库 DLL 中函数，有时会因此造成系统工作不正常，这里介绍使用 VC 进行开发时可能遇到的问题。在 VC 中调用动态链接库 DLL 中的函数有两种方法，用户只要在发生问题时，依照调用过程逐一检查程序即可。

1. 隐式调用

隐式调用需要如下文件：

(1) DLL 函数声明头文件 example.h。

(2) 编译连接时用的导入库文件 example.lib。

(3) 动态链接库文件 example.dll。

(4) 设备驱动程序 example.sys。

以上文件中的前三项可在厂家提供的资料相应目录下找到，第四项由驱动程序将文件安装到正确位置，用户不用考虑。

以雷赛的 DMC5800 为例，在相应的目录下找到 LTDMC.h、LTDMC.lib、LTDMC.dll 和 PVT.dll 文件，拷贝到用户程序根目录下；在 VC 菜单中选择“工程”→“添加工程”→“文件”，选中 LTDMC.lib 文件加入到工程中。打开程序源文件，在程序开始部分添加语句：#include “LTDMC.h”。之后就可以在函数中添加代码，调用函数库中提供的函数了。

2. 显式调用

显式调用只需要以下文件：

(1) 动态链接库文件 example.dll。

(2) 设备驱动程序 example.sys。

显式调用方法需要调用 Windows API 函数加载和释放动态链接库。方法如下：

(1) 调用 Windows API 函数 LoadLibrary()动态加载 DLL；

(2) 调用 Windows API 函数 GetProcAddress 取得将要调用的 DLL 中函数的指针；

(3) 用函数指针调用 DLL 中的函数完成相应功能；

(4) 在不再使用 DLL 中的函数，或程序结束时，调用 Windows API 函数 FreeLibrary()释放动态链接库。

以上两种方法均是 VC 中调用动态链接库函数的标准方法，若要获得更具体的调用方法和帮助，请参考微软 Visual Studio 开发文档 MSDN 或相关参考书籍中相应部分内容。

另外，用户也可自行升级函数库(若厂家提供升级版本)，需要注意的是新版本函数库与旧版函数库的兼容性，和工程中库函数的声明文件的更新，可以与控制卡厂家联系，获得技术支持。

7.3　数控机床工作环境要求与日常维护

数控设备是一种自动化程度较高，结构较复杂的先进加工设备，是企业的重点、关键设备。要发挥数控设备的高效益，就必须正确的操作和精心的维护，才能保证设备的利用率。正确的操作使用能够防止机床非正常磨损，避免突发故障；做好日常维护保养，可使设备保持良好的技术状态，延缓劣化进程，及时发现和消灭故障隐患，从而保证安全运行。

1. 数控设备使用中应注意的问题

1) 数控设备的使用环境

为提高数控设备的使用寿命，一般要求要避免阳光的直接照射和其他热辐射，要避免太潮湿、粉尘过多或有腐蚀气体的场所。腐蚀气体易使电子元件受到腐蚀变质，造成接触不良或元件间短路，影响设备的正常运行。精密数控设备要远离振动大的设备，如冲床、锻压设备等。

2) 电源要求

为了避免电源波动幅度大(大于±10%)和可能的瞬间干扰信号等影响，数控设备一般采用专线供电(如从低压配电室分一路单独供数控机床使用)或增设稳压装置等，都可减少供电质量的影响和电气干扰。

3) 操作规程

操作规程是保证数控机床安全运行的重要措施之一，操作者一定要按操作规程操作。机床发生故障时，操作者要注意保留现场，并向维修人员如实说明出现故障前后的情况，以利于分析、诊断出故障原因，并及时排除。

另外，数控机床不宜长期封存不用，购买数控机床以后要充分利用，尤其是投入使用的第一年，使其容易出故障的薄弱环节尽早暴露，以便在保修期内得以排除。在没有加工任务时，数控机床也要定期通电，最好是每周通电 1～2 次，每次空运行 1 小时左右，以利用机床本身的发热量来降低机内的湿度，使电子元件不致受潮，同时也能及时发现有无电池报警发生，以防止系统软件、参数的丢失。

2. 数控机床的维护保养

在日常工作中，设备的日常维护，是指对设备在使用过程中，由于各部件、零件相互摩擦而产生的技术状态变化，进行的定期检查、调整和处理。设备的维护保养，是指根据设备的技术资料和有关设备的启动、润滑、调整、防腐、防护等要求和保养细则，对在使用或闲置过程中的设备所进行的一系列作业，它是设备自身运动的客观要求。

设备维护保养工作包括：日常维护保养、设备的润滑和定期加油换油、预防性试验、定期校正精度、设备的防腐等。

设备的日常维护保养简称例保，是指操作人员每天在设备使用前、使用过程中和使用后必须进行的工作。

设备的日常维护保养，是减少磨损，使设备经常处于良好技术状态的基础工作。日常维护保养的基本要求是：操作者应严格按操作规程使用设备，经常观察设备运转情况，并填写记录；应保持设备完整，附件整齐，安全防护装置齐全，线路、管道完整无损；要经常擦拭设备的各个部件，保持无油垢、无漏油，运转灵活；应按正常运转的需要，及时注油、换油，并保持油路畅通；经常检查安全防护装置是否完备可靠，保证设备安全运行。

通过设备维护保养，达到“整齐、清洁、润滑、安全”。整齐：工具、工件、附件放置整齐、合理，安全防护装置齐全，线路、管道完整，零部件无缺损。清洁：设备内外清洁，无灰尘，无黑污锈蚀；各运动件无油污，无拉毛、碰伤、划痕；各部位不漏水、漏气、漏油；切屑、垃圾清扫干净。润滑：按设备各部位润滑要求，按时加油、换油，油质符合要求；油壶、油枪、油杯齐全，油毡、油线清洁，油标醒目，油路畅通。安全：要求严格实行定人、定机、定岗位职责和交接班制度；操作工应熟悉设备性能、结构和原理，遵守操作规程，正确、合理地使用，精心地维护保养；各种安全防护装置可靠，受压容器按规定时间进行预防性试验，保证安全、可靠；控制系统工作正常，接地良好，电力传导电缆按规定时间、要求进行预防性试验，保证传输安全、正常，无事故隐患。

要做好使用运行情况记录，保证原始资料、凭证的正确性和完整性。要求操作者能针对设备存在的常见故障，提出改善性建议，采取相应措施，改善设备的技术状况，减少故障发生频率和杜绝事故发生，达到维护保养的目的。

数控机床种类多，各类数控机床因其功能、结构及系统的不同，各具不同的特性。其维护保养的内容和规则也各有其特色，具体应根据其机床种类、型号及实际使用情况，并参照机床使用说明书要求，制订和建立必要的定期、定级保养制度。

这里给出数控机床机械部件的常见故障和排除方法，如表 7-2～表 7-5 所示。

表 7-2　数控机床主传动链常见故障

故障现象	故障原因	排除方法
加工精度达不到要求	机床在运输过程中受到冲击	检查对机床精度有影响的各部分，特别是导轨面，并按出厂精度要求重新调整或修复
	安装不牢固、安装精度低或有变化	重新安装调整、紧固
切削振动大	主轴箱和床身连接螺钉松动	恢复精度后紧固连接螺钉
	轴承预紧力不够、间隙过大	重新调整轴承游隙，但预紧力不宜过大，以免损坏轴承
	轴承预紧螺母松动使主轴窜动	紧固螺母，确保主轴精度合格
	主轴与箱体超差	修理主轴或箱体使其配合精度、位置精度达到要求
	轴承损坏	更换轴承
	其他因素	检查刀具或切削工艺问题
主轴箱噪声大	主轴部件动平衡不好	重做动平衡
	齿轮啮合间隙不均或严重损伤	调整间隙或更换齿轮
	轴承损坏或传动轴弯曲	修复或更换轴承、调整传动轴
	传动带长度不一或过松	调整或更换传动带，不能新旧混用
	齿轮精度差	更换齿轮
	润滑不良	调整润滑油量，保持主轴箱的清洁度
齿轮和轴承损坏	变挡压力过大，齿轮受冲击产生破损	按液压原理图，调整到适应的压力和流量
	变挡机构损坏或固定销脱落	修复或更换零件
	轴承预紧力过大或润滑不足	重新调整预紧力，并使之润滑充足
主轴无变速	电气变挡信号无输出	电器人员检查处理
	压力不足	检测并调整工作压力
	变挡液压缸研伤或卡死	修去毛刺和研伤，清洗后重装
	变挡电磁阀卡死	检修并清洗电磁阀
	变挡液压缸拨叉卡死	修复或更换
	变挡液压缸窜油或内泄	更换密封圈
	变挡复合开关失灵	更换新开关
液压变速时齿轮推不到位	主轴箱内拨叉磨损	选用球墨铸铁作拨叉材料
		在每个垂直滑移齿轮下方安装弹簧作为辅助平衡装置，减轻对拨叉的压力
		活塞的行程与滑移齿轮的定位相协调
		更换磨损的拨叉
主轴在强力切削时停转	电动机与主轴连接的皮带过松	移动电动机座，张紧皮带，然后将电动机座重新紧固
	皮带表面有油	用汽油清洗后擦干净，重新安装
	皮带使用过久而失效	更换新皮带
	摩擦离合器调整过松或磨损	调整摩擦离合器，修磨或更换摩擦离合片
主轴没有润滑油循环或润滑不足	液压泵转向不正确或间隙太大	改变液压泵转向或修理液压泵
	润滑油压力不足	调整供油压力
	滤油器堵塞	清除堵塞物
润滑油泄漏	润滑油量多	调整供油量
	密封件损坏	更换密封件

表 7-3　滚珠丝杠常见故障、故障原因及维修方法

故障现象	故障原因	维修方法
滚珠丝杠副噪声大	丝杠支承轴承的压盖压合情况不好	调整轴承压盖，使其压紧轴承端面
	丝杠支承轴承可能破裂	如轴承破损，更换新轴承
	电动机与丝杠联轴器松动	拧紧联轴器，锁紧螺钉
	丝杠润滑不良	改善润滑条件，使润滑油量充足
	滚珠丝杠副滚珠有破损	更换新滚珠
滚珠丝杠运动不灵活	轴向预加载荷过大	调整轴向间隙和预加载荷
	丝杠与导轨不平行	调整丝杠支座位置，使丝杠与导轨平行
	螺母轴线与导轨不平行	调整螺母座位置
	丝杠弯曲变形	调整丝杠
滚珠丝杠润滑状况不良	检查各丝杠副润滑	用润滑脂润滑丝杠，需移动工作台，取下罩套，涂上润滑脂

表 7-4　导轨常见故障、故障原因及维修方法

故障现象	故障原因	维修方法
导轨研伤	机床经长时间使用，地基与床身水平度有变化，使导轨局部单位面积负荷过大	定期进行床身导轨的水平度调整，或修复导轨精度
	长期加工短工件或承受过分集中的负荷，使导轨局部磨损严重	注意合理分布短工件的安装位置，避免负荷过分集中
	导轨润滑不良	调整导轨润滑油量，保证润滑油压力
	导轨材质不佳	采用电镀加热自冷淬火对导轨进行处理，导轨上增加锌铝铜合金板，以改善摩擦情况
	刮研质量不符合要求	提高刮研修复的质量
	机装维护不良，导轨里落入脏物	加强机床保养，保护好导轨防护装置
导轨上移动部件运动不良或不能移动	导轨面研伤	用砂布修磨机床与导轨面上的研伤
	导轨压板研伤	卸下压板，调整压板与导轨间隙
	导轨镶条与导轨间隙太小，调得太紧	松开镶条防松螺钉，调整镶条螺栓，使运动部件运动灵活，保证塞尺不得塞入，然后锁紧防松螺钉
加工面在接刀处不平	导轨直线度超差	调整或修刮导轨，允差为 0.015/500mm
	工作台镶条松动或镶条弯度太大	调整镶条间隙，镶条弯度在自然状态下小于 0.05mm/全长
	机床水平度差，使导轨发生弯曲	调整机床安装水平度，保证平行度、垂直度在 0.02/ 1000mm 之内，一般应能达到 0.01～0.015mm

表 7-5　气动元件的定期检查维护内容

元件名称	检查维护内容
气缸	活塞杆与端面之间是否漏气；活塞杆是否划伤、变形；管接头、配管是否划伤、损坏；气缸动作时有无异常声音；缓冲效果是否合乎要求
电磁阀	电磁阀外壳温度是否过高；电磁阀动作时，工作是否正常；气缸行程到末端时，通过检查阀的排气口是否有漏气来确诊电磁阀是否漏气；紧固螺栓及管接头是否松动；电压是否正常，电线有否损伤；通过检查排气口是否被油润湿，或排气是否会在白纸上留下油雾斑点来判断润滑是否正常
油雾器	油杯内油量是否足够，润滑油是否变色、混浊，油杯底部是否沉积有灰尘和水；滴油量是否合适
调压阀	压力表读数是否在规定范围内；调压阀盖或锁紧螺母是否锁紧；有无漏气
过滤器	储水杯中是否积存冷凝水；滤芯是否应该清洗或更换；冷凝水排放阀动作是否可靠
安全阀 压力继电器	在调定压力下动作是否可靠；校检合格后，是否有铅封或锁紧；电线是否损伤，绝缘是否可靠

定期检查、调整丝杠螺纹副的轴向间隙，保证反向传动精度和轴向刚度；定期检查丝杠与床身的连接是否有松动；丝杠防护装置有损坏要及时更换，以防灰尘或切屑进入。

严禁把超重、超长的刀具装入刀库，以避免机械手换刀时掉刀或刀具与工件、夹具发生碰撞；经常检查刀库的回零位置是否正确，检查机床主轴回换刀点位置是否到位，并及时调整；开机时，应使刀库和机械手空运行，检查各部分工作是否正常，特别是各行程开关和电磁阀能否正常动作；检查刀具在机械手上锁紧是否可靠，发现不正常应及时处理。

定期对各润滑、液压、气压系统的过滤器或分滤网进行清洗或更换；定期对液压系统进行油质化验检查和更换液压油；定期对气压系统分水滤气器(也称空气过滤器或气水分离器)放水。

定期进行机床水平和机械精度检查并校正。机械精度的校正方法有软、硬两种，软方法主要是通过系统参数补偿，如丝杠反向间隙补偿、各坐标定位精度定点补偿、机床回参考点位置校正等；硬方法一般要在机床大修时进行，如进行导轨修刮、滚珠丝杠螺母副预紧调整反向间隙等。

3. 关于预防性维护

预防性维护的目的是为了降低故障率，其工作内容主要包括下列几方面的工作。

(1)为每台数控机床分配专门的操作人员、工艺人员和维修人员，所有人员都要不断地努力提高自己的业务技术水平。

(2)针对每台机床的具体性能和加工对象制定操作规章，建立工作与维修档案，管理者要经常检查、总结、改进。

(3)对每台数控机床都应建立日常维护保养计划，包括保养内容(如坐标轴传动系统的润滑、磨损情况，主轴润滑等，油、水气路，各项温度控制，平衡系统，冷却系统，传动带的松紧，继电器、接触器触头清洁，各插头、接线端是否松动，电气柜通风状况等)及各功能部件和元器件的保养周期(每日、每月、半年或不定期)。

(4)应提高机床的利用效率。数控机床如果较长时间闲置不用，当需要使用时，首先机床的各运动环节会由于油脂凝固、灰尘甚至生锈而影响其静、动态传动性能，降低机床精度。从电气方面来看，由于一台数控机床的整个电气控制系统硬件是由数以万计的电子元器件组成的，它们的性能和寿命具有很大离散性，从宏观来看分三个阶段：在一年之内基本上处于所谓"磨合"阶段。在该阶段故障率呈下降趋势，如果在这期间不断开动机床则会较快完成"磨合"任务，而且也可充分利用一年的维修期；第二阶段为有效寿命阶段，也就是充分发挥效能的阶段。在合理使用和良好的日常维护保养的条件下，机床正常运转至少可在 5 年以上；第三阶段为系统寿命衰老阶段，电器硬件故障会逐渐增多，数控系统的使用寿命平均在 8～10 年左右。因此，在没有加工任务的一段时间内，最好较低速度下空运行机床，至少也要经常给数控系统通电，甚至每天都应通电。

复 习 题

1. 简述数控机床故障的定义与种类。
2. 数控机床故障检测的原则、一般步骤和主要的诊断方法是什么？
3. 对于电磁式电器，有哪些共性故障？这些故障的产生原因是什么？
4. 数控机床伺服系统的常见故障包括哪些？如何排除这些故障？
5. 简述运动控制系统通信故障排除的一般步骤。
6. 简述数控设备使用中的一般注意事项。
7. 数控机床发生事故时的应急措施有哪些？
8. 数控设备的维护保养工作包括哪些？

参 考 文 献

常斗南．2010．PLC 运动控制实例及解析(松下)[M]．北京：机械工业出版社

陈继文．2013．机械设备电气控制及应用实例[M]．北京：化学工业出版社

陈江进，蔡明富．2011．数控机床故障诊断与维修[M]．北京：国防工业出版社

邓三鹏．2009．现代数控机床故障诊断与维修[M]．北京：国防工业出版社

董晓岚．2013．数控机床故障诊断与维修 FANUC[M]．北京：机械工业出版社

樊军庆．2009．实用数控技术[M]．北京：机械工业出版社

富大伟，刘瑞素．2005．数控系统[M]．北京：化学工业出版社

何全民．2005．数控原理与典型系统[M]．济南：山东科学技术出版社

和克智．2010．OpenGL 编程技术详解[M]．北京：化学工业出版社

林宋，张超英，陈世乐．2011．现代数控机床[M]．北京：化学工业出版社

刘武发，张瑞，赵江铭．2009．机床电气控制[M]．北京：化学工业出版社

浦艳敏．2012．FANUC 0i 数控系统操作难点快速掌握[M]．北京：机械工业出版社

深圳市雷赛机电技术开发有限公司．2013．DMC5480 用户手册[M]．深圳：深圳市雷赛机电技术开发有限公司

深圳市雷赛机电技术开发有限公司．2014．DMC5000 系列用户使用手册[M]．深圳：深圳市雷赛机电技术开发有限公司

深圳市众为兴股份有限公司．2014．ADT-8940A1 用户手册[M]．深圳：深圳市众为兴股份有限公司

史国生．2004．电气控制与可编程控制器技术[M]．北京：化学工业出版社

佟为明，翟国富等．2003．低压电器继电器及其控制系统[M]．哈尔滨：哈尔滨工业大学出版社

王道宏．2004．机械制造技术[M]．杭州：浙江大学出版社

解乃军，仲高艳．2014．数控技术及应用[M]．北京：科学出版社

张幸儿．2013．计算机编译原理[M]．北京：科学出版社

赵宏立，朱强．2011．数控机床故障诊断与维修[M]．北京：人民邮电出版社

JB/T 2930—2007．低压电器产品型号编制方法[S]